塔克拉玛干沙漠大气边界层和沙尘暴探测研究

王敏仲　明　虎　等著

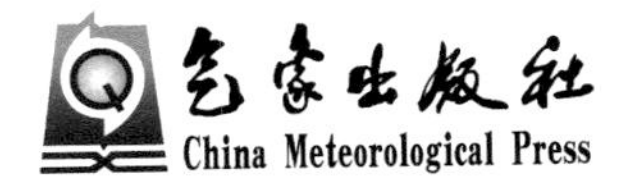

内容简介

本书系统介绍了塔克拉玛干沙漠大气边界层特征、沙漠腹地大气边界层风场变化、沙漠大气边界层高度与陆面参数的关系、沙漠对流边界层大涡模拟、沙漠极端深厚边界层过程对区域环流的反馈作用等内容，并首次利用边界层风廓线雷达、毫米波雷达开展了沙尘暴探测试验研究，计算归纳了沙尘暴的回波强度，定量反演了沙尘暴质量浓度，构建了雷达回波强度与沙尘质量浓度之间的关系式。

本书提供了塔克拉玛干沙漠大气边界层的基本特征与观测事实，可为该区域数值模式边界层参数化提供科学依据，同时也拓展了风廓线雷达与毫米波雷达的探测应用范围。本书可供从事大气科学、环境科学、自然地理学、电磁波传输等领域的科技工作者和相关专业的研究生参考。

图书在版编目（CIP）数据

塔克拉玛干沙漠大气边界层和沙尘暴探测研究 / 王敏仲等著. -- 北京 : 气象出版社, 2022.9
ISBN 978-7-5029-7808-2

Ⅰ. ①塔… Ⅱ. ①王… Ⅲ. ①塔克拉玛干沙漠－大气边界层－大气探测－研究②塔克拉玛干沙漠－沙尘暴－大气探测－研究 Ⅳ. ①P421.3②P425.5

中国版本图书馆CIP数据核字(2022)第166029号

塔克拉玛干沙漠大气边界层和沙尘暴探测研究
Takelamagan Shamo Daqi Bianjieceng he Shachenbao Tance Yanjiu

出版发行：气象出版社
地　　址：北京市海淀区中关村南大街46号　　**邮政编码**：100081
电　　话：010-68407112(总编室)　010-68408042(发行部)
网　　址：http://www.qxcbs.com　　**E-mail**：qxcbs@cma.gov.cn
责任编辑：隋珂珂　　**终　　审**：吴晓鹏
责任校对：张硕杰　　**责任技编**：赵相宁
封面设计：艺点设计
印　　刷：北京建宏印刷有限公司
开　　本：710 mm×1000 mm　1/16　　**印　　张**：18.5
字　　数：400千字
版　　次：2022年9月第1版　　**印　　次**：2022年9月第1次印刷
定　　价：126.00元

《塔克拉玛干沙漠大气边界层和沙尘暴探测研究》

主　笔：王敏仲

合著者：明　虎　徐洪雄　王　柯
霍　文　魏　伟　李兴财
潘红林　张建涛　孟　露

前 言

塔克拉玛干沙漠位于北半球中纬度欧亚大陆腹地，坐落于新疆塔里木盆地中央，西临天山支脉托木尔峰和帕米尔高原，南邻昆仑山、阿尔金山等山系，北界为天山山脉，东部为罗布泊洼地。沙漠东西长约1070 km，南北宽约410 km，面积33.76万km^2，是世界上仅次于阿拉伯半岛鲁卜哈利沙漠的第二大流动性沙漠，也是我国最大的沙漠。该沙漠具有八个世界自然条件之最，即深居内陆距离海洋最远、气候最干旱、植被最少、沙丘类型最复杂、沙丘流动性最大、流动性沙漠面积占沙漠总面积最大、流沙层最厚、沙粒粒径最细。

塔克拉玛干沙漠是我国干旱区风沙地貌的代表，其陆面和边界层特征在我国沙漠中具有独特性和典型性。该地区流动沙漠范围广泛，它与全球其他地区对比强烈，地表沙尘土壤和反照率对太阳辐射的响应过程很独特，表面热量和辐射平衡过程不同于一般的干旱地区，其边界层结构和湍流运动非常复杂。由于地表反照率大、蒸发强、沙尘土壤热容量小，沙漠下垫面通过边界层对自由大气的加热效应十分显著，这对区域大气环流有着不容忽视的影响，对我国天气上游干旱气候的形成和西风环流的发展起着重要的作用。

塔克拉玛干沙漠也是我国沙尘暴的主要起源地之一，沙尘天气事件频繁，年均沙尘暴在30 d以上，扬沙天气多达70 d，浮尘天气高达200 d以上，发生期可跨越整个春夏季节。沙尘暴的发生发展不仅破坏生态平衡和人类生存环境，而且对气候变化有着重要影响，其造成的直接和间接损失巨大。因此，准确地进行沙尘暴的定量监测和预报是我国防灾减灾、生态环境保护与可持续发展的迫切需求，也将在国家控制和减缓沙尘暴影响的决策中发挥重要的作用。

本书主要总结了作者近年来从事沙漠大气边界层和沙尘暴探测方面的研究成果。书中重点介绍了塔克拉玛干沙漠塔中夏季大气边界层观测特征、塔中大气边界层风场变化特征、沙漠大气边界层高度与陆面参数的关系、沙漠对流边界层大涡模拟、沙漠极端深厚边界层过程对区域环流的反馈作用等内容，并首次利用边界层风廓线雷达、Ka波段毫米波雷达开展了沙尘暴探测试验研究。通过以上内容的阅读和学习，读者可以认识塔克拉玛干沙漠大气边界层的基本特征和观测事实，可以了解利用微波雷达对沙尘暴进行探测的一些最新研究成果。当然，这些内容还需要进一步深入和完善，这也是我们今后努力的方向，也期望本书能起到抛砖引玉的作用。

本书共10章，内容安排如下：

第 1 章由孟露撰写，主要介绍塔克拉玛干沙漠的地理位置、自然地理特征和气候特征。

第 2 章由王敏仲负责完成，该章主要介绍塔克拉玛干沙漠塔中大气综合探测系统。

第 3 章由霍文和明虎（山东理工大学）撰写，主要概述了塔克拉玛干沙漠及周边沙尘天气的时空变化特征、塔中沙尘暴过程近地层粒径分布特征和质量浓度特征等。

第 4 章由王敏仲、王柯、魏伟（中国气象局地球系统数值预报中心）、张建涛等撰写，主要分析了塔克拉玛干沙漠塔中夏季大气边界层结构、塔中大气边界层风场变化、塔中夜间稳定边界层与低空急流、塔中夜间间歇性湍流等内容。

第 5 章由王敏仲、徐洪雄（中国气象科学研究院）撰写完成，该章主要基于 DALES 大涡模式和 WRF 模式开展了塔克拉玛干沙漠夏季晴空对流边界层的大涡模拟，评估了 DALES 大涡模式和 WRF 模式的大涡模拟性能，给出了沙漠晴空对流边界层结构、热对流运动特征，探讨了晴空对流边界层的形成机制等问题。

第 6 章由王敏仲和徐洪雄撰写，该章主要选取 5000 m 厚度大气边界层过程，利用 WRF 模式开展数值模拟试验，分析了塔克拉玛干沙漠夏季极端深厚大气边界层过程对区域环流的反馈作用和影响效应。

第 7 章由王敏仲和明虎撰写完成，本章详细介绍了风廓线雷达信号处理过程、风廓线雷达探测沙尘暴的基本特征，以及基于风廓线雷达的沙尘暴质量浓度定量反演估算方法，并建立了反射率因子与沙尘质量浓度之间的 Z-M 关系式。

第 8 章由明虎和王敏仲撰写完成，该章深入分析了沙尘暴对 Ka 波段毫米波的散射特性，给出了沙尘暴和沙漠云的反射率因子值，并利用毫米波雷达探测数据反演了沙尘暴的质量浓度。

第 9 章由潘红林撰写，主要介绍了基于星载激光雷达的塔克拉玛干沙漠及周边地区沙尘气溶胶的季节发生率、沙尘气溶胶光学特性等内容。

第 10 章由李兴财（宁夏大学）撰写完成，主要介绍了风沙静电现象机理、沙尘天气大气电场的分层分布特征以及带电粒子对电磁波传播的影响等内容。

本书中用到“地方时”或“当地时”会在图题下有标注，否则一律为北京时。

本书凝聚了全体撰写人员的心血与精力，虽然经过多次讨论和修改，但由于我们学识水平有限，谬误、疏漏和不妥在所难免，敬请读者及广大科研人员给予批评指正。最后，对参加本书编写的同仁们表示深切的感谢。

王敏仲
2022 年 6 月

目　录

第 1 章　塔克拉玛干沙漠概况

1.1　概述

塔克拉玛干沙漠，常常被称为“死亡之海”，它位于我国西北干旱荒漠区塔里木盆地，盆地三面环山，属典型的温带大陆性气候，风沙强烈，温差较大，全年降水少，是我国浮尘、扬沙、沙尘暴天气的重要起源地之一，也是内陆干旱区气候变化极为敏感的响应区域，在世界沙漠中有“八大之最”：受海洋影响最小，气候最为干旱，植被最少，沙丘类型最复杂，沙丘流动性最强，流沙所占面积最大，流沙层最厚，沙粒最细（何清等，1998）。全球每年输入大气的气溶胶总量在 10 亿～30 亿 t（Duce，1995），其中约有 8 亿 t 为沙尘气溶胶（张德二，1984）。塔克拉玛干沙漠输入大气中的沙尘气溶胶，通过吸收和散射太阳辐射、地面及云层的长波辐射，改变大气热力结构和降水过程，影响辐射收支和能量平衡，进而影响我国西部的气候。此外，塔克拉玛干沙漠的沙尘气溶胶可通过大气环流驱动作长距离输送，造成下游地区严重大气环境灾难，并影响东亚甚至全球的气候。塔克拉玛干沙漠的沙尘气溶胶以地球化学过程的方式将陆地、海洋和大气有机地结合起来，已经逐渐演变为全球物质循环及气候变化中的关键环节。

1.2　地理位置

塔克拉玛干沙漠（36°50′～41°10′N，77°40′～88°20′E）位于中国新疆塔里木盆地中部，整个沙漠东西长约 1070 km，南北宽约 410 km，总面积 337600 km^2，是中国最大的沙漠，也是世界第二大流动性沙漠。沙漠三面环山，地形闭塞，西接帕米尔高原，海拔高度平均 4000～5000 m；南邻喀喇昆仑山、昆仑山、阿尔金山等山系，并与青藏高原相接，海拔高度平均 4500～5500 m；北面为天山山脉，海拔高度平均为 3000～4500 m；盆地东面开口为罗布泊洼地，是塔里木盆地以东最低点，海拔高度为 780 m（李江风，2003）。由海洋输送至塔克拉玛干沙漠的水汽，经过长途跋涉，高山阻挡，几乎无法抵达沙漠上空，这是沙漠干旱气候形成的基本原因。

塔里木盆地内东部地势海拔高度约为 850～1200 m，西部海拔高度约 1100～

1300 m，南部海拔高度约 1300～1400 m，北部海拔高度约为 1000～1200 m，地势呈西高东低，南高北低的分布特征。该地势的分布，使发源于青藏高原的河流自南向北流入塔里木盆地，包括和田河、叶尔羌河、安迪尔河、尼雅河、若羌河等。部分河流汇入塔里木河，部分则中断于沙漠之中。另有自北向南的阿克苏河、库车河、孔雀河、开都河等汇入塔里木河，或注入罗布泊。而今由于土地开发和水库蓄洪，河水均断流，罗布泊已成为一个干涸的湖盆（中国科学院塔克拉玛干沙漠综合科学考察队，1994）。

塔克拉玛干沙漠特有的地理位置和地理环境，决定了其独特的气候特征。

1.3 自然地理特征

1.3.1 地形地貌

塔克拉玛干沙漠深居内陆盆地，西部、北部、南部为高山高原环绕，东部为盆地开口，三面环山的地形不易于盆地的水汽输送，加剧了沙漠干旱化。北冰洋、大西洋、阿拉伯海、印度洋、孟加拉湾等地的暖湿气流向塔克拉玛干沙漠输送，均被周边高山、高原阻挡，导致雨水多降落在迎风坡，致使塔克拉玛干沙漠愈发干旱。冬季来自北冰洋的冷干气流从盆地东部开口进入，致使沙漠冬季愈发干冷，夏季更加干热。但储存在高原、高山的山顶积雪、冰川，温度较高融化后，可给塔克拉玛干沙漠提供补给地下水和地表水，是沙漠周边的固态水库。

塔克拉玛干沙漠基本上由流动沙丘构成，占整个沙漠面积的 85%左右，比例高于世界第一大流动沙漠，成为流动性最强的沙漠。整个塔克拉玛干沙漠，固定与半固定沙丘主要分布在沙漠边缘或外围，在沙漠内部，几乎全部为裸露的流动沙丘，构成鲜有动植物分布的茫茫沙海（樊自立 等，1994）。而世界上的其他沙漠，常常会在一定距离内，流动沙丘间呈斑点状分布着固定沙丘、半固定沙丘、风蚀劣地、戈壁、丘陵，甚至是绿洲等。

塔克拉玛干沙漠被誉为“世界沙丘博物馆”，沙丘类型多样，形态复杂，沙漠腹地分布有纵向沙丘，如沙垄、复合型沙垄、新月型等；老塔里木河冲积、泛滥平原南部分布有横向沙丘，如新月型沙丘、新月型沙丘链、复合型沙丘链等；多风向作用下形成的星状沙丘，如金字塔沙丘，在沙漠腹地南部分布较多，另外，在沙漠的北部可见高大的穹状沙丘，西部和西北部可见鱼鳞状沙丘群（李振杰，2010；杨兴华 等，2014）。

塔克拉玛干沙漠的沙粒以细沙和极细沙为主，中值粒径平均为 0.093 mm。这是因为该沙漠的沙粒主要来源于古代河流的冲积平原和湖河相平原巨厚疏松的沉积层，沙源物质较细。重矿物组成角闪石占优势，大部分达到 40%～50%，其次是云母、绿帘石和金属矿物；发育在这些沉积物上的沙丘，重矿物成分也大致相似。沙漠北部地区，以塔里木河附近的河流冲积沙和沙丘来说，角闪石含量减少了，云母为主要成分，含量在40%以上(吴正，1987；李振杰，2010)。

1.3.2　下垫面状况(水文、植被、土壤)

不同下垫面上太阳的反射率差异较大，塔克拉玛干沙漠地表沙尘的反射率、土壤含水量等因素，均可影响局地和区域气候。塔克拉玛干沙漠95%以上是流沙和戈壁，反射率一般可达0.3以上(吴正，1987)，由于沙尘粒子的吸收和散射作用，沙漠下垫面接收的辐射能相对较少。沙漠中占比较小的绿洲植被带、河流两岸的胡杨林带等，可使疏松的沙层得到固定或半固定，土层、沙层得到保护，同时涵蓄了水分，起到固沙、防止沙化的作用。

塔克拉玛干沙漠属于内流区，河流均属于内陆河，沙漠里有最大的内陆河塔里木河，还有发源于昆仑山的和田河、尼雅河、克里雅河、安迪尔河以及车尔臣河等，这些河流都可以向沙漠提供少量地下水，但因第四纪岩层中含盐量高，且沙漠剧烈的蒸发作用，使塔克拉玛干沙漠的浅层地下水含盐量高达5～50 $g \cdot L^{-1}$，且地下水矿化度及含氟量较高，人畜均不能饮用。

塔克拉玛干沙漠的植被匮乏，结构简单，植被覆盖面积小，在塔中油田及沙漠公路两旁种植了一些适应于极端干旱气候的梭梭、柽柳、沙拐枣及野生芦苇，具有耐旱、耐盐碱、耐贫瘠、耐风沙特性，起到固沙、防止沙化的作用。在流动沙丘的丘间洼地处，由于地下水位较高，有柽柳、梭梭、芦苇、肉苁蓉等生长，还有少数的麻黄、古河道处的胡杨林等，对流沙固定起到了很好的作用(李锡纯，1986；杨利普，1987；李江风，1991)。

塔克拉玛干沙漠主体为风沙土，但在塔里木河以及和田河沿岸还分布有少许草甸土，沙漠边缘分布有棕漠土和盐土。塔克拉玛干沙漠沙丘表面的粒度分布不同，塔克拉玛干沙漠沙尘粒径通常为0.1～0.25 mm，极易形成沙尘天气(何清 等，1998)。在不同等级风力筛选与不同沙尘源作用下，塔克拉玛干沙漠沙尘粒子的物质组成也存在差异(陈渭南，1992；丁仲礼 等，1999；李恩菊 等，2011)。

1.3.3　周边地貌影响(天山、高原)

塔克拉玛干沙漠周边高山、高原环绕，沙漠以北横亘天山山脉，将新疆划分为南疆和北疆两个自然区域，构成两个盆地，即准噶尔盆地和塔里木盆地。天山山脉的特殊地理位置将南疆和北疆划分为两个不同的气候带，天山山脉以南为暖温带气候，天山山脉以北为温带气候。受天山山脉阻挡，冰洋气流无法南下，准噶尔盆地及其周围愈发湿冷，塔里木盆地及其周围的气候愈发暖干化，加剧盆地内干旱沙漠气候的形成。

沙漠西部，天山山脉和帕米尔高原相接，海拔高度4000～5000 m，阻挡了北冰洋、阿拉伯海输送来的水汽，当气流较强时，可越过帕米尔高原，在盆地内形成降水，气流较弱时，可在盆地内形成弱扬沙天气或微弱降水。水汽聚集在天山西部，降水量高达 300～800 mm。

塔克拉玛干沙漠南邻喀喇昆仑山、昆仑山、阿尔金山等山系，并与青藏高原相接。青藏高原的平均海拔超过 4000 m、范围达 2.5×10^6 km^2，是印度—澳大利亚板块向北漂移并与欧亚板块碰撞隆起的产物，这一"世界屋脊"隆起是地球演化史上一起重大的自然历史事件，驱动着高原及其毗邻地区，甚至北半球乃至全球的气候与环境演化。青藏高原不仅构造了中国区域三阶梯大地形及塔里木盆地和四川盆地等我国主要盆地的地质分布格局，而且以其"世界第三极"的动力、热力"驱动"对亚洲季风、亚洲内陆天气气候变化及水分循环都有着深远的影响(叶笃正 等，1979；徐祥德 等，2015；Wu et al.，1998；Liu et al.，2007；Xu et al.，2008；Liu et al.，2012)。青藏高原屹立在对流层中下部，影响 400 hPa 以下西风气流的输送，冬季高原地形迫使气流分支绕流以及夏季气流爬坡的机械动力作用，加剧了塔克拉玛干沙漠的干旱化。此外，高原的屏障作用，阻挡冬季冷气团的南下，夏季暖湿的印度洋、孟加拉湾水汽也很难以抵达沙漠，并且对西面过来的天气系统进行"过滤"，造成青藏高原北侧沙漠愈加干旱。

青藏高原在夏季是一个热源(叶笃正 等，1957；Flohn，2015)，高原表面的感热输送驱使低层大气辐合，在高原上空形成强烈的上升运动，犹如一个巨大的气泵，调节着高原周围低层环流的季节性演变。青藏高原在边界层以下为热低压，热低压范围随高度增加而减小，约在430 hPa 附近，热低压消失，至对流层顶转变为暖高压，高压中心出现在 100 hPa。高原热低压辐合抬升，在高原北侧下沉，导致塔克拉玛干沙漠进一步增温，促使沙漠高温干旱天气型的形成(李江风，2003)。

1.4 气候特征

塔克拉玛干沙漠气候实质上是盆地和沙漠两种气候的综合体——极端干旱的大陆性气候。主要特征有：冷热剧变，干旱少雨，降水少而集中，变率大等。由于塔克拉玛干沙漠地处盆地的特殊地形，会直接影响沙漠的热量、降水、风的气候特征。在塔克拉玛干沙漠的平均温度场分布中(图略)，沙漠中心温度高于周围山地。冬季，盆地内存在明显的逆温层或等温层，其厚度一般约 500 m，最厚可达 1500 m，这种垂直结构，常导致自西向东移动的冷锋从逆温层上部移开，天气较为稳定。夏季，高空有冷空气入侵时，常出现不稳定的大气层结，容易产生阵性降水和大风等天气。盆地降水四周多，中间少，山区降水量为沙漠地区的 30 倍左右。且由于盆地地形，盆地四周存在明显的山谷风和风的日变化特征(凌裕泉，1990)。

1.4.1　气温

塔克拉玛干沙漠年平均气温呈现南高北低、西高东低的分布趋势，最大温差为 1.0～2.0 ℃。而沙漠腹地年平均气温均高于沙漠边缘。但无论是周边地区，还是沙漠腹地，年气温变化幅度较小。形成盆地温度空间分布的原因是：第一，由于塔克拉玛干沙漠位于三面环山盆地之中，纬向距离较短，由纬度差异引起的温度变化很小。第二，塔克拉玛干沙漠腹地海拔高度一般为 1000～1200 m，差异不大。第三，下垫面一般为沙漠戈壁，只有少数地区为绿洲，因此，对太阳辐射的吸收和反射较为一致。年气温分布受地形的严格制约，对塔克拉玛干沙漠腹地区域来说，受沙丘高度的影响，在复合沙丘链高的区域，年均气温值较低；在复合沙丘链较低的地区，年均气温值较高。

冬季 1 月是塔克拉玛干沙漠全年最冷的月份，这一气温特征和全国是一致的。盆地沙漠冬季 1 月气温一般为－12～6 ℃，一般来说，北部低于南部；东部低于西部。春季 4 月，是塔克拉玛干沙漠风沙活动最活跃的季节，气温骤增，塔克拉玛干沙漠腹地一般为 15～17 ℃，而周边地区为 7～14 ℃，这是由于盆地下垫面为沙漠覆盖，升温较快。夏季 7 月是塔克拉玛干沙漠最热月份，7 月平均气温约为 24～30 ℃，一般来说，东部偏高，西部偏低，而南北地区相差不大。从 9 月开始，塔克拉玛干沙漠气温明显下降，降温最大值出现在 10 月，秋季是黄金季节，风平沙静，晴空万里，日照时数增多，秋季白天温度高、夜间温度低，日温差较大（李江风，2003）。

1.4.2　降水

塔克拉玛干沙漠年平均降水量不足 30 mm，属于极端干旱气候。由于盆地特殊地形，降水量分布极不均匀，即四周多中心少，山区多于平原，西部多于东部，北部多于南部，由北向南，由西向东逐步递减，总的递减方向是西南向东北递减。且降水量随海拔高度增加而增加。各地降水主要集中在 5—8 月，冬季最少。沙漠地区降水多以阵性为主，很不稳定（凌裕泉，1990）。冬季，塔克拉玛干沙漠在蒙古高压的控制范围内，导致沙漠区域几乎没有降水，一般为0～2.0 mm，偶有从北和西进入的冷空气产生降水，多出现在西部山麓边缘地区。而偏东地区较少，甚至无降水。春季，冷暖空气相遇，水汽增多，塔克拉玛干沙漠降水量在 1.0～10.0 mm，较冬季呈明显增加趋势。夏季，盆地热低压占据塔克拉玛干沙漠区域，由于沙漠的增热效应，使局地热对流作用增强，促使水分上升凝结而产生降水，夏季 7 月，是塔克拉玛干沙漠降水普遍增多的季节，一般为 10.0～20.0 mm，其分布仍然呈西北多、东南少；北部多、南部少，西部多、东部少；山区多、沙漠少的分布趋势。其总分布趋势由西北向东南递减。秋季（10 月），塔里木热低压衰退，南支锋区南移至高原，蒙古高压南伸，其前端已达塔克拉玛干沙漠地区，致使天气晴朗，少有降水产生，塔克拉玛干沙漠广大区域，降水量为

0～2.0 mm(李江风,2003)。

1.4.3 风

地面风向风速不仅受气压场的支配,而且直接受地形地势的影响。近地面层风向及其变化规律与平均流场基本一致,只是近地面层风向受地形微起伏的影响(包括沙丘的起伏)更为显著。就其平均状况来看,冬季沙漠东部盛行东北风,西部盛行西北风和西风,其界线与高空和地面辐合线相对应,位于尼雅河附近。夏季与冬季相似,只是地面辐合线向西移到克里雅河附近,过渡季节摆动于两河之间。且受山谷风的影响,山区和平原,风向都有明显的日变化 。

风速的大小与环流强度、地形和下垫面性质关系极为密切。风速以春季最大,夏季次之,冬季最小。而平均风速对于风沙活动意义不大。起沙风速通常定义为裸露沙质地表上,沙粒开始移动时的风速。研究表明,起沙风速在 2 m 高度上为 4.0 $m \cdot s^{-1}$,换算到气象站测风高度约为 5 $m \cdot s^{-1}$。对于风沙活动有意义的风速应该是大于 5 $m \cdot s^{-1}$的风速与起沙风的差值,也称为有效起沙风,其值愈大,风沙活动愈强。因为风沙活动强度与有效起沙风速的三次方成正比,即可利用有效起沙风计算最大可能输沙强度或风沙活动强度(凌裕泉,1990)。

塔克拉玛干沙漠年平均风速一般为 1.0～3.0 $m \cdot s^{-1}$,平均为 2.0 $m \cdot s^{-1}$左右,分布规律为东部大、西部小,山区大、平原小,沙漠腹地大、沙漠绿洲小,东南与东北区域大、偏西区域小。冬季 1 月的平均风速一般为 1.0～2.0 $m \cdot s^{-1}$,分布趋势一般东部大于西部,南部和北部相差不大,山区大于平原,沙漠腹地大于绿洲地区。春季(4 月)平均风速高于冬季,为全年最大值,其值为 2.5～4.0 $m \cdot s^{-1}$,其分布仍然是东部大、西部小,北部大、南部小。夏季(7 月)平均风速为 2.0～3.0 $m \cdot s^{-1}$,平均风速的分布形势和年、冬、春季平均风速分布完全不同。在沙漠中心的风速较大,总体上仍然是东部大于西部,北部大于南部,沙漠腹地大于绿洲,山区大于平原,谷地大于盆地的分布规律。塔克拉玛干沙漠秋季 10 月平均风速为 1.0～2.0 $m \cdot s^{-1}$,其分布趋势仍为东部大于西部,南部和北部相差不大,山区大于平原,谷地大于盆地(李江风,2003)。

参考文献

陈渭南,雷加强,1992. 塔克拉玛干沙漠新月形沙丘不同部位的粒度特征[J]. 干旱区资源与环境,6(2):101-108.

丁仲礼,孙继敏,刘东生,1999. 联系沙漠-黄土演变过程中耦合关系的沉积学指标[J]. 中国科学,29(1):82-87.

樊自立,季方,赵贵海,等,1994. 塔克拉玛干沙漠地区土壤和土地资源[M]. 北京:科学出版社.

何清,向鸣,1998. 塔克拉玛干沙漠腹地两次强沙尘暴天气分析[J]. 中国沙漠,18(4):320-327.

李恩菊,董治宝,赵景波,2011.巴丹吉林沙漠典型高大沙山迎风坡粒度特征[J].干旱区地理,(3):8.

李江风,1991.罗布泊和古楼兰之谜[M].北京:气象出版社.

李江风,2003.塔克拉玛干沙漠和周边山区天气气候[M].北京:科学出版社.

李锡纯,1986.新疆国土资源第二卷[M].乌鲁木齐:新疆人民出版社.

李振杰,2010.塔克拉玛干沙漠塔中近地层湍流特征研究[D].乌鲁木齐:新疆师范大学.

凌裕泉,1990.塔克拉玛干沙漠的气候特征及其变化趋势[J].中国沙漠,10(2):11.

吴正,1987.风沙地貌学[M].北京:科学出版社.

徐祥德,赵天良,施晓晖,等,2015.青藏高原热力强迫对中国东部降水和水汽输送的调制作用[J].气象学报,73(1):20-35.

杨利普,1987.新疆维吾尔自治区地理[M].乌鲁木齐:新疆人民出版社.

杨兴华,何清,霍文,等,2014.沙漠地区不同下垫面近地表沙尘水平通量研究[J].干旱区研究,31(3):6.

叶笃正,高由禧,1979.青藏高原气象学[M].北京:科学出版社.

叶笃正,罗四维,朱抱真,1957.西藏高原及其附近的流场结构和对流层大气的热量平衡[J].气象学报,(2):20-33.

张德二,1984.我国历史时期以来降尘的天气气候学初步分析[J].中国科学:化学生物学农学医学地学,14(3):88-98.

中国科学院塔克拉玛干沙漠综合科学考察队,1994.塔克拉玛干沙漠地区土壤和土地资源[M].北京:科学出版社.

DUCE, 1995. Sources, distributions and fluxes of mineral aerosols and their relationship to climate [C]. Charlson, R.j. Heintzenberg, J.

FLOHN H, 2015. Large-scale aspects of the "summer monsoon" in South and East Asia[J]. Journal of the Meteorological Society of Japan, 75: 180-186.

LIU Y M, BAO Q, DUAN A M, et al, 2007. Recent progress in the impact of the Tibetan Plateau on climate in China[J]. Advances in Atmospheric Sciences, 24(6): 1060-1076.

LIU Y M, WU G X, HONG J L, et al, 2012. Revisiting Asian monsoon formation and change associated with Tibetan Plateau forcing: II. Change[J]. Climate Dynamics, 39(5): 1183-1195.

WU G, ZHANG Y, 1998. Tibetan Plateau forcing and the timing of the monsoon onset over South Asia and the South China Sea[J]. Monthly Weather Review, 126(4):913-927.

XU X, LU C, SHI X, et al, 2008. World water tower: an atmospheric perspective[J]. Geophysical Research Letters, 35, L20815, doi: 10.1029/2008GL035867.

第 2 章　塔克拉玛干沙漠大气探测系统

2.1　80 m 铁塔梯度探测系统

80 m 铁塔梯度探测系统(图 2.1)位于塔克拉玛干沙漠腹地塔中国家野外科学观测研究站(简称“塔中站”)。该系统共有 10 层观测平台,高度分别为 0.5 m、1 m、2 m、4 m、10 m、20 m、32 m、47 m、63 m、80 m,可以十分细致地探测沙漠近地层气温、风速、风向、相对湿度等气象要素的垂直梯度变化特征。观测仪器的主要技术指标见表 2.1。

图 2.1　塔克拉玛干沙漠塔中 80 m 铁塔梯度探测系统

表 2.1 塔中 80 m 铁塔梯度探测系统主要技术指标

传感器	型号	产地厂家	主要技术指标
风速仪	WAA151	芬兰 VAISALA	风速量程为 0.4～75 $m \cdot s^{-1}$，风杯启动风速<0.35 $m \cdot s^{-1}$，距离常数为 2.0；风速在 0.4～60 $m \cdot s^{-1}$时测量精度为±0.17 $m \cdot s^{-1}$(标准偏差)
风向仪	WAV151	芬兰 VAISALA	风向测量范围 0～360°，启动风速<0.4 $m \cdot s^{-1}$，分辨率 5.6°，精度优于±3°
温度仪	HMP45D (QMH102)	芬兰 VAISALA	测量范围－39.2～＋60 ℃，输出量程为－40～＋60 ℃，测量精度为±0.2 ℃(20 ℃)
湿度仪	HMP45D (QMH102)	芬兰 VAISALA	量程为 0.8～100%RH，输出范围 0～100%RH，出厂参考精度为±1%RH(20 ℃)；野外标校精度为±2%RH(0～90%RH)和±3 %RH(90%～100%RH)

2.2 近地层能量探测系统

塔中近地层能量探测系统主要包括地表能量收支探测系统、OPEC 开路涡动相关探测系统等部分。通量观测仪器采用国际公认标准，主要购自荷兰 Kipp&Zonen、英国 Gill、美国 Campbell、Sensit 等公司的主要仪器部件及数据采集软件，具有良好的开放性和数据采集处理选择功能，可保证不同时间尺度的数据采集设置与预处理分析。仪器详细性能与技术指标见表 2.2。

表 2.2 塔中近地层能量探测系统主要技术指标

传感器	型号	产地厂家	主要技术指标
短波辐射仪 散射辐射环	CM2 型 CM121B 型	荷兰 Kipp&Zonen	光谱范围：305～2800 nm；灵敏度：10 $\mu V \cdot W^{-1} \cdot m^{-2}$；响应时间：5 s 达到 95%；方向误差：≤±10 $W \cdot m^{-2}$
总辐射表(标校站)	CM3 型	荷兰 Kipp&Zonen	光谱范围：305～2800 nm；灵敏度：<30 $\mu V \cdot W^{-1} \cdot m^{-2}$；响应时间：<18 s 到达 95%；方向误差：<± 25 $W \cdot m^{-2}$
长波辐射仪	CG4 型	荷兰 Kipp&Zonen	光谱范围：4.5～42 μm；灵敏度：<30 $\mu V \cdot W^{-1} \cdot m^{-2}$；加热漂移：≤4 $W \cdot m^{-2}$；操作温度：－40～80 ℃；响应时间：≤8 s 达到 63%
双波段紫外辐射仪	UV-S-AB-T 型	荷兰 Kipp&Zonen	光谱范围：280～400 nm(UVA 和 UVB)，双重波段；响应时间：0.5 s 达到 99%；零点漂移：最大±2mV
土壤热通量	HFP01SC 型	荷兰 Hukseflux	灵敏度：50 $\mu V \cdot W^{-1} \cdot m^{-2}$；精度：≤3%；温度范围：－30～80 ℃；测量范围：－2000～2000 $W \cdot m^{-2}$；温度依赖性：≤0.1%/℃

续表

传感器	型号	产地厂家	主要技术指标
土壤导热率	TP01 型	芬兰 VAISALA	温度范围：－30～＋80 ℃；精度：±0.15% · K^{-1}；工作温度：－30～＋90 ℃
三维超声风速仪	R3-50 型	英国 Gill	采样频率：20 Hz；风速量程：0～45 m · s^{-1}；精度：<1%实际风速；分辨率：0.01 m · s^{-1}；风速偏移<±0.01 m · s^{-1}；风向精度<±1°，分辨率 1°；声速测量范围、精度及分辨率分别为 300～370 m · s^{-1}，<±0.5%（风速<30 m · s^{-1}），0.01 m · s^{-1}
二氧化碳水分脉动探测仪	OP-2 型	英国 ADC	CO_2 典型的标定测量范围：200～600 ppm，分辨率 0.02 ppm；H_2O 一般标定测量范围和分辨率分别为 0～40 hPa 和 0.05 hPa；采样频率：3000 RM (20 Hz)
三维超声风速仪	CSAT3	美国 Campbell	采样频率：1～60 Hz；风速量程：±65.535 m · s^{-1}；风速偏移：U_x、U_y：<±4.0 cm · s^{-1}，U_z：<±2.0 cm · s^{-1}；声速测量范围及分辨率分别为 300～366 m · s^{-1}，0.015 m · s^{-1}

(1)辐射平衡各分量探测仪

辐射探测仪器均采用国际公认的先进探测传感器，观测项目包括：短波辐射、长波辐射、紫外辐射、散射辐射。辐射观测架上(图 2.2)安装有 2AP 自动跟踪器和 CH-1 型直接辐射表、CM21 型总辐射仪、反射辐射仪、散射辐射仪、向上和向下 CG4 型长波辐射仪、UV-S-AB-T 型紫外辐射仪各一台。自动观测沙漠地表辐射各分量，数据采集频率为 10 s，每分钟记录 1 组平均数据。

图 2.2 塔中辐射观测系统

(2)开路涡动相关探测系统

在塔中铁塔的 10 m、32 m、80 m 高度平台以及铁塔西侧 2.2 km 平坦自然沙面 3 m 高度上,架设了四套三维超声风速仪和二氧化碳、水汽脉动探测仪(图 2.3),10 m 高度为英国水汽脉动仪、Gill 超声风速仪,其他为美国 Campbell 超声风速仪和二氧化碳、水汽脉动探测仪。一套 CR5000、三套 CR3000 采集器实时监测 CO_2、H_2O、三维超声风速和温度脉动变化,数据采集频率为 20 Hz。

图 2.3 塔中西站自然沙面涡动相关探测系统

2.3 GPS 探空系统

塔克拉玛干沙漠塔中国家野外科学观测研究站(简称"塔中站")配备了 GPS(全球定位系统)探空系统。该系统由北京长峰微电科技有限公司研制(图 2.4 和表 2.3),GPS 探空系统主要由地面接收系统和 GPS 探空仪组成。探空气球携带探空仪升空进行探测,地面接收系统接收探空仪发射的无线电信号,可计算解析出大气的温度、湿度、压力、风向、风速等气象信息。探空气球的平均升速大约为 300～400 $m \cdot min^{-1}$,一次探空观测大约需要 90 min 时间。

图 2.4　GPS 探空系统

表 2.3　GPS 探空系统主要技术指标

<table>
<tr><td rowspan="10">GPS
探空
系统</td><td></td><td>型号</td><td>生产厂家</td><td>传感器</td><td>测量范围</td><td>探测精度</td><td>误差范围</td></tr>
<tr><td rowspan="5">GPS
探空仪</td><td rowspan="5">CF-06-A
GNSS</td><td rowspan="9">北京长峰
微电科技
有限公司</td><td>温度</td><td>−90～+60 ℃</td><td>0.1 ℃</td><td>±0.2 ℃</td></tr>
<tr><td>湿度</td><td>0～100%</td><td>1%</td><td>±3%</td></tr>
<tr><td>气压</td><td>3～1080 hPa</td><td>0.1 hPa</td><td>±1.0 hPa</td></tr>
<tr><td>风速</td><td>0～150 m・s⁻¹</td><td>0.1 m・s⁻¹</td><td>±0.15 m・s⁻¹</td></tr>
<tr><td>风向</td><td>0°～360°</td><td>0.1°</td><td>±2°</td></tr>
<tr><td rowspan="4">地面接
收系统</td><td rowspan="4">CFL-GNSS-JS</td><td colspan="2">接收频率范围</td><td colspan="2">400～406 MHz</td></tr>
<tr><td colspan="2">AFC 控制精度</td><td colspan="2">2 kHz</td></tr>
<tr><td colspan="2">天线增益</td><td colspan="2">>7 dB</td></tr>
<tr><td colspan="2">噪声系数</td><td colspan="2">2.7 dB</td></tr>
</table>

中国气象局乌鲁木齐沙漠气象研究所先后于 2015 年 6 月 25 日—7 月 3 日、2016 年 7 月 1—31 日、2017 年 7 月 1—31 日在沙漠腹地塔中(39°02′N,83°38′E,海拔高度 1109.0 m)开展了 GPS 探空加密观测试验，每日观测 4～6 次，分别为 01:15、07:15、10:15、13:15、16:15、19:15(北京时)。

除上述 GPS 探空观测外，塔克拉玛干沙漠周边民丰(37°N,82°E)、若羌(39°N,88°E)、库尔勒(41°N,85°E)、喀什(39°N,75°E)4 个 L 波段雷达探空站(表 2.4)每日 07:15 和 19:15 进行探空观测。L 波段探空雷达是中国自主研制的新一代二次测风雷达，具有探测精度高、采样速度快、脉冲峰值功率低、探测资料准确等特点，实现了高空气象探测的数字化和自动化。L 波段探空雷达主要技术参数如下：L 波段频率范围为 1671±1 MHz；其测量精度：温度在−80～40 ℃范围内小于 0.2 ℃均方根误差(RMS)；湿度在−25 ℃以上为 5%(RMS)，在−25 ℃以下为 10%(RMS)；气压在 1050～10 hPa 范围内，500 hPa 以下为2 hPa(RMS)，500 hPa 以上为 1 hPa(RMS)；

每一秒钟给出一组数据，涉及的要素有：采样时间、气温、气压、相对湿度、仰角、方位、距离、经度偏差和纬度偏差。

表 2.4 沙漠及周边探空站的地理信息和使用数据时间范围

站点	经度(E)	纬度(N)	海拔高度(m)	地表类型	使用的数据时间范围(年.月.日)
塔中	83°	39°	1099.3	流动沙漠	2015.6.25—7.3、2016.7.1—31
民丰	82°	37°	1409.5	荒漠与绿洲	2011.7.1—31、2016.7.1—31
若羌	88°	39°	887.7	荒漠与绿洲	2016.7.1—31
喀什	75°	39°	1289.4	绿洲	2016.7.1—31
库尔勒	85°	41°	931.5	绿洲	2016.7.1—31

2.4 风廓线雷达探测系统

塔克拉玛干沙漠塔中国家野外科学观测研究站配备了 CFL-03 型移动边界层风廓线雷达(图 2.5)，该系统由中国航天科工集团第二十三研究所研制，主要由发射机系统、接收机系统、天馈系统、监控系统、信号处理与控制系统、数据处理系统 6 部分组成，它的探测设计高度为 3000～5000 m。CFL-03 风廓线雷达采用 5 个固定指向波束的探测方式，1 个垂直波束，4 个天顶角为 15°的倾斜波束，倾斜波束在方位上均匀正交分布。为了兼顾探测高度和低层的高度分辨率，CFL-03 风廓线雷达采用高、低两种工作模式。低模式使用窄脉冲、高度分辨率为 50 m，高模式使用宽脉冲、高度分辨率为 100 m。两种模式交替进行，在保证低空具有较高垂直空间分辨率的同时可以达到较高的探测高度。表 2.5 列出了 CFL-03 风廓线雷达的主要技术参数。2010—2016 年，中国气象局乌鲁木齐沙漠气象研究所利用 CFL-03 边界层风廓线雷

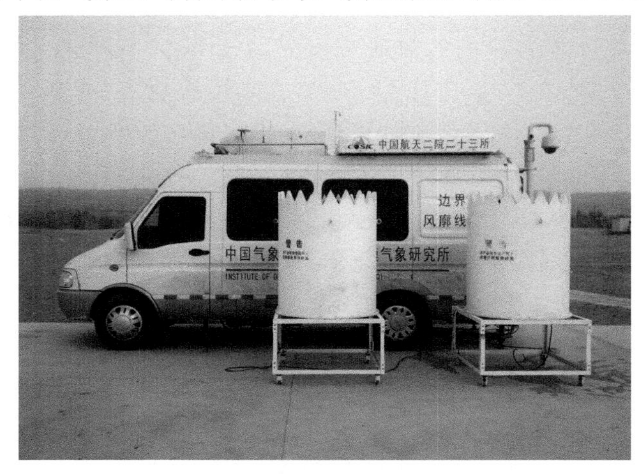

图 2.5 CFL-03 移动边界层风廓线雷达

达在塔中站开展了大气边界层和沙尘暴的连续探测试验。在进行探测试验之前，对风廓线雷达发射机系统、接收机系统、天馈系统等硬件的参数均进行了准确的仪器测量和标定。所使用的测试仪器包括矢量网络分析仪、频谱仪、示波器、射频信号源、大功率衰减器、可调衰减器、功率计等。测试标定内容主要包括天线方向图、驻波系数、馈线损耗、发射功率、脉冲宽度、发射频率、噪声系数、接收机灵敏度、接收系统动态范围、接收机中频带宽、系统探测范围、系统最小可测功率等。通过测试与标定，确保了雷达硬件参数符合相应的技术指标要求。

表 2.5　CFL-03 移动边界层风廓线雷达主要技术参数

参数名称	参数	参数名称	高模式参数	低模式参数
雷达波长	227 mm	脉冲宽度	0.66 μs	0.33 μs
波束宽度	8°	最低探测高度	600 m	50 m
波束数	5	高度分辨率	100 m	50 m
天线增益	25 dB	相干积累次数	64	100
馈线损耗	2dB	FFT 点数	512	256
发射峰值功率	2.36 kW	接收机带宽	1.5 MHz	3.0 MHz
噪声系数	2 dB			

2.5　激光雷达

塔克拉玛干沙漠塔中国家野外科学观测研究站布设了多波段拉曼偏振激光雷达(图 2.6 和表 2.6)，该系统由兰州大学自主研制，主要用于探测大气中的沙尘气溶

图 2.6　多波段拉曼偏振激光雷达

胶、云等目标物，激光雷达由激光发射器、信号接收系统、数据处理系统等组成。多波段拉曼激光雷达通过激光器发射激光，由激光分光和扩束系统将分光扩束后的激光垂直发射到空中，通过高倍天文望远镜接收大气中的颗粒物和云等返回的回波信号，并经过精细分光，由光电倍增管将光信号转换成电信号传输到数据采集卡，并经过软件处理后存储和显示。多波段拉曼激光雷达安装在密闭恒温的方舱内，方舱配套有UPS和可续航供电 8 h 以上铅酸电池。

表 2.6　多波段拉曼偏振激光雷达主要技术参数

参数名称	参数	参数名称	参数
激光波长	532/1064 nm	供电电压	220 V
激光类型	脉冲 Nd:YAG 激光	额定功率	1800 W
激光能量	100 mJ	测量范围	0～20 km
激光脉冲频率	20 Hz	空间分辨率	7.5 m
接收孔径	Φ400 mm	接收通道	532 nm 平行偏振分量/ 532 nm 垂直偏振分量/ 1064 nm /607 nm 拉曼

2.6　毫米波雷达

塔克拉玛干沙漠塔中国家野外科学观测研究站观测使用的毫米波雷达分别由安徽四创电子股份有限公司(图 2.7)和北京航天新气象科技有限公司研制生产(图 2.8)。利用 Ka 波段连续波雷达于 2018 年 4—6 月在塔中站进行了云和沙尘暴的探测试验，利用 Ka 波段毫米波测云仪于 2021 年 4—9 月在塔中站进行了云和沙尘暴的探测试验。Ka 波段连续波雷达和 Ka 波段毫米波测云仪的主要技术参数见表 2.7 和表 2.8。

图 2.7　Ka 波段连续波雷达

图 2.8　Ka 波段毫米波测云仪

表 2.7　Ka 波段连续波雷达主要技术参数

参数名称	参数	参数名称	参数
波长	8.56 mm	脉冲宽度	2560 μs
距离分辨率	10 m	发射功率	10 W
中心频率	30 GHz	馈线损耗	1.2 dB
水平波束宽度	1.2°	天线增益	40 dB
垂直波束宽度	1.2°		

表 2.8　Ka 波段毫米波测云仪主要技术参数

参数名称	参数	参数名称	参数
波长	8 mm	脉冲宽度	0.2 μs、8 μs/5 MHz、24 μs/5 MHz 线性调频脉冲
距离分辨率	30 m	峰值功率	>20 W
中心频率	35 GHz	天线增益	≥52 dB
波束宽度	≤0.4°		

2.7　太赫兹雷达

利用中国航天科技集团八院 802 研究所研制的太赫兹雷达(图 2.9)于 2020 年 4—5 月、2021 年 4—6 月在塔中站进行了云和沙尘暴的探测试验。太赫兹雷达技术参数见表 2.9。

图 2.9　太赫兹雷达

表 2.9 太赫兹雷达主要技术参数

参数名称	参数	参数名称	参数
波长	1.37 mm	脉冲周期	2.5 ms
距离分辨率	31.25 m	发射功率	2.5 W
中心频率	219 GHz	FFT 点数	64
水平波束宽度	0.2°	馈线损耗	4.2 dB
垂直波束宽度	0.2°	天线增益	59 dB

2.8 近地面气溶胶监测系统

在塔中站建设有近地面气溶胶监测系统(图 2.10),具体包括地面臭氧观测仪、多波段浊度计、TSP 监测仪、Grimm-180 环境颗粒物监测仪、大气降尘监测仪、能见度仪、天空成像仪等设备,探测沙漠腹地大气 O_3 浓度、气溶胶浓度、能见度和天空状况等。同时在实验室配备了离子色谱仪、紫外可见光光度计、激光粒度仪、扫描电迁移率粒径谱仪等。

图 2.10 沙尘气溶胶监测系统

第3章 塔克拉玛干沙漠沙尘暴天气特征

3.1 概述

沙尘暴是一种危害极大的气象灾害，也是加速土地荒漠化的重要沙尘输送过程，因其本身影响范围广等特点，它会给工农业生产、交通运输、人类生活带来极大的危害，所引发的次生环境灾害等问题也受到社会各界的广泛关注，沙尘暴研究已成为引起全球变化及其环境问题的重要科学领域。

塔克拉玛干沙漠是我国第一大流动性沙漠，也是我国沙尘暴的高发区之一（何清 等，1997）。塔克拉玛干沙漠在受到塔里木盆地与青藏高原大地形的影响下（张强 等，2008；徐祥德 等，2014），形成了独特的沙尘气溶胶滞空现象（Meng et al.，2018），并扩散至我国东部地区和其他国家（陈思宇 等，2017；刘玉芝，2015），对东亚区域乃至全球气候与环境都有着重大影响（Huang et al.，2009）。沙尘气溶胶传输是干旱区与季风区之间重要的大气物理过程和纽带，这一物理过程不仅给沙漠周边地区的空气质量带来一定的影响，而且还对全球气候与环境产生深刻影响（魏文寿 等，2008）。Jean（1982）研究表明，北非每年空中的沙尘总量有近10亿t，沙尘遍及撒哈拉上空边界层，在夏季可达6000 m高度。Zhao（2006）研究指出，美国迈阿密、佛罗里达等地6—8月沙尘气溶胶主要来自撒哈拉沙漠。Nickovic等（1996）在20世纪80年代针对地中海西部沙尘输送进行三维空间数值模拟，首次将输送过程分为两个阶段：地面沙尘移动阶段、沙尘被湍流抬升阶段，模拟了沙尘在大气中剧烈的垂直混合、扩散、降尘过程，沙尘输送模拟结果与卫星观测非常一致。

21世纪以来沙尘暴及气溶胶相关研究一直是各国科学家关注的焦点（Kecun et al.，2005；车慧正 等，2005）。随着观测手段与研究方法的进步和提升，对沙尘暴及气溶胶方面的研究，无论从天气学分析、气候成因、数值模拟、气候环境影响效应等领域都取得了重大研究进展（周秀骥 等，2002；王式功 等，2003）。近年来部分科研工作者重视分析生态地理格局、植被覆盖、土壤特性、沉积物粒径大小等下垫面因子对沙尘暴的影响，也取得了丰硕的研究成果（Reynolds et al.，2007；Liu et al.，2004）。值得肯定的是，沙尘气溶胶数值模型对大气动力学和物理化学过程有较好的描述，可通过数值模拟试验认识沙尘排放、传输和沉降等科学问题，成为研究沙尘气溶胶的一种重要手段。对于沙尘暴过程起沙、输送和沉降研究:①主要集中于近地面沙尘排放量的估算、起沙机制及影响因素分析;②沙尘高空输送及沉降过程的模拟和总量的计算等(Zhao et al.,2011)。

关于沙尘水平输送通量方面的研究,在腾格里沙漠与民勤沙地已先后开展,并给出了平坦沙地沙尘水平输送通量的演变规律(Dong et al.,2010;张正偲 等,2010)。在塔克拉玛干沙漠,近年来也开展了贴地层沙尘输沙参数的观测研究,揭示了沙尘水平输送通量的垂直分布规律,建立了贴地层沙尘水平输送通量的参数化方案,验证了Bagnold、Zingg、Kawamura、Lettau等沙尘水平输送通量参数化方案在新疆区域的适用性(Yang et al.,2016,2017,2018)。Huo(2017)揭示了塔克拉玛干沙漠腹地粒度参数和沙尘水平输送通量随高度变化的新事实,并指出在起伏地形下粒度参数和沙尘水平输送通量随高度并不符合经典的幂函数变化规律。

3.2 影响南疆沙尘暴的主要天气系统及其分型

选取南疆1960—2009年共39场大范围沙尘暴天气过程,选取标准是:南疆区域至少有23站次出现沙尘天气。针对39场大范围沙尘暴天气过程,根据不同的天气形势和主导系统划分为3种类型。

3.2.1 冷空气翻山型

天气学分析:冷空气翻山型沙尘天气,主要是指冷空气从塔里木盆地西侧的喀什、克孜勒苏柯尔克孜自治州(简称克州)和北侧阿克苏地区进入盆地后造成的沙尘天气,主要有西方冷空气翻山和北方冷空气翻山。此类型沙尘天气多是由来自西北方的冷空气在巴尔喀什湖附近或入侵北疆后加强,并翻过天山山脉下沉引起西北大风,从而造成较强的沙尘暴天气(图3.1,表3.1,表3.2)。

3.2.2 同位相叠加型

天气学分析:里海和咸海脊、乌拉尔脊、新地岛脊同位相叠加,西西伯利亚横槽转竖南下,引导泰米尔半岛强冷空气暴发直插新疆,东灌进入塔里木盆地,造成大范围沙尘暴天气;西西伯利亚地面冷高压暴发性南下并强烈发展是造成此类型沙尘天气的根本原因,沙尘暴区上空螺旋度垂直分布为低层正值、高层负值,构成低空强辐合、高空强辐散的上升运动区,揭示强旋转上升运动是大范围沙尘暴发生的动力条件,高空急流入口区次级环流下沉支导致高层动量下传,促使对流层中低层风力加大,冷锋南压,驱动沙尘暴天气的发生(图3.2,表3.1,表3.2)。

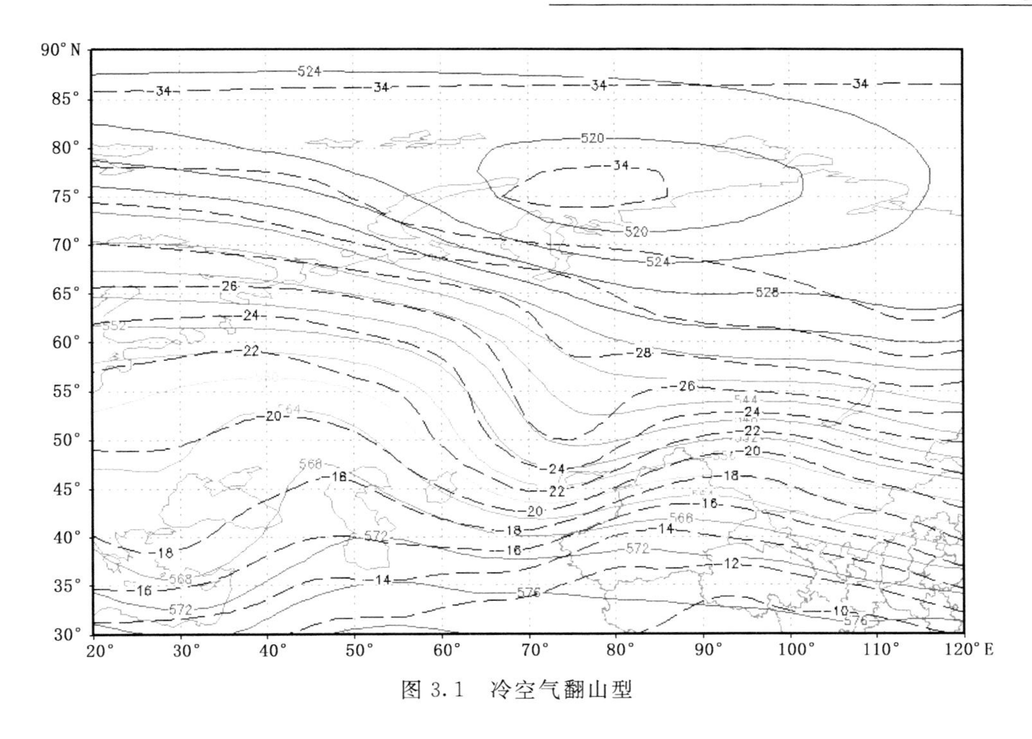

图 3.1　冷空气翻山型

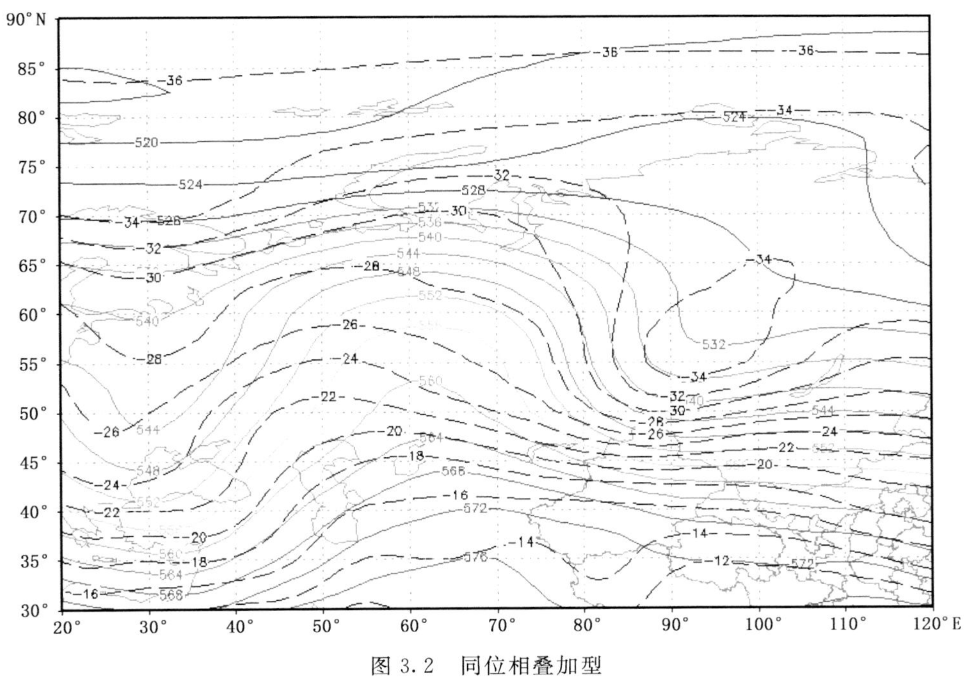

图 3.2　同位相叠加型

3.2.3 锋前热低压发展型

天气学分析：随着上游乌拉尔脊东扩，推动西西伯利亚低槽东移南下，由于受下游蒙古脊的阻挡，低槽明显向南加深，槽底移至青藏高原。由于低槽南伸到塔里木盆地的东部，在盆地形成强烈的风切变，有利于低层气流辐合上升和高层西南急流的辐散，易造成南疆盆地局部地区的大风沙尘天气(图 3.3，表 3.1，表 3.2)。

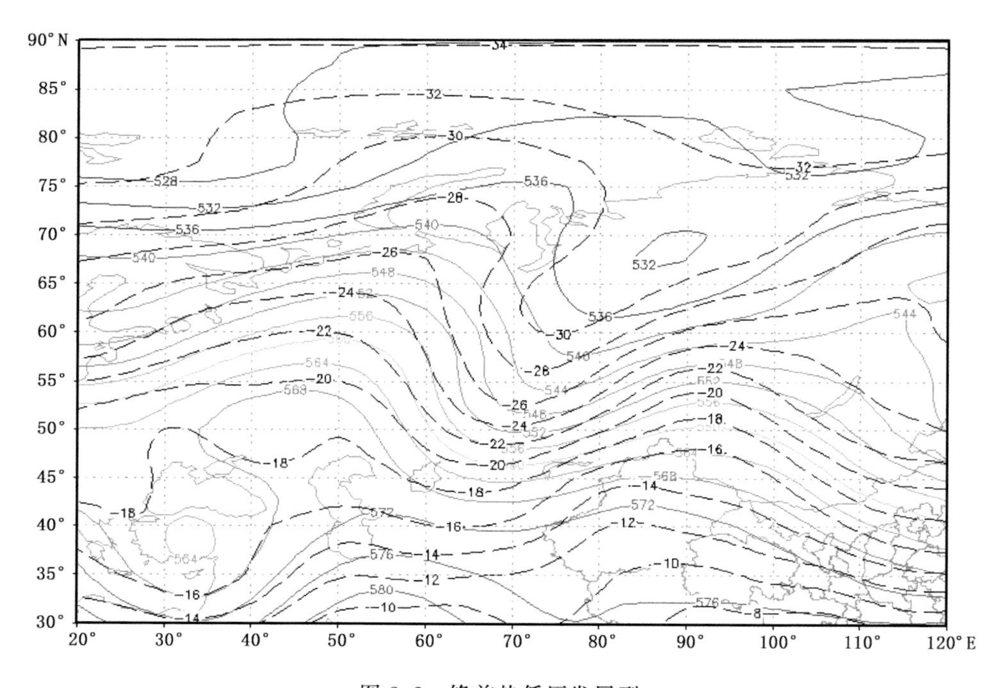

图 3.3 锋前热低压发展型

表 3.1 各天气型下南疆沙尘暴发生概率与持续时间

类型	发生次数	发生率(%)	平均持续时间(d)
冷空气翻山型	21	53.8	4.5
同位相叠加型	11	28.2	4.8
锋前热低压发展型	7	17.9	5.1

表 3.2 各天气型下南疆各站沙尘暴的发生概率

	冷空气翻山型		同位相叠加型		锋前热低压发展型	
	站名	概率(%)	站名	概率(%)	站名	概率(%)
1	柯坪	100.0	沙雅	100.0	巴楚	100.0
2	策勒	100.0	阿拉尔	100.0	岳普湖	100.0

续表

	冷空气翻山型		同位相叠加型		锋前热低压发展型	
	站名	概率(%)	站名	概率(%)	站名	概率(%)
3	麦盖提	95.2	阿克苏	90.9	柯坪	100.0
4	泽普	95.2	库车	90.9	若羌	100.0
5	和田	95.2	柯坪	90.9	英吉沙	100.0
6	莎车	90.5	麦盖提	90.9	莎车	100.0
7	叶城	90.5	莎车	90.9	叶城	100.0
8	皮山	90.5	叶城	90.9	泽普	100.0
9	且末	90.5	泽普	90.9	策勒	100.0
10	巴楚	85.7	尉犁	81.8	安德河	100.0
11	阿拉尔	85.7	岳普湖	81.8	且末	100.0
12	于田	85.7	铁干里克	81.8	于田	100.0
13	若羌	81.0	若羌	81.8	阿克苏	85.7
14	喀什	76.2	英吉沙	81.8	库车	85.7
15	沙雅	71.4	皮山	81.8	尉犁	85.7
16	英吉沙	71.4	策勒	81.8	喀什	85.7
17	洛浦	71.4	和田	81.8	麦盖提	85.7
18	安德河	71.4	且末	81.8	皮山	85.7
19	库车	66.7	新和	72.7	策勒	85.7
20	阿图什	66.7	喀什	72.7	新和	71.4

3.3　沙尘暴时空变化特征

3.3.1　沙尘暴年际变化特征

图 3.4 给出了 1961—2010 年南疆(44 个气象站)每年沙尘暴平均发生次数随时间的变化曲线，可以看到，在 1986—1988 年以前，南疆每年平均发生 13～14 次沙尘暴，1988 年之后，随着新疆气候向暖湿化发展，南疆沙尘暴年发生次数也逐年递减，每年沙尘暴平均发生次数约为 5～6 次，说明沙尘暴对气候变化响应较为敏感。图 3.6～图 3.8 分别给出 1961—2010 年南疆库尔勒、喀什、和田每年沙尘暴发生次数逐年的变化曲线，也可看到 20 世纪 80 年代后期沙尘暴逐年递减的变化特征。

图 3.5 给出 1961—2010 年南疆(44 个气象站)年平均沙尘暴发生次数距平逐年的变化曲线，可清晰地看到，新疆在 20 世纪 80 年代中期，沙尘暴发生突变，发生次数突然递减，主要原因是新疆在 80 年代气候发生突变，气候变暖变湿，导致沙尘暴逐年减少。

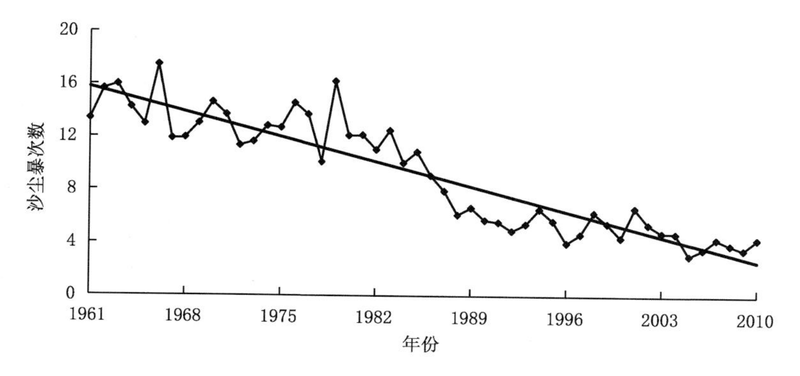

图 3.4 1961—2010 年南疆平均年沙尘暴发生次数变化

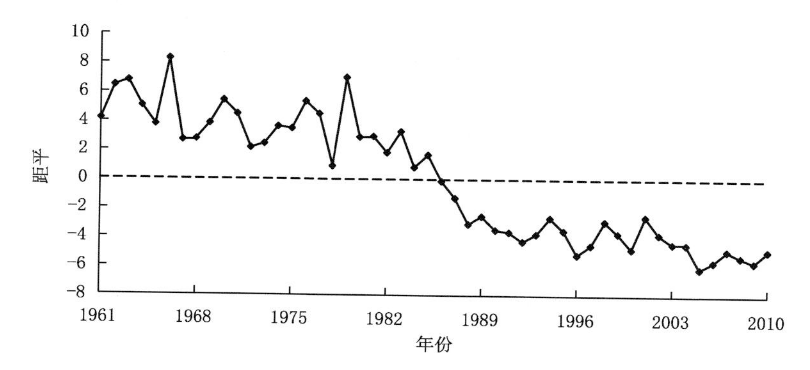

图 3.5 1961—2010 年南疆逐年平均年沙尘暴发生次数距平变化曲线

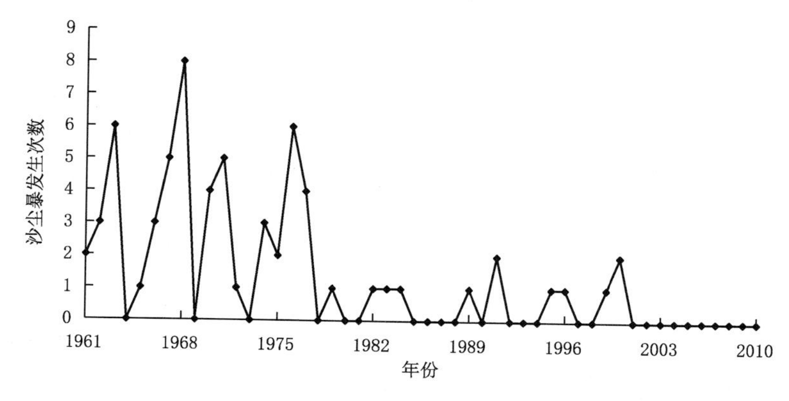

图 3.6 库尔勒 1961—2010 年年沙尘暴发生次数逐年变化

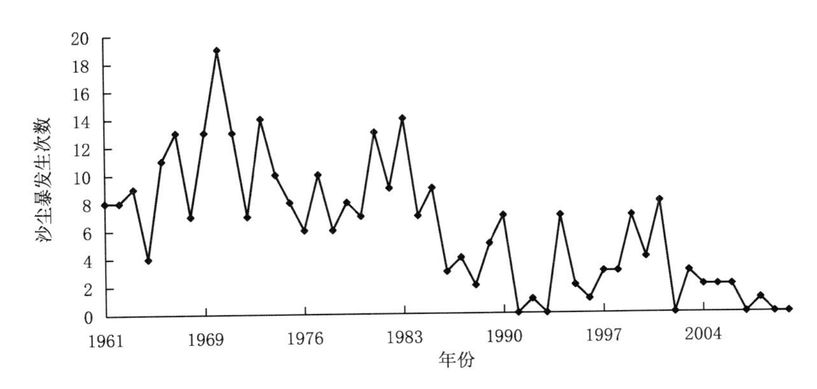

图 3.7 喀什 1961—2010 年年沙尘暴发生次数逐年变化

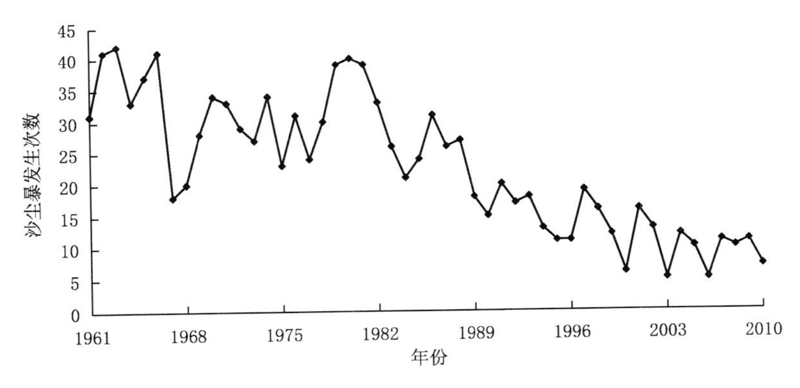

图 3.8 和田 1961—2010 年年沙尘暴发生次数逐年变化

3.3.2 沙尘暴月变化特征

对全疆 105 个气象站自建站以来至 2010 年的沙尘暴资料进行统计分析，给出全疆沙尘暴年内变化特征和季节变化特征。由图 3.9 可知，3—8 月是全年沙尘暴的高发期，从 3 月开始全疆沙尘暴次数明显呈上升趋势，3 月 105 站多年平均为 24 次，4 月为 57 次，5 月出现峰值为 62 次，6 月 53 次，7 月 37 次，8 月 24 次，9 月 15 次，其他各月 105 站多年平均在 10 次左右或以下。塔克拉玛干沙漠腹地塔中 4—6 月均属于高发时段，沙漠东南缘和田、民丰、且末、若羌一带沙尘暴高发区集中在 4—5 月；沙漠西侧巴楚、麦盖提集中在 4—5 月，莎车、叶城 5—6 月为高发期；沙漠北缘沙雅、轮台高发期也是 4—5 月。以塔克拉玛干沙漠为中心沙尘暴活跃期北部早于南部，东部早于西部，并呈现南多北少、西多东少的分布特征（表 3.3～表 3.5）。

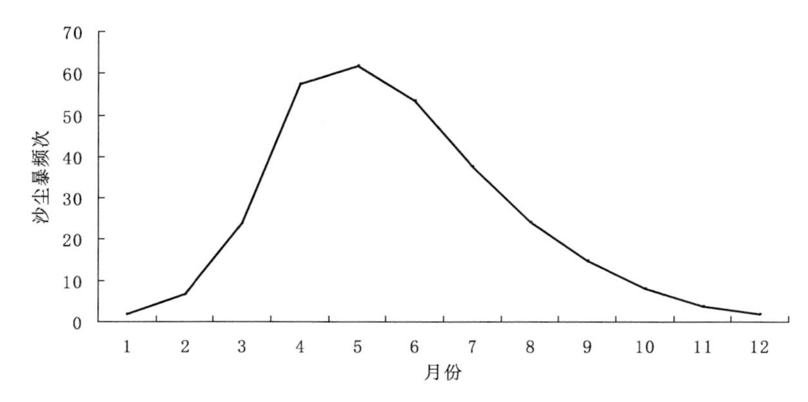

图 3.9 新疆 105 站多年平均沙尘暴频次逐月变化曲线

表 3.3 全疆沙尘暴日数年代际均值变化(单位:d)

	1—3 月	4—6 月	7—9 月	10—12 月	年
1961—1970	91.0	466.2	205.9	47.9	810.9
1971—1980	97.6	479.8	201.1	31.0	809.5
1981—1990	44.8	360.4	174.7	35.4	615.3
1991—2000	30.2	190.0	78.3	12.6	311.1
2001—2010	21.4	160.1	52.0	6.8	240.3

表 3.4 南疆沙尘暴日数年代际均值变化(单位:d)

	1—3 月	4—6 月	7—9 月	10—12 月	年
1961—1970	86.7	391.5	154.0	31.7	663.8
1971—1980	93.9	395.3	147.4	20.1	656.7
1981—1990	42.3	278.3	113.3	23.7	457.6
1991—2000	28.9	160.8	58.3	9.3	257.3
2001—2010	20.8	140.9	47.9	5.9	215.5

表 3.5 民丰沙尘暴日数年代际均值变化(单位:d)

	1—3 月	4—6 月	7—9 月	10—12 月	年
1961—1970	6.4	19.0	11.5	1.4	38.3
1971—1980	3.4	15.5	9.0	0.9	28.8
1981—1990	3.9	24.3	12.8	2.9	43.9
1991—2000	2.0	15.7	9.6	1.3	28.6
2001—2010	1.3	15.8	11.6	1.1	29.8

3.3.3　沙尘暴空间分布特征

全疆沙尘暴呈现南多北少、西多东少、盆地多高山少的分布特征(图 3.10)。沙尘暴高值区主要分布在塔克拉玛干沙漠南缘和田、策勒、民丰地区,民丰多年平均达 35 次、和田 25 次、策勒 21 次、皮山 21 次、于田 13 次。塔克拉玛干沙漠西北缘柯坪、巴楚属于次高值区,其中柯坪 28 次、巴楚 14 次。塔克拉玛干沙漠西侧莎车、麦盖提、叶城沙尘暴发生频次相对也较多,其中莎车 19 次、叶城 17 次、麦盖提 12 次。需要特别说明的是沙漠腹地地面观测资料稀缺,其中塔中站于 1996 年建站,尽管在 20 世纪 90 年代末期至 21 世纪初期处于沙尘暴低值期,但塔中站多年平均次数依然达到了 13 次。

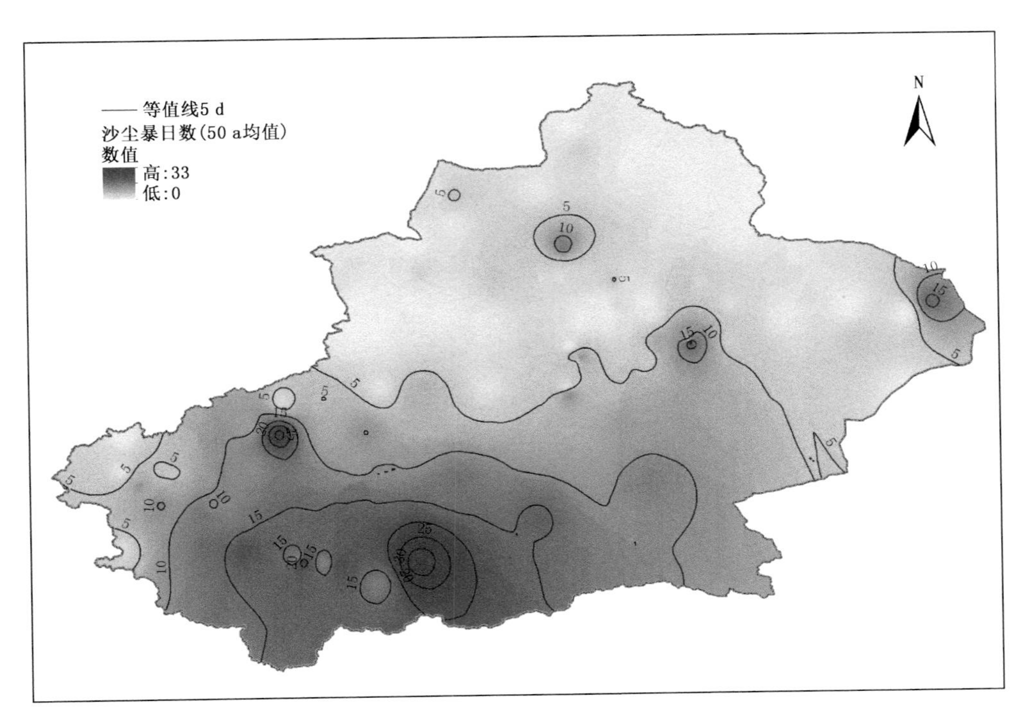

图 3.10　新疆 105 站 50 a 平均沙尘暴频次时空分布

全疆沙尘暴从 20 世纪 60 年代至今总体变化趋势随年代的递增而减少,从全疆来看,呈现南多北少、西多东少、盆地多高山少的分布特征。60 年代高发区主要分布在和田地区、喀什地区北部、阿克苏地区西南侧。其中和田年均达到 204 次,民丰 182 次,且末 151 次,皮山、英吉沙、于田、莎车、策勒、喀什、巴楚、若羌、麦盖提、柯坪、岳普湖、托克逊、叶城、库车、新和等城市年平均都在 100 次以上。塔里木盆地北侧、巴音郭楞蒙古自治州(简称巴州)地区为易发区。70 年代天山以南,整个南疆盆地依然是沙尘暴的多发区,其中和田地区皮山至民丰一线以及西侧巴楚、柯坪、岳普湖为高发区,60—70 年代沙尘暴空间分布格局基本无变化。80 年代出现沙尘暴天气典型特征:沙尘暴的多发区主要集中在沙源地,即塔克拉玛干沙漠及周边地区,高发区依旧在盆地南缘和西部。80 年代与 60 年代、70 年代相比,沙尘暴天气多发区及高发区明显减少。进入 90 年代,沙尘暴多发区主要集中在塔克拉玛干沙漠及周边地区,与 80 年代相比进一步减少,高发区主要集中在和田地区。进入 21 世纪初期,沙尘暴多发区集中在南疆盆地 35°N 以南,高发区依然是民丰和于田一线。但是年均频次明显减少,其中最多的民丰为 150 次,超过 100 次的站也只有民丰、和田、皮山、塔中。就沙尘暴而言,随着时间的推移,全疆沙尘暴都呈现递减趋势,高发区持续出现在民丰和皮山,多发区和高发区的面积也随之减少(图 3.11～图 3.15)。

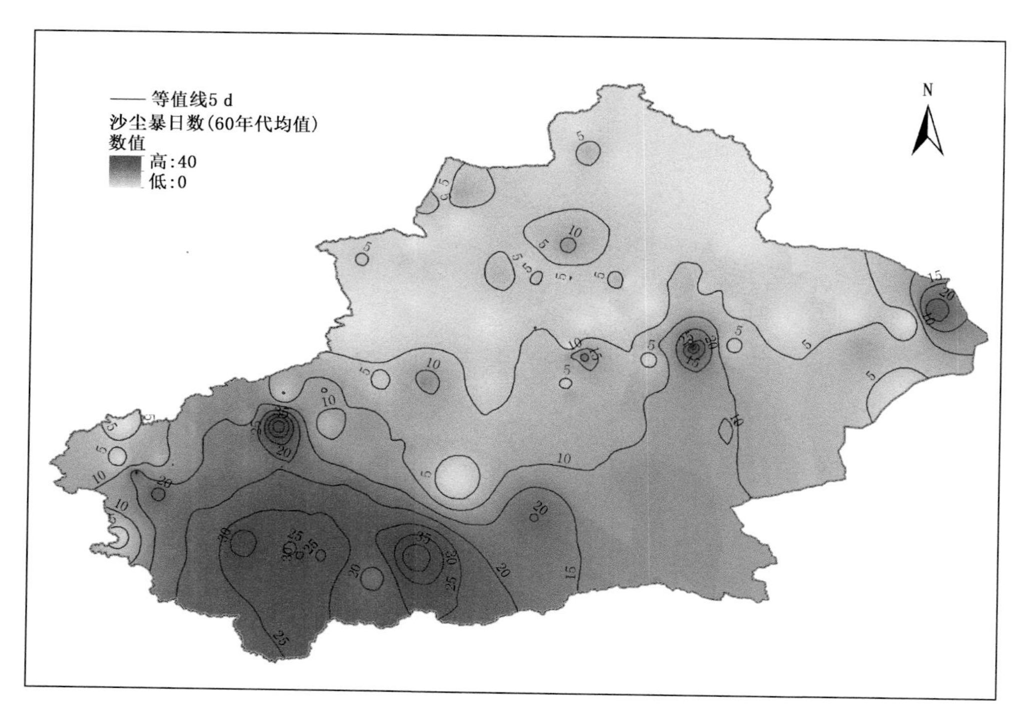

图 3.11 新疆 105 站 20 世纪 60 年代沙尘暴频次时空分布

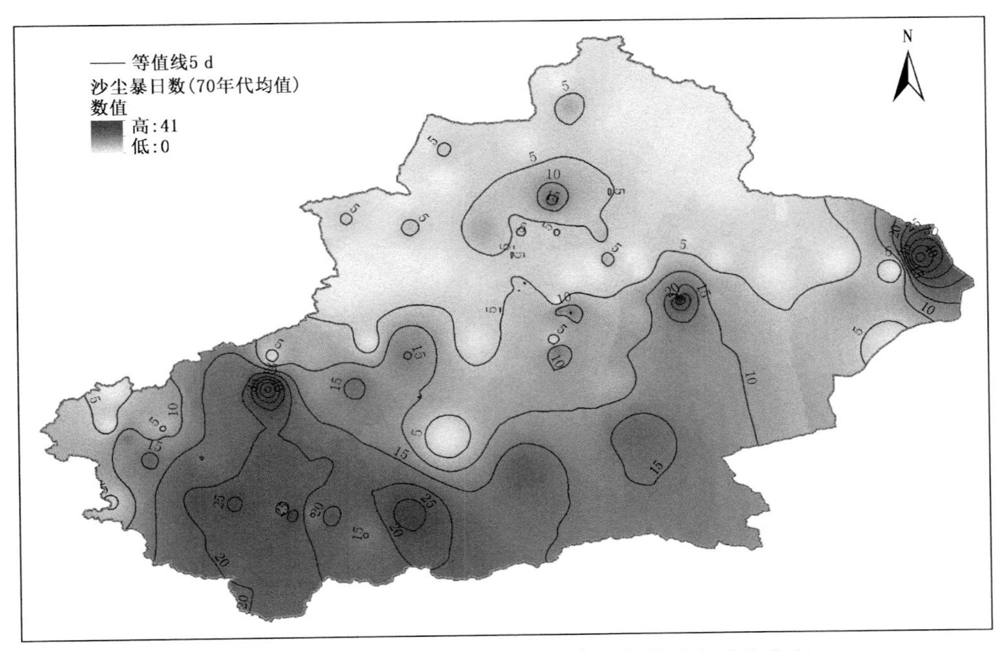

图 3.12 新疆105站20世纪70年代沙尘暴频次时空分布

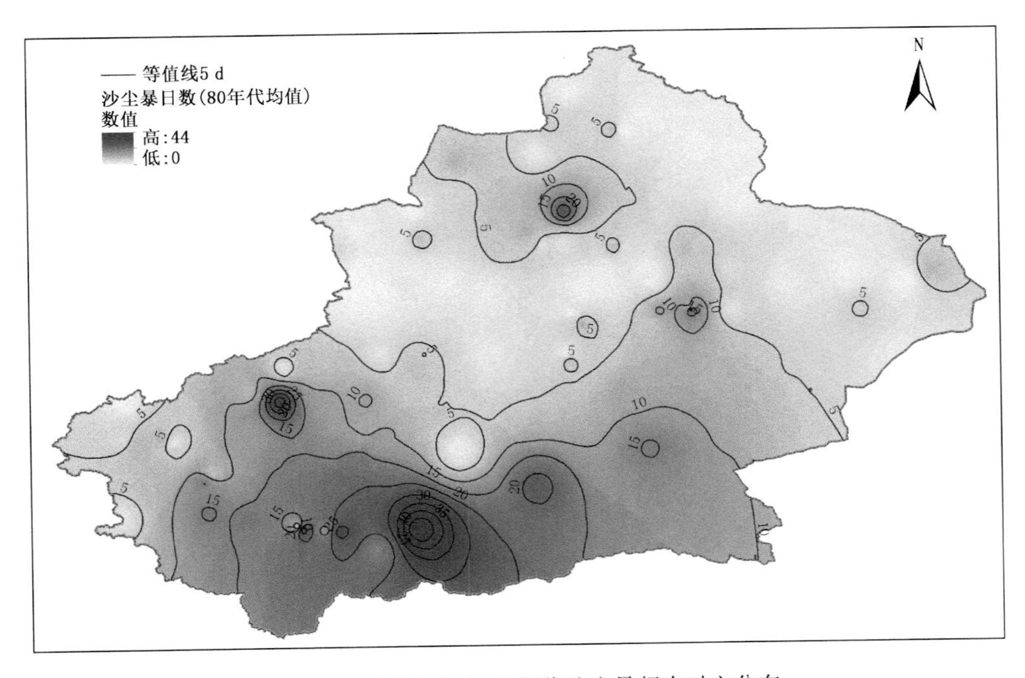

图 3.13 新疆105站80年代沙尘暴频次时空分布

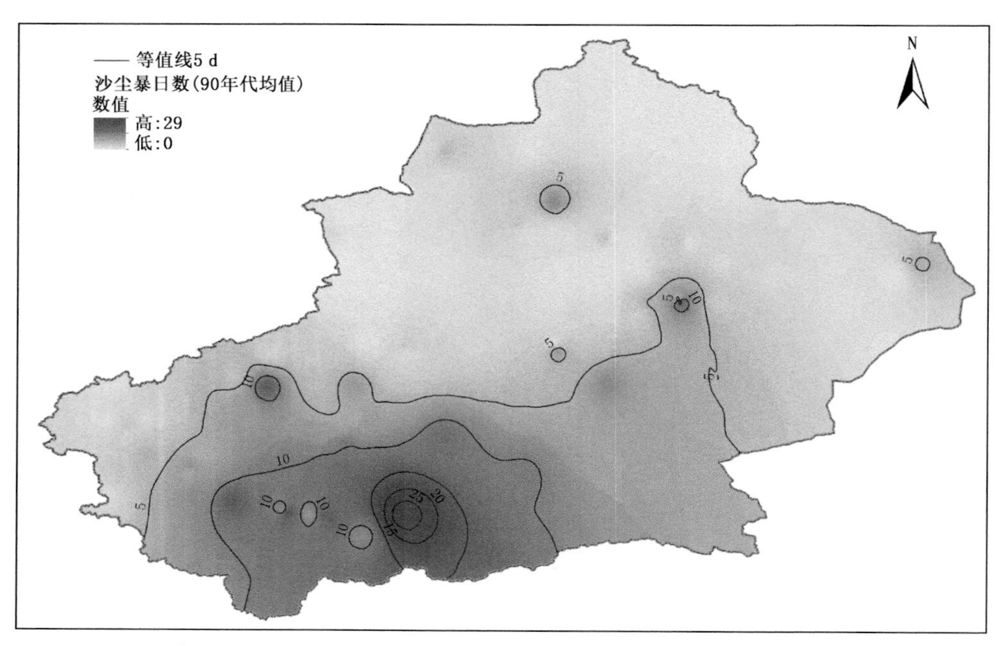

图 3.14 新疆 105 站 90 年代沙尘暴频次时空分布

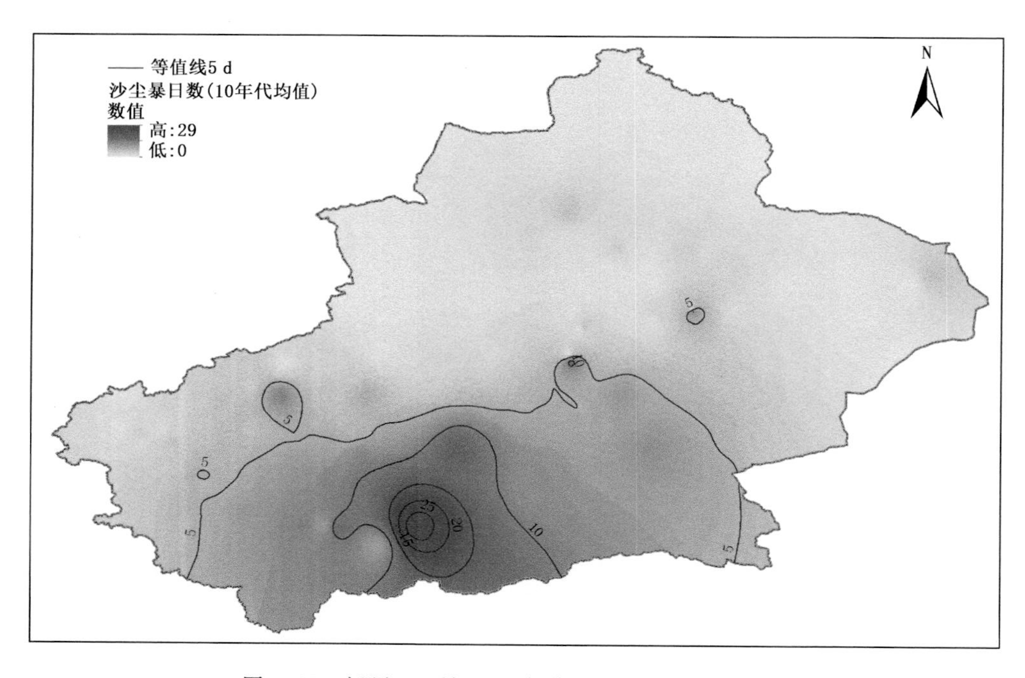

图 3.15 新疆 105 站 2010 年代沙尘暴频次时空分布

3.4　沙尘暴过程近地层粒径分布特征

3.4.1　实验现场、采集仪器和数据处理

在塔克拉玛干沙漠塔中站(图 3.16)80 m 通量观测塔 8 m、16 m、24 m、32 m、47 m、63 m、80 m 各层观测平台上于西南及东北两翼安装 BSNE 型集沙仪(图 3.17),BSNE 型集沙仪的尺寸、外观及进沙口大小完全依据国际标准研制,集沙盒进沙口宽 2 cm、高 5 cm。为了确保沙尘暴样品的数据质量,在沙尘暴发生前,采集器被清洁干净,沙尘暴结束后,迅速收集沙尘样品并进行密封和称量。在该项研究中,共收集 10 组样品,对应 2008—2010 年的 10 次沙尘暴过程。这些沙尘暴事件发生在 2008 年 7 月 19 日、2008 年 8 月 7 日、2009 年 4 月 19 日、2009 年 4 月 29 日、2009 年 5 月 23 日、2009 年 6 月 4 日、2009 年 6 月 29 日、2010 年 3 月 28 日、2010 年 4 月 19 日和 2010 年 6 月 3 日。

图 3.16　塔克拉玛干沙漠塔中站地理位置示意图

沙尘样品严格遵循以下处理程序:①将沙尘样品在低温下烘干,然后用筛子筛去大尺寸杂质。②将足量样品(0.2～0.5 g)放入烧杯中,按 1∶3 比例加入 H_2O_2(10～30 mL,取决于样品中含有多少有机物),并将混合物加热达到沸点,不再出现气泡,以消除有机物。③当混合物冷却后,向烧杯中加入 10 mL HCl,重新加热混合物,直到出现气泡,以进一步中和样品中的碳酸盐和有机胶结物。④向烧杯中加入蒸馏水,并摇动和稳定,直到溶液清澈,所有颗粒沉淀下来。⑤抽出上部清液并加入 10 mL

图 3.17 塔中通量观测塔

的 $NaPO_3$。⑥产生高度分散沉积物颗粒样品，用激光粒度仪进行分析。

激光粒度仪可测量 0.02～2000 μm 的颗粒物，误差小于 3%，它可自动分析不同大小颗粒的百分比，并生成（累积）分布曲线。激光粒度仪根据光的衍射和散射测量颗粒的等效直径，并将其转换为表面平均直径和体积平均直径。

3.4.2 粒度参数的计算

粒度参数包括平均粒径、标准偏差、偏度和峰度。粒径单位采用 ϕ 值，该值是克鲁宾（Krumbein）根据伍登温德华粒径标准通过对数变换而得，换算公式为 $\phi = -\log_2 d$，d 为直径（mm），再通过 Folk 和 Ward（1957）方法计算粒度参数。

$$平均粒径：d_0 = \frac{1}{3}(\phi_{16} + \phi_{50} + \phi_{84}) \tag{3.1}$$

$$标准偏差：\sigma_0 = \frac{1}{4}(\phi_{84} - \phi_{16}) + \frac{1}{6.6}(\phi_{95} - \phi_5) \tag{3.2}$$

$$偏度：S_0 = \frac{\phi_{16} + \phi_{84} - 2\phi_{50}}{2(\phi_{84} - \phi_{16})} + \frac{\phi_5 + \phi_{95} - 2\phi_{50}}{2(\phi_{95} - \phi_5)} \tag{3.3}$$

$$峰度：K_0 = \frac{\phi_{95} - \phi_5}{2.44(\phi_{75} - \phi_{25})} \tag{3.4}$$

粒度参数指从累积曲线上求出的表示样品粒度分布特征的数值，样品累积曲线中 5% 处的粒径大小换算为 ϕ 值即可表示 ϕ_5；ϕ_{50} 表示样品累积曲线中 50% 处的 ϕ 值；以此类推 ϕ_{16}、ϕ_{25}、ϕ_{75}、ϕ_{84}、ϕ_{95} 分别表示样品累积曲线中对应的 16%、25%、75%、84%、95% 处的 ϕ 值。

3.4.3 沙尘暴过程平均粒径分布特征

春季属于环流调整时期，塔中系统性沙尘天气频发，以冷空气东灌型为主，该类型沙尘天气一般是由高空低槽东移南下，在气压场上形成了东高西低的形势，冷空气东灌造成 5 级以上偏东风引发沙尘天气。系统性沙尘天气影响范围大、持续时间长、沙源成分相对复杂。夏季塔中易发生局地对流型沙尘天气，多发生于盛夏午后，持续时间短，夏季近地面空气升温速度快，随高度递增形成一个温差很大的温度梯度层，造成垂直方向上的热对流不稳定，近地层湍流加强，梯度风很容易形成局地沙尘天气，这个时期引发的沙尘暴，沙源较为单一。

从 10 次沙尘暴过程采集数据可发现，沙尘颗粒的平均粒径(ϕ)在 3.0～4.5 之间变化(表 3.6)，平均粒径区间为 62.5～125 μm，少数样品属于极细沙及粗粉砂混合(31～125 μm)，表明沙尘粒子分布相对集中，分选好，分布范围小，沙尘暴样品来源具有单一性、均一性，属本地沙源。塔中标准偏差 ϕ 均值在 1 左右，范围在 0.55～1.42 之间波动，亦佐证了沙尘样品分布集中、分选好的特点。春季沙尘暴受系统性天气影响，波动较大，夏季过程波动明显较小。塔中沙漠地区偏度值大部分为负值，粒度曲线分布形态右偏，表明在频率曲线上粗颗粒较多，也说明塔中风沙天气主要成分来源于塔克拉玛干沙漠本身，偏态程度较小，范围在 −0.34～0.02 之间，接近于正态分布。根据 Folk 等(1957)制定的峰态等级数据界限标准，塔中沙尘暴过程取值范围在 0.53～2.30 之间，沙尘样品体积分布以宽型、中等型为主，体积分布形式近似正态分布。

表 3.6　沙尘暴粒度参数范围取值表

塔中沙尘暴粒度参数范围 (ϕ)			
平均粒径	标准偏差	偏度	峰度
3.0～4.5	0.55～1.42	−0.34～0.02	0.53～2.30

3.4.4　沙尘暴过程粒径垂直分布特征

图 3.18 给出 10 次沙尘暴过程 7 个观测高度的粒径分布与平均粒径分布值。可以看出，沙尘粒径并不完全随高度而减小。在 24 m 高度以下，沙尘粒径随高度而增大，10 组样本中有 8 组显示出这种变化特征。相比之下，在 32～63 m 高度区间，平均粒径随高度而减小，10 组样本中有 9 组显示出这种特征。在 63 m 高度以上，平均粒径随高度增大的趋势减弱，10 组样本中有 7 组表现出增大，3 组样本表现出微弱的减小。

为了理解这些结果，我们需要考虑观测塔周围的地形。如图 3.18 所示，在观测塔东侧，距离 50 m 处有约 50 m 高的沙丘。在西侧，距塔 600 m 处有约 40 m 高的沙丘。由于春夏季塔中盛行偏东风，东侧沙丘对沙尘暴期间观测塔收集的沙尘样品影响较大。众所周知，沙丘迎风面和沙丘顶部沙粒粒径大于背风面的沙粒粒径。随着东风沿沙丘斜坡吹向通量塔下部的沙尘，在小于 24 m 的较低高度层内，测量的沙尘粒径随高度的增加而增大也就不足为奇了。出现这种粒径大小倒置的另一个因素是近地层风速随高度呈对数幂增大，较强的风速有助于大颗粒沙尘的上升和悬浮。

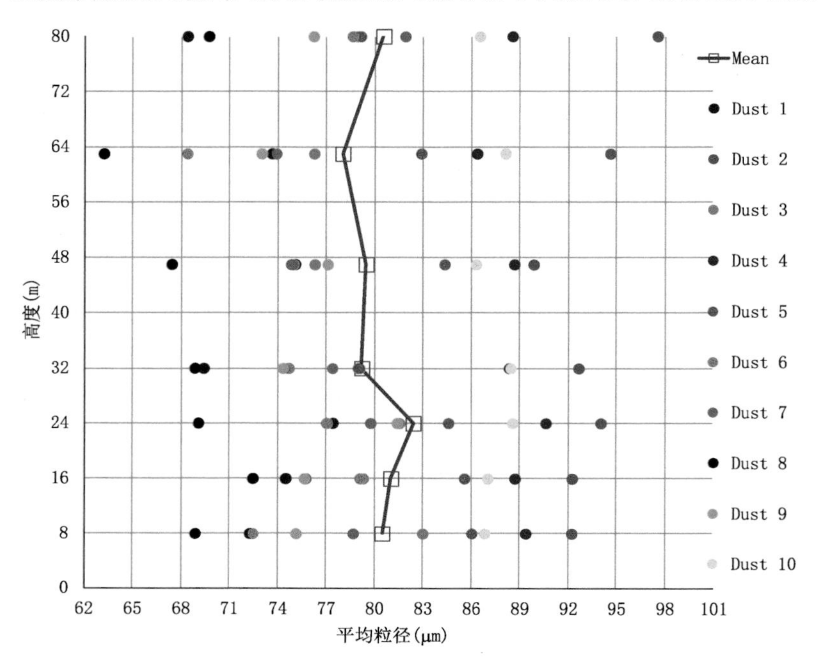

图 3.18　10 次沙尘暴过程粒径的垂直分布特征，蓝色实线是 10 次沙尘暴过程粒径的平均值

从图 3.18 也可以看出，10 次沙尘暴事件的平均粒径存在系统性差异。例如，事件 2(2009 年 4 月 19 日)平均粒径比其他 9 个事件大得多。图 3.19 给出 10 次沙尘暴事件的平均粒径与对应事件最大风速之间的散点图，可以清楚地看到，风速和平均粒径之间总体上具有较好的一致性关系，风速越大、沙尘粒径越大。

3.4.5　沙尘通量分析

图 3.20 给出 10 个沙尘暴事件的水平沙尘输送通量值。可以看出，水平沙尘输送通量在近地层下部(8～48 m)随高度增加而增大。其中，沙尘暴事件 4(2008 年 8 月 7 日)和沙尘暴事件 7(2009 年 5 月 23 日)呈现的这种变化特征最为显著，这种增大与近地层风速的垂直变化特征密切相关。此外，沙尘平均粒径的增大也有助于水平输送通量的增加。

为了理解水平沙尘输送通量随高度变化的影响因素，图 3.21 给出水平沙尘输送通量的平均值与对应平均风速之间的散点图，可以看出，风速是决定水平沙尘输送通量的主要因素，两者相关性高达 0.913，超过 80%的沙尘输送通量垂直变化与风速大小有关。

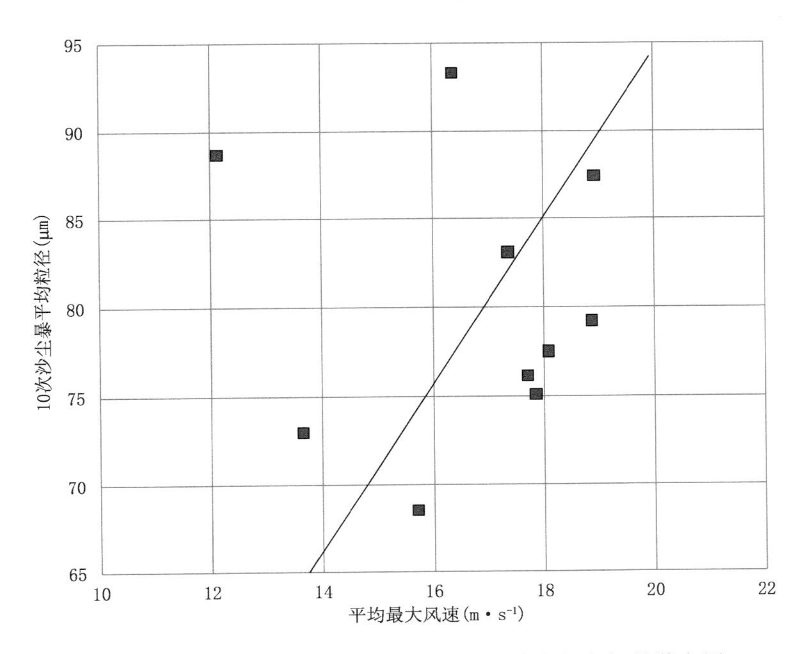

图 3.19　10 次沙尘暴过程最大风速与平均粒径之间的散点图

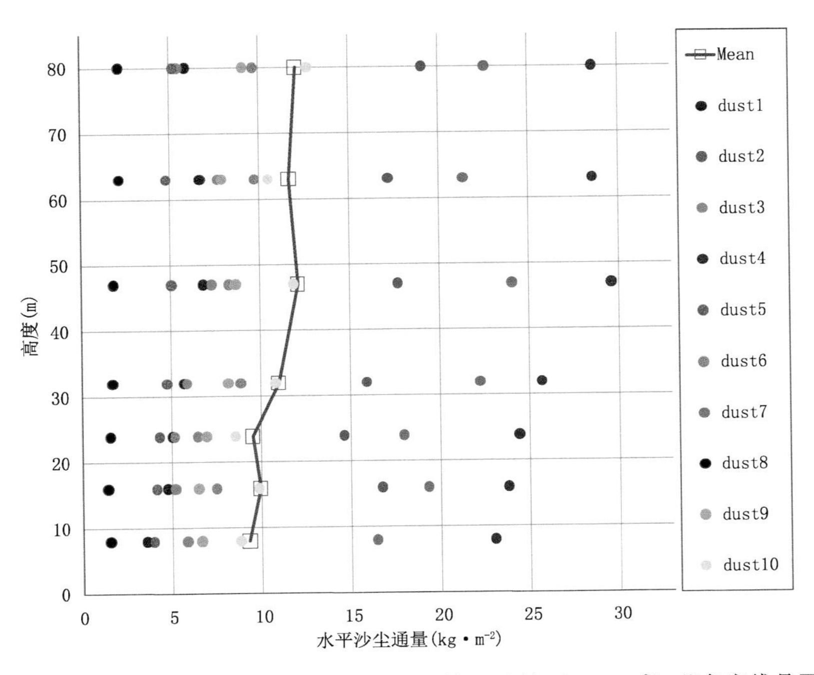

图 3.20　10 次沙尘暴过程不同高度的水平沙尘输送通量 (kg・m^{-2})，蓝色实线是平均值

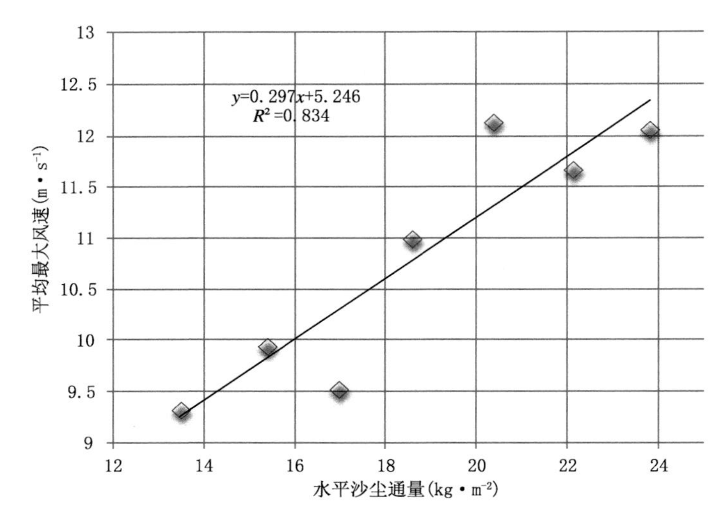

图 3.21　10 次沙尘暴过程平均风速与平均沙尘输送通量之间的散点图

建立一个指数模型拟合沙尘输送通量的垂直变化：

$$Q = a \cdot \exp(b \cdot z) \tag{3.5}$$

其中，Q 是水平输沙通量($\mathrm{kg \cdot m^{-2}}$)，a 和 b 是拟合系数，z 是高度(m)。这里对风速也进行了相同的拟合。图 3.22 给出平均沙尘输送通量和平均风速随高度变化的拟合曲线，可以看出，沙尘输送通量随高度呈指数增大，在下部增大明显，32 m 高度以上增大变缓，该曲线与风速拟合曲线十分相似。总体而言，沙尘输送通量与风速具有相同的变化特征。

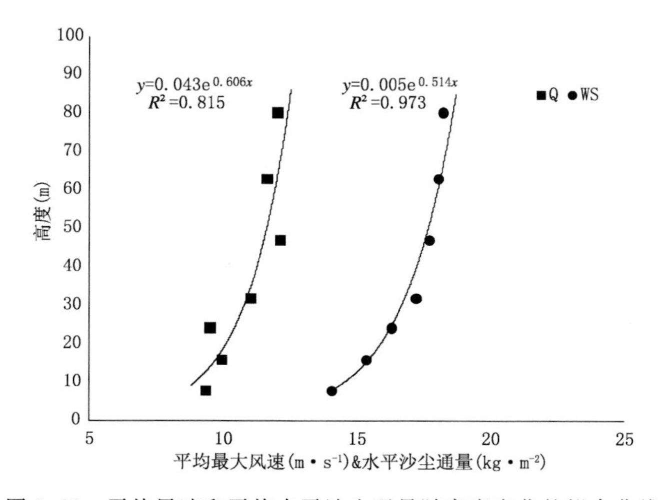

图 3.22　平均风速和平均水平沙尘通量随高度变化的拟合曲线

在图 3.23 中，进一步给出 $PM_{2.5}$、PM_{10}、PM_{20}、PM_{50}、PM_{100} 沙尘粒径分布，这些粒径是 10 次沙尘暴事件的平均值。在表 3.7 中，列出 3 个沙尘暴事件的值。根据 10 次沙尘暴事件的平均结果，大约有 1.0%～2.5%的沙尘样品粒径小于 2.5 μm，3.5%～7.0%样品粒径小于 10 μm，5.0%～14.0% 样品粒径小于 20 μm，20.0%～40.0%样品粒径小于 50 μm 和 60.0%～80.0%样品粒径小于 100 μm。这主要是因为塔克拉玛干沙漠的沙粒非常细（平均直径在 62.5～125.0 μm 区间）。从表 3.7 中可以看到，每个沙尘暴事件均显示出不同大小颗粒百分比的垂直变化特征。图 3.23 显示出细颗粒沙尘的百分比值随高度变化较小，但大颗粒沙尘（>PM_{50}）显示出一些垂直波动变化特征。

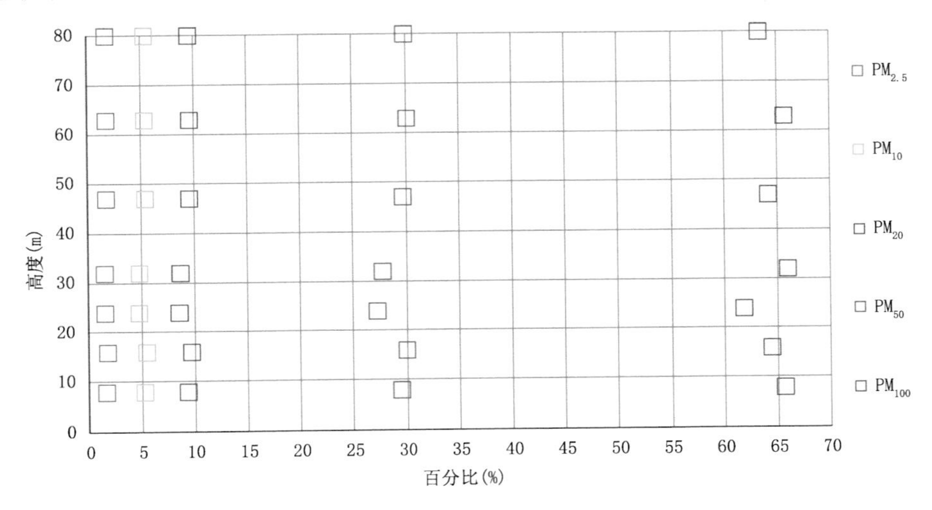

图 3.23　10 次沙尘暴事件沙尘颗粒大小的比例

表 3.7　三个沙尘暴事件在不同观测高度不同粒径的百分比(%)

采集高度	东南向采集占比					西北向采集占比				
	≤$PM_{2.5}$	≤PM_{10}	≤PM_{20}	≤PM_{50}	≤PM_{100}	≤$PM_{2.5}$	≤PM_{10}	≤PM_{20}	≤PM_{50}	≤PM_{100}
	2008-07-19									
8	1.232	4.103	6.733	22.963	65.238	1.284	4.543	7.258	23.412	66.375
16	1.876	6.284	9.967	26.767	67.4	1.395	4.175	6.621	20.992	64.678
24	1.144	3.533	5.624	21.389	68.355	1.594	4.957	8.021	24.471	66.505
32	2.052	6.542	10.435	29.203	70.494	1.399	4.573	7.552	26.484	69.859
47	1.454	4.746	7.411	23.788	67.967	1.344	4.691	7.811	25.505	65.788
63	1.731	5.897	9.827	27.646	67.296	1.371	4.51	7.465	25.379	67.475
80	1.913	6.821	11.489	31.941	71.569	1.669	5.211	8.211	25.775	68.141

续表

采集高度	东南向采集占比					西北向采集占比				
	≤$PM_{2.5}$	≤PM_{10}	≤PM_{20}	≤PM_{50}	≤PM_{100}	≤$PM_{2.5}$	≤PM_{10}	≤PM_{20}	≤PM_{50}	≤PM_{100}
2009-05-23										
8	1.484	4.733	8.525	29.161	69.124	1.787	5.462	9.641	31.29	71.919
16	1.134	3.566	6.514	28.379	72.993	1.823	5.448	9.471	31.735	73.918
24	1.485	4.69	8.301	26.682	68.53	1.76	5.291	9.149	30.234	71.615
32	1.756	5.183	9.195	31.541	71.627	1.736	5.046	9.139	30.265	71.478
47	1.968	6.129	10.607	32.52	73.201	1.749	5.067	9.008	30.685	73.03
63	2.256	7.124	13.168	39.604	76.563	1.669	4.961	8.833	28.915	69.855
80	1.484	4.733	8.525	29.161	69.124	1.483	4.07	7.062	25.741	70.076

采集高度	东南向采集占比					西北向采集占比				
	≤$PM_{2.5}$	≤PM_{10}	≤PM_{20}	≤PM_{50}	≤PM_{100}	≤$PM_{2.5}$	≤PM_{10}	≤PM_{20}	≤PM_{50}	≤PM_{100}
2010-04-19										
8	1.321	3.919	7.021	26.015	69.075	0.946	2.897	5.92	25.392	70.237
16	1.441	4.141	6.957	25.847	70.328	1.461	4.219	7.313	27.438	70.919
24	0.946	2.897	5.92	25.392	70.237	1.204	3.491	6.264	24.141	68.654
32	0.943	3.197	6.325	24.803	69.305	1.589	5.038	9.793	32.27	72.243
47	1.574	4.769	8.514	30.305	69.625	1.798	5.392	10.508	34.989	74.131
63	1.843	5.676	11.287	35.061	74.468	1.417	4.193	7.043	25.999	69.422
80	1.459	4.625	8.862	27.999	68.244	1.636	4.881	9.069	30.344	71.579

除了分析 80 m 高度内沙尘输送通量外，估算了传输到大气边界层及自由大气中的沙尘通量。前人沙尘暴飞机观测结果(Jackson et al.，1971；Gillette 1979)表明，小于 20 μm 的颗粒是输送至高空的主体沙尘部分。在本研究中，基于 80 m 高度观测的沙尘通量，通过分析小于 PM_{20} 极细颗粒的百分比，可粗略推导出被输送到高空的细颗粒沙尘。具体做法是：将 80 m 高度沙尘输送通量乘以小于 PM_{20} 颗粒的百分比，以此计算高层大气沙尘输送通量。表 3.8 给出 10 个沙尘暴事件沙尘输送通量潜力的估算值，可以看出约在 0.29～2.36 kg・m^{-2} 区间变化。

表 3.8　10 次沙尘暴事件 80 m 高度沙尘输送通量(HDTF)、0～PM_{20}(PP20)颗粒比例、沙尘垂直输送潜力(EVT)

日期(年月日)	20080719	20080807	20090419	20090429	20090523	20090629	20090604	20100328	20100419	20100603
HDTF($kg \cdot m^{-2}$)	5.88	28.59	19.12	9.69	22.61	12.73	9.10	2.16	6.45	5.88
PP20(%)	9.85	1.59	5.16	10.73	10.45	2.69	9.04	13.49	8.97	13.46
EVT($kg \cdot m^{-2}$)	0.58	0.46	0.99	1.04	2.36	0.34	0.82	0.29	0.58	0.79

3.5　基于 Grimm 颗粒物监测仪的沙尘暴观测分析

3.5.1　观测设备和数据

采用德国 GRIMM 公司生产的 Grimm180 型颗粒物监测仪。该仪器有 31 个通道,利用激光散射原理可以精确地测量沙尘质量浓度和沙尘数浓度。Grimm180 颗粒物监测仪的数据输出频率是 1 min。实时输出的数据包括:沙尘质量浓度(PM_{10}、$PM_{2.5}$),每分钟 1 L 体积内的沙尘粒子直径大于 0.25 μm 的总个数和 31 个通道的粒子数。利用上述设备对塔克拉玛干沙漠塔中 2018 年 5 月 20 日和 24 日的沙尘暴过程进行了实时观测,分析了PM_{10}、$PM_{2.5}$时间变化特征以及沙尘粒子谱和沙尘质量浓度谱的分布特征。

根据地面风速(图 3.24)和能见度的不同,塔中站人工观测记录:5 月 20 日 16:15—16:30 和 5 月 24 日 17:20—19:00 为浮尘(风速小于 6 $m \cdot s^{-1}$,能见度大于 1 km),5 月 20 日16:08—16:15、5 月 24 日 14:40—16:05 和 17:00—17:20 为扬沙(风速大于 6 $m \cdot s^{-1}$小于 8 $m \cdot s^{-1}$,能见度大于 1 km),5 月 20 日 15:40—16:08 和 5 月 24 日 16:05—17:00 为沙尘暴(风速大于8 $m \cdot s^{-1}$,能见度小于 1 km)。

3.5.2　PM_{10}和$PM_{2.5}$特征

PM_{10}和$PM_{2.5}$分别代表粒子直径小于 10 μm 和 2.5 μm 的沙尘质量浓度;图 3.25 是 Grimm180 粒子仪观测的PM_{10}和$PM_{2.5}$随时间变化的特征。结合地面风速图 3.24,在图 3.25 中可以得到:整体上,PM_{10}的值在不同阶段变化比较明显,并且数值分布在 2000～6000 $\mu g \cdot m^{-3}$,而$PM_{2.5}$的值随时间变化不大,并且一般小于 1500 $\mu g \cdot m^{-3}$;结合图 3.24 可以得到,在浮尘和扬沙期间(当风速小于 8 $m \cdot s^{-1}$时),PM_{10}的值一般

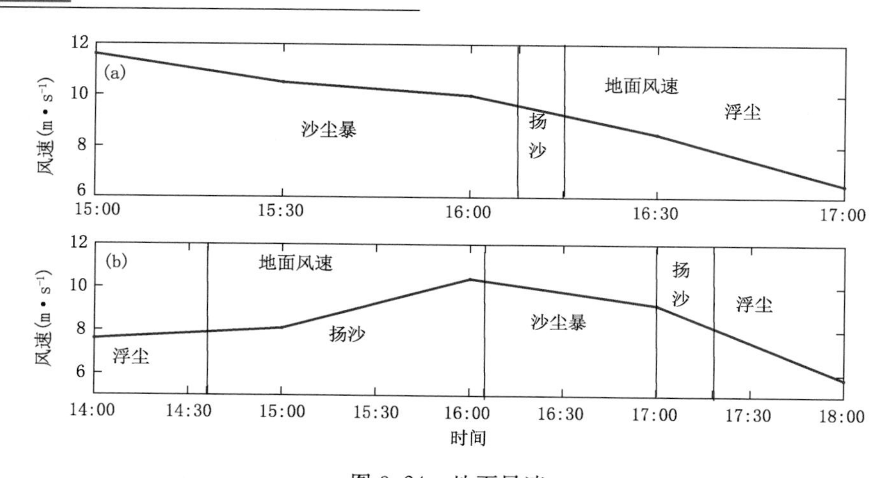

图 3.24 地面风速

(a)5 月 20 日 15:00—17:00 的风速;(b)5 月 24 日 14:00—18:00 的风速

小于 3000 $\mu g \cdot m^{-3}$,由于沙尘粒子主要由小直径粒子组成,$\frac{PM_{2.5}}{PM_{10}}$的值大于 25%;在沙尘暴期间(当风速大于 8 $m \cdot s^{-1}$),PM_{10}的值一般大于 4000 $\mu g \cdot m^{-3}$,$\frac{PM_{2.5}}{PM_{10}}$的值小于 15%。

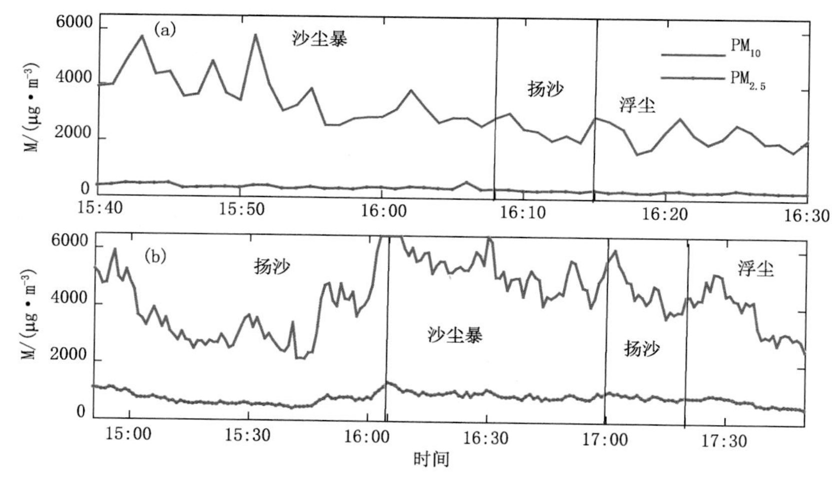

图 3.25 PM_{10}和$PM_{2.5}$随时间变化特点

(a)5 月 20 日 15:40—16:30;(b)5 月 24 日 14:50—18:00

3.5.3 沙尘粒子分布特征

利用 Grimm180 实时观测的沙尘粒子总数得到图 3.26。结合图 3.24 和图 3.25 可以得到，沙尘粒子总数和PM_{10}随时间的变化的趋势是一致的。在浮尘和扬沙期(当风速小于 8 m·s^{-1})，每分钟 1 L 体积内的沙尘粒子总数一般在 4×10^5左右；在沙尘暴期(当风速大于 8 m·s^{-1})，每分钟 1 L 体积内的沙尘粒子总数大于 5×10^5，最大可以超过 10×10^5。

沙尘粒子谱是指沙尘粒子个数随粒子直径的分布。利用 Grimm180 粒子仪 31 个通道测量的沙尘粒子个数，通过式(3.6)计算得到表 3.9 中 30 个粒子直径区间的个数。

$$N_i = n_i - n_{i+1} \quad i = [1,30] \tag{3.6}$$

式中，N_i 表示第 i 个粒子直径区间的粒子个数；n_i 表示 Grimm180 第 i 个通道测量的粒子个数。

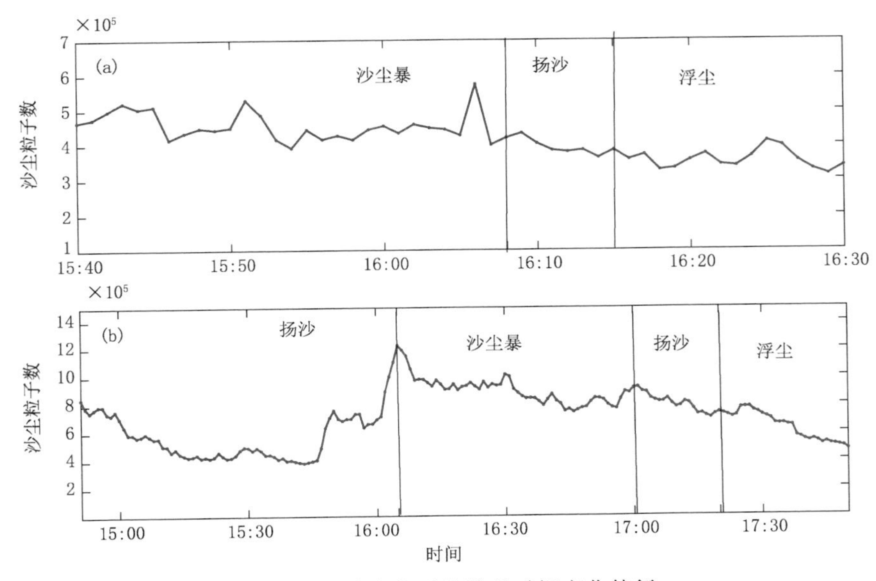

图 3.26　沙尘粒子总数的时间变化特征

(a)5 月 20 日 15:40—16:30；(b)5 月 24 日 14:50—18:00

表 3.9　Grimm180 粒子仪 30 个粒子直径区间

编号	直径(μm)	编号	直径(μm)	编号	直径(μm)	编号	直径(μm)	编号	直径(μm)
1	(0.25,0.28]	8	(0.58,0.65]	15	(2.0,2.5]	22	(7.5,8.0)	29	(25,30]
2	(0.28,0.3]	9	(0.65,0.7]	16	(2.5,3.0]	23	(8.0,10)	30	(30,32]
3	(0.3,0.35]	10	(0.7,0.8]	17	(3.0,3.5]	24	(10,12.5]		
4	(0.35,0.4]	11	(0.8,1.0]	18	(3.5,4.0]	25	(12.5,15]		
5	(0.4,0.45]	12	(1,1.3]	19	(4.0,5.0]	26	(15,17.5]		
6	(0.45,0.5]	13	(1.3,1.6]	20	(5.0,6.5)	27	(17.5,20]		
7	(0.5,0.58]	14	(1.6,2.0]	21	(6.5,7.5)	28	(20,25]		

选取浮尘期 5 月 20 日 16:25、扬沙期 5 月 24 日 15:20 和沙尘暴期 5 月 24 日 16:30，通过式(3.6)计算得到沙尘粒子谱(30 个粒子直径区间粒子分布)图 3.27。在图 3.27 中可以得到：在浮尘、扬沙和沙尘暴期间，沙尘粒子谱的分布形状变化不大；当粒子直径为 0.35 μm 左右时，粒子数浓度达到最大值，在浮尘和扬沙阶段，每分钟 1 L 的体积内粒子数在 5×10^4，在沙尘暴阶段，每分钟 1 L 体积内粒子数大于 10×10^4；当粒子直径大于 0.35 μm 时，粒子数浓度随直径的增大近似符合 M-P 分布。

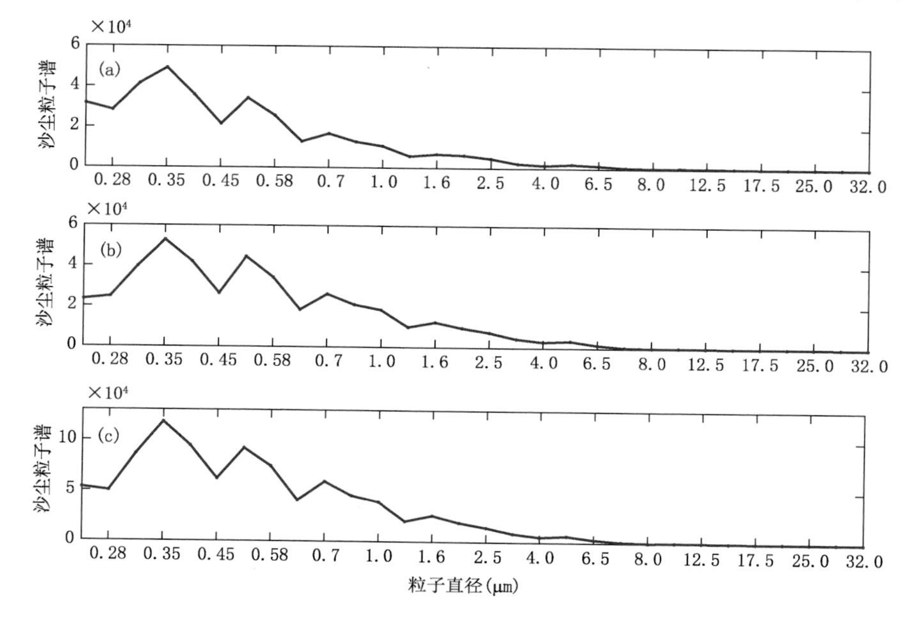

图 3.27 沙尘粒子谱

(a)浮尘期 5 月 20 日 16:25；(b)扬沙期 5 月 24 日 15:20；(c)沙尘暴期 5 月 24 日 16:30

为了更好地分析不同阶段沙尘谱的区别，设定粒子直径 $D\leqslant1$ μm 为小粒子区、粒子直径 $1<D\leqslant10$ μm 为中粒子区、粒子直径 $D>10$ μm 为大粒子区。不同阶段的沙尘谱(图 3.27)在不同区间的粒子数和占比见表 3.10。在表 3.10 中可以得到：从浮尘→扬沙→沙尘暴，小粒子区的占比越来越小，而中粒子区和大粒子区的粒子数越来越多并且占比越来越大，这是由在不同阶段地面风速不同($V_{浮尘}<V_{扬沙}<V_{沙尘暴}$)决定的。

表 3.10 浮尘期、扬沙和沙尘暴不同粒子直径范围粒子数和占比

天气现象阶段	$D\leqslant1$ μm		$1<D\leqslant10$ μm		$D>10$ μm	
	粒子数(个)	占比	粒子数(个)	占比	粒子数(个)	占比
浮尘	310260	87.5%	43665	12.3%	769	0.2%
扬沙	352015	82.7%	71536	16.8%	1900	0.5%
沙尘暴	700534	75.7%	215610	23.3%	9087	1.0%

3.5.4　沙尘质量浓度谱

沙尘质量浓度谱指沙尘质量浓度随不同直径的分布。由于沙尘粒子的直径非常小，沙尘粒子可以近似为球形，所以单个直径为 D_i 的沙尘粒子的质量（m_{i0}）可以表示为：

$$m_{i0} = \frac{4}{3}\pi\rho D_i^3 \tag{3.7}$$

式中，ρ 为沙尘粒子密度，根据王敏仲等（2018）对塔克拉玛干沙漠的研究，$\rho=2.65\times10^3\,\mathrm{kg\cdot m^{-3}}$。利用沙尘粒子谱 $N(D_i)$ 和单粒子质量 m_{i0} 得到沙尘质量浓度谱 $M(D_i)$ 为：

$$M(D_i) = N(D_i)m_{i0} \qquad i = [1,30] \tag{3.8}$$

选取浮尘期5月20日16:25、扬沙期5月24日15:20和沙尘暴期5月24日16:30的沙尘粒子谱，利用式（3.8）计算得到相应时刻的沙尘质量浓度谱图3.28。

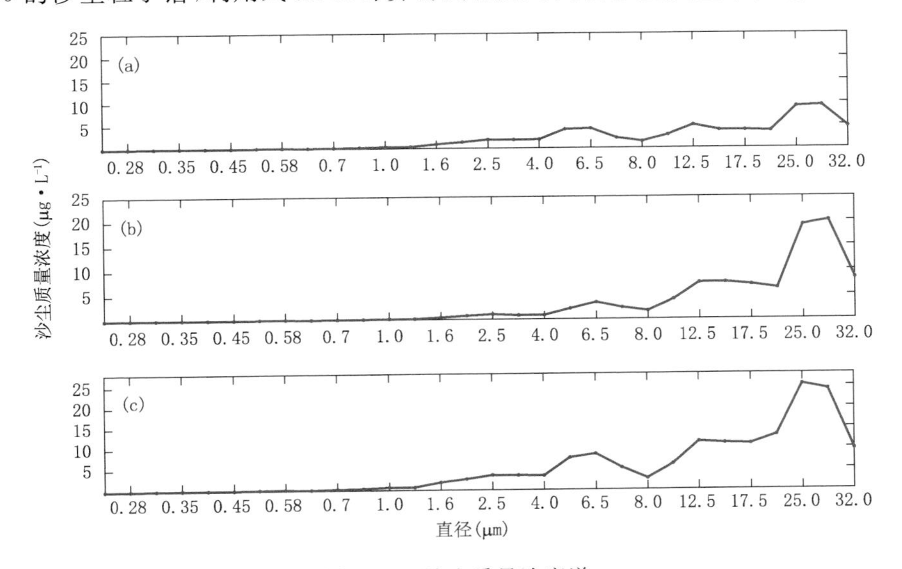

图3.28　沙尘质量浓度谱

(a)浮尘期5月20日16:25；(b)扬沙期5月24日15:20；(c)沙尘暴期5月24日16:30

从图3.28可以得到：在浮尘、扬沙和沙尘暴期间，沙尘质量浓度的分布形状基本相同；当沙尘粒子直径从25 μm到32 μm之间时，沙尘质量浓度达到最大值。在每升的体积里：在浮尘阶段，最大沙尘质量浓度小于15 μg；在扬沙阶段，最大沙尘质量浓度在20 μg左右；在沙尘暴阶段，最大沙尘质量浓度大于25 μg。当粒子直径大于1.6 μm时，沙尘暴阶段的沙尘质量浓度大于扬沙阶段，并且扬沙阶段大于浮尘阶段，因此，沙尘暴期间，大直径的沙尘粒子的占的比重更大。

3.6 本章小结

(1)塔克拉玛干沙漠是我国沙尘暴天气的高发区。近 50 a 来,沙尘暴发生次数总体呈逐年减少趋势,尤其是 20 世纪 80 年代以后,随着气候向暖湿化方向发展,沙尘暴递减趋势更加明显。气候变化是塔克拉玛干沙漠近 50 a 沙尘暴和扬沙天气减少的最主要成因。从空间变化来看,沙尘暴日数都呈现递减的趋势,沙尘天气的多发区和高发区面积随时间的变化明显减少,南疆盆地和田至民丰一带一直是全疆沙尘暴的高发中心。

(2)通过对塔克拉玛干沙漠塔中 2008—2010 年 10 次沙尘暴观测数据进行分析,沙尘暴近地层平均粒径区间为 70～85 μm。由于沙丘地形影响,近地层水平沙尘通量随高度增加而增大,32 m 高度以上变化较小,沙尘水平输送通量平均值在 8～14 $kg \cdot m^{-2}$ 范围变化。对沙尘粒度分析发现:沙尘粒度主要在 PM_{100} 以下,占样本的 60%～80%,其中 $PM_{0\sim2.5}$ 为 0.9%～2.5%, $PM_{0\sim10}$ 为 3.5%～7.0%,$PM_{0\sim20}$ 为 5.0%～14.0%,$PM_{0\sim50}$ 为 20.0%～40.0%。

(3)通过对塔中 2018 年 5 月 20 日和 5 月 24 日沙尘暴过程 Grimm 颗粒物监测仪数据进行分析,可以得到:在沙尘暴过程中,$PM_{2.5}$ 的值随时间变化不大,一般小于 1500 $\mu g \cdot m^{-3}$;而 PM_{10} 在不同阶段的变化比较明显,数值在 2000～6000 $\mu g \cdot m^{-3}$。在浮尘和扬沙阶段,由于沙尘粒子比较小,$\frac{PM_{2.5}}{PM_{10}}$ 的值大于 25%;在沙尘暴阶段,$\frac{PM_{2.5}}{PM_{10}}$ 的值小于 15%。在浮尘和扬沙期,在每分钟 1 升体积内的沙尘粒子总数一般在 4×10^5 左右;在沙尘暴期,每分钟 1 升体积内的沙尘粒子总数大于 5×10^5,最大可以超过 10×10^5。在浮尘、扬沙和沙尘暴期间,沙尘粒子谱的分布形状变化不大;当粒子直径为 0.35 μm 左右时,粒子数浓度达到最大值;当粒子直径大于 0.35 μm 时,粒子数浓度随直径的增大近似符合 M-P 分布。在浮尘、扬沙和沙尘暴期间,沙尘质量浓度的分布形状基本相同;粒子直径在 25 μm 到 32 μm 之间时,沙尘质量浓度的值最大。

参考文献

车慧正,张小曳,李杨,等,2005. DPM 模型计算中国北方沙漠地区粉尘释放通量[J]. 干旱区资源与环境,19(5):49-55.

陈思宇,黄建平,李景鑫,等,2017. 塔克拉玛干沙漠和戈壁沙尘起沙、传输和沉降的对比研究[J]. 中国科学:地球科学,(8):939-957.

何清,赵景峰,1997. 塔里木盆地浮尘时空分布及对环境影响的研究[J]. 中国沙漠,17(2):119-126.

刘玉芝,2015. 青藏高原夏季沙尘和人为气溶胶光学特性和输送过程的模拟研究[C]. 中国气象学会第32届中国气象学会年会. S9大气成分与天气、气候变化. 中国气象学会,61-62.
王式功,王金艳,周自江,等,2003. 中国沙尘天气的区域特征[J]. 地理学报,58(2):193-200.
魏文寿,崔彩霞,尚华明,等,2008. 沙漠气象学[M]. 北京:气象出版社.
徐祥德,王寅钧,魏文寿,等,2014. 特殊大地形背景下塔里木盆地夏季降水过程及其大气水分循环结构[J]. 沙漠与绿洲气象,8(2):1-11.
张强,王胜,2008. 西北干旱区夏季大气边界层结构及其陆面过程特征[J]. 气象学报,66(4):599-608.
张正偲,董治宝,赵爱国,2010. 腾格里沙漠东南部近地层沙尘水平通量和降尘量随高度的变化特征[J]. 环境科学研究,23(02):165-169.
周秀骥,徐祥德,颜鹏,等,2002. 2000年春季沙尘暴动力学特征[J]. 中国科学,32(4):327-334.
DONG Z B, MAN D Q, LUO W Y, et al, 2010. Horizontal Aeolian sediment flux in the Minqin area, a major source of Chinese dust storms[J]. Geomorphology, 116: 58-66.
FOLK R L, WARD W C,1957. Brazos River bar: a study in the significance of grain size parameters[J]. J Sedime Petrol, 27: 3-26.
GILLETTE D A, 1979. Environmental factors affecting dust emission by wind, In: Morales, C. (Ed.), Sahara Dust. Wiley Chichester.
HUANG J P, FU Q, SU J,2009. Taklimakan dust aerosol radiative heating derived from CALIPSO observations using the Fu-Liou radiation model with CERES constraints[J]. Atmospheric Chemistry and Physics,9(12): 4011-4021.
HUO W, HE Q, YANG F, et al. ,2017. Observed Particle Sizes and Fluxes of Aeolian Sediment in the Near Surface Layer during Sand-Dust Storms in the Taklamakan Desert[J]. Theoretical & Applied Climatology. Doi:10. 1007/s00704-016-1917-4.
JACKSON M L, LEVETT T WM, SYERS J K,et al,1971. Geomorphological relationships of tropospherically derived quartz in the soils of the Hawaiian Islands[J]. Soil Sci Soc Am J,35: 515-525
JEAN M, 1982. Dust, Clouds, Rain types, and climatic variations in tropical North Africa[J]. Quaternary Research, 18(1):1-16.
KECUN Z, JIANJUN Q U, RUIPING Z U, et al,2005. Environmental characteristics of sandstorm in Minqin Oasis in China for Recent 50 years [J]. Journal of Environmental Sciences, 17(5):857.
LIU W, FENG Q, WANG T, et al,2004. Physicochemistry and mineralogy of storm dust and dust sediment in Northern China[J]. Adv Atmos Sci,21(5): 775-783
MENG L, YANG X H, ZHAO T L, et al, 2018. Modeling study on three-dimensional distribution of dust aerosols during a dust storm over the Tarim Basin, Northwest China[J]. Atmospheric Research, 218:285-295.
NICKOVIC S, DOBRICIC S,1996. A Model for Long-Range Transport of Desert Dust[J]. Monthly Weather Review, 124(11):2537-2544.
REYNOLDS R L, YOUNT J C, REHEIS M, et al, 2007. Dust emission from wet and dry playas

in the Mojave Desert, USA[J]. Earth Surface Processes and Landforms, 32(12):1811-1827.

WANG M Z, MING H, RUAN Z, et al, 2018. Quantitative detection of mass concentrootion of sand-dust storms via wind-profiling radar and analysis of Z-M relationship, Theoretical and Applied Climatology, 131: 927-935.

YANG X H, HE Q, MATIMIN A, et al, 2017. Threshold velocity for saltation activity in the Taklimakan Desert[J]. Pure and Applied Geophysics, 147:4459-4470.

YANG X H, SHEN S H, YANG F, et al. 2016. Spatial and temporal variations of blowing dust events in the Taklimakan Desert[J]. Theoretical and Applied Climatology, 125(3-4):669-677.

YANG X H, WANG M Z, HE Q, et al. ,2018. Estimation of sampling efficiency of the Big Spring Number Eight (BSNE) sampler at different heights based on sand particle size in the Taklimakan Desert[J]. Geomorphology, 2018:S0169555X18303507-.

ZHAO M, ZHAN K J, YANG Z H, et al,2011. Characteristics of the lower layer of sandstorms in the Minqin desert-oasis zone[J]. Science in China Series D: Earth Sciences, 54(5):703-710.

ZHAO T L, GONG S L, ZHANG X Y, et al,2006. A simulated climatology of Asian dust aerosol and its trans—Pacific transport. Part I: Mean climate and validation[J]. Journal of Climate, 19(1):88-103.

第 4 章　塔克拉玛干沙漠大气边界层特征

4.1　概述

大气边界层又称行星边界层，通常是指地球表面与大气之间相互作用最剧烈、也最复杂的一部分低层大气，它在地球和自由大气之间发挥着桥梁作用，是物质、能量、热量和水汽交换输送的通道，它对天气、气候和大气环境有着极其重要的影响(张强等，2011)。

大气边界层(图 4.1)厚度一般随地表特征、季节和天气背景不同而变化，薄时可为百米量级，最厚时可达三四千米，平均而言，边界层厚度为 1～2 km。大气边界层的运动形态一般是湍流的，边界层中的湍流对于各种属性的传输起到重要的作用，而湍流传输过程又对大气边界层的形成和发展起到关键作用。边界层大气中的湍流涡旋尺度，小到毫米数量级，大到与边界层厚度相当；时间尺度小到低于小时数量级，大到以 24 h 为限(张宏昇，2014)。大气边界层的基本特征表现为气象要素存在明显的日变化，白天地面获得的太阳辐射能以感热和潜热的形式向上输送，加热上面的空气；夜间地面的辐射冷却同样也逐渐影响到它上面的大气，这种热量输送过程造成大气边界层内温度的日变化。另一方面，大型气压场形成的大气运动动量通过湍流切

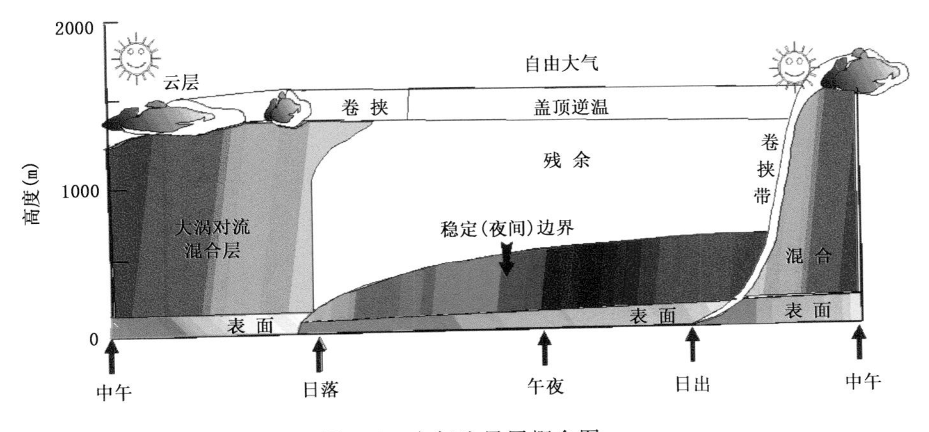

图 4.1　大气边界层概念图

应力的作用源源不断向下传递，经大气边界层到达地面并由于摩擦而部分损耗，相应地造成大气边界层内风的日变化。

大气边界层一般可分为黏性副层、近地层和上部摩擦层（或称 Ekman 层）。黏性副层的典型厚度小于 1 cm，从黏性副层向上几十米（厚度可达 50～100 m）一般称近地层或常通量层。摩擦层的范围一般是从近地面层向上到 1～2 km，其特点是受到湍流摩擦力、气压梯度力和科氏力三个力的共同影响（Stull，1988）。依据不同的稳定度类型，大气边界层又可分为稳定边界层、中性边界层和对流边界层。

沙漠边界层由于其独特的下垫面性质，使得它的厚度、干燥度和气溶胶浓度与其他边界层相比显得独一无二。沙漠边界层通常比较厚，因为天空晴朗、贴地层含水量低、地表面温度很高，使得大气有更强的感热通量和更深厚的湍流混合。沙漠在其能量、水分以及物质循环方面有着独特的规律，对区域气候和环境的影响是极其重要的（何清，2009）。

塔克拉玛干沙漠位于北半球中纬度欧亚大陆腹地，坐落于新疆塔里木盆地中央，西临天山支脉托木尔峰和帕米尔高原，南邻昆仑山、阿尔金山等山系，北界为天山山脉，东部为罗布泊洼地。沙漠东西长约 1070 km，南北宽约 410 km，面积 33.76 万 km^2，是世界上仅次于阿拉伯半岛鲁卜哈利沙漠的第二大流动性沙漠，也是我国最大的沙漠。塔克拉玛干沙漠是我国干旱区风沙地貌的代表，其陆面和边界层特征在我国沙漠中具有独特性和典型性。首先，该地区流动沙漠范围广泛，它与全球其他地区对比强烈，地表沙尘土壤和反射率对太阳辐射的响应过程很独特，表面热量和辐射平衡过程不同于一般的干旱地区，其边界层结构和湍流运动非常复杂。由于地表反照率大，蒸发强，沙漠下垫面通过边界层对自由大气的加热效应十分显著，这对区域大气环流有着不可忽视的影响，对我国天气上游干旱气候的形成和西风环流的发展起着重要的作用。其次，塔克拉玛干沙漠是我国沙尘暴的主要起源地之一，沙尘天气事件频繁，年均沙尘暴在 30 d 以上，扬沙天气多达 70 d，浮尘天气高达 200 d 以上，发生期可跨越整个春夏季节。沙漠夏季热力边界层在强浮力和对流的作用下可将细颗粒沙尘气溶胶抬升输送至高空，在南疆盆地形成持续性滞空浮尘天气，进而对该地区云、辐射过程及气候产生重要的影响。因此，研究塔克拉玛干沙漠大气边界层物理过程及其影响效应，确定沙漠边界层和湍流特征参数，可为人类在沙漠中的活动提供必要的边界层观测事实和基础理论指导，也可为该区域数值模式边界层参数化提供科学依据，同时，对研究区域乃至全球的气候变化、区域内物质传输以及防御沙尘灾害等都有着重要的科学意义。

4.2 沙漠大气边界层研究进展

沙漠大气边界层是现代大气科学研究的一个重要和前沿领域。近几十年来，国内外学者在沙漠大气边界层领域先后开展了大量的研究工作，取得了许多重要的研究成果。20 世纪 70 年代，以 Charney(1975)为代表的一批科学家对撒哈拉沙漠和萨赫勒地区的反射率、热量平衡等干旱气候形成动力学机制方面做了大量研究，发现高反射率使沙漠形成热汇和空气下沉，从而导致降水减少，反之，则降水增加。自 20 世纪 80 年代以来，国外科学家们越来越关注沙漠陆面过程的研究。Henderson-Sellers (1980)、Cunnington 等(1986)、Lare(1990)等对不同下垫面反射率均进行了细致的分析研究。在边界层方面，早期研究普遍认为，白天对流边界层厚度应低于 2000 m，夜间稳定边界层的厚度一般不超过 400～500 m(Garratt，1992)。但最近十多年对一些特殊下垫面和极端气候背景下的大气边界层研究已逐渐突破了人们前期的认识(Gamo et al.，1994；1996；Zhang et al.，2011)。其中，最具代表性的是在撒哈拉沙漠观测到高达 5～6 km 的深厚对流边界层(Marsham et al.，2008；Messager et al.，2010；Cuesta et al.，2008)，并且残余层特征十分显著(Marsham et al.，2013；Birch et al.，2012)。有关撒哈拉沙漠边界层及其湍流结构(Huang et al.，2010；Garcia-Carreras et al.，2015；)、撒哈拉热低压(Grams et al.，2010；Lavaysse et al.，2009；Engelstaedter et al.，2015)、撒哈拉边界层对沙尘和气候影响的研究(Haywood et al.，2005；Milton et al.，2008；Schepanski et al.，2009；Hobby et al.，2013)已有很多，这些均为深入认识该地区天气气候奠定了坚实的基础。Takemi (1999)等利用常规气象探空资料，分析了中国河西走廊地区的大气边界层结构，从残余层特征推测出超过 4 km 厚的对流边界层。在国内，20 世纪 80 年代苏从先等(1987)首次发现了干旱区边界层的绿洲“冷岛效应”结构。“黑河地区地-气相互作用野外观测实验研究(HEIFE)”(简称“黑河实验”)，对河西走廊黑河流域中段的近地面层湍流通量和边界层结构、地面辐射能量收支、边界层数值试验等方面进行了综合研究。胡隐樵等(1994)首次发现了邻近绿洲的荒漠大气逆湿，并总结提出了绿洲与荒漠相互作用下热力内边界层的特征，同时还对局地相似性理论在非均匀下垫面的适应性做了一些研究。为了加深对典型干旱区陆气相互作用的认识，我国又于 2000 年在甘肃敦煌荒漠戈壁开展了“西北干旱区陆气相互作用野外观测实验”(简称“敦煌实验”)，敦煌实验弥补了黑河实验在陆面过程参数化方面的不足，大大推动了干旱区陆面过程参数化的发展。张强等(2007,2011)先后利用敦煌实验期间的观测资料，较为深入地研究了西北干旱区大气边界层与陆面过程结构特征、深厚大气边界层与陆面热力过程的关系以及边界层的形成机理等问题，发现该地区夏季晴空存在超过 4000 m 厚的对流边界层，并且夜间稳定边界层高度也可超过 1000 m，深厚大气边界层与强烈的太阳辐射等气候背景和极端干燥的地表环境有关。此外，李建刚等(2014)曾利用系留气球和 GPS 探空资料，分析并探讨了巴丹吉林沙漠夏季的大气边界层结构，结果表明该沙漠晴天对流混合层可以达到 3000 m 高度。魏伟等(2013)将希尔伯特-黄变换方法应用于大气边界层和大气湍流研究中，用于提取湍流信号的频谱特征，表明该方法具有较好的应用效果。刘树华等(1995)建立了一个研究荒漠下垫面陆面物理过程与大气边界层相互作用的模式，模拟了荒漠下垫面的热通量、蒸发、蒸散及大气边界层结构特征，并对主要的物理参数进行了敏感性实验。梅凡民等(2006)利用风温廓线法在毛乌素沙漠的一块平坦沙地上进行了观测试验，分别计算了中性、稳定和不稳定大气层结的空气动力学粗糙度。

尽管到目前为止，对我国干旱半干旱区沙漠、戈壁的边界层大气结构和廓线以及对 HEIFE 试验区的平坦戈壁滩、毛乌素沙漠等地并结合风洞模拟进行了空气动力学参数的研究，并且也取得了许多的研究成果和突破；然而，纵观国内外沙漠大气边界层研究的现状和趋势，近地层结构的观测试验及理论分析相对比较成熟，而对典型流动沙漠区大气全边界层的研究，正处于起步和发展阶段，对于流动沙漠腹地大气全边界层动热力结构、垂直厚度、热对流机制、边界层形成机理及其影响效应等方面的研究很少或不够深入。

塔克拉玛干沙漠是我国第一大流动沙漠，由于下垫面属性独特，使得其边界层结构和湍流运动非常复杂。塔克拉玛干沙漠大气边界层观测资料的匮乏严重制约着该区域边界层及湍流运动的深入研究，给大气模式中的边界层参数化造成极大困难，制约了现代大气模式的发展。早在 20 世纪 80 年代末，新疆气象科学研究所科研人员在沙漠腹地塔中建立了第一个地面气象观测站，并分析了该地区气象要素的基本特征。此后，李江风(2003)利用沙漠周边探空资料和地面观测资料，深入分析和总结了该地区天气与气候特征及其变化规律。2004 年 7 月，中国气象局乌鲁木齐沙漠气象研究所在沙漠腹地塔中建立了大气环境综合观测试验站，配备了 80 m 通量观测塔，以何清为代表的一批科研工作者，先后对沙漠近地层辐射平衡与能量收支(何清 等，2008，2009，2011；买买提艾力・买买提依明 等，2013)、湍流特征(缪启龙 等，2008，2010；温雅婷，2012)、边界层廓线以及沙尘气溶胶辐射强迫(何清 等，2008；缪启龙 等，2009；李祥余 等，2008)等方面进行了系统和深入的研究，这些为认识沙漠陆气相互作用、改进沙漠陆面过程参数化方案等提供了基础数据和科学依据。然而，塔克拉玛干沙漠周边高空气象观测站稀疏，沙漠区域一直无探空站，上述有关沙漠边界层方面的研究主要局限于近地边界层观测试验和分析，对该区域大气全边界层动热力结构、对流边界层垂直厚度、低空热对流机制、边界层形成机理及其影响效应等方面的研究还有待进一步深入开展。

4.3 近地层大气特征

4.3.1 近地层温度廓线特征

图 4.2 给出了塔克拉玛干沙漠塔中 2006 年、2007 年两年 7—8 月近地层 80 m

高度内的平均温度廓线。如图所示，温度廓线具有明显的日变化特征，其分布规律从总体上可以分为两个阶段，白天(日射型)，温度随高度升高而减小；夜间(辐射型)，温度随高度升高而增加。温度随高度递增转变为递减的时间约在清晨日出后 09—10 时。温度随高度递减转变为递增的时间约在日落后 20—21 时。日间地面在太阳辐射作用下受热，并主要以湍流感热交换形式将热量输送给近地层大气，使整个近地层气温很快升高；离地面越近，大气获得的热量就越多，温度就越高；离地面越远，大气获得的热量少，温度就越低。所以，空气温度的铅直分布是由地面向上递减。夜间地面辐射冷却，热量反过来由近地层大气输送给沙面，这样近地面的气层就随之降温，空气越靠近地面，受地表的影响越大，降温越多，离地面越远，降温越少，因而形成了自地面开始的逆温，气温铅直分布正好与日射型相反，由下而上递增。

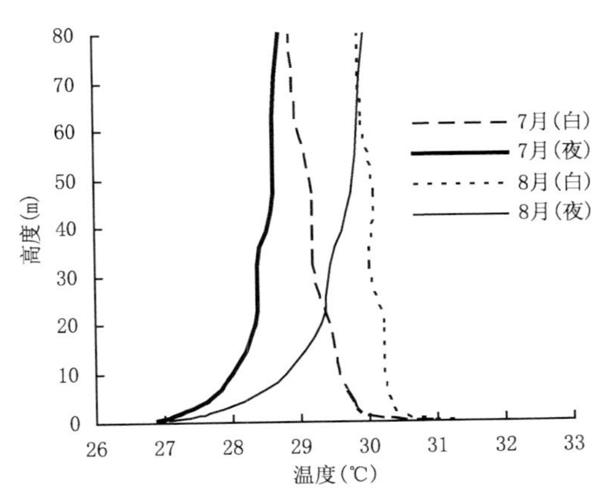

图 4.2　2006 和 2007 年 7—8 月平均温度廓线

图 4.3 给出了塔克拉玛干沙漠大气环境观测实验站 2006 年、2007 年两年 7—8 月夜间和白天近地层 80 m 高度内的平均温度廓线。从图 4.3 我们可以清楚地看到，两月夜间平均温度廓线和白天温度廓线刚好相反，夜间温度随高度的升高而升高，呈现出逆温现象；白天温度随高度的升高而降低。在近地层 20 m 以内，夜间平均气温梯度变化较大，8 月夜间气温递增率达 11.4 ℃/100 m，7 月夜间气温递增率达 7.5 ℃/100 m；20 m 以上，平均气温梯度逐渐变小。

本书对两年 7 月和 8 月夜间温度廓线进行回归分析后，发现对数函数与实际情况拟合得较好，其回归式为：

$$Y = b_0 + b_1 \ln x \quad (4.1)$$

7 月气温对数回归方程拟合式为：

$$Y = 27.084 + 0.383 \ln x \quad (4.2)$$

其中，Y 是因变量，表示温度；x 为自变量，表示高度。该方程的方差解释量为 99.0%，F 检验值为 798.75，达到 0.001 的显著性水平。

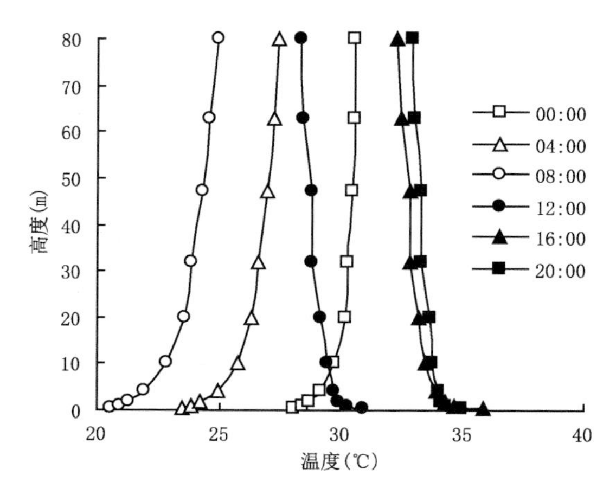

图 4.3 白天与夜间平均温度廓线

8 月气温对数回归方程拟合式为：

$$Y = 27.391 + 0.599\ln x \tag{4.3}$$

该方程的方差解释量为 99.4%，F 检验值为 1276.64，也达到 0.001 的显著性水平。曾有研究表明：塔克拉玛干沙漠地区气温最高的月份是 7 月，而塔克拉玛干沙漠大气环境观测实验站 80 m 铁塔观测资料显示(图 4.3)，沙漠腹地 8 月白天和夜间各梯度的平均气温均高于 7 月白天和夜间各梯度的平均气温。

4.3.2 沙层温度廓线特征

根据塔克拉玛干沙漠大气环境观测实验站地温观测值绘出地温的日变化过程(图 4.4)。由图可见，沙层温度具有十分明显的日变化，0 cm 和 5 cm 特征最为明显，随着深度的增加，位相、振幅发生变化，40 cm 深度温度的日变化特征已经不明显，这与古尔班通古特沙漠地温的变化略有区别；沙层温度在昼夜变化中，5 cm 沙层温度最大峰值约出现在 15—16 时左右，最低值出现在早晨 7 时左右，随着深度的增加，极值出现时间滞后。温度垂直梯度随深度的增加而减小，日间当地面获得大量辐射热量时，地面温度急剧上升，热量由上层向下输送，此时，温度的铅直分布由上层向下递减；夜间，当地面温度由于辐射冷却而下降时，就会出现与日间恰好相反的情况，即沙层温度随深度的增加而递增，热通量方向由地中指向地面。沙层温度无论在递增还是递减过程中，增减速率和增减深度都依温度日变化中的最高和最低临界值而变化，即温度最高时，向下的递减速率最大，沙层递减深度最深；温度最低时，向上的递增速率亦最大，沙层的递增深度也最深。该过程由沙层垂直温度廓线图(图 4.4)看出，热量随着时间的变化，不断地在沙层中上传下导，热能也就不断地在沙层中重新分配。观测表明，塔克拉玛干沙漠沙层表面感热通量最大时热量在沙层的传输深度零界面层出现在 20 cm。根据塔克拉玛干沙漠沙层温度廓线与古尔班通古特沙漠以及奈曼沙漠沙层温度廓线的比较，发现塔克拉玛干沙漠与古尔班通古特沙漠沙层温度变化较为一致，增温快，降温也快，但是温度传输深度小于奈曼沙漠。从沙层温度廓线看，塔克拉玛干沙漠与古尔班通古特沙漠沙层在 40 cm 以下，地温基本稳定递减，不再有日变化信号，但是奈曼沙漠沙层在 50 cm 以下还有明显的热量传输效应。

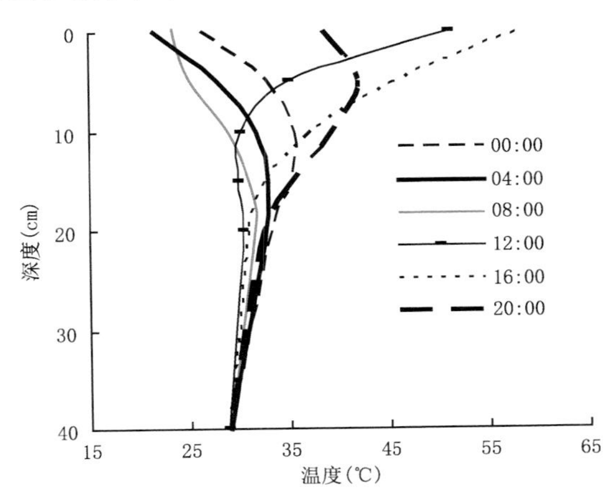

图 4.4　2006 和 2007 年 7 月平均沙层温度廓线

4.3.3　近地层比湿廓线特征

塔克拉玛干沙漠地处亚欧大陆腹地，离海洋较远，属极端干燥的内陆性气候。图 4.5 给出了 2006 年 8 月近地层大气的平均比湿廓线。从图中可以看出，近地面 32 m 以下比湿随高度升高而减小，32 m 以上随高度升高有增大的趋势，但变化幅度较小。

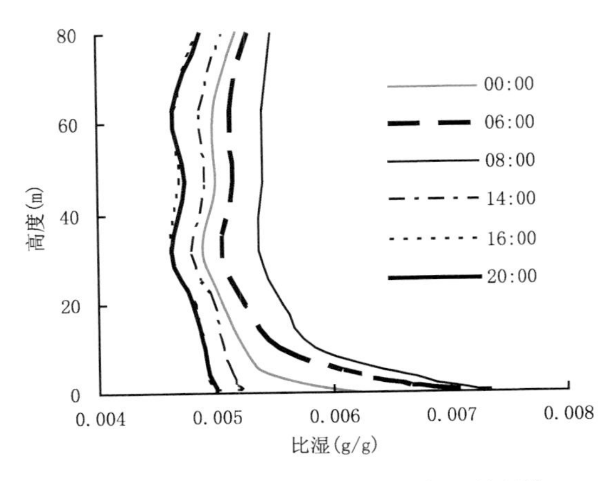

图 4.5　2006 年 8 月各梯度平均比湿廓线

20 时 0.5 m 高度的平均比湿并不是很大，但随着时间的推移，近地面 10 m 以下愈近地面湿度急剧增大，到 08 时达到一天中的最大湿度；这可能由于夏季沙漠区白天温度高，湍流强，水汽相对较少；而早晨日出后产生的少量蒸发进入上层大气后，这部分水汽在日出前受到微弱下沉气流作用进入近地面层中，使凌晨水汽量增大。另外的一种可能性是在沙层表面和沙层中水汽量很少，经过蒸发使沙层中水分减少；夜间停止蒸发，深层水分通过沙层慢慢上移，至 08 时前，沙层中的水分含量一定会达到一个最大值，由此再有些蒸发，水汽量上升，再加上原有水汽量，早晨即达到最大值，这种解释有待进一步验证。10 时左右，由于太阳升起后地表温度迅速升高，贴地层湿度迅速降低，平均比湿梯度减小。

4.3.4 地表辐射平衡特征

图 4.6 给出了塔克拉玛干沙漠 2006 年 8 月 13—31 日辐射各分量的平均日变化特征(以下时间均为地方时)。需要说明的是所选的 19 d 资料中，共有 10 d 发生了不同程度的浮尘、扬沙和沙尘暴天气，有 2 d 出现阵性降水，有 7 d 无天气现象。从图 4.6 可以看到，地表辐射差额白天以正平衡为主，夜间表现为弱的负平衡，呈现出标准的日循环形态；总辐射最大达到709 W・m^{-2}，地表反射辐射的峰值可超过 150 W・m^{-2}，大气向下长波辐射基本上稳定地维持在 350～400 W・m^{-2}之间，在白天稍微有点增加；地表向上长波辐射在 400 W・m^{-2}以上，白天峰值可超过 600 W・m^{-2}，最大变幅在 200 W・m^{-2}以上；由此可见，地表向上长波辐射是长波辐射中的主要部分，其表现为夜间小，白天大，最小值出现在 06 时，最大峰值出现在 13 时，峰值出现的时间也是沙漠地表温度最高的时刻。净辐射的峰值出现在白天 12 时左右，达到

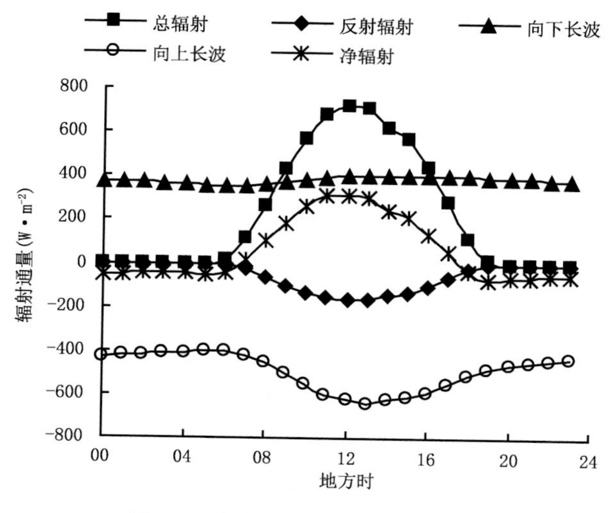

图 4.6 辐射平衡平均日变化曲线

317 $W \cdot m^{-2}$，其日均值只有 60.7 $W \cdot m^{-2}$，净辐射由正值变为负值和由负值变为正值的时间，分别出现在 06 时和 18 时。由此可见，塔克拉玛干沙漠虽然总辐射值很大，但由于沙漠区白天的反射率很大，地表向上长波辐射也较大，使得净辐射值相对较小。

4.3.5　感热通量和潜热通量日变化特征

图 4.7 是利用组合法求出的塔克拉玛干沙漠 2006 年 8 月 13—31 日的地表感热和潜热平均日变化结果。从图中可以看出，塔克拉玛干沙漠腹地感热通量的平均日变化情况与常见的情形一致，上午逐渐增大，在 12 时（地方时）左右达到最大，之后开始减小。这是因为日出后随着太阳高度角的增大，地面得到的太阳辐射增加，加之午后湍流运动较强，地面温度也达到一天中的最高值，向近地层大气传送的热量随之达到最大。随后，由于太阳高度角的降低，地面获得的太阳辐射能逐渐减少，地表温度随之下降，感热通量也逐渐变小。一日内感热通量最大值和最小值分别为 152.51 $W \cdot m^{-2}$ 和 -24.94 $W \cdot m^{-2}$，日平均值为 44 $W \cdot m^{-2}$。

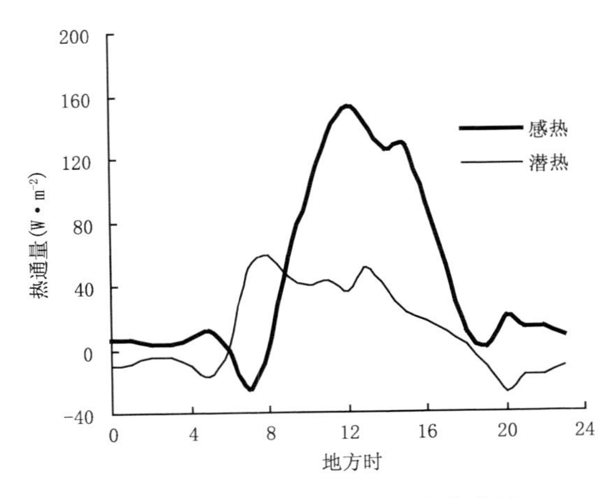

图 4.7　感热和潜热平均日变化曲线

从潜热通量平均日变化曲线可以看出，塔克拉玛干沙漠腹地潜热通量变化较为复杂，但分别有一个最大值和最小值，出现在 08 时和 20 时（地方时）。一天总体上表现出以地表向大气输送潜热为主，这与地表温度高于近地层大气温度有关。但潜热通量一天最大值仅为 58.73 $W \cdot m^{-2}$，日平均值为 11.31 $W \cdot m^{-2}$。这与塔克拉玛干沙漠地区地表干燥、空气中含水量少是分不开的。通过与 1991 年黑河试验区三种不同下垫面上的感热通量和潜热通量日均值的比较（表 4.1）可以看出，塔克拉玛干沙漠感热通量和潜热通量日均值都要比黑河戈壁、沙漠试验区小，但感热通量大于黑河绿洲试验区，潜热通量小于黑河绿洲试验区。

表 4.1 塔克拉玛干沙漠与黑河试验区三种不同下垫面上的感热通量和潜热通量对比

地　名	下垫面类型	时间(年.月.日)	日平均(W·m^{-2})	日平均 λE(W·m^{-2})
黑河试验区	戈壁	1991.8.17	66.2	30.5
	沙漠	1991.8.17	62.2	30.2
	绿洲	1991.7.8	22.4	145.0
塔克拉玛干沙漠	沙漠	2006.8.13—31	44.0	11.31

4.3.6 地表热量平衡特征

从图 4.7 中可以看出，感热通量和潜热通量的平均日变化中，感热通量占主导地位，净辐射主要以湍流感热形式扩散，一日之内感热通量、潜热通量和土壤热通量所占净辐射通量的比例分别为 72.5%、18.6%和 8.9%，说明塔克拉玛干沙漠获得的太阳辐射能量大部分以感热的形式输送给近地层大气，其余一部分以地热流的形式向地下传输，只有 18.6%的能量以潜热的方式释放掉。值得注意的是，在凌晨 07 时(地方时)左右，地表潜热表现出一个小的波峰，达到一天中的最大值，值为 58.73 W·m^{-2}；而此时感热的变化方向却与此相反，表现为一个小的波谷，其值为－24.94 W·m^{-2}；在整个日变化过程中，地表感热和潜热随着太阳高度角的变化出现升高和下降，潜热是以小的波峰、而感热是以大的波峰与小的波谷的形态反映出沙漠下垫面热量日变化的特殊形式。

4.3.7 地面加热场

塔克拉玛干沙漠下垫面对大气的加热作用，对我国西北地区的天气气候有重要影响。沙漠下垫面对大气的加热作用是由湍流过程和辐射过程来决定的。定义 $R_n - G_0$ 为地面加热强度(R_n 为净辐射通量、G_0 为土壤热通量)，即当 $R_n - G_0 > 0$ 时，地面向大气输送热能，地面对大气而言为热源；反之，当 $R_n - G_0 < 0$ 时，地面对大气而言则为冷源。图 4.8 是塔克拉玛干沙漠地面加热场强度日变化规律，从图中可以看出，地表白天是强热源，白天地面对大气的加热作用明显。早上日出后，地面加热场逐渐加强，尤其是在 13 时(地方时)左右，其热源强度达到最大，可

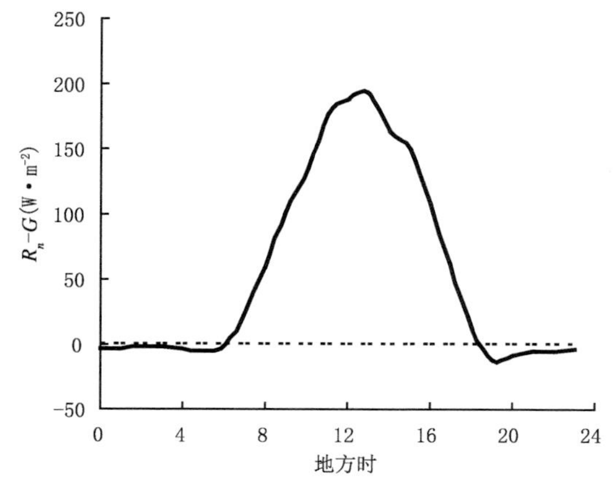

图 4.8 地面加热场强度平均日变化曲线

达 192 $W \cdot m^{-2}$以上。而后地面加热场逐渐减弱，傍晚日落 19 时(地方时)以后，地面就转变为弱的冷源。

4.4 大气边界层高度

4.4.1 大气边界层高度的确定方法

不同的研究者判定大气边界层高度的判据不同。一般说来，边界层高度的判定方法主要有三种：第一种方法为风速极值法，即从动力因素出发，按照风随高度的变化规律，通常将平均风的风向与地转风方向第一次重合时的高度规定为行星边界层的近似高度 Z_m 。计算公式如下：

$$Z_m = \pi\delta = \sqrt{\frac{2K_m}{f}} \tag{4.4}$$

在中纬度地区可取 $f=10^{-4}\ s^{-1}$，当取 $K_m=10\ m^2 \cdot s^{-1}$时，可得这一高度大于 1000 m，相当于白天的情况；当取 $K_m=1\ m^2 \cdot s^{-1}$时，则此高度小于 500 m，相当于夜间的情况。但这一方法给出的公式在推导过程中受许多条件的限制，如要求定常、水平均匀、大气为正压、K_m 为常值等。这些条件与实际大气有较大的差别，造成其应用有一定的局限性。

第二种方法是基于风、温、湿廓线测量。从热力因素出发，即考察温度(位温)廓线的结构特征。这时可以将温度递减率变为自由大气梯度的高度或温度梯度明显不连续(如存在跃变或折线型的廓线)的高度作为边界层高度，或者是将温度日变化范围非常小而接近消失的高度作为混合层的最大高度。

第三种方法为湍流能量法，主要从湍流能量平衡观点出发，将湍流能量或湍流应力接近消失的高度作为边界层高度。这一方法在公式推导过程中利用了许多简化条件，限制了公式的应用范围，并且这一方法对实测资料的要求较高，应用也较少。

在风、温廓线数据充分的情况下，确定边界层高度通常选用第二种方法(Zhang et al.，2011)。基于廓线测量的方法主要有位温廓线、风速廓线等方法。由于地形对局地风的影响比较明显，使用风速廓线确定边界层厚度比较困难，相对而言，干旱沙漠区热力因子在边界层发展过程中作用比较显著，边界层的位温廓线特征更加突出，并且位温廓线是直接分析观测资料得到，虽然观测资料本身也有误差，但在分析中未引入假设条件，用它来确定边界层高度相对比较可靠(Zhang et al.，2011)。基于此，本书主要根据白天与夜间边界层的位温廓线特征，采用位温廓线法确定边界层高度，具体做法是：白天时段(10:15、13:15、16:15、19:15)，取开始出现明显位温跳跃(位温梯度值≥4.0 K/km)的逆位温层底部为大气边界层的高度；夜间时段(01:15 和 07:15)，取贴地逆位温层顶部为夜间稳定边界层的高度(Seibert et al.，2000)。

4.4.2 沙漠及周边大气边界层高度

大气边界层一般可分为白天对流边界层(CBL)和夜间稳定边界层(SBL),在稳定边界层之上一般存在一定厚度的残余混合层(RML)。沙漠周边库尔勒、若羌、民丰、喀什站每日进行2次探空观测(07:15和19:15),中午无探空资料,考虑到大气边界层一般在日落前发展达到最大厚度,19:15的探空资料可以反映该地区每日边界层发展的最大高度,这里仅对19:15边界层高度进行分析。需要说明的是,库尔勒、若羌、民丰站有部分天数在19:15已形成高度较低的稳定边界层(大多在100 m以下),在文中将稳定边界层之上的残余混合层高度作为该日的大气边界层高度。

图4.9给出了沙漠腹地塔中和周边民丰、若羌、喀什、库尔勒2016年7月逐日19:15的边界层高度曲线。从图4.9a可以看出,沙漠腹地塔中和南缘民丰边界层高度较为接近,其随时间的变化趋势基本一致,7月1日边界层高度可达到5000 m,月平均边界层高度约为3300 m。从图4.9b可以看出,沙漠北缘库尔勒7月15日和29日边界层发展较高,分别达到4300 m和5000 m,除此之外,沙漠东部若羌的边界层总体要高于西部喀什和北缘库尔勒,7月3日若羌边界层高度达到了5000 m。由于喀什、库尔勒地处沙漠周边绿洲,边界层发展会受到绿洲下垫面的显著影响,使这两个地区夏季边界层高度明显低于沙漠中部、东部和南缘。表4.2列出了上述地点深厚边界层出现的日数,塔中、民丰、库尔勒、若羌、喀什各站边界层高度达到4000 m以

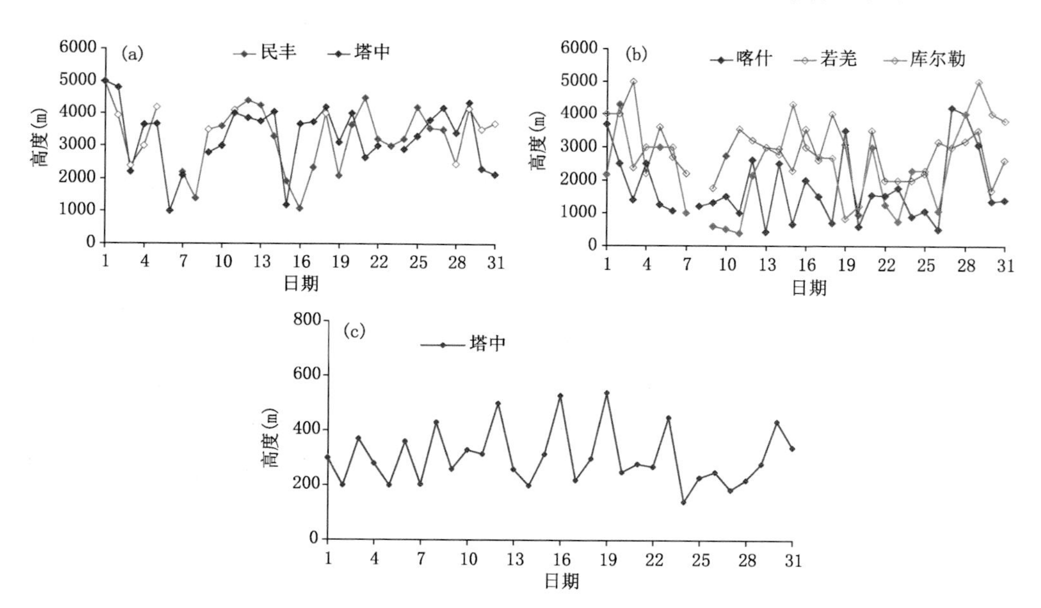

图4.9 塔克拉玛干沙漠腹地和周边2016年7月边界层高度变化曲线

(a)和(b)为逐日19:15白天对流边界层高度;(c)为塔中逐日07:15稳定边界层高度

上的日数分别为 8 d、9 d、5 d、4 d、2 d，超过 3000 m 以上的边界层日数分别为 20 d、22 d、13 d、15 d、5 d。总体来看，塔克拉玛干沙漠腹地和周边夏季 7 月边界层发展较为深厚，超过 3000 m 以上的深厚边界层日数较多，最大高度可超过 5000 m，沙漠中部和南缘边界层最高，南缘高于北缘，东部高于西部。从塔中夜间稳定边界层高度变化曲线（图 4.9c）可以看到，沙漠夏季夜间稳定边界层高度在 100～600 m 之间变化，平均高度约为 300 m。

表 4.2　塔克拉玛干沙漠腹地和周边 2016 年 7 月深厚边界层日数(d)

边界层高度	塔中	民丰	库尔勒	若羌	喀什
≥5000 m	1	1	1	1	0
≥4000 m	8	9	5	4	2
≥3500 m	15	17	6	9	4
≥3000 m	20	22	13	15	5

4.5　极端深厚大气边界层特征

夏季塔克拉玛干沙漠在强烈的太阳辐射下，地表加热大气显著，易形成深厚的大气边界层。探空观测期间 2016 年 7 月 1 日出现了高达 5000 m 厚度的大气边界层，为了摸清这种深厚的边界层结构和形成原因，这里对此进行分析和讨论。

4.5.1　大尺度环流背景

在 7 月 1 日 08 时 100 hPa 高空图上（图 4.10a），南亚高压呈单体型分布，中心位于伊朗高原东部，塔克拉玛干沙漠上空受偏西气流影响。在 6 月 28 日 500 hPa 高空图上（图 4.10b），伊朗副热带高压东扩并与西太平洋副热带高压合并，该高压系统控

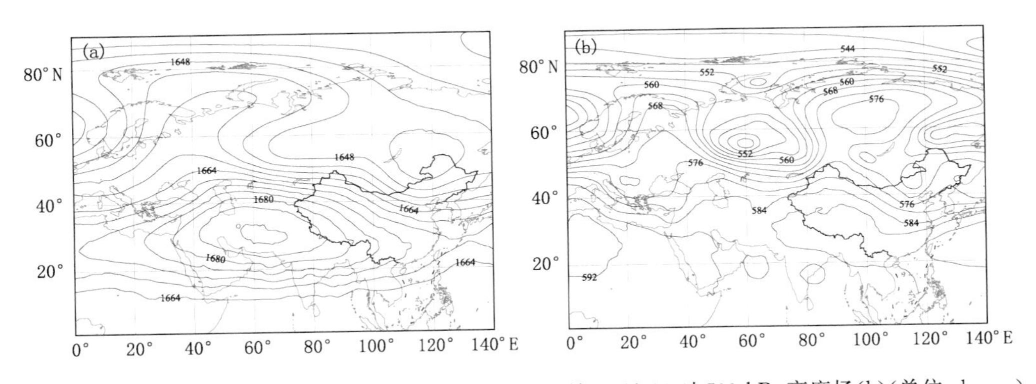

图 4.10　2016 年 7 月 1 日 08 时 100 hPa 高度场(a)和 6 月 28 日 14 时 500 hPa 高度场(b)(单位：dagpm)

制着南疆大部分地区，造成塔克拉玛干沙漠持续性的高温天气。在同期的海平面气压场上，塔克拉玛干沙漠为低压区，并且缓慢加强南移(图略)。7 月 1 日 20 时，伊朗副热带高压西退，塔克拉玛干沙漠高温过程减弱结束。

4.5.2 大气边界层位温、比湿和风速廓线特征

白天对流边界层在垂直方向上一般可细分为近地层、对流混合层(ML)和逆温层顶盖(夹卷层，CIL)三个副区。图 4.11 给出了沙漠腹地塔中 7 月 1 日 07:15、10:15、13:15、16:15、19:15 的大气位温、比湿、风速廓线以及 7 月 2 日 01:15 的风速廓

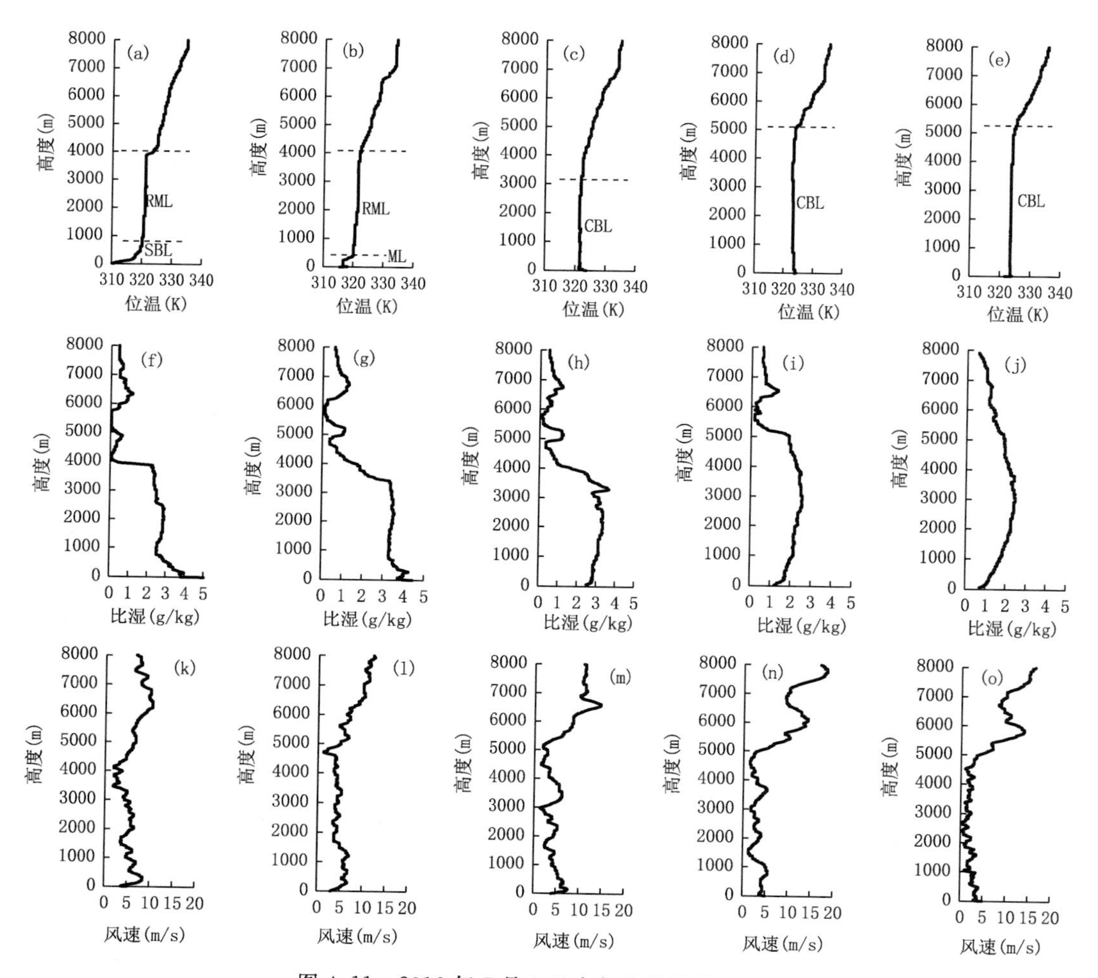

图 4.11 2016 年 7 月 1 日大气边界层位温廓线
(a. 07:15，b. 10:15，c. 13:15，d. 16:15，e. 19:15)、比湿廓线(f. 07:15，g. 10:15，h. 13:15，i. 16:15，j. 19:15)和风速廓线(k. 07:15，l. 10:15，m. 13:15，n. 16:15，o. 19:15)

线。从位温廓线可以看出，07:15 在 700 m 以下位温值随高度增大，该层是夜间发展的稳定边界层，700～3900 m 高度位温值基本保持不变，其代表的是残余混合层。10:15 对流混合层开始发展，厚度仅为 200～300 m，对流混合层之上留有稳定边界层和残余混合层的特征。从 13:15 的位温廓线来看，近地层 100 m 范围内位温随高度迅速递减，这代表的是超绝热递减层；100～3100 m 高度大气位温值基本保持在 321.5 K，位温垂直梯度变化很小，说明由于强烈的湍流作用，对流混合层已突破稳定边界层并与残余混合层打通为一体，使得该时刻对流边界层发展十分迅速和畅通。从 16:15 和 19:15 的位温廓线来看，二者变化相似，在 5000 m 高度以下位温基本保持不变，约为 323 K，这表明由于地表对大气持续和强烈的加热效应，使得对流边界层进一步变暖增厚，在 16:15 最大高度达到 5000 m，这种深厚的对流边界层也一直维持到了 19:15。

从 7 月 1 日各时次的比湿廓线可以看出，大气比湿均较小，07:15 和 10:15 比湿随高度总体表现为减小趋势，13:15 低层大气比湿发生显著变化，并呈现出从地表到混合层顶逐渐增大的趋势，比湿值约为 3 g/kg，即所谓的逆湿现象。16:15 和 19:15 比湿进一步减小，最大值约为 2.5 g/kg，这两个时次的比湿廓线也反映出逆湿特点，呈现随高度先增大后减小的变化形态，到混合层顶后比湿迅速递减，这种逆湿现象主要是因为沙漠夏季潜热较小，午后地表对大气的水汽输送供应不足所致，从潜热通量变化曲线（图 4.13）可以很好地印证这一点，午后潜热通量接近于 0 或为负值，说明午后湍流水汽通量存在逆向输送，也即大气向地表输送水汽。

从 7 月 1 日各时次的风速廓线可以看出，白天对流边界层内风速相对均一，主要在 2～7 $m \cdot s^{-1}$ 范围波动，垂直梯度变化小，到了对流边界层顶后风速逐渐增大，这主要是由于地面强摩擦阻力作用，使得白天边界层中的风速是次地转的，同时由于强的湍流垂直混合，进而形成相对均一、充分混合的风速廓线形式，到了边界层顶以上湍流摩擦力消失，风速逐渐增大并恢复到地转风。从 7 月 2 日 01:15 的风速廓线可以看到（图 4.12），地面至 350 m 高度风速呈现增大的变化趋势，最大风速达 13.5 $m \cdot s^{-1}$，这主要体现了夜间稳定边界层顶的低空急流现象。

4.5.3 陆面过程特征及其作用

图 4.13 给出了沙漠腹地塔中 2016 年 7 月 1 日的地表净辐射、感热通量、潜热通量和地表温度日变化曲线。从净辐射和感热通量曲线图可以看出，净辐射最大值出现在 13:00—16:00，峰值达到 425 $W \cdot m^{-2}$，感热通量最大值出现在 13:00—17:00，峰值达到 275 $W \cdot m^{-2}$，这两个物理量明显高于湿润地区，说明沙漠在强烈的太阳辐射下得到的净辐射比较大，并且由于其地表干燥造成的感热通量的转化率也十分高，所以，沙漠地区具有充足的支持大气边界层热对流发展的能量。从地表温度变化曲线可以看出，白天地表温度最高达到 68.0 ℃，夜间最低为18.6 ℃，地表温度日较差高

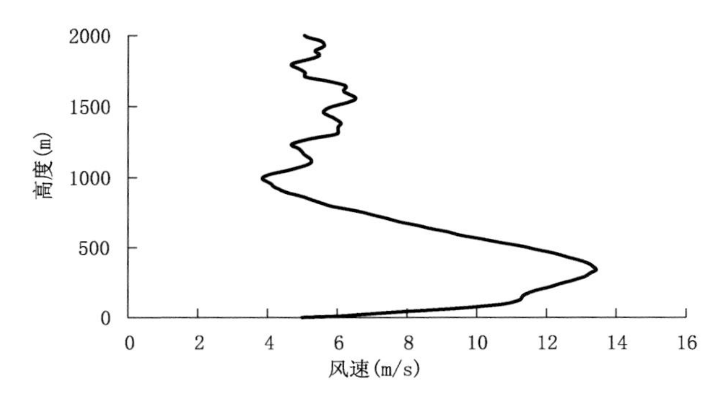

图 4.12　2016 年 7 月 2 日 01:15 风速廓线

达 49.4 ℃左右。这种温度日变化特征表明，在极端干旱的塔克拉玛干沙漠，地表受太阳加热增温和辐射冷却降温均很迅速，白天地表加热大气造成的显著增温为激发大气边界层对流提供了有利的热力条件。由于受伊朗副热带高压和西太平洋副热带高压控制和影响，沙漠地区持续高温过程造成前期夜间的残余混合层较厚（图 4.11a），可达到 4000 m 高度，当白天对流边界层发展突破逆温层顶盖进入残余混合层后，对流边界层的发展十分迅速和畅通，这也是 7 月 1 日形成 5000 m 厚度对流边界层的一个非常重要的因素。

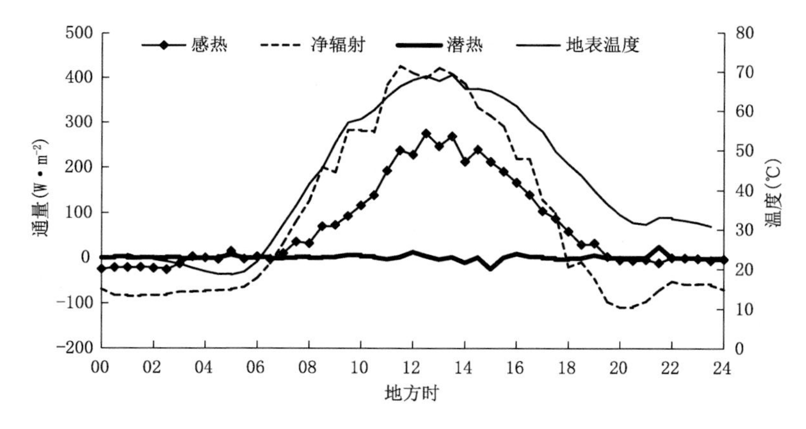

图 4.13　2016 年 7 月 1 日地表净辐射、感热通量、潜热通量和地表温度变化曲线

何清等(2009)曾利用系留汽艇探测资料估算出塔克拉玛干沙漠夏季对流边界层高度约为 3000 m；徐祥德等(2014)曾利用 NCEP 再分析资料研究了该沙漠的大气边界层结构，结果表明，对流边界层高度可达到 3000～4000 m；通过观测研究，进一步发现该沙漠夏季对流边界层最大高度超过 5000 m，这一观测结果要高于中国西北干旱区敦煌、巴丹吉林沙漠以及青藏高原大气边界层的研究结果，这也是中国目前观测

到的最为深厚的大气边界层现象，与非洲撒哈拉沙漠夏季对流边界层最大高度相当。

4.6　晴间多云背景大气边界层特征

4.6.1　大气边界层位温、比湿和风速廓线特征

图4.14给出沙漠腹地2015年6月25日(晴间多云天气)01:15、07:15、10:15、13:15、16:15、19:15的位温廓线。可以看出，夜间01:15与凌晨07:15位温廓线变化相似，低空均存在一个逆位温层，01:15逆位温层高度为250 m，07:15逆位温层发展到400 m高度，这个逆位温层即是夜间稳定边界层的高度。01:15在250～3200 m高度位温垂直梯度变化较小，这是白天残留下来的混合层，3200～3500 m高度为残余逆温层顶盖(RCIL)；07:15在400～3850 m高度为残余混合层，3850～4200 m高度为残余逆温层顶盖；逆温层顶盖以上属于自由大气(FA)。

10:15，由于地表对大气的加热作用，破坏了夜间稳定边界层的部分结构，低空500 m以下位温基本保持不变，这一高度范围属于对流混合层；500～800 m高度位温逐渐增大，这是夜间残留下来继续得到发展的稳定边界层；800～3200 m位温垂直梯度变化较小，这是残余混合层；3200～3700 m属于残余逆温层顶盖，该层之上属于自由大气。13:15，地表进一步加热大气，对流边界层发展到1400 m高度，其上也存在明显的残余混合层和残余逆温层顶盖，该时次位温廓线总体与10:15较为接近，这里不再赘述。从16:15和19:15的位温廓线来看，二者变化相似，由于地表对大气持续和强烈的加热效应，对流边界层得到进一步充分的发展，16:15混合层发展到3300 m高度，19:15混合层已发展到4000 m高度，混合层之上存在约250 m厚的逆温层顶盖，即夹卷层，夹卷层是热力大气边界层上限的标志性特征，夹卷层以上属于自由大气。

图4.15给出了沙漠腹地6月25日01:15、07:15、10:15、13:15、16:15、19:15的风速廓线。该图给出的风速垂直分布特征进一步支持了由位温廓线确定的边界层结构。在夜间，稳定边界层顶有低空急流发展，并且急流高度随稳定边界层高度的抬升逐步向上抬升，到10:15抬升到了800 m高度，这与稳定边界层高度相对应。白天混合层内风速变化相对均一，随高度升高均匀增大，到了对流边界层顶以后风速开始递减。

从6月25日比湿廓线(图4.16)可以看出，在夜间稳定边界层条件下(01:15和07:15)，比湿从地表向上有一个轻微的递增过程，到稳定边界层顶达到最大，在残余混合层内比湿垂直梯度较小，说明残余层对比湿垂直分布的影响十分明显。到残余混合层上面的逆温层顶盖内，比湿突然骤减，出了逆温层顶盖后比湿又有一个增大的过程。在白天对流边界层范围内，大气比湿从地表到混合层顶垂直梯度变化均较小，比湿廓线基本保持相对均一状态，尤其是16:15和19:15的比湿廓线更能说明这一

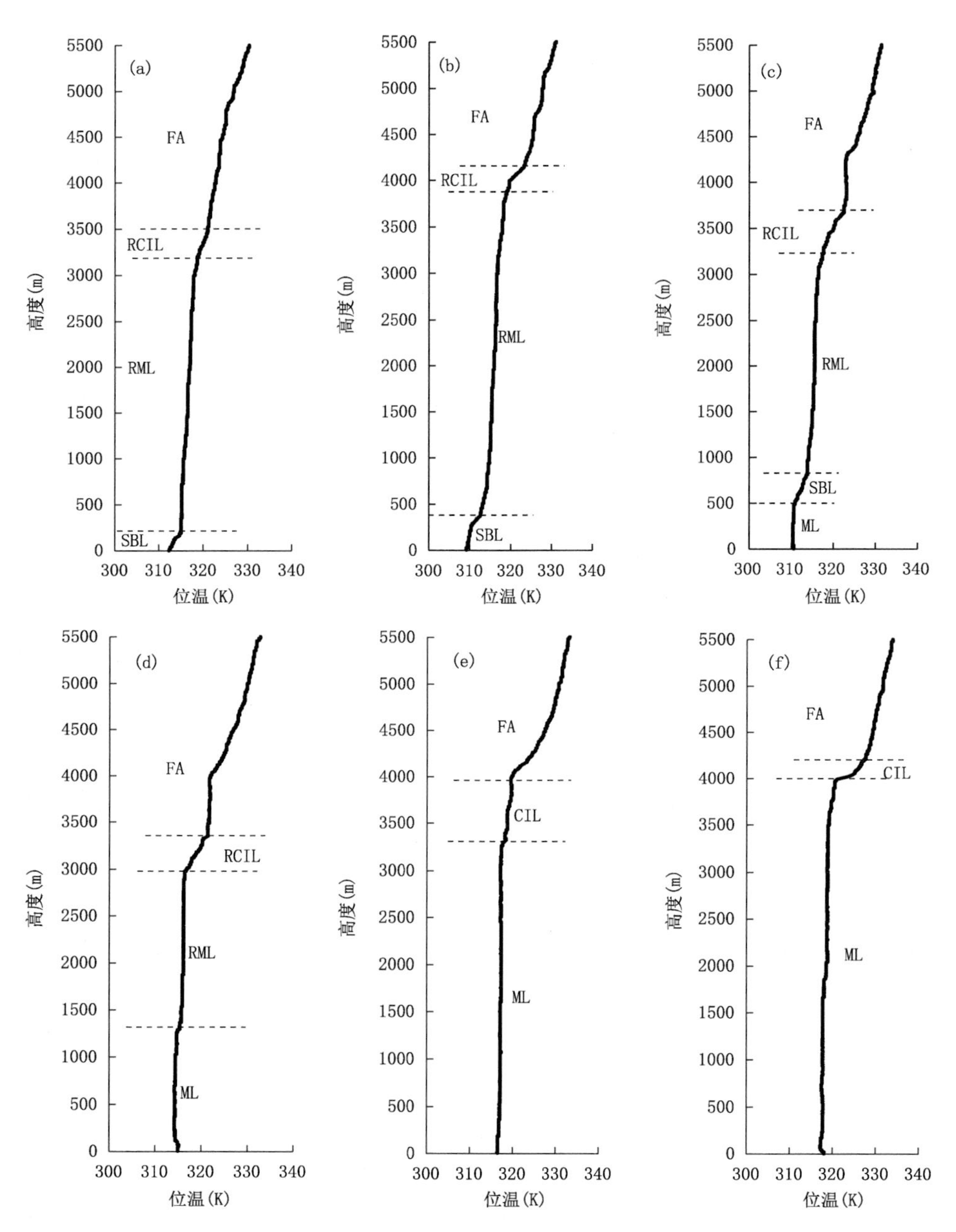

图 4.14 塔克拉玛干沙漠腹地 2015 年 6 月 25 日大气位温廓线

(FA:自由大气,ML:混合层,RML:残余混合层,CIL:逆温层顶盖,RCIL:残余逆温层顶盖,SBL:稳定边界层)(a)01:15;(b)07:15;(c)10:15;(d)13:15;(e)16:15;(f)19:15

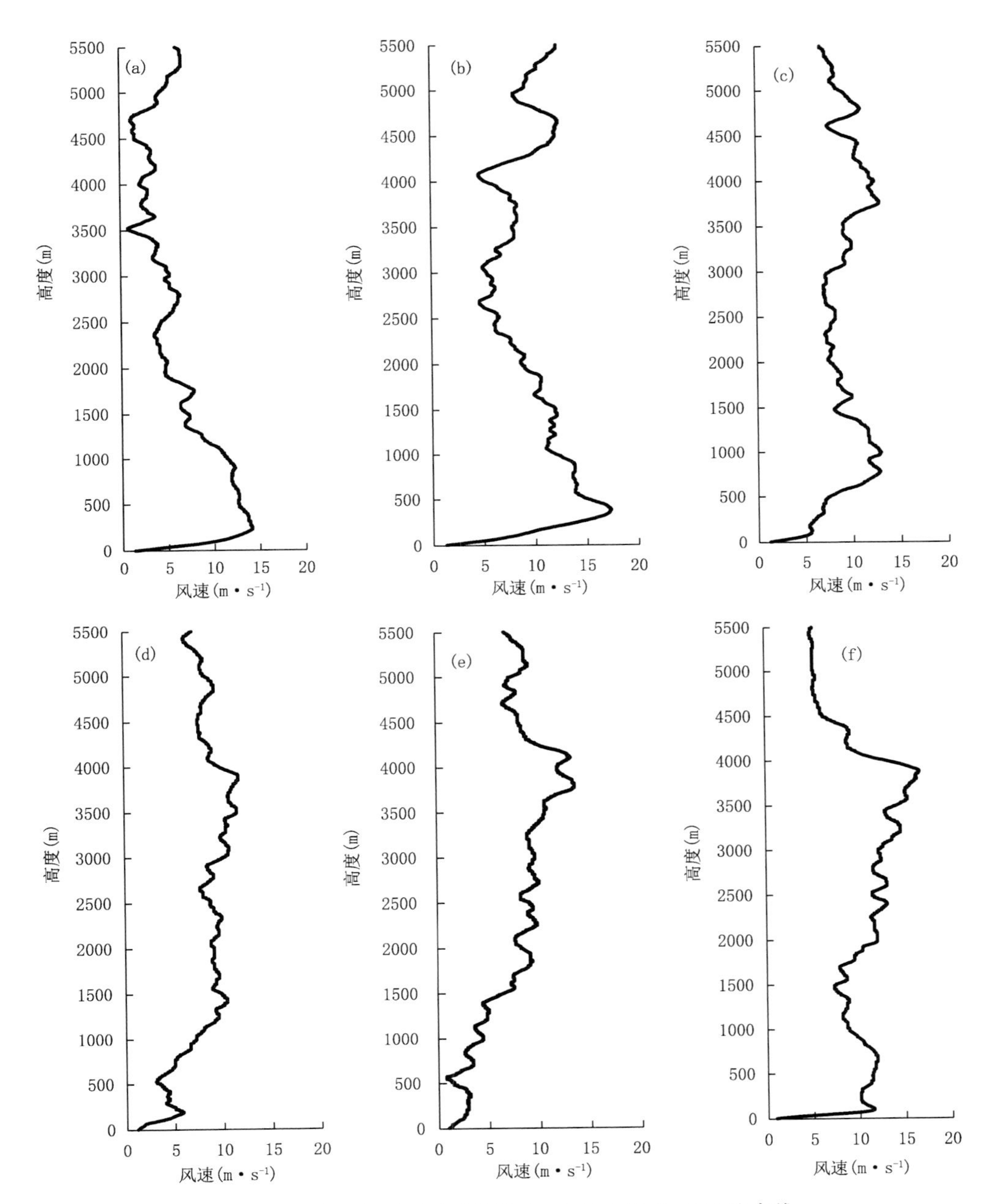

图 4.15　塔克拉玛干沙漠腹地 2015 年 6 月 25 日风速廓线

(a) 01:15;(b)07:15;(c)10:15;(d)13:15;(e)16:15;(f)19:15

点，可以清晰地反映出沙漠腹地白天对流边界层的最大高度可达到4000 m。图4.16中的比湿廓线与许多研究（Stull,1998）给出的边界层大气比湿理想分布形态十分一致。它与风速廓线共同印证了由位温廓线确定的大气边界层结构的可靠性。

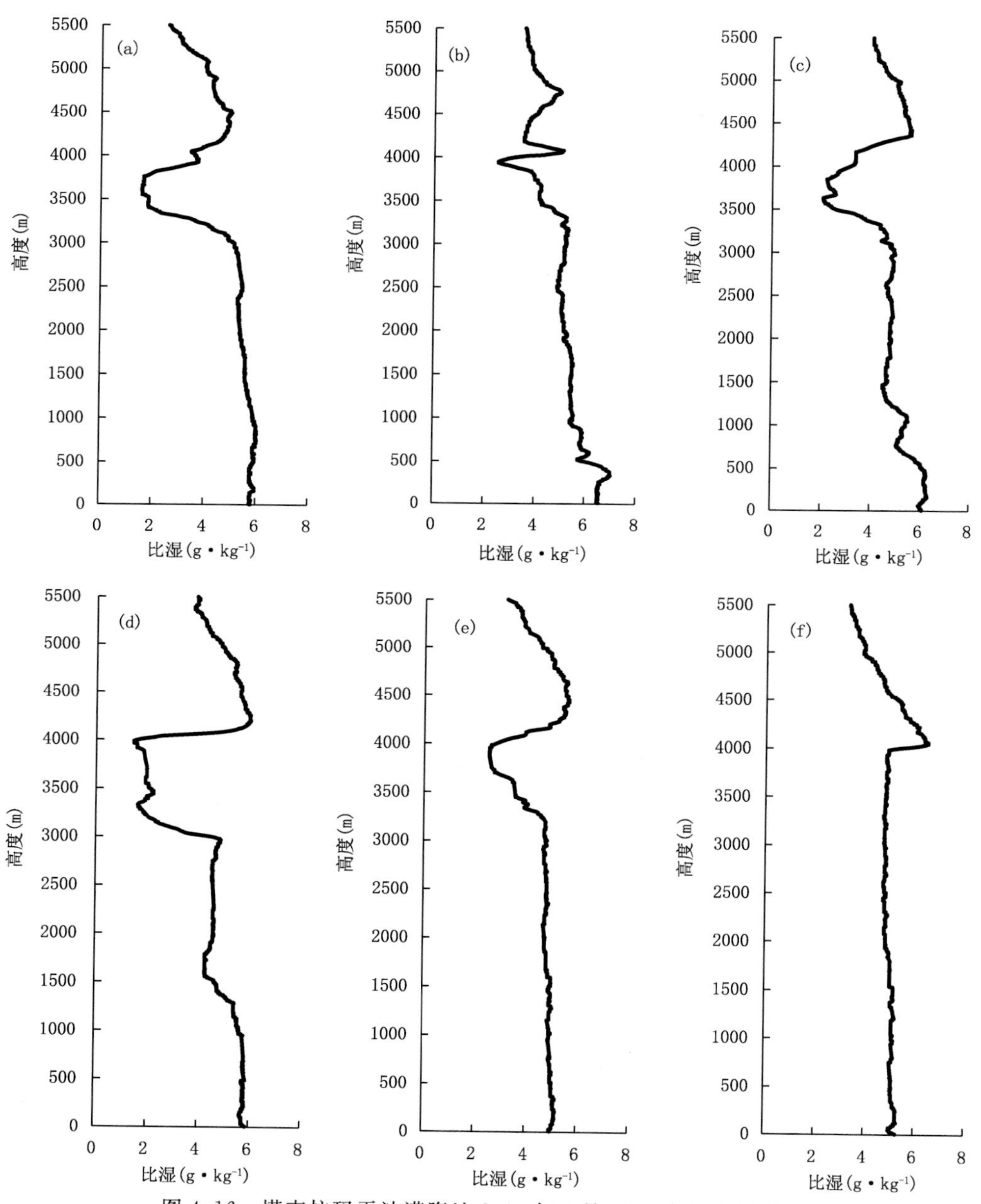

图4.16 塔克拉玛干沙漠腹地2015年6月25日大气比湿廓线

(a)01:15;(b)07:15;(c)10:15;(d)13:15;(e)16:15;(f)19:15

4.7　沙尘背景大气边界层特征

沙尘是塔克拉玛干沙漠春夏季节常见的一种天气现象。探空观测期间 2015 年 6 月 26 日发生了一次沙尘天气过程，其中，00:00—08:00 出现了浮尘、扬沙和沙尘暴，最小能见度761 m(塔中气象站夜间只记录天气现象，不记录天气现象的起止时间)，08:00—14:55出现了浮尘，14:55—18:03 出现了扬沙。为了认识沙尘天气背景下的大气边界层结构，这里给出 6 月 26 日 01:15、07:15、10:15、13:15、19:15 的位温廓线(图 4.17)，需要说明的是 16:15 GPS 探空系统出现故障，该时次缺测。

从图 4.17 可以看出，01:15 与 07:15 位温廓线相似，从地表向上并没有出现位温增大的稳定边界层结构，低空 250 m 高度以下位温基本保持不变，250 m 至 650 m 高度才出现位温逐渐增大的廓线结构，这说明沙尘天气在一定程度上破坏了夜间的逆温层，由于沙尘效应，导致夜间地表对大气的冷却作用减弱，没有形成十分清晰的稳定边界层。然而在 700～4200 m 高度，我们可以清晰地识别到残余混合层的存在。10:15，位温廓线与夜间相似，500 m 高度以下位温基本保持不变，这是对流边界层，500～650 m 高度为夜间残留的稳定边界层，650～3200 m 为残余混合层，3200 m 以上已是自由大气。从 13:15 位温廓线来看，对流边界层发展到 900 m 高度，900 m 以上大气边界层结构特征已不明显。14:55—18:03 发生了扬沙天气，19:15 位温廓线恰好代表了沙尘天气过后的大气状况。从 19:15 位温廓线看到，对流边界层高度已降低至 650 m，650 m 高度以上位温随高度升高逐渐增大，其边界层结构已不显著。

上述分析表明，沙尘天气会从一定程度上破坏夜间稳定边界层和白天对流边界层的结构，由于沙尘天气的发生，沙尘粒子群会削弱到达地表的太阳辐射能量，影响了地表对大气的加热作用，抑制了白天对流边界层的强烈发展，6 月 26 日对流边界层最大高度约 1000 m，远低于 6 月 25 日的对流边界层高度。

4.8　基于风廓线雷达的晴空大气边界层特征

对流边界层的高度可以利用风廓线雷达 SNR 和 C_n^2 资料进行判识和确定(Ecklund et al., 1988; Ottersten, 1969; Fairall, 1991)。Wyngaard 等(1980)曾利用 C_n^2 峰值确定对流边界层的高度，Angevine 等(1994)曾利用 SNR 峰值判识对流边界层的高度，其判识结果与无线电探空观测结果较为一致。

图 4.18 和图 4.19 分别给出了塔克拉玛干沙漠腹地 2010 年 6 月 20 日和 8 月 3 日由风廓线雷达探测得到的大气折射率结构常数(C_n^2)、信噪比、垂直速度的时间—高度图。从 6 月 20 日 C_n^2 时间—高度图(图 4.18a)可以看到，夜间 C_n^2 较小，其值域

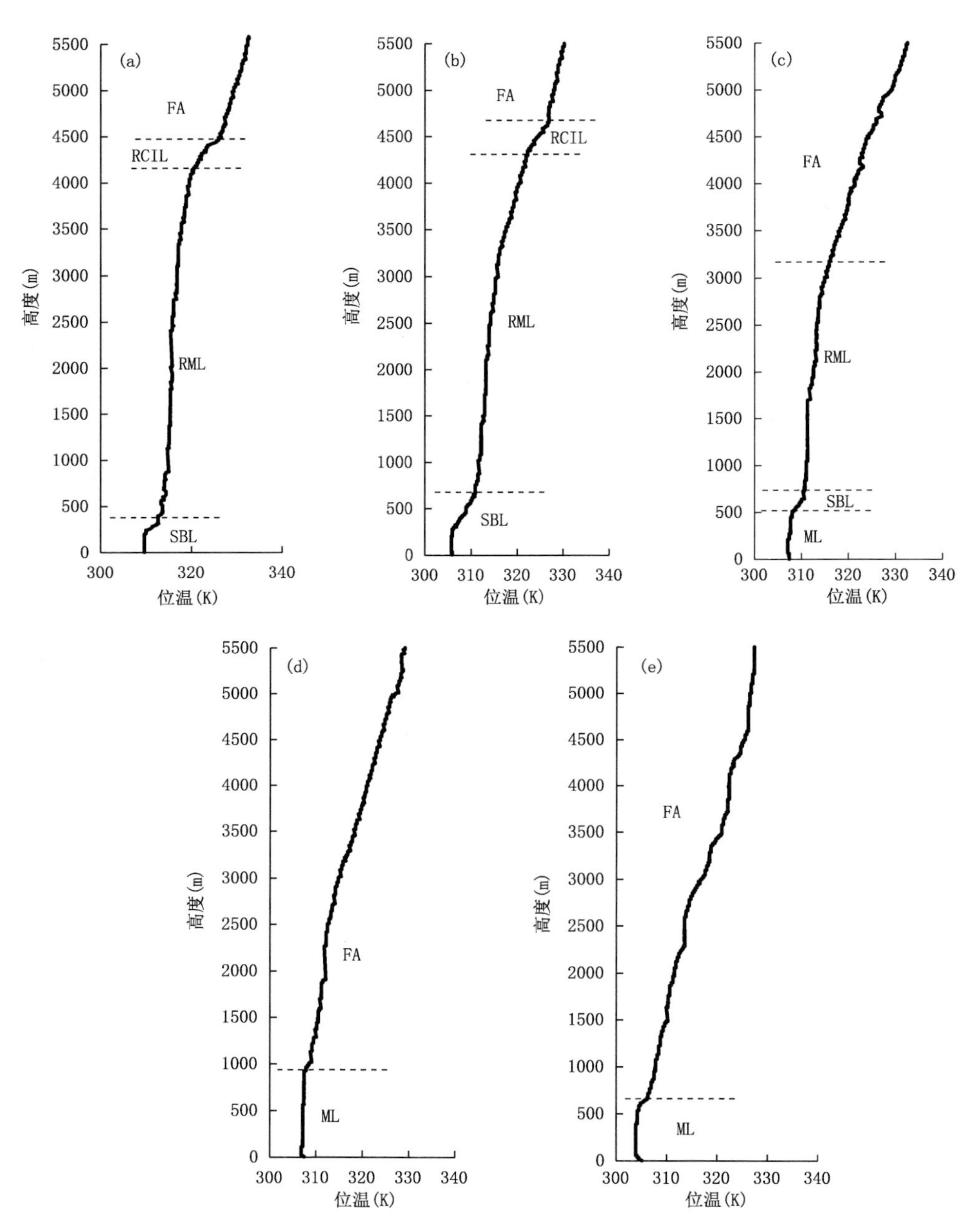

图 4.17 塔克拉玛干沙漠腹地 2015 年 6 月 26 日大气位温廓线。图中说明同图 4.14
(a)01:15;(b)07:15;(c)10:15;(d)13:15;(e)19:15

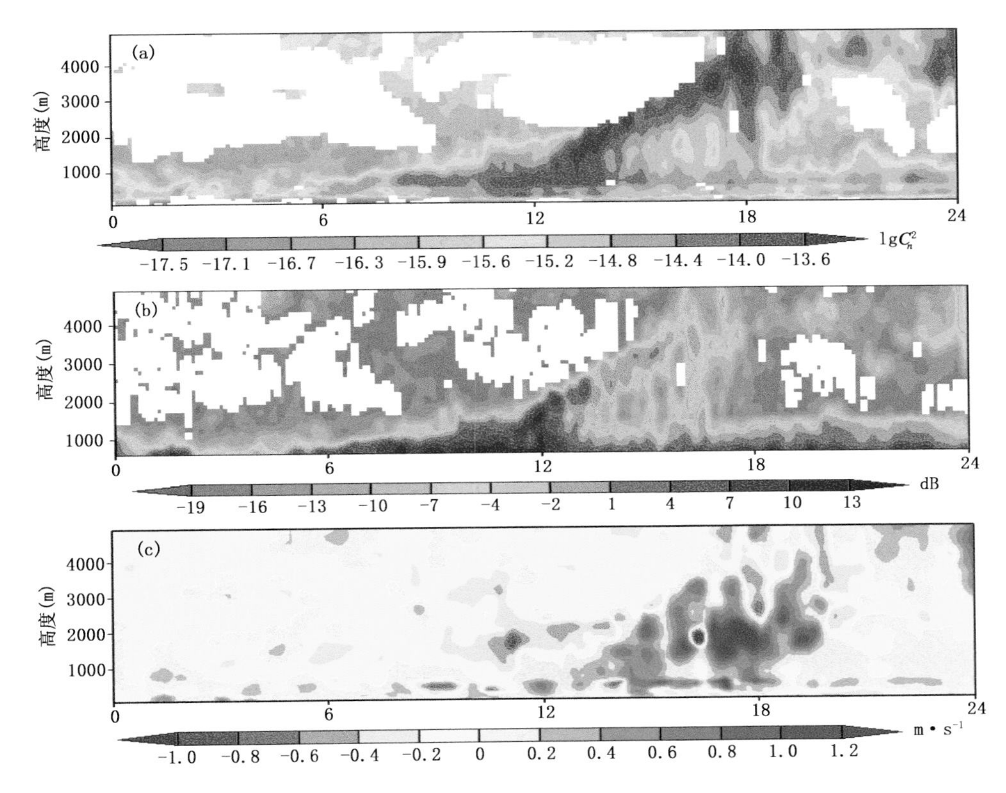

图 4.18　塔克拉玛干沙漠腹地 2010 年 6 月 20 日大气折射率结构常数(a)、信噪比(b)、垂直速度(c)时间—高度图

分布范围约为 $10^{-15.0}\sim10^{-17.0}$ $m^{-2/3}$，早晨日出后，C_n^2 逐渐增大，呈现出抛物状上扬的变化趋势，在图 4.18a 中表现为黄色和红色，下午 17:00～19:00 C_n^2 达到最强的时段，最大值域分布范围约为 $10^{-13.0}\sim10^{-14.5}$ $m^{-2/3}$，高度可达 4300 m 左右，20:00 以后 C_n^2 减小。C_n^2 时间—高度图可以清晰地反映出沙漠大气边界层的发展演变过程。根据 Wyngaard 等(1980)确定对流边界层的方法，我们可以较容易地判识出对流边界层的高度，在图 4.18a 中红色大值区以下即是混合层存在的高度区间，红色大值区主要体现的是夹卷层，夹卷层平均厚度约 500 m，由于强烈的夹卷混合作用，使得夹卷层内温度和湿度的水平及垂直梯度很大，导致对雷达电磁波产生了较强的后向散射，从而形成了较大的 C_n^2 峰值。从图 4.18a 也可以看到，6 月 20 日塔克拉玛干沙漠腹地对流边界层在 17:00—19:00 发展最为旺盛，最大高度可达到 3500～4300 m。图 4.18b 给出了 6 月 20 日的信噪比时间—高度图，可以看出，对流边界层从上午 10:00 左右逐渐开始发展，所反映的混合层与夹卷层特征与图 4.18a 较为一致。图 4.18c 给出了 6 月 20 日大气垂直速度时间—高度图，可以清晰地看到，在对流边界

层充分发展的阶段(12:00—20:00),夹卷层高度以下(即混合层内)存在显著的上升和下沉运动,并且以下沉运动为主。这主要是由于在混合层内,热力湍流在向高空发展的过程中,当到达对流边界层顶时,湍流受到较大的阻力(逆温顶盖),无法继续上升,由于受重力作用,湍流会产生下沉运动。另外,由于夹卷层强烈的夹卷混合作用,会把部分自由大气夹卷入混合层,进而产生空气下沉运动。

图 4.19 给出了 2010 年 8 月 3 日的大气折射率结构常数(C_n^2)、信噪比、垂直速度时间—高度图。可以看到,12:00—20:00 对流边界层充分发展,从大气折射率结构常数和信噪比时间—高度图可以判识出混合层与夹卷层的发展演变与高度区间,17:00—20:00 对流边界层最大高度可以达到 3700 m,夹卷层平均厚度约 500 m,在混合层内同样也存在明显的下沉运动。

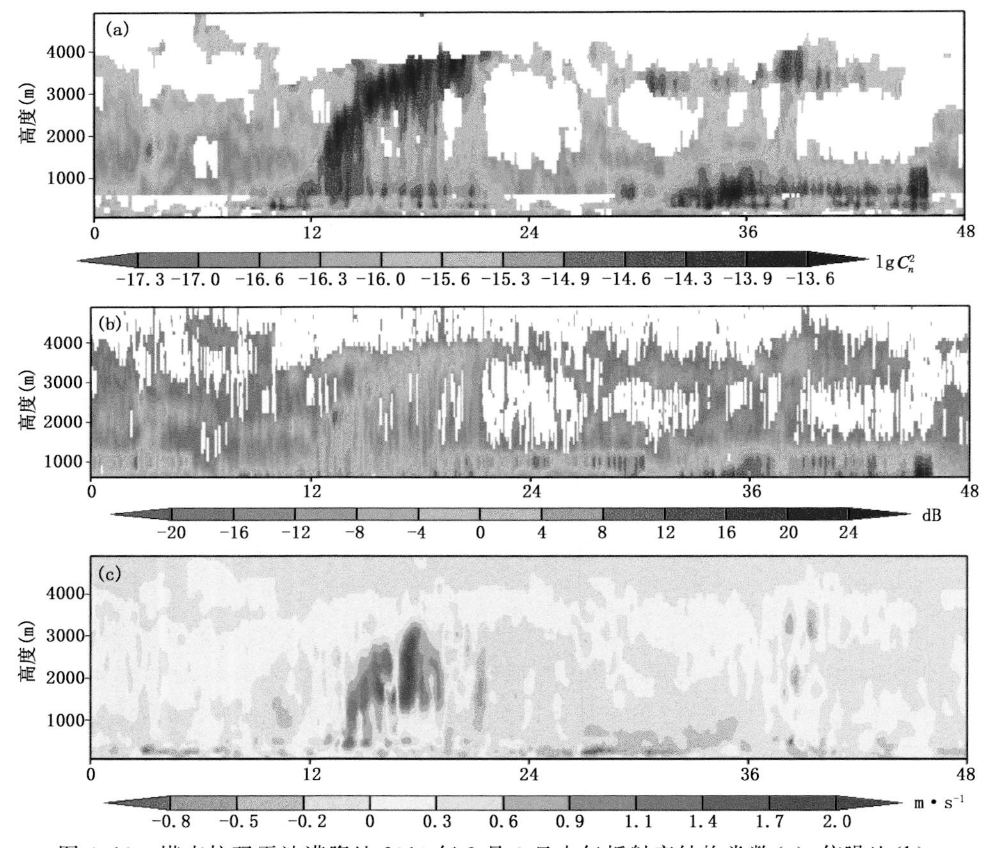

图 4.19 塔克拉玛干沙漠腹地 2010 年 8 月 3 日大气折射率结构常数(a)、信噪比(b)、垂直速度(c)时间—高度图

以上分析表明,塔克拉玛干沙漠腹地夏季晴空对流边界层发展较为深厚,远远超过了经典的 1000～2000 m 高度的边界层范畴。此外,对流边界层顶存在显著的夹

卷层结构特征，平均厚度约 500 m，由于强烈的夹卷混合作用，可将部分自由大气卷入混合层形成较强的空气下沉运动。

图 4.20 给出了 2010 年 6 月 20 日和 8 月 3 日由 NCEP 再分析资料(1°×1°)计算得到的沙漠腹地位温的纬向垂直剖面图。从图 4.20 可以看出，大约在 900～600 hPa 具有明显的混合层特征，位温垂直梯度较小，混合层顶部可以达到 600 hPa 左右(离地高度约 3300 m)，这说明沙漠夏季晴空对流边界层在旺盛发展阶段可超过 3000 m 高度。图 4.21 给出了 6 月 20 日由 NCEP 再分析资料绘出的沙漠区域边界层高度等值线图，可以看出，14:00 沙漠腹地的边界层高度约 3500 m，明显比风廓线雷达探测结果偏高，但 20:00 边界层高度约 3400 m，这与风廓线雷达探测结果基本一致。

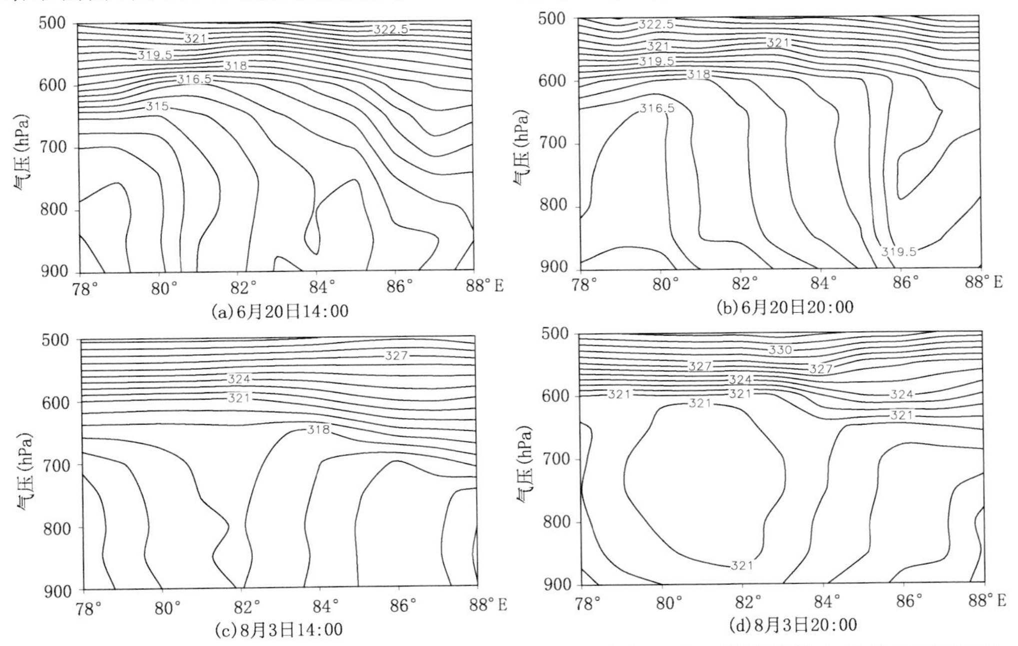

图 4.20　2010 年 6 月 20 日和 8 月 3 日沿沙漠腹地所在纬度(39°N)位温的纬向垂直剖面图(K)

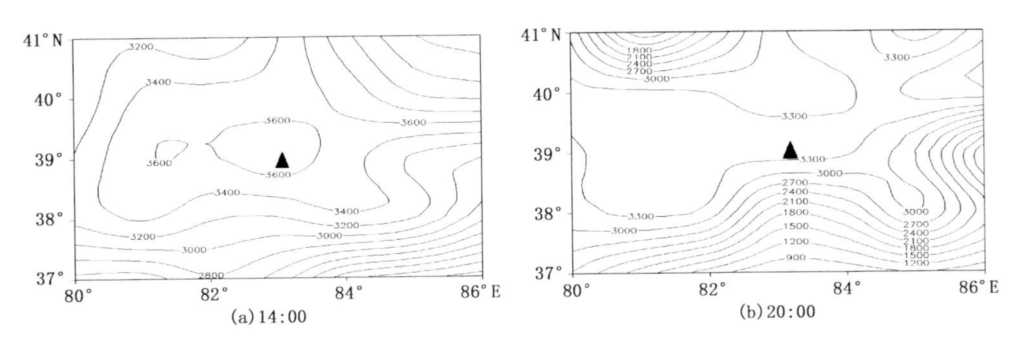

图 4.21　2010 年 6 月 20 日塔克拉玛干沙漠大气边界层高度等值线分布图(黑色三角代表塔中)(m)

图 4.22 给出了由 RASS 系统探测得到的沙漠腹地 2010 年 8 月 3 日和 6 月 20 日夜间的大气虚温廓线，从图 4.22a 可以看到，8 月 3 日夜间 00:00—05:00 沙漠近地边界层存在明显的逆温现象，00:00 逆温层高度约为 150 m，01:00 逆温层高度达到 250 m，随着时间的推移，03:00 逆温层高度达到 300 m，此后，逆温层高度开始降低。从 6 月 20 日夜间的大气虚温廓线（图 4.22b）可以看出，夜间也存在明显的逆温现象，最大逆温层高度为 400 m。图 4.23 给出了由 NCEP 再分析资料绘出的 8 月 3 日 02:00 和 6 月 20 日 02:00 的边界层高度等值线分布图，可以看出，沙漠腹地夜间稳定边界层高度均在 200～400 m 范围变化，这与 RASS 系统对夜间稳定边界层的探测结果基本一致。

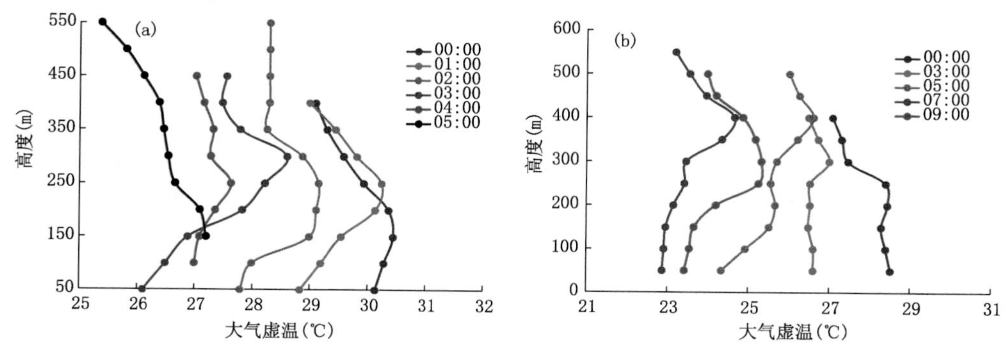

图 4.22 塔克拉玛干沙漠腹地 2010 年 8 月 3 日(a)和 6 月 20 日(b)夜间大气虚温廓线

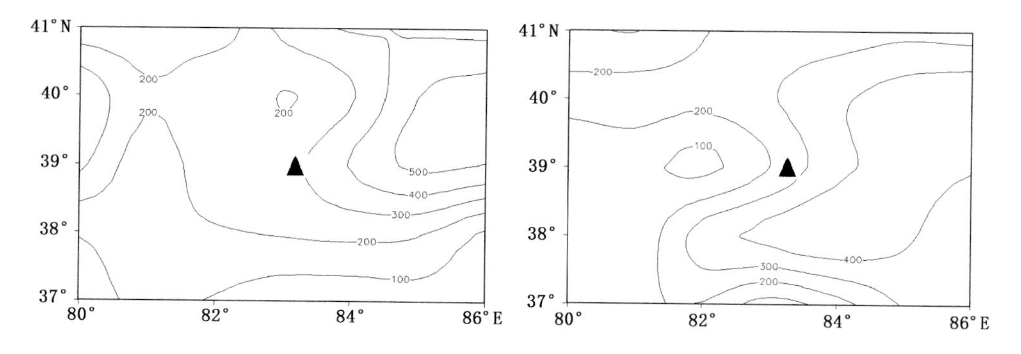

图 4.23 塔克拉玛干沙漠腹地 2010 年 8 月 3 日(a)和 6 月 20 日(b)02:00 夜间边界层高度分布(m)

4.9 大气边界层高度与陆面参数的关系

4.9.1 大气边界层高度与地表感热的关系

图 4.24a 给出塔克拉玛干沙漠腹地 2016 年 7 月大气边界层高度与地表感热通

量的变化曲线。地表感热通量较小时，大气边界层高度均较低，7 月 8 日、7 月 19 日、7 月 28 日、7 月 29 日、7 月 30 日地表感热通量分别为 34.19 $W \cdot m^{-2}$、54.14 $W \cdot m^{-2}$、62.10 $W \cdot m^{-2}$、72.05 $W \cdot m^{-2}$、68.30 $W \cdot m^{-2}$，属于该月感热通量较小值，其对应的大气边界层高度均在 1500 m 以下。这是因为地表感热通量较小时，沙漠多受到天气系统影响，多为阴天、多云天气或沙尘天气，在这种情况下，沙漠地表净辐射和感热通量均较小，热力湍流弱，热对流发展不够强烈和旺盛，大气边界层高度也就较低。然而，在地表感热通量较大情形下，大气边界层高度并不是都很高，7 月 9 日就是一个典型个例。7 月 8 日沙漠腹地受冷空气影响出现短时降水过程（图 4.24g），地面降雨量 2.5 mm，7 月 9 日沙漠腹地为雨后晴天，大气洁净，地表净辐射和感热通量值较大，10:00—14:00 净辐射和地表感热通量平均值分别达到 333.3 $W \cdot m^{-2}$、190.5 $W \cdot m^{-2}$，在该月中为最大值，但由于受到降水蒸发冷却效应和冷平流影响，边界层大气温度降低，边界层顶的逆温强度也随之增大，使得大气湍流发展高度受到抑制，因此，大气边界层高度较低。7 月 23—25 日也属于这种情形，23 日降水过程导致 24 日和 25 日沙漠大气边界层高度均较低，这也说明大尺度平流对边界层的影响往往会持续一段时间。只有在晴空少云天气下，并且无天气系统和大尺度冷平流影响，地表感热通量较大时，通过连续几天的累积效应大气边界层才会发展得很高。

综上所述，塔克拉玛干沙漠夏季大气边界层高度与地表感热通量变化趋势并不完全对应，大气边界层除了受地表感热通量控制之外，大尺度平流也是重要的影响因子，大尺度平流实质是对边界层顶的逆温层强度产生影响，进而抑制边界层发展高度。地表感热通量弱，大气边界层高度一般较低；地表感热通量强，大气边界层未必高，若受冷平流以及降水蒸发冷却效应影响，大气边界层一般不会发展得很高。

4.9.2 大气边界层高度与地表潜热的关系

从大气边界层高度与地表潜热通量变化曲线（图 4.24b）来看，二者大体上呈现相反的变化趋势。大气边界层高度较高时，地表潜热通量一般较小，大气边界层高度较低时，地表潜热通量一般较大。这是因为大气边界层发展较高时，大多为晴空少云天气，并且无天气系统影响，沙漠大气中水汽含量少，地表干燥，地表潜热通量因而较小。当大气边界层发展高度较低时，大多受到天气系统影响或是多云天气，天气系统带来水汽或降水，使得沙漠地表潜热通量较大，从 7 月 8 日、7 月 23—24 日地表潜热通量与大气边界层高度变化可以较好地印证上述观点。

4.9.3 大气边界层高度与近地面气温的关系

近地面气温主要反映地表热力与大尺度平流共同影响下的近地层空气冷暖状况，它从一定程度上可体现大气边界层的发展潜力。图 4.24c 给出塔克拉玛干沙漠腹地 2016 年 7 月大气边界层高度与近地面气温变化曲线。近地面气温与大气边界

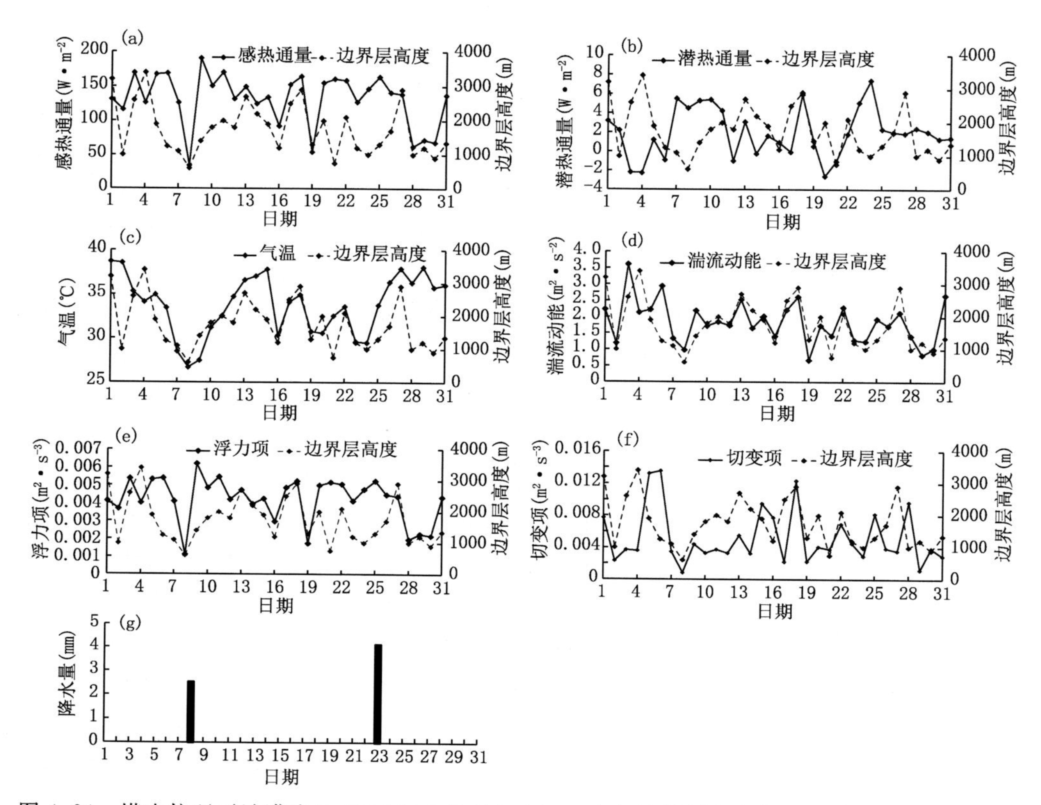

图 4.24 塔克拉玛干沙漠腹地 2016 年 7 月每日 14:00 大气边界层高度与地表感热(a)、潜热(b)、气温(c)、湍流动能(d)、浮力项(e)、切变项(f)的变化曲线及日降水量(g)
(地表感热、潜热、气温、湍流动能、浮力项、切变项为每日 10:00—14:00 的平均值)

层高度变化并非一一对应。气温低,大气边界层高度较低;气温高,大气边界层高度未必都高。从 7 月 28—31 日的变化曲线可说明这一点,虽然这几日气温高,但大气边界层高度却较低,主要原因是 28—29 日为多云天气,30—31 日为局地沙尘天气,使得这几日地表感热通量小,热力湍流发展弱,进而大气边界层高度也较低。只有晴空少云天气下,近地面气温高,大气边界层才会发展得较高,7 月 1 日、7 月 13 日、7 月 27 日均属于这种情形。上述分析表明,沙漠近地面气温低时,大气边界层高度较低;气温高时,大气边界层高度未必都高,当沙尘和云持续出现时,地表感热通量小,大气边界层高度一般较低。

4.9.4 大气边界层高度与湍能方程物理量的关系

湍流动能收支方程描述了边界层中湍流产生的各种物理过程和能量来源,因此,分析湍流动能收支方程中的各项物理量具有重要意义(Stull,1988)。

$$\frac{\partial \overline{e}}{\partial t}=\frac{g}{T}\overline{w'T'}-\left[\overline{u'w'}\frac{\partial U}{\partial z}+\overline{v'w'}\frac{\partial V}{\partial z}\right]-\frac{\partial(\overline{w'e})}{\partial z}-\frac{1}{\overline{\rho}}\frac{\partial(\overline{w'p'})}{\partial z}-\varepsilon \tag{4.5}$$

其中，u'、v'、w' 是脉动速度分量；U、V 是平均风速的水平分量；p 是气压；$\overline{\rho}$ 是标准密度；T 是背景虚位温；e 是湍流动能。上式中，左边代表湍流动能的局地储存或变化倾向（湍能储存项 $\partial\overline{e}/\partial t$），右边第一项为浮力产生或消耗（浮力项 $g/T\,\overline{w'T'}$），第二项为机械剪切产生项，第三项为湍流输运项，第四项为压强相关项，第五项为湍流耗散项。

湍流动能是度量湍流强度的物理量，地面加热和强风是白天湍流动能的两个能量来源。从湍流动能与大气边界层高度变化曲线（图 4.24d）来看，二者对应较为一致，相关系数达到 0.62，这说明沙漠大气边界层是热力和动力作用综合影响的结果。

浮力项主要体现地表热力作用和效果，它的变化趋势与地表感热基本一致，也即浮力项与大气边界层高度的关系和地表感热与大气边界层高度的关系是基本一致的（图 4.24e），这里不再赘述。从切变项与大气边界层高度曲线来看（图 4.24f），二者没有规律可循，说明塔克拉玛干沙漠夏季大气边界层尽管是热力和动力作用综合影响的结果，但主要受热力作用的控制和影响，大气边界层高度主要反映沙漠下垫面热力作用效果。

4.9.5　塔克拉玛干沙漠夏季大气边界层高度重建公式

建立塔克拉玛干沙漠夏季大气边界层高度与近地层湍流动能之间的计算重建公式：

$$Y=1609.2X^4-12828X^3+35617X^2-39514X+15858 \tag{4.6}$$

$$R^2=0.6107$$

其中，Y 是大气边界层高度；X 是湍流动能；R 为相关系数。

图 4.25 是根据探空观测数据得到的大气边界层高度和根据式（4.6）计算重建的大气边界层高度对比曲线。可以看出，二者变化趋势基本一致。仔细分析发现，当大

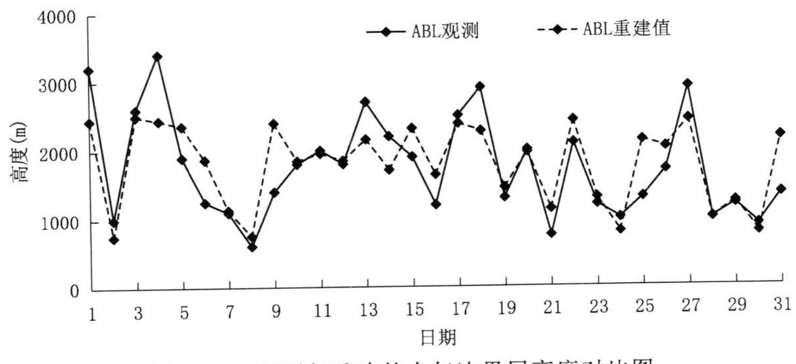

图 4.25　观测与重建的大气边界层高度对比图

气边界层高度重建值比观测值明显偏低时(如 2016 年 7 月 1 日、7 月 4 日、7 月 13 日、7 月 18 日),是因为当日残余混合层对实际大气边界层的发展高度有贡献,而根据公式重建的大气边界层高度只反映了地表热力、动力作用的效果,并没有体现残余混合层对大气边界层的贡献,因此,重建值比观测值低。上述现象从 2016 年 7 月 1 日大气位温廓线可得到印证(图 4.26),7 月 1 日 08 时稳定边界层之上存在约 3200 m 厚度的残余混合层,11 时对流边界层逐渐发展,对流边界层之上的残余混合层依然存在,14 时地表加热大气显著,湍流混合增强,对流边界层突破逆温层,与残余混合层打通融为一体,使得对流边界层快速发展到 3200 m 高度。当大气边界层高度观测值比重建值明显偏低时(如 7 月 9 日、7 月 25 日、7 月 31 日),因为当日或前一天有降水或沙尘暴发生,沙漠受到大尺度冷平流影响,边界层大气温度降低,边界层顶的逆温强度增大,进而抑制了实际大气边界层的发展高度,这在前文中已进行分析并可得到印证,而大气边界层重建值的计算过程并没有考虑上述因素,因此,大气边界层观测值比重建值低。但总体来看,根据式(4.6)重建的大气边界层高度与观测值的变化趋势是基本一致的。

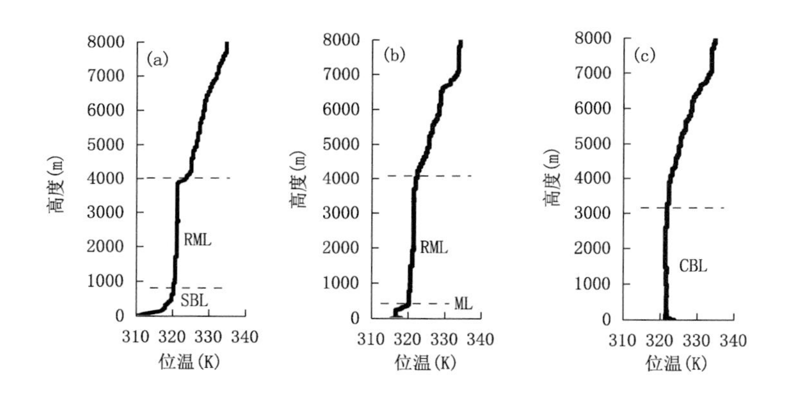

图 4.26 塔克拉玛干沙漠腹地 2016 年 7 月 1 日位温廓线

(a)08:00;(b)11:00;(c)14:00

4.10 塔中大气边界层风场特征

4.10.1 塔中大气边界层风场数据库

大气边界层中的风场变化是整个大气环流场中的关键环节,对整个大气系统的发展变化有着重要影响。塔克拉玛干沙漠独特的自然地理环境,造成该区域边界层风场的复杂性。目前关于塔克拉玛干沙漠边界层风场的研究尚属起步阶段,完整有效的边界层风场资料十分稀少。中国气象局乌鲁木齐沙漠气象研究所于 2009 年引进 CFL-03 型移动边界层风廓线雷达，并于 2010 年 4 月 1 日—2010 年 11 月 30 日在塔克拉玛干沙漠塔中开展了边界层风场探测试验，CFL-03 风廓线雷达能提供高精度、高时空分辨率的风廓线数据，可清晰表现出塔中地区风切变、低空急流、强晴空湍流区等中小尺度天气过程。CFL-03 边界层风廓线雷达探测资料每天自动保存一个“WNDOBS”文件，生成的“WNDOBS”文件不是通用格式，需经“CFL 风廓线雷达数据浏览器”软件处理后，方可生成风廓线数据文本文件及风廓线图。

经过对风廓线雷达原始探测数据进行分析，兼顾考虑数据应用，利用“C++ Builder”编程工具设计了“塔中边界层风场数据库导入软件”(图 4.27)。软件设计思

date	time	height	speed	direct	speedV
2010-9-4	18:30:00	4400	4.67	290.07	0
2010-9-4	18:30:00	4500	4.6	289.15	0
2010-9-4	18:30:00	4600	5.06	286.6	0
2010-9-4	18:30:00	4700	5.51	286.84	0
2010-9-4	18:30:00	4800	6.21	283.75	1
2010-9-4	18:30:00	4900	6.74	280.36	1
2010-9-4	19:00:00	0	9999	9999	9999
2010-9-4	19:00:00	50	8.4	39.5	0
2010-9-4	19:00:00	100	8.45	42.87	0
2010-9-4	19:00:00	150	7.29	40.45	0
2010-9-4	19:00:00	200	5.81	47.04	0
2010-9-4	19:00:00	250	3.44	51.28	0
2010-9-4	19:00:00	300	2.56	79.63	0
2010-9-4	19:00:00	350	1.42	94.56	1
2010-9-4	19:00:00	400	1.28	74.23	1
2010-9-4	19:00:00	450	1.57	12.04	1
2010-9-4	19:00:00	500	2.66	349.62	1
2010-9-4	19:00:00	550	2.16	331.15	0
2010-9-4	19:00:00	600	1.11	305.21	0
2010-9-4	19:00:00	700	.84	230.14	0
2010-9-4	19:00:00	800	.79	252.9	0
2010-9-4	19:00:00	900	.83	277.51	0
2010-9-4	19:00:00	1000	.99	289.35	0
2010-9-4	19:00:00	1100	1.47	285.8	0
2010-9-4	19:00:00	1200	2.32	286.23	0
2010-9-4	19:00:00	1300	3.25	285.7	0
2010-9-4	19:00:00	1400	3.68	287.29	0
2010-9-4	19:00:00	1500	3.91	288.95	0
2010-9-4	19:00:00	1600	3.94	292.01	0
2010-9-4	19:00:00	1700	3.59	292.07	0
2010-9-4	19:00:00	1800	3.07	289.09	0
2010-9-4	19:00:00	1900	2.64	287.71	0
2010-9-4	19:00:00	2000	2.19	290.08	0
2010-9-4	19:00:00	2100	1.46	288.1	0
2010-9-4	19:00:00	2200	.66	271.93	0
2010-9-4	19:00:00	2300	.54	231.58	0
2010-9-4	19:00:00	2400	.54	233.13	0
2010-9-4	19:00:00	2500	.46	237.45	0
2010-9-4	19:00:00	2600	.56	264.69	0
2010-9-4	19:00:00	2700	.89	261.96	0
2010-9-4	19:00:00	2800	1.3	262.62	0
2010-9-4	19:00:00	2900	2.2	263.75	0
2010-9-4	19:00:00	3000	2.99	276.67	0
2010-9-4	19:00:00	3100	4.42	284.69	0
2010-9-4	19:00:00	3200	5.43	289.58	0
2010-9-4	19:00:00	3300	5.87	291.29	0
2010-9-4	19:00:00	3400	6.11	290.73	0

记录: 13 共有记录数: 441047

图 4.27 塔中边界层风场数据库

路是将全年实测分散的风廓线数据转化成通用的数据库文件,将需要人工归类、转存数据的工作交由程序自动完成,可对大量相同格式的风廓线数据文本文件进行批处理。软件设计主要从应用、系统、存储、架构四个方面着手,实现较短时间内完成边界层风场探测数据的转存、管理、监控和再处理,同时保证原始探测资料录入的稳定性、可靠性和完整性。

塔中大气边界层风场数据库建立后,存储了2010年4月1日至2010年11月30日共441047条风廓线数据,分类严谨、格式清晰,可根据研究需要快速完成定位查询和资料调取工作,同时实现数据管理及监控工作。图4.27为塔中大气边界层风场数据库中数据的存放格式,其中,date表示探测数据的日期,time表示数据采集时间,18:30:00表示北京时间18时30分00秒,height表示探测高度,单位为“m”,speed表示该探测层的水平风速,单位为“$m \cdot s^{-1}$”,direct表示该探测层的水平风向,单位为“°”,speedV表示该探测层的垂直气流情况,正值表示该探测层有下沉的垂直气流;负值表示该探测层有上升的垂直气流,单位为“$m \cdot s^{-1}$”。

4.10.2 塔中边界层风场时空统计特征

从2010年4月1日开始,在塔克拉玛干沙漠塔中利用CFL-03边界层风廓线雷达对高空风进行不间断连续探测,少数日期由于不确定因素影响(如天气、当地电力、设备调整等)未开展探测,截至2010年11月30日,共探测244 d,获取塔中边界层风场数据449589条,其中有效数据441047条,有效率为98.1%。表4.3为塔中边界层各月风速规律统计表,塔中边界层各月风速规律统计图见图4.28。

表4.3 塔中边界层风速规律统计表

边界层	4月	5月	6月	7月	8月	9月	10月	11月
整层平均风速($m \cdot s^{-1}$)	6.3	6.3	5.6	3.9	2.8	1.9	4.1	4.2
0～1000 m平均风速($m \cdot s^{-1}$)	2.1	2.6	4.5	3.0	3.3	1.6	1.8	1.5
0～2000 m平均风速($m \cdot s^{-1}$)	2.4	3.2	4.9	3.0	3.0	1.7	2.2	1.8
2000～5000 m平均风速($m \cdot s^{-1}$)	10.7	9.9	6.5	4.9	2.6	2.2	6.1	9.2

塔中4月平均风速随高度呈递增趋势(图4.29),从地面至5000 m高度风速逐渐增加,地面风速最小,为1.5 $m \cdot s^{-1}$,到5000 m高度风速达到最大,为14.4 $m \cdot s^{-1}$,风向偏西,5000 m高度内平均风速为6.3 $m \cdot s^{-1}$。1000 m高度以下存在风速切变现象,风切变区分别出现在100 m以及400～500 m两个高度层,风速达4 $m \cdot s^{-1}$。除这两个风速切变区外,风速从地面到1000 m高度变化较小,基本维持在1.5 $m \cdot s^{-1}$左右。2800～3000 m、3600～3800 m为两个风速增幅区,与相邻100 m高度相比风速增加了2.2 $m \cdot s^{-1}$。1000 m高度内平均风速为2.1 $m \cdot s^{-1}$,2000～5000 m高度内平均风速为10.7 $m \cdot s^{-1}$,低层风速远小于高层风速。1000 m高度内主导风向为偏东

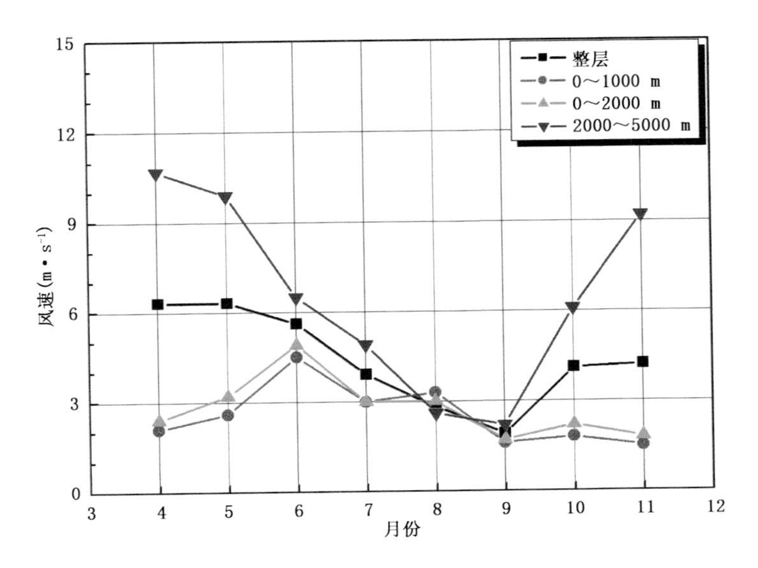

图 4.28 塔中边界层风速规律统计图

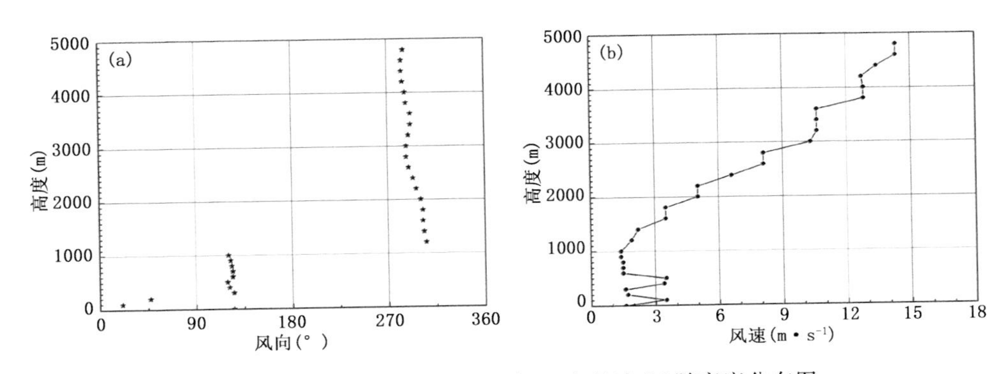

图 4.29 塔中 4 月边界层风向(a)和风速(b)随高度分布图

风，1000～5000 m 高度主导风向为偏西风。

塔中 5 月与 4 月边界层风场特征相似(图 4.30)，5000 m 高度内平均风速为 6.3 $m \cdot s^{-1}$，2000 m 高度内平均风速为 3.2 $m \cdot s^{-1}$，2000～5000 m 高度内平均风速为 9.9 $m \cdot s^{-1}$，低层与高层之间风速差有减小趋势。5000 m 高度内风速与高度成正比，地面风速为 2.1 $m \cdot s^{-1}$，到 5000 m 附近风速达到 14.5 $m \cdot s^{-1}$。1000 m 高度内存在风速切变，分别在 100～200 m 以及 400～500 m 左右出现风速拐点，0 m、300 m 以及 600～900 m 高度风速在 2 $m \cdot s^{-1}$ 左右，100～200 m 高度层风速增大到 3.5 $m \cdot s^{-1}$，400 m 和 900 m 高度风速分别为 3.5 $m \cdot s^{-1}$ 和 4.9 $m \cdot s^{-1}$，与相邻高度风速相比分别增大了 1.4 $m \cdot s^{-1}$ 和 2.9 $m \cdot s^{-1}$，增幅达 145%。与 4 月相同，3600 m 至 4000 m

高度风速明显增大，增幅为58%。1200 m高度内主导风向仍为偏东风，1200～5000 m高度主导风向为偏西风。

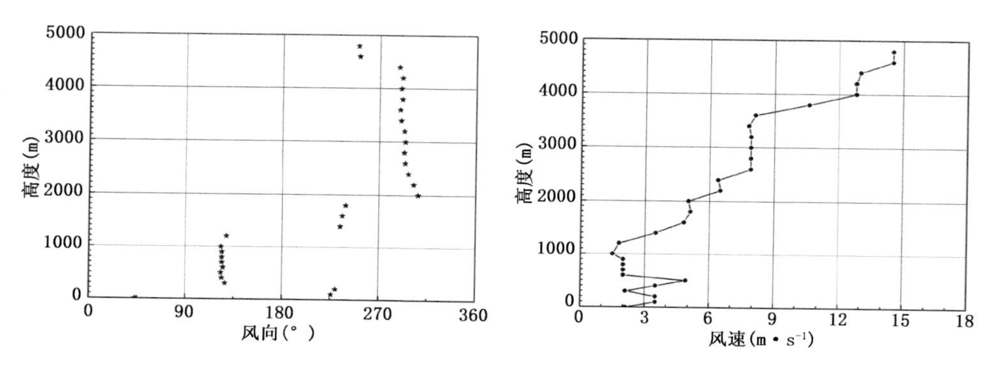

图4.30　塔中5月边界层风向和风速高度分布图

6月塔中边界层风场(图4.31)与4月和5月相比，存在以下特点：风速从地面到高空的变化幅度减小；2000 m高度内风速增大，平均风速为4.9 m·s^{-1}，达到全年最大值；2000 m以上高度平均风速较4月和5月变小，随高度增加风速保持在6.5 m·s^{-1}左右，趋于稳定；低层与高层之间风速差继续减小；100 m高度上的风速切变强于4月、5月，切变区风速高达10.8 m·s^{-1}，地面至5000 m高度内，100 m高度层风速最大。6月为季节转换期，水平风向与4月、5月“低层东风—高层西风”的分布规律明显不同，2000 m高度内无明显主导风向，2000 m以上高度层主导风向多为偏东风。

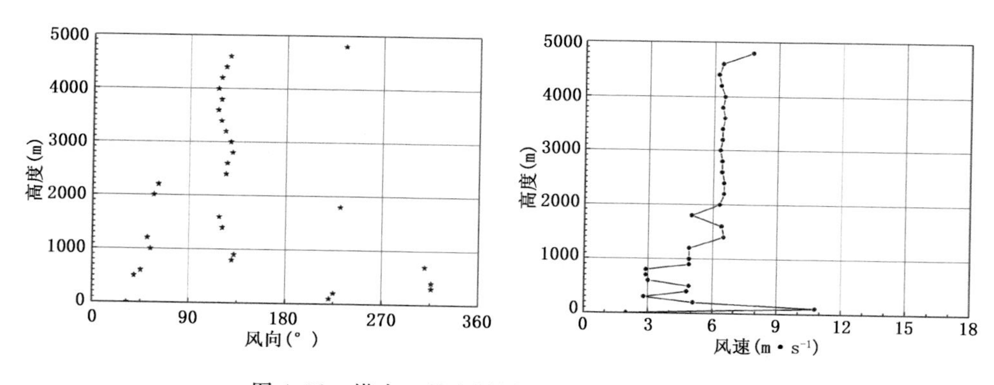

图4.31　塔中6月边界层风向和风速高度分布图

塔中7月5000 m高度内平均风速(图4.32)进一步减小到3.9 m·s^{-1}左右，0～1000 m与0～2000 m高度区间平均风速相同，均为3.0 m·s^{-1}；2000 m以上高度平均风速4.9 m·s^{-1}。100 m和1400 m高度层出现风切变，相邻高度风速增幅分别达到225%和122%。100 m高度风速值为6.5 m·s^{-1}，为整层最大风速。由于副热带西风急流在塔克拉玛干腹地控制力减弱，2000 m 高度以上风速较 6 月再次减小，随高度变化极小，稳定在 5.0 $m \cdot s^{-1}$左右。7 月与 5 月边界层风向特征相同，1200 m 高度内主导风向为偏东风，1200～5000 m 高度主导风向转变为偏西风。

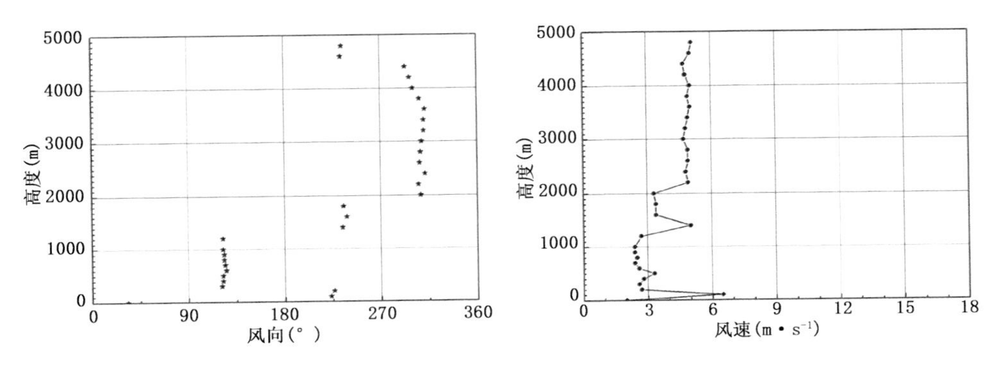

图 4.32 塔中 7 月边界层风向和风速高度分布图

8 月是全年各月中低层风速平均值(图 4.33)超过高层的唯一个例，因为沙漠腹地太阳辐射达到最强，地面扰动大，盆地受大陆热低压控制，低空层结极不稳定，导致低层风速增大，加之副热带西风急流北移，高空风减弱，导致低层风速平均值超过高层(1000 m 以下高度和 2000 m 以上高度平均风速分别为 3.3 $m \cdot s^{-1}$，2.6 $m \cdot s^{-1}$)。100 m、200 m 高度上的风切变区依然存在，风速分别为 9.5 $m \cdot s^{-1}$、7.9 $m \cdot s^{-1}$。除去 100～200 m 高度风切变区，整层风速平均值为 2.4 $m \cdot s^{-1}$。8 月低层东风层加厚，从 7 月的 1200 m 上升至 2200 m，其中 200 m 高度风切变区主导风向为偏西风。2200 m 以上高度主导风向转换为偏西风。

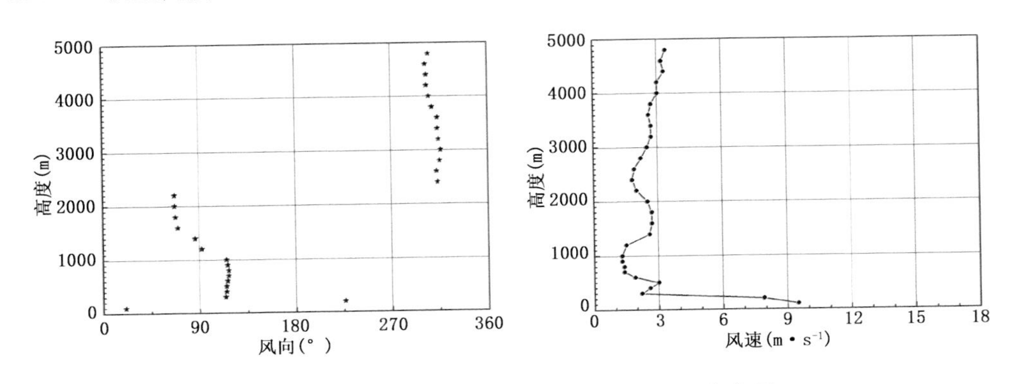

图 4.33 塔中 8 月边界层风向和风速高度分布图

9 月，塔中进入由夏入秋的季节转换期，太阳辐射减弱，地面扰动变小，层结稳定，地面风呈现减小趋势；中高空和低空的平均风速都达到全年最小值，整层风速变化不大，各层风速均未超过 3.0 m·s^{-1}（图 4.34）。100～200 m 高度风速变化平缓，没有形成明显的风切变区。9 月低层东风层继续上升增厚，东风层厚度达到 4200 m，其上转换为偏西风。

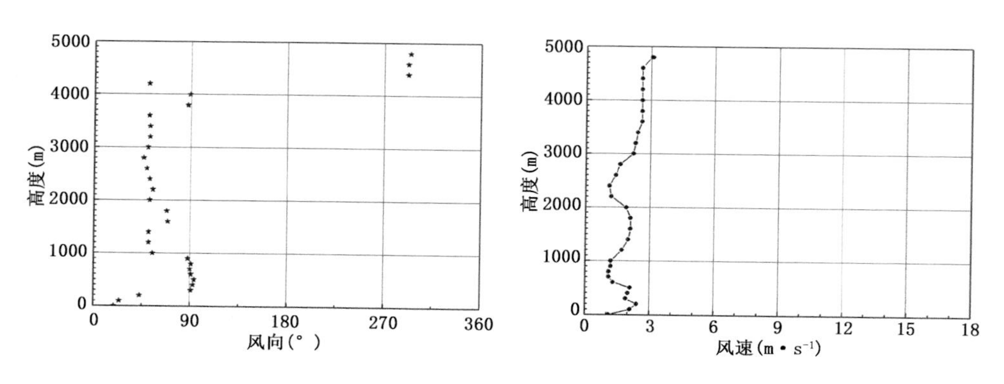

图 4.34 塔中 9 月边界层风向和风速高度分布图

10 月，塔中进入秋季，边界层风场特征与 6 月、7 月、8 月、9 四个月相比发生显著变化。低层风较上月变化不大，整层风速平均值变大，中纬度地转西风逐渐增大，副热带西风急流轴南撤加强，受到入秋环流控制，高空西风加强（图 4.35）。低层与高层风速差值明显增大（1000 m 高度以下和 2000 m 高度以上平均风速分别为 1.8 m·s^{-1}、6.1 m·s^{-1}），风速值随高度升高呈递增状态。塔中 10 月低空东风层厚度降至 700 m，100～200 m 高度出现由东转西的风向切变区。700～5000 m 主导风向为偏西风。

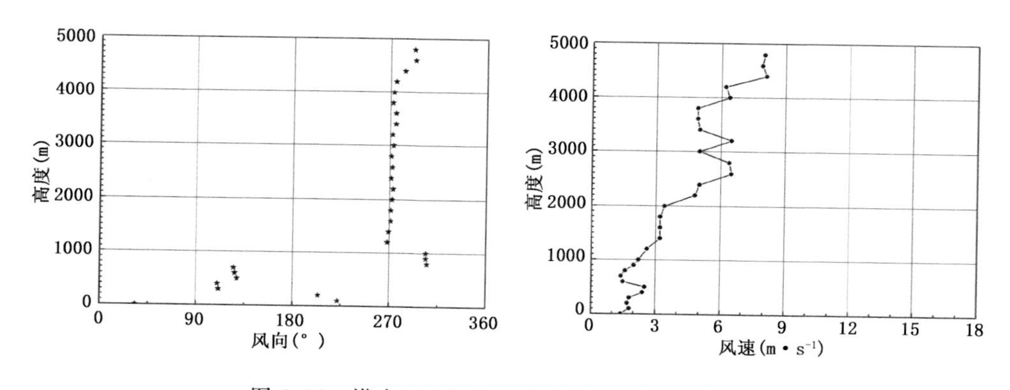

图 4.35 塔中 10 月边界层风向和风速高度分布图

11 月，塔中进入秋末，中纬度急流急剧加强，在全年当中属于相当剧烈的时期。这一天气特征突出的表现于 11 月塔中边界层风场结构中，高空风场整体趋势与 10 月相仿，地面至 5000 m 高度内风速与高度成正比，2000 m 高度以下风速变化平缓，

2000 m 以上风速急速变大，从 2000 m 高度到 3600 m 高度，风速由 3.0 m·s^{-1}激增至 16.5 m·s^{-1}（图 4.36）。2600 m 和 3600 m 高度存在两个风切变层，相邻高度风速增幅为 113%和 53%。塔中 11 月边界层风向特征表现为：1600 m 高度内主导风向为偏东风，1600 m 高度以上主导风向变化为偏西风。

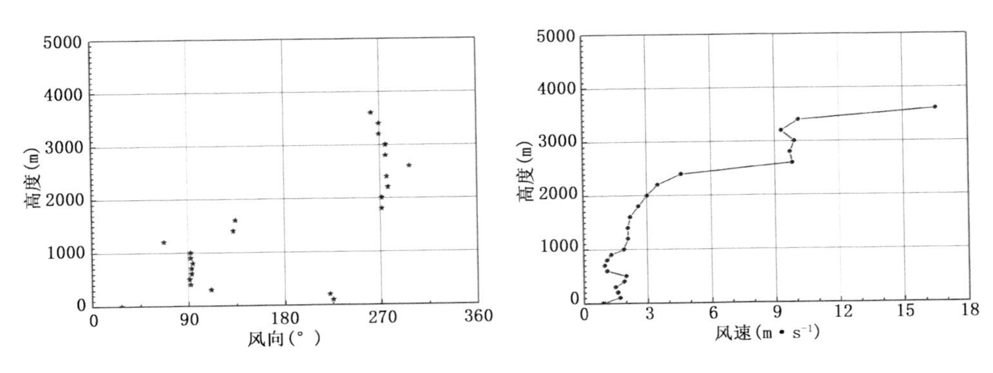

图 4.36 塔中 11 月边界层风向和风速高度分布图

4.10.3 塔中大气边界层特征层风场特性

塔中地区 850 hPa、700 hPa 和 500 hPa 等压面对应的海拔高度约为 1500 m、3000 m 和 5500 m。不同高度的等压面图组合起来，不仅能反映该地区高压、低压天气系统以及温度场的空间分布状况，而且能反映高空大气的结构及其演变规律，还可以对天气系统的空间结构作进一步的分析研究，是大范围天气形势预报的基础。

由于天气并不是由一个单独的层面决定的，而是高空和低空环流共同作用效果的体现，且由于高空气流在运行过程中受摩擦力小，气流变化和运动均具有稳定和周期性明显的特点，习惯性把 500 hPa 或以上定义为高空，700 hPa 到 850 hPa 为中低空（中低层）。

500 hPa 属于中高层大气，很多天气过程在该层面上都会有或大或小的印迹，通过这些印迹可以预测未来天气变化；700 hPa 和 850 hPa 层上常见风场特征线，风向带有较强的气旋性切变，风场的变化特征与一定的环流形势及其演变特点相对应，决定着急流和锋区的走向，也可作为天气分析和预报的依据。因此，开展塔中850 hPa、700 hPa 和 500 hPa 特征层风场特性研究具有十分重要的意义。

4.10.3.1 850 hPa 高度层风场特征

塔中站 850 hPa 特征层距地面高度约 400 m 左右，它与近地面气温、相对湿度、气压、风等气象要素联系十分紧密，850 hPa 特征层经常出现风切变。塔中 4—11 月 850 hPa 特征层风向频率分布如图 4.37 所示。

850 hPa 特征层 4—11 月平均风速为 2.9 m·s^{-1}。

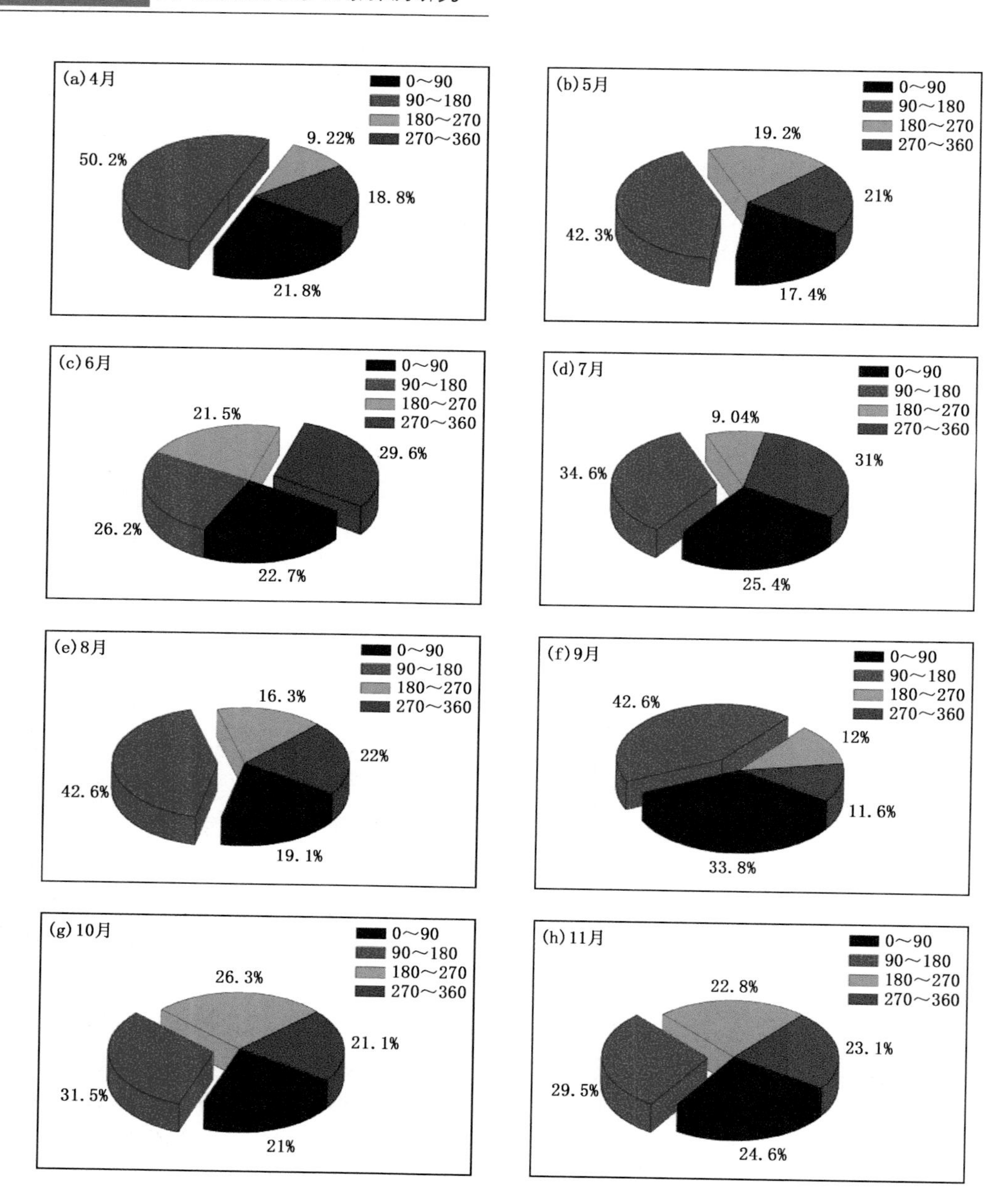

图 4.37 塔中 4—11 月 850 hPa 特征层风向(°)频率分布图

4 月 850 hPa 特征层平均风速 3.4 m·s^{-1}，主导风向为 SE(东南风)，频率占 50.2%，NE(东北风)占 21.8%，SW(西南风)占 9.2%，NW(西北风)占 18.8%。

5 月 850 hPa 特征层平均风速 3.5 m·s^{-1}，主导风向 SE，频率占 42.4%，NE 占

17.4%，SW 占 19.2%，NW 占 21%。

6 月 850 hPa 特征层平均风速 4.8 m·s^{-1}，NW 29.6%，NE 22.7%，SE 26.2%，SW 21.5%。

7 月 850hPa 特征层平均风速 2.8 m·s^{-1}，SE 34.6%，NE 25.4%，SW 9.0%，NW 31%。

8 月 850 hPa 特征层平均风速 2.6 m·s^{-1}，主导风向 SE，频率占 42.6%，NE 19.1%，SW 16.3%，NW 22%。

9 月 850 hPa 特征层平均风速 2.0 m·s^{-1}，主导风向 SE，频率占 42.6%，NE 33.8%，SW 12%，NW 11.6%。

10 月 850 hPa 特征层平均风速 2.4 m·s^{-1}，SE 31.6%，NE 21%，SW 26.3%，NW 21.1%。

11 月 850 hPa 特征层平均风速 1.9 m·s^{-1}，SE 29.5%，NE 24.6%，SW 22.8%，NW 23.1%。

图 4.38 为塔中 850 hPa 特征层风向风速月变化图，从图中可知：850 hPa 特征层风向和风速的月变化不大，除 6 月外主导风向均为偏东风，风速主要变化范围稳定在 2～3.5 m·s^{-1}，6 月为塔中由春至夏的季节转换期，850 hPa 特征层上偏西风向居多，风速较 5 月、7 月有所增大。

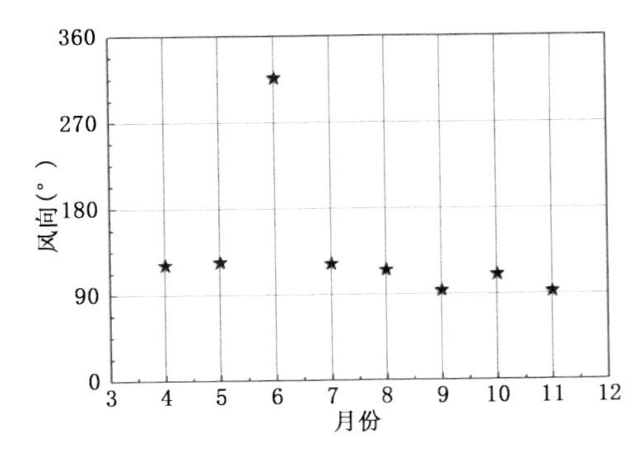

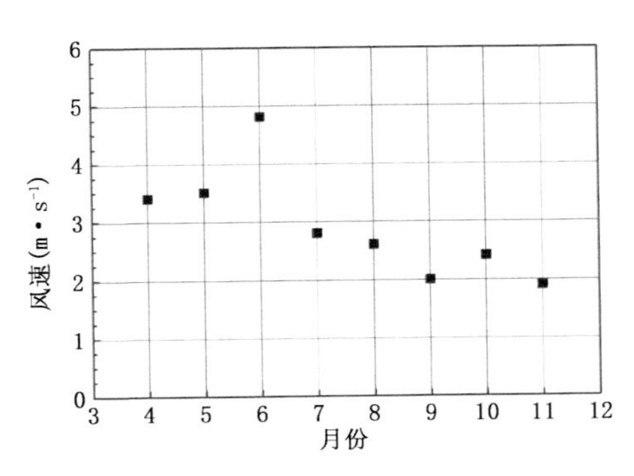

图 4.38　850h Pa 特征层风向和风速月变化图

4.10.3.2　700 hPa 高度层风场特征

塔中站 700 hPa 特征层距地面高度约 1900 m 左右，与能量、水汽交换关系密切，降水云系主要形成于此层上空。此层中应特别关注风场和水汽场，关注垂直速度与湿度的配合，因为降水与垂直运动的关系是相当密切的，仅有上升运动不一定形成降水，若有适宜的水汽条件相配合，就可能发展为降水过程。塔中 4—11 月 700 hPa 特征层风向频率分布如图 4.39 所示。

700 hPa 特征层 4—11 月平均风速为 3.8 m·s^{-1}。

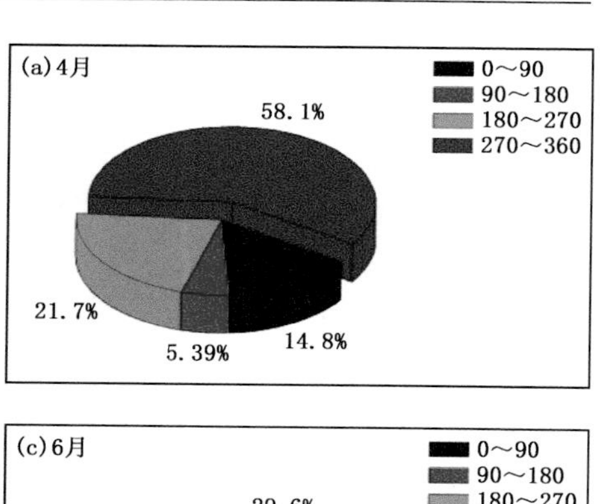

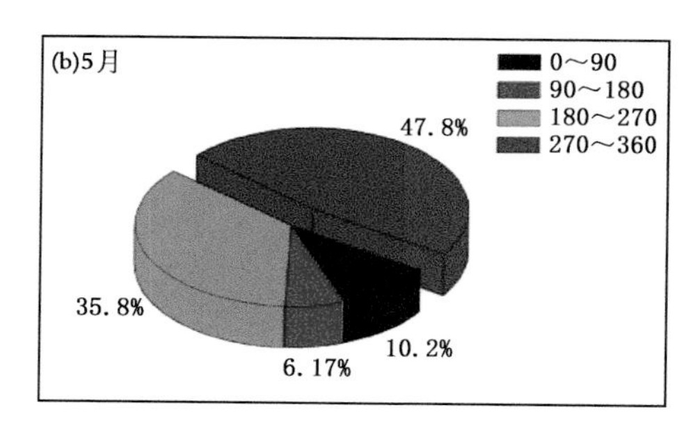

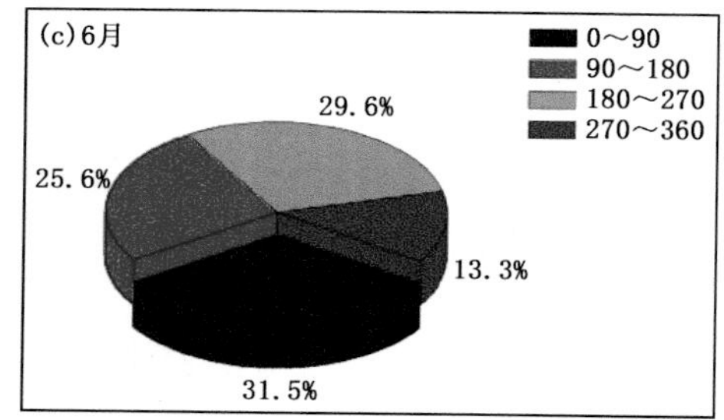

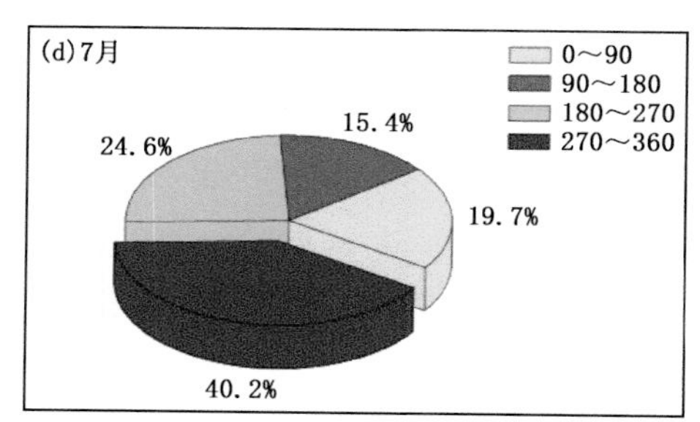

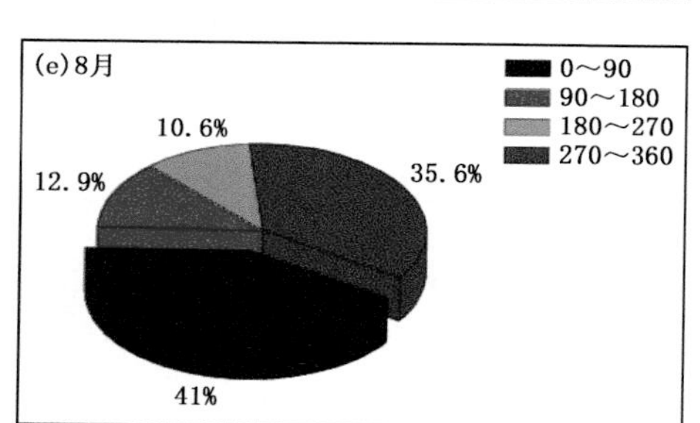

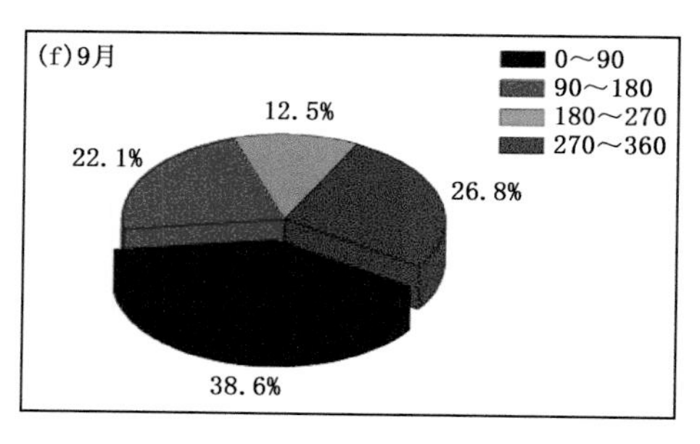

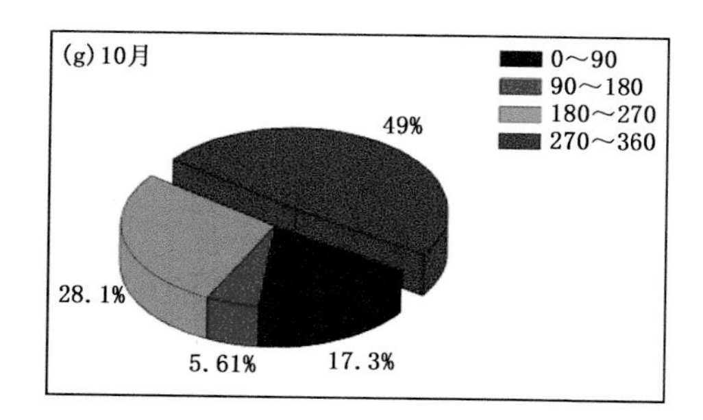

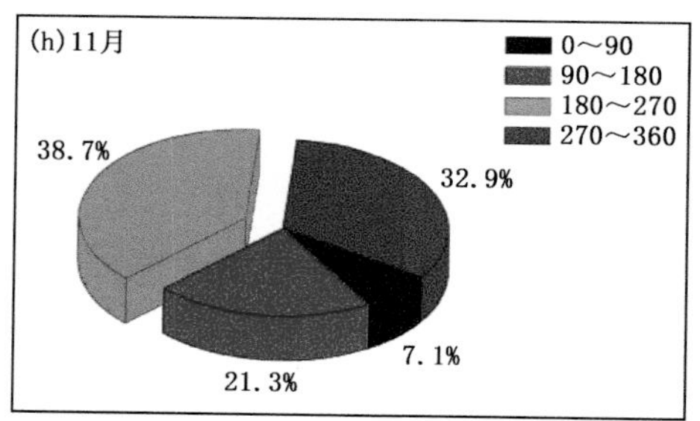

图 4.39 塔中 4—11 月 700 hPa 特征层风向(°)频率分布图

4 月 700 hPa 特征层平均风速 5.0 m·s^{-1}，主导风向 NW，频率占 58.1%，NE 14.8%，SE 5.4%，SW 21.7%。

5 月 700 hPa 特征层平均风速 5.0 m·s^{-1}，主导风向 NW，频率占 47.8%，NE 10.2%，SE 6.2%，SW 35.8%。

6月700 hPa特征层平均风速6.3 m·s^{-1},NE 31.5%,SE 25.6%,SW 29.6%,NW 13.3%。

7月700 hPa特征层平均风速3.3 m·s^{-1},主导风向NW,频率占40.3%,NE 19.7%,SE 15.4%,SW 24.6%。

8月700 hPa特征层平均风速2.5 m·s^{-1},主导风向NE,频率占41%,SE 12.8%,SW 10.6%,NW 35.6%。

9月700 hPa特征层平均风速1.9 m·s^{-1},主导风向NE,频率占38.6%,SE 22.1%,SW 12.5%,NW 26.8%。

10月700 hPa特征层平均风速3.4 m·s^{-1},主导风向NW,频率占49%,NE 17.3%,SE 5.6%,SW 28.1%。

11月700 hPa特征层平均风速3.0 m·s^{-1},主导风向SW,频率占38.7%,NE 7.1%,SE 21.3%,NW 32.9%。

图4.40为塔中700 hPa特征层风向风速月变化图,从图中可知:700 hPa特征层风速月变化略大于850 hPa特征层,6月和9月两个季节转换月的风速分别位于月变化曲线的波峰与波谷。6月、8月和9月主导风向为偏东风,4月、5月、7月、10月、11月五个月主导风向为偏西风。

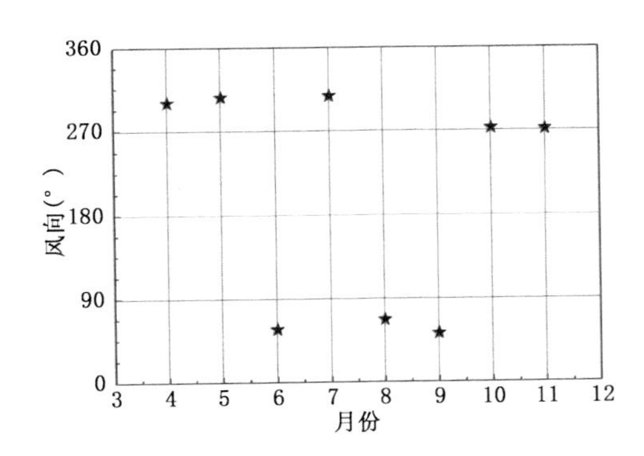

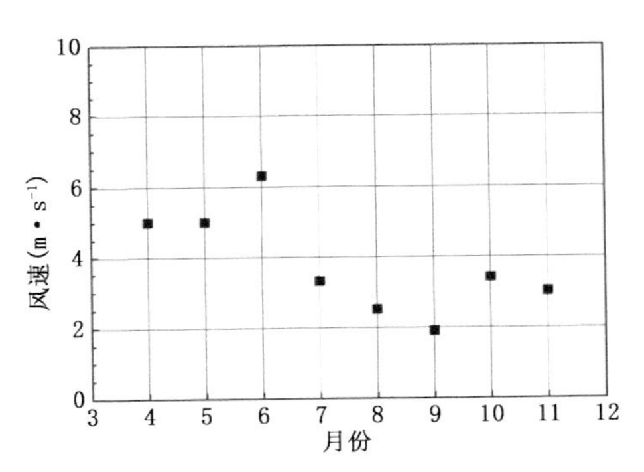

图4.40 700 hPa特征层风向和风速月变化图

4.10.3.3 500 hPa高度层风场特征

塔中站500 hPa特征层距地面高度4400 m左右,近似认为是无辐散层,是塔中地区的天气背景场,该层环流状况对中低空风场和地面天气现象具有重要指示意义。塔中4—11月500 hPa特征层风向频率分布如图4.41所示。

500 hPa特征层4—11月平均风速为8.2 m·s^{-1}。

4月500 hPa特征层平均风速12.8 m·s^{-1},主导风向NW,频率占67.5%,SW 31.4%,NE、SE共1.1%。

5月500 hPa特征层平均风速12.8 m·s^{-1},主导风向NW,频率占53.9%,SW

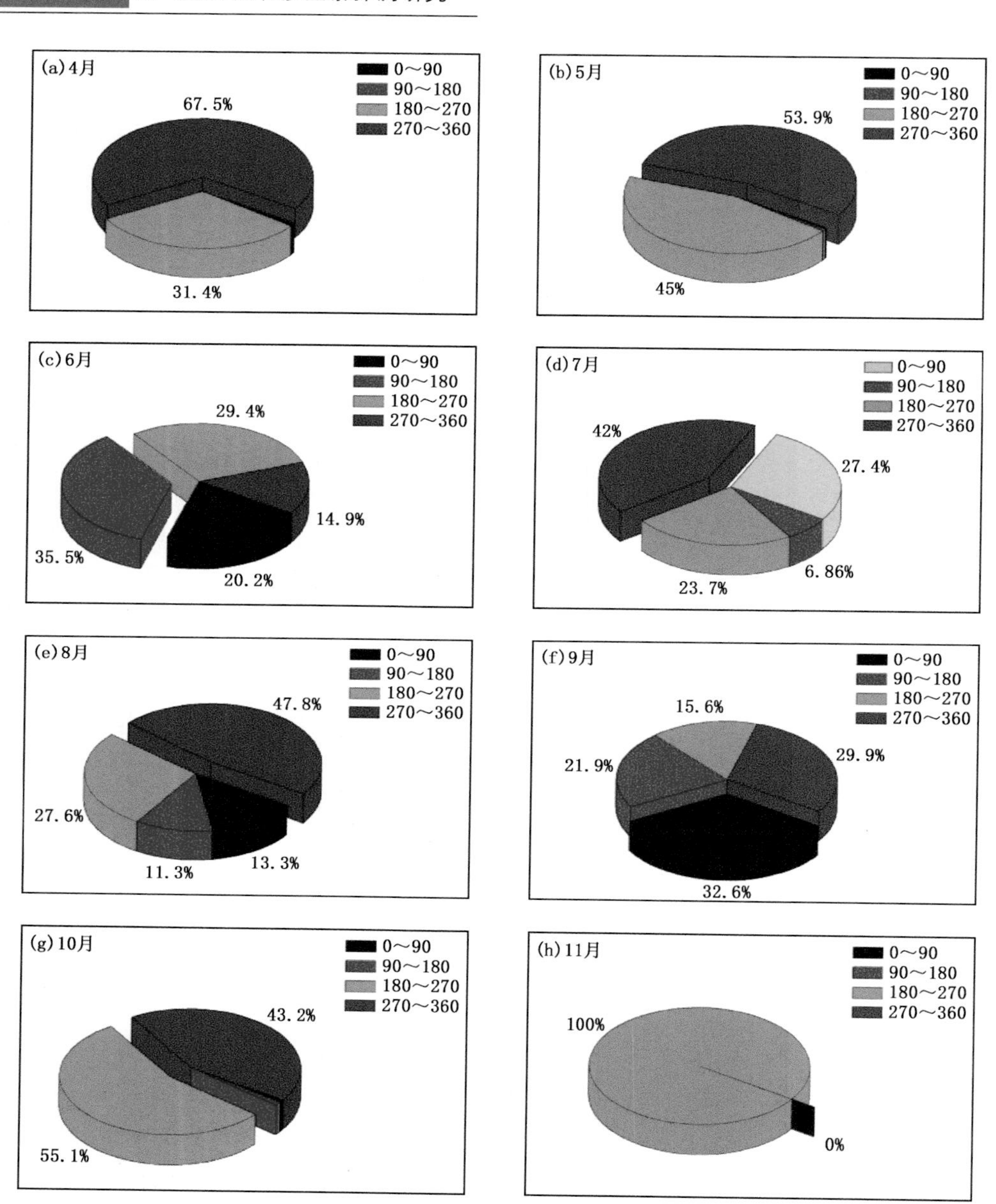

图 4.41　塔中 4—11 月 500 hPa 特征层风向(°)频率分布图

45%，NE、SE 共 1.1%。

6 月 500 hPa 特征层平均风速 6.5 m·s^{-1}，SE 35.5%，NE 20.2%，SW 29.4%，NW 14.9%。

7 月 500 hPa 特征层平均风速 5.0 m·s^{-1}，主导风向 SW，频率占 42%，NE

6.9%，SE 23.7%，NW 27.4%。

8 月 500 hPa 特征层平均风速 3.0 m·s^{-1}，主导风向 NW，频率占 47.8%，NE 13.3%，SE 11.3%，SW 27.6%。

9 月 500 hPa 特征层平均风速 2.6 m·s^{-1}，NE 32.6%，SE 21.9%，SW 15.6%，NW 29.9%。

10 月 500 hPa 特征层平均风速 6.4 m·s^{-1}，SW 55.1%，NE、SE 共 1.7%，NW 42.2%。

11 月 500 hPa 特征层平均风速 16.5 m·s^{-1}，风向均为 SW。

图 4.42 为塔中 500 hPa 特征层风向风速月变化图，从图中可知：与 700 hPa、850 hPa 特征层不同，500 hPa 特征层风速变化很大，4 月、5 月较大的风速从 6 月开始减小，至 9 月减至年最小值 2.6 m·s^{-1}，继而呈增大趋势，至 11 月增至年最大值 16.5 m·s^{-1}。风向方面，6 月和 9 月两个季节转换月主导风向为偏东风，其余月份主导风向均为偏西风。

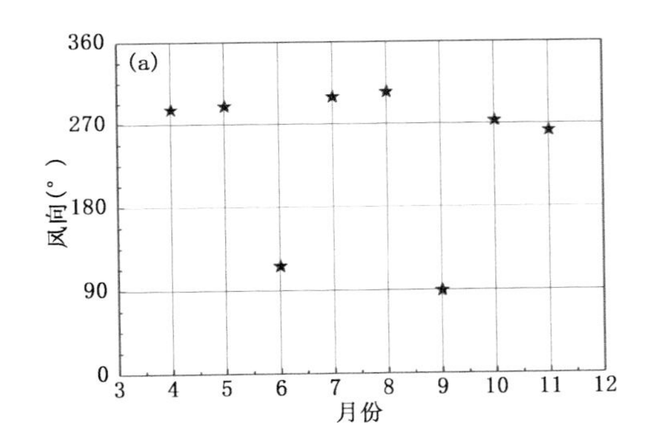

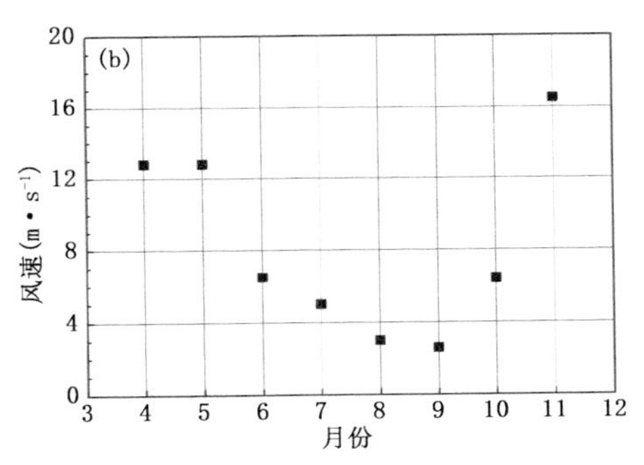

图 4.42　500 hPa 特征层风向(a)和风速(b)月变化图

4.10.4　塔中一次强沙尘暴天气过程边界层风场特征

4.10.4.1　沙尘暴天气过程描述

2010 年 4 月 19 日，塔中地区发生了一次沙尘暴天气过程，沙尘暴出现前期 17 日、18 日为浮尘和扬沙天气，19 日 00:00—13:05(北京时，下同)为浮尘天气，13:05—14:12 出现了短暂的扬沙天气，沙尘暴于 19 日 14:12 发生，其间塔中能见度为 450 m，16:11 能见度转好，16:11—18:42转为扬沙天气，随后又发展为沙尘暴(18:42—20:18)，能见度降为 450 m，期间(18:52—19:25)出现地面大风，风速达 11.1 m·s^{-1}。沙尘暴过后，4 月 20—21 日均为浮尘和扬沙天气，地面风速减弱，能见度逐渐升高。

4.10.4.2 沙尘暴前后风向风速随时间变化特征

图 4.43～图 4.46 为沙尘暴前后连续 3 d(2010 年 4 月 18 日至 4 月 20 日)4 个不同高度层上(地面、500 m、1000 m 和 1500 m)的风速、风向随时间变化曲线。

如图 4.43 所示，4 月 18 日，塔中近地面多为东北风，风向随时间顺时针偏转，20:00 后转为偏西风，地面风速多在 3.0 m·s^{-1}以下，01:41—05:12 塔中出现扬沙天气，风速明显增大，达到 6.0～8.0 m·s^{-1}，18 日全天平均风速为 2.5 m·s^{-1}。

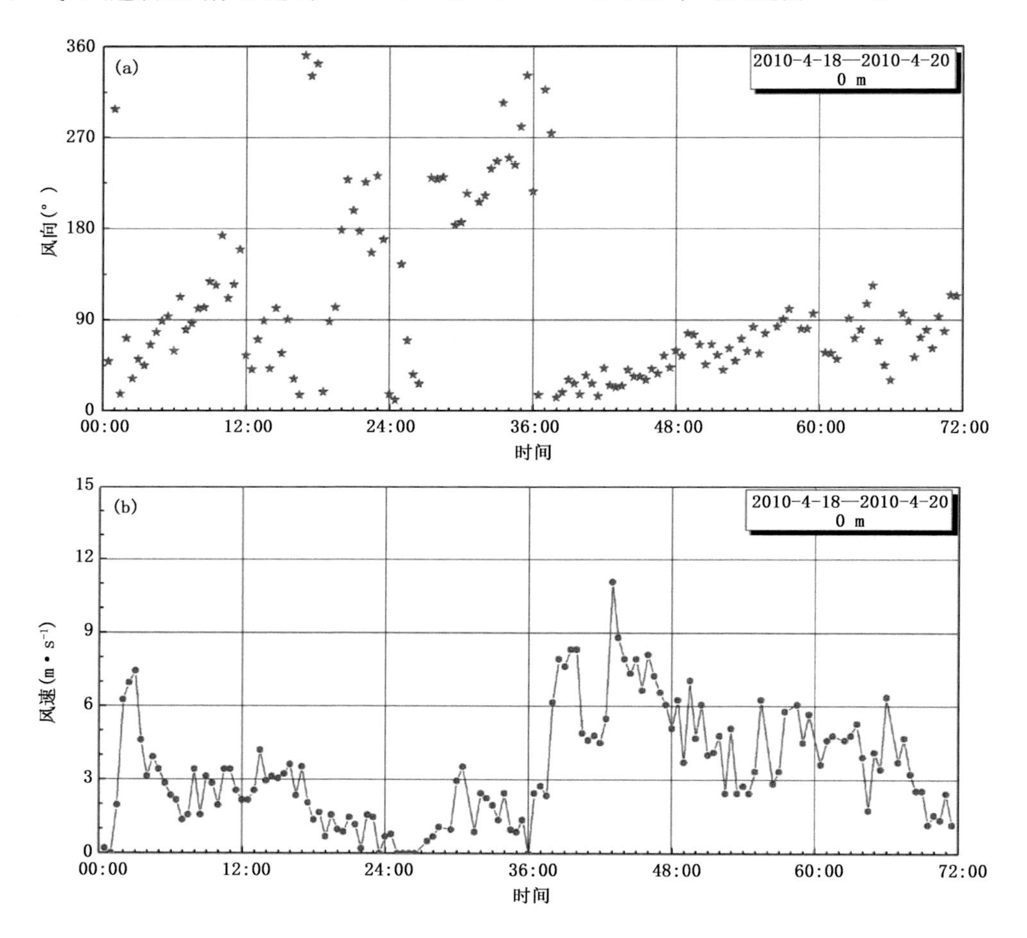

图 4.43 塔中沙尘暴前后三天地面风向(a)和风速(b)变化曲线图

4 月 19 日夜间塔中近地面维持静风，风向继续随时间顺时针偏转，由西南风转为西北风，19 日 14:12，沙尘暴暴发，风向瞬时转为东北风，风速由 2 m·s^{-1}增大至 8 m·s^{-1}以上，其后维持为稳定的东风，16:11—18:42 扬沙天气期间风速降至 4.5 m·s^{-1}，待 18:42 沙尘暴再次暴发时，风速迅速增大到 11 m·s^{-1}，直至 20:18 沙尘暴转为扬沙天气，风速逐渐降低，整个沙尘暴过程中(14:12—16:11;18:42—20:18)，各时刻风速均在 7.8 m·s^{-1}以上，沙尘暴过程风速均值为 8.9 m·s^{-1}。

沙尘暴过后，4 月 20 日塔中近地面为稳定东风，风速降至 6 m·s^{-1}以下，且继续保持缓慢的下降趋势，全天平均风速由 19 日的 4.3 m·s^{-1}降至 4.0 m·s^{-1}。

图 4.44a 为塔中沙尘暴前后三天 500 m 高度层风向变化曲线，从图中可知，4 月 18 日00:00—12:00，塔中 500 m 高度层风向由东北风顺时针变化为偏南风，18 日 13:00 至 19 日 13:00 沙尘暴暴发前为稳定的西风，19 日沙尘暴过程中风向迅速转为东北风，待沙尘暴过后直至 4 月 20 日 24:00 均为稳定的东风。

图 4.44b 为塔中沙尘暴前后三天 500 m 高度风速变化曲线，4 月 18 日 01:41 塔中出现扬沙天气，500 m 高度上风速开始增大，10:30 后风速从 15.3 m·s^{-1}开始回落，至 12:00 风速降为 1 m·s^{-1}，之后风速回升，至 19 日达到沙尘暴前后 72 h 过程

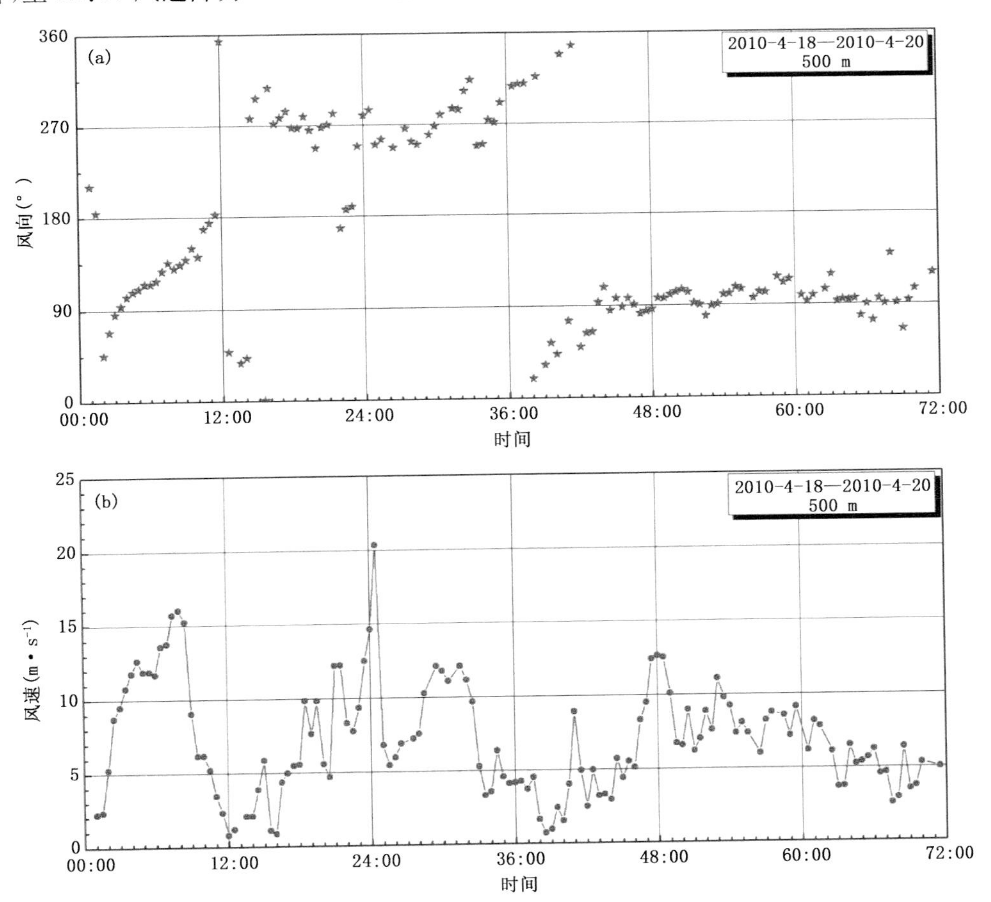

图 4.44　塔中沙尘暴前后三天 500 m 高度风向(a)和风速(b)变化曲线图

中的最大值 21 m·s^{-1}。18 日平均风速为 7.7 m·s^{-1}。

19 日 500 m 高度风速变化曲线与 18 日相似，10:00 达到一个风速波峰后回落，沙尘暴出现前风速到达波谷，沙尘暴暴发后风速增大，14:30 达到 9 m·s^{-1}，之后呈波动上升状态，至 19 日 24:00 风速达到 12.9 m·s^{-1}，为 19 日最大风速值。19 日平均风速为 6.5 m·s^{-1}，沙尘暴过程中(14:12—16:11;18:42—20:18)风速平均值为 4.9 m·s^{-1}。

4 月 20 日全天，500 m 高度上的风速平稳下降，风速平均值为 7.0 m·s^{-1}。不同于地面、1000 m 和 1500 m 三个高度层，在 500 m 高度上，塔中沙尘暴日(4 月 19 日)风速均值小于过程前后两天(4 月 18 日、4 月 20 日)的风速均值。

图 4.45 为塔中沙尘暴前后三天 1000 m 高度层风向和风速变化曲线。与 500 m 高度风向变化曲线相似，4 月 18 日 00:00—18:00，塔中 1000 m 高度层风向从东南风

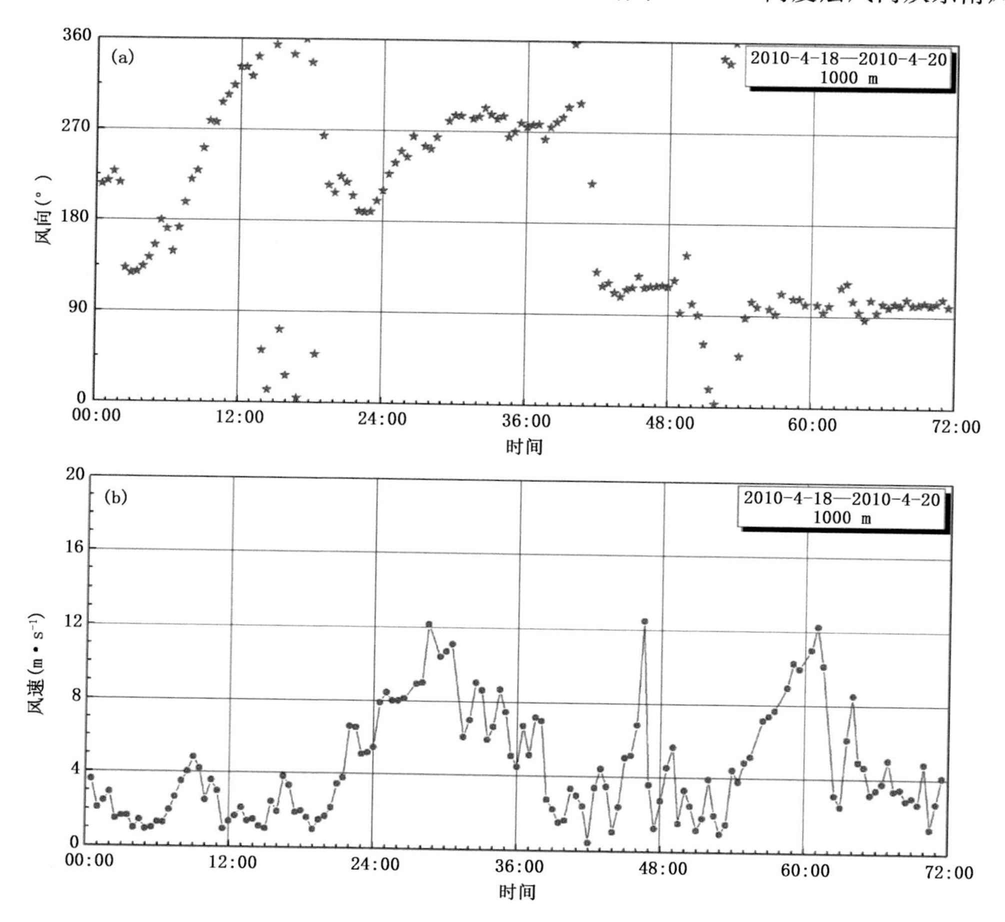

图 4.45 塔中沙尘暴前后三天 1000 m 高度风向(a)和风速(b)变化曲线图

顺时针变化为西北风；18:00—23:00，风向逆时针改变，从西北风转化为西南风。4 月 19 日 00:00—15:00，1000 m 高度层上为稳定的西风，沙尘暴爆发过程中，风向转变为稳定的东风，直至 4 月 20 日 24:00。

4 月 18 日全天，1000 m 高度层风速较小，平均风速为 2.5 m·s^{-1}。18 日 23:00 至 19 日 03:00 风速增大到 12 m·s^{-1}，之后风速开始下降，沙尘暴开始时风速降至 1.7 m·s^{-1}，沙尘暴过程中风速变化不大，在 1.7～4.3 m·s^{-1}间波动，沙尘暴结束后，1000 m 高度层风速迅速增大，19 日 23:00 达到 3 d 内风速最大值 13 m·s^{-1}，1 h 之内的增幅为 175%。之后的 1 h 风速迅速减小，至当日 24:00 风速降为 2 m·s^{-1}。

4 月 20 日，1000 m 高度层风速总体呈先增后减的趋势，13:25 扬沙开始时风速达到当天最大值 12.5 m·s^{-1}。20 日的平均风速由 19 日的 6.0 m·s^{-1}降为 4.7 m·s^{-1}。

图 4.46 为塔中沙尘暴前后三天 1500 m 高度层风向和风速变化曲线，4 月 18 日

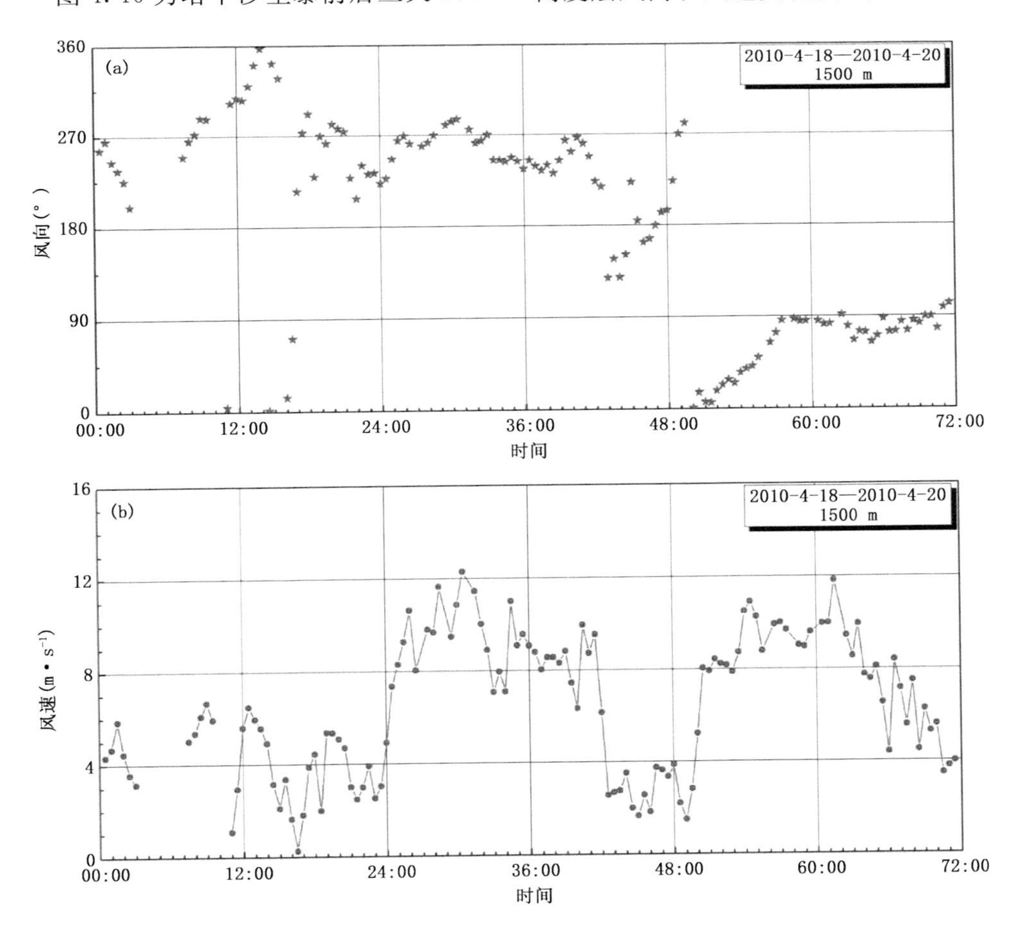

图 4.46　塔中沙尘暴前后三天 1500 m 高度风向(a)和风速(b)变化曲线图

00:00 至 4 月 19 日 15:00，塔中 1500 m 高度层风向较为稳定，多为西南风；4 月 19 日沙尘暴过程中风向逆时针改变为东南风，20:30 沙尘暴过后，风向开始顺时针转为西南风。4 月 20 日 02:00 起，风向从西北风顺时针转为东北风，随后，4 月 20 日全天为稳定东风。

4 月 18 日 1500 m 高度层全天风速较小，平均风速为 4.0 $m \cdot s^{-1}$。4 月 19 日 00:00 起，风速迅速增大，01:00—14:00，风速稳定在 9～12 $m \cdot s^{-1}$ 间。第一段沙尘暴过程中(14:12—16:11)，14:30、15:00、15:30、16:00 的风速分别为 8.3 $m \cdot s^{-1}$、8.8 $m \cdot s^{-1}$、7.5 $m \cdot s^{-1}$、6.3 $m \cdot s^{-1}$，低于沙尘暴爆发之前的风速均值；在 13:05—14:12 短暂的扬沙天气过程中，风速迅速减小；第二段沙尘暴过程中，19:00、19:30 和 20:00 的风速分别为 2.7 $m \cdot s^{-1}$、2.8 $m \cdot s^{-1}$、3.5 $m \cdot s^{-1}$，达到了 19 日全天风速的最小值。

4 月 20 日 1500 m 高度层风速变化趋势与 1000 m 高度层相似，总体呈先增后减的趋势，13:25 扬沙天气开始时风速增至当天最大值 11.8 $m \cdot s^{-1}$，之后振荡减弱，24:00 风速已降至 4.0 $m \cdot s^{-1}$。4 月 20 日 1500 m 高度的平均风速与 19 日相同，均为 7.4 $m \cdot s^{-1}$。

4.10.4.3 沙尘暴过程中风向和风速高度分布特征

上文已对塔中沙尘暴过程前后 3 d 各高度层风向和风速随时间的变化特征进行分析，为进一步了解强沙尘暴过程边界层风场特征，需对风场随高度的变化进行研究。图 4.47 为塔中 4 月 19 日沙尘暴过程风羽图，横坐标为时间轴(北京时)，纵坐标为高度轴(单位为 m)，浅绿色代表 4 月 19 日测站上空存在微弱的沉降运动，沉降的平均速度为 0.15 $m \cdot s^{-1}$，图中红色方框标注处显示出当日 17:00(沙尘暴过程中)测站沉降运动较为强烈，平均沉降速度达到 1.2 $m \cdot s^{-1}$。经过分析认为产生较强沉降运动的原因为：塔中地区不是本次沙尘暴的源头区域，沙尘暴产生后，上游地区沙尘被地面大风吹起，经空中风输送到达本站时，颗粒物由于重力效应产生沉降。

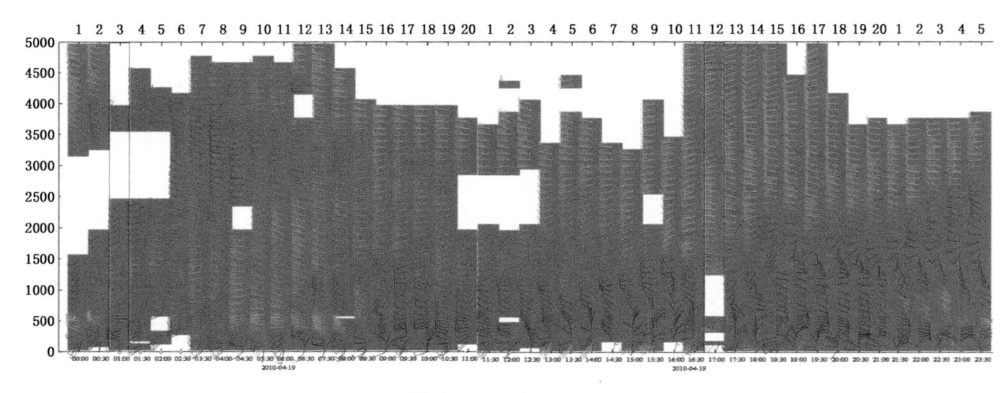

图 4.47 塔中 2010 年 4 月 19 日风羽图

下面针对 2010 年 4 月 19 日 15:00、16:00、19:00 和 20:00 四个时次的风向风速随高度的分布曲线进行分析，所选 4 个时间点均处于沙尘暴过程中。

图 4.48 为 4 月 19 日 15:00 风向和风速随高度分布曲线图，15:00 为沙尘暴暴发初期，风廓线雷达探测高度止于 3200 m，地面及近地层风速很大，地面、50 m 和 100 m 高度的风速分别为 7.6 $m \cdot s^{-1}$、13.2 $m \cdot s^{-1}$、18.2 $m \cdot s^{-1}$。随高度增大风速迅速减小，150～900 m 高度内风速很小，平均值仅为 0.9 $m \cdot s^{-1}$，1000～2200 m 高度风速随高度升高而增大，2200 m 以上风速变化较小，稳定在 13.0 $m \cdot s^{-1}$左右。15:00，700 m 高度以下风向较乱，各个风向均有出现，700 m 以上风向为偏西风，随高度升高风向由西北风逆时针变化为西南风。

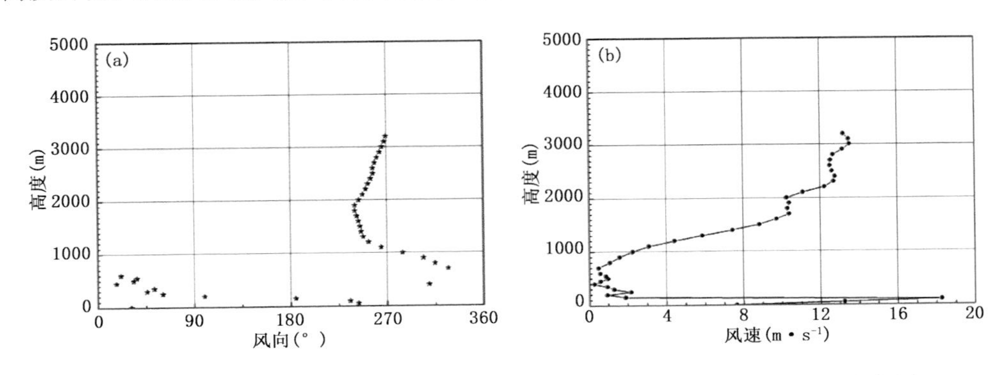

图 4.48 2010 年 4 月 19 日 15:00 沙尘暴过程中风向(a)和风速(b)高度分布图

图 4.49 为 4 月 19 日 16:00 风向和风速随高度分布曲线图，由图可知：16:00 地面及近地层风速减小，地面和 200 m 的风速分别为 8.3 $m \cdot s^{-1}$、5.1 $m \cdot s^{-1}$，但依然明显大于 1200 m 内其他高度层的风速。250～1200 m 高度内风速很小，平均值为 1.3 $m \cdot s^{-1}$，1200～2200 m 高度内，风速与高度成正比关系，2200 m 高度风速为 14.1 $m \cdot s^{-1}$，与 15:00 相同，2200 m 高度以上风速变化较小，稳定在 13.4 $m \cdot s^{-1}$左

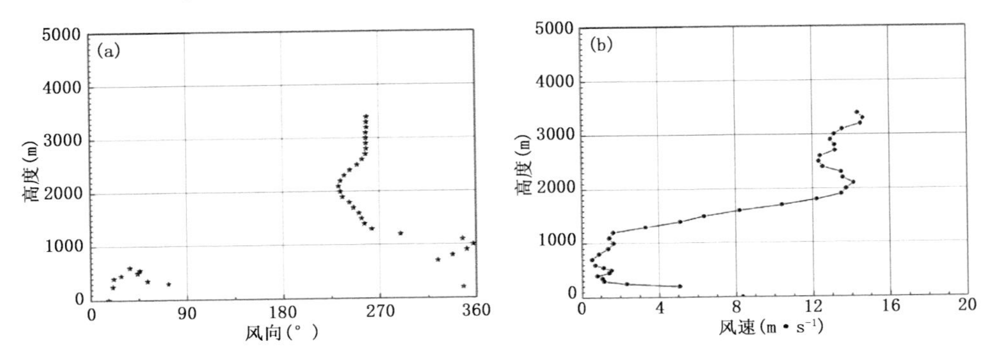

图 4.49 2010 年 4 月 19 日 16:00 沙尘暴过程中风向(a)和风速(b)高度分布图

右。

700 m 高度以下风向为东北风，800～1200 m 高度风向逆时针变化为西北风，1200 m 以上风向稳定为西南风。

图 4.50 为 4 月 19 日 19:00 风向和风速随高度分布曲线图，由图可知：19:00 风廓线雷达探测高度较高，有效数据获取高度达到 4400 m。塔中地面风速较大，近地层风速稍小于地面风速，地面、50 m 和 100 m 高度上的风速分别为 11.1 $m \cdot s^{-1}$、7.5 $m \cdot s^{-1}$、4.6 $m \cdot s^{-1}$。“低风速层”厚度增高至 1700 m，风速平均值为 2.9 $m \cdot s^{-1}$。“风速快速增大层”随之升高，16:00“风速快速增大层”范围为 1200～2200 m，19:00 的“风速快速增大层”范围升高为 1800～3100 m，此高度范围内风速与高度成正比关系，风速从 1700 m 高度层的 1.9 $m \cdot s^{-1}$ 快速增加到 3100 m 高度层的 20.8 $m \cdot s^{-1}$。3100 m 高度以上风速变化不大，稳定在 20.0 $m \cdot s^{-1}$ 左右。19:00 整层的最大风速从 16:00 的 14.6 $m \cdot s^{-1}$ 增大至 20.9 $m \cdot s^{-1}$。

300 m 高度以下风向为西北风，300 m 高度以上风向顺时针变化，350～1700 m 高度内多为偏东风，1800 m 高度以上为稳定西风。

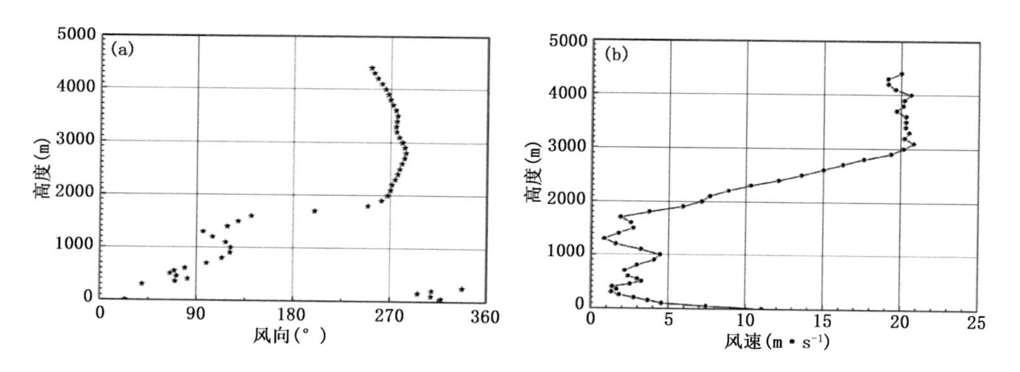

图 4.50　2010 年 4 月 19 日 19:00 沙尘暴过程中风向(a)和风速(b)高度分布图

图 4.51 为 4 月 19 日 20:00 风向和风速随高度分布曲线图，由图可知：20:00 近地层风速很小，但地面风速依然保持 7.9 $m \cdot s^{-1}$ 的较大值，1800 m 高度内风速变化不大，风速平均值为 2.2 $m \cdot s^{-1}$，1900～4100 m 高度，风速随高度升高迅速增大，至 4100 m 高度层风速增至整层最大值 22.2 $m \cdot s^{-1}$。

20:00，300 m 高度以下为偏西风，350～1500 m 高度内多为偏东风，1800 m 高度以上为稳定西风。

图 4.52 为塔中 4 月 19 日 11:00、15:00、19:00、23:00 的风速廓线图，11:00 为沙尘暴过程前，15:00、19:00 为沙尘暴过程中，23:00 为沙尘暴结束后。从图可知，沙尘暴过程空中风变化剧烈，15:00 沙尘暴暴发初期，近地面风速由 11:00 的 2.6 $m \cdot s^{-1}$ 激增至 18.3 $m \cdot s^{-1}$，19:00、23:00 逐渐变小，但依然保持 10 $m \cdot s^{-1}$ 左右的风速；在

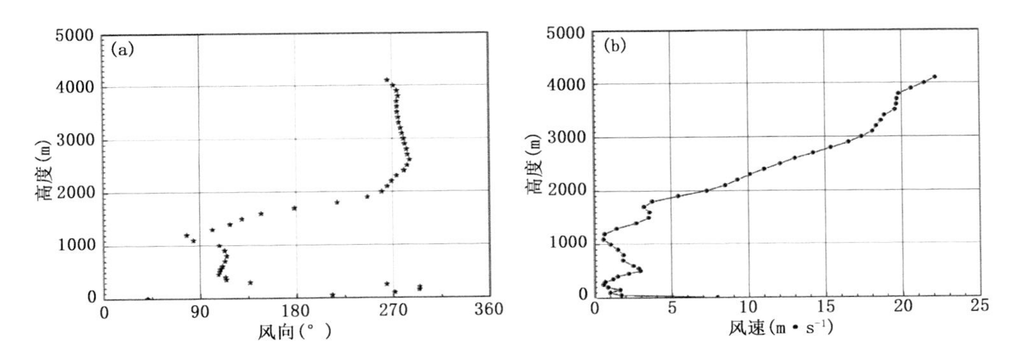

图 4.51 2010 年 4 月 19 日 20:00 沙尘暴过程中风向(a)和风速(b)高度分布图

300～1000 m 高度，沙尘暴过程中风速小于过程前后；1000～2000 m 高度内，11:00、15:00、19:00、23:00 风速随时间推进呈递减趋势；整个沙尘暴过程前后，塔中 3000 m 高度以上风速均较大。

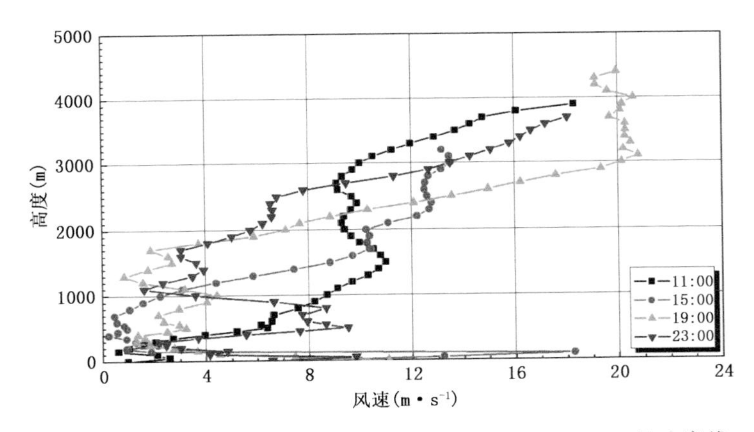

图 4.52 2010 年 4 月 19 日 11:00、15:00、19:00、23:00 风速廓线

4.11 夜间稳定边界层特征

大气边界层的一个重要特征就是由于热力作用而导致的强烈的日变化。白天地面接收太阳短波辐射后被加热，湍流作用使得热量向上传输；空气处于不稳定层结状态，形成对流边界层。而夜间则相反，地面因长波辐射冷却，热通量向下，空气处于稳定层结状态。稳定层结下边界层的显著特征就是静力稳定的空气中存在微弱的湍流。稳定层结条件下大气的一般特征如下(盛裴轩 等，2013)。

逆温层是稳定层结大气的共同特征。在晴朗的夜间和均匀平坦的地面上，边界层逆温从日落后开始发展，随着时间的推移，逆温层厚度不断增长，但这种增长在后半夜逐渐减弱，直到第二天日出后停止，达到最大值。在逆温层中，浮力作用非但不能给湍流补充动能，湍流微团在垂直运动中由于反抗重力做功而损失动能，所以湍流能量很弱。但因为切应力的存在，湍流不会完全消失，而是维持在一个较弱的水平上。在这种情况下，湍流导致的热交换不占优，其他热交换过程（如辐射、平流、地形等）与湍流热交换过程的影响相当。另外，夜间逆温层的演变规律也是大气边界层研究的一个重要课题（胡非，1995）。

湍流间歇性是稳定层结大气的另一个重要特征。湍流是大气边界层中主要的运动形态，间歇性湍流是一阵阵出现的高强度湍流，在高强度湍流之间，则是弱噪声或其他难以辨识的微弱高频脉动信号。当浮力引起的湍流动能损失达到切应力产生动能的1/5左右（相当于通量里查森数 $Ri=0.2$，该值也一般称临界里查森数），湍流就会因连续的耗散而衰竭，湍流结构在空间和时间上出现不连续，表现出间歇性的特征。大气湍流速度、湍流通量、湍流动能以及耗散率，均可表现出间歇性特征（Coulter，1990）。尤其在晴空、小风的夜间稳定层结大气中，近地面层大气湍流常常表现出很强的间歇性。

边界层研究中的一个关键问题就是如何定义边界层的上界。但在稳定边界层中，由于各种特征量在边界层顶没有明显的过渡特征，边界层顶的确定成为稳定边界层研究的难题。

如上文所述，稳定边界层可以在很多情况下产生，如：暖空气平流到冷的下垫面上可以产生稳定边界层，例如陆地上的暖气团移动到较冷的海洋下垫面上（Smedman et al.，1993）；最常见的情况是夜间晴空条件下的地表辐射冷却。地表净辐射冷却产生两个结果：大气垂直温度梯度和大气向下的热量输送。冷的下垫面会使最底层的大气冷却进而导致层结稳定的逆温层产生；而且这种冷却效应在晴空、低液态水含量以及低污染的条件下最强，这些外在条件会导致弱的向下（向地表）辐射进而导致地表的强辐射冷却；干燥的土壤会减少土壤的热含量进而减弱向上的土壤热通量；土壤热通量的减少会进一步加强地表的冷却。在日落前一到两小时的时候入射短波辐射小于净长波辐射冷却，这一边界层过程就开始发生。稳定边界层可以一直维持到日出后若干小时，如果在冬季太阳高度角较低的情况下（尤其是山谷和盆地等下垫面）甚至可以维持一整天。

对流边界层的主导因素为热力过程，但稳定边界层受到众多复杂因素的共同影响，如重力波、下泄流、低空急流等等。除了重力波之间的相互作用，湍流与波动之间存在的非线性相互作用使得稳定边界层的湍流问题变得更加复杂（Busch et al.，1969）。前人给出了三种波流相互作用的基本机制（Einaudi et al，1981），即：①如果存在非线性波会发生波破碎，进而产生湍流"碎块（patch）"；②波动中的翻转（overturning）现象还会产生对流不稳定性；③如果边界层内存在剪切层（稳定层结条件下较常见),通过 Kelvin-Helmholtz 不稳定就会在剪切层产生波动,这种波动比背景重力波的尺度更小(Turner et al.,1979);Kelvin-Helmholtz 不稳定会使得波动破碎为湍流(Woods et al.,1969)。观测(Fua et al.,1982; Gossard et al.,1975)和数值模拟(Tanaka,1975; Weinstock,1984)都证实了这一破碎过程。在小风背景下的近地面,波动可以通过周期性地增强地表的风速和风切变以及减小里查森数 Ri 来产生湍流(Nappo,2013)。由于波动是非局地的,波动产生的湍流不服从相似性原理(Finnigan,1999)。尽管可以将波动视作平均流的一部分,但只有在波动周期远大于湍流适应时间尺度的前提下,波动产生的湍流才能近似平衡;反之,波动就会增强流场的稳定性并削弱湍流(Viana et al.,2009)。尽管大气领域的工作主要集中于波动产生湍流,也有一些工作侧重于研究湍流产生波动(Gibson,1999)。但在强稳定边界层(very SBL)中,由于涡旋水平尺度太小尚不足以触发重力波。而且,下垫面的影响也增加了波流相互作用的复杂性。

此外,因为层结产生的大尺度垂直运动往往是通过气压适应完成的(Smith et al.,1981),在稳定层结下,中等尺度的非均匀下垫面不太可能产生次级环流,因此,地表非均匀性主要改变局地湍流通量。除了地表植被不同,考虑土壤热通量对于地表能量平衡的作用在夜间比白天更显著,土壤热通量的变化也会导致地表能量收支的水平变化。土壤热容量取决于土壤种类,并且对土壤湿度的变化很敏感。

夜间稳定边界层分类标准主要分为两种:一种是经典的静力学方法,分类依据是相似性理论的 z/L 和体积里查森数 Ri (Sorbjan,2010);另一种分类标准考虑了动力学因素,由 Van de Wiel 等(2002,2003)提出,也称为 Π 方法。定性来说,大风且(或)阴天的情况为“弱稳定边界层”;小风且晴空为“强稳定边界层”;如果背景风场非常弱,且不受到中尺度非湍流运动影响,从强稳定层结可以再分出一类“极强稳定边界层”。

弱稳定层结是目前研究得最深入的一种类型。弱稳定层结大气具有明确的平均场垂直结构和湍流结构,多发生在有云或(和)大风的情况下;在弱稳定层结大气中,剪切作用为主,切变产生的湍流大于浮力的抑制作用,所以湍流在时空上是连续存在的;湍流在近地面处产生,并向上输送,湍流随着高度减弱并在边界层顶达到最弱;通量和方差随着高度缓慢减小;不考虑非平稳和各向异性的影响,一般满足 Monin-Obukhov 相似性理论。

强稳定层结多发于晴空、小风的夜间,尤其是盆地、斜坡和谷地的地形之上。在晴空小风背景下,强烈的长波辐射冷却导致地表冷却,进而使得近地面的边界层大气趋于稳定。一般情况下,地表冷却,热量扩散会增加进而弥补下垫面的冷却;但对于强稳定层结情况来说,由于强烈的稳定层结会削弱垂直混合,即向下的湍流热通量很弱;最终的结果为,地表继续冷却,近地面大气层结趋于更加稳定,从而形成正反馈循环。

极强稳定层结，从名称可以看出指的是层结最为稳定的一种情况。有时边界层高度甚至会小于粗糙子层。在极强稳定层结大气中，湍流热通量很弱，地面净辐射冷却主要由向上的土壤热通量所平衡。边界层内能量平衡受辐射冷却和土壤热通量补偿作用的影响。其中土壤热通量取决于热容量和土壤温度梯度。局地土壤特性（如密度、湿度等）决定了土壤热传导性。这些特性会随着时间和测站的不同而改变，但现有的大气模式只能假定土壤性质是均匀的。由于大气对于控制土壤热通量的土壤特性很敏感，以现有的观测精度很难对极强稳定层结大气的结构和物理特性进行深入研究。

利用 2017 年 7 月塔克拉玛干沙漠腹地加密 GPS 探空观测试验所取得的大气边界层垂直气象数据，对沙漠夜间各个气象要素垂直变化特征进行分析，可以得到塔克拉玛干沙漠腹地夏季晴天夜间边界层结构变化特征，并对该地区的晴天、阴雨天、浮尘、沙尘暴等特殊天气的夜间边界层结构特征分别进行了分析和讨论。

4.11.1 夜间稳定边界层月变化结构特征

夜间稳定边界层（SBL）一般在凌晨 07:15 达到最大厚度，在其上部的残余混合层（RML）和残余逆温层顶盖（RCIL）也随时间增长而产生相应的变化。图 4.53 是 7 月每天 07:15 的大气边界层各层厚度变化图，因 7 月 1 日 07:15 仪器故障缺测，所以图中是 7 月 2—31 日的夜间边界层变化曲线。

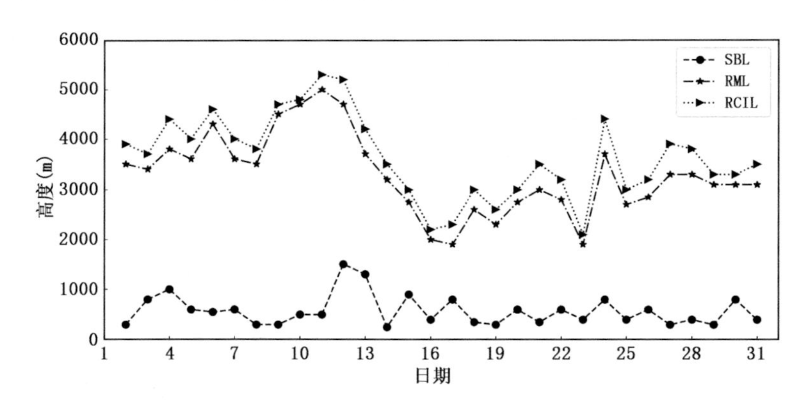

图 4.53 2017 年 7 月 07:15 夜间稳定边界层的各层变化特征

从图中可以看出 7 月整个月的夜间稳定边界层（SBL）变化幅度较小，而残余混合层（RML）和残余逆温层顶盖（RCIL）的厚度变化幅度较大。这主要与天气状况有关，晴天天气条件下白天的对流混合层发展的最高，而阴天、沙尘等天气条件下，对流混合层发展较低。对夜间残余混合层的发展影响较大，7 月中旬多阴天和沙尘天气，可以看出其残余混合层的厚度发展较低。而 9—11 日晴天天气条件下，残余混合层发展较厚，很好地保持了白天对流混合层的高度。夜间稳定边界层的发展，在晴天天气下发展并不高，只有 500 m 左右，而阴天、沙尘天气条件下能够发展较为深厚的夜间稳定边界层。可以说明，不同的天气条件对夜间边界层的结构变化影响很大，特别是对残余混合层的厚度影响巨大。7 月夜间稳定边界层平均厚度是 570 m。残余混合层的平均厚度为 2700 m，残余逆温层顶盖的平均厚度为 350 m。

图 4.54 是 2017 年 7 月夜间 07:15 稳定边界层高度和地表温度的变化图。从图中可以看出，夜间稳定边界层高度与地表温度有较好的相关性。地表温度高的时间，稳定边界层发展相对较高。在 12 日、13 日、24 日、30 日，夜间是阴天和沙尘暴天气，天空中有云和沙尘，使地表辐射冷却较慢，在凌晨 07:15 还保持相对较高的温度。说明夜间地表较高的温度为陆气之间提供了较高的热通量，改变了陆气温差，对稳定边界层的发展提供了热力作用。因此，7 月的这四天里稳定边界层高度发展较为深厚。

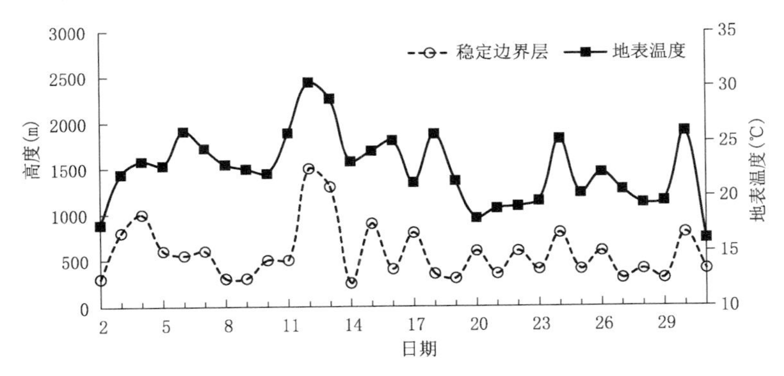

图 4.54　2017 年 7 月夜间稳定边界层和地表温度变化

4.11.2　晴天、阴雨天稳定边界层结构特征

4.11.2.1　晴天

热力特性是判断和区分大气边界层性质的主要指标之一，而位温是大气最具有表现力的热力属性，分析位温廓线的垂直变化特征可以直观地了解大气边界层的特征变化。夜间大气边界层可以分为稳定边界层(SBL)、残余混合层(RML)、残余逆温层顶盖(RCIL)、自由大气(FA)。图 4.55 是塔克拉玛干沙漠腹地 2017 年 7 月 9—10 日典型晴天的位温垂直廓线。在 9 日最高气温达到 42.3 ℃，地表最高温度达到 78.1 ℃，这对当天的混合层(ML)发展提供了很好的热力计基础，使 9 日的边界层的厚度达到 5000 m。

从图 4.55a 中可以看到，9 日 19:15 位温廓线在 60 m 以下高度内，位温是随高度递减，由于此时地表加热效应依然存在，因此，60 m 内是超绝热递减层；其上至 5000 m 高度范围内，位温虽有细微的波动，但总体基本保持不变，此层就是混合层

(ML),超绝热递减层和混合层构成了白天对流边界层(CBL),厚度为 5000 m;在对流混合层上部是逆温层顶盖(CIL),也称作夹卷层,其厚度约为 200 m;夹卷层上部为真正的自由大气(FA)。

图 4.55b~e 是 9 日 22:15 和 10 日 01:15、04:15、07:15 四个时刻的位温廓线,四者的位温廓线整体变化趋势大致相同。位温都是从地表向上开始增大,在达到一定高度后保持不变。此增大的高度范围是逆温层,是从傍晚开始发展并在凌晨发展到最大高度,这种逆温层的高度实际上就是夜间稳定边界层(SBL)的厚度。在稳定边界层上部存在一个位温廓线变化特征与白天混合层(ML)类似的层结,这是前一天残留下来的混合层,称作残余混合层(RML)。在残余混合层上部是白天残留下来的逆温层顶盖(RCIL),其上部是真正的自由大气(FA)。

从图中可见,9—10 日稳定边界层(SBL)厚度分别为 80 m、100 m、300 m、500 m。残余混合层(RML)的厚度分别为 4720 m、4800 m、4500 m、4200 m。残余逆温层顶盖(RCIL)的厚度为 200 m、100 m、150 m、200 m。可以看出此次晴天夜间稳定边界层厚度从傍晚到凌晨随时间推移其厚度在逐渐增加,到凌晨厚度达到 500 m。残余混合层(RML)厚度随时间推移在逐渐减小。残余逆温层顶盖的高度在逐渐降低,降低幅度不大,而且其厚度变化也不大,一直维持在 200 m 左右。这说明,塔克拉玛干沙漠夏季晴天自由大气与大气边界层也进行着物质与能量的交换。

从图 4.55f 中可以表明,10 日早晨 10:15,在近地层位温廓线与前四个时刻的变化特征大不相同,位温在近地层已经开始表现出白天对流边界层的特征。位温从地

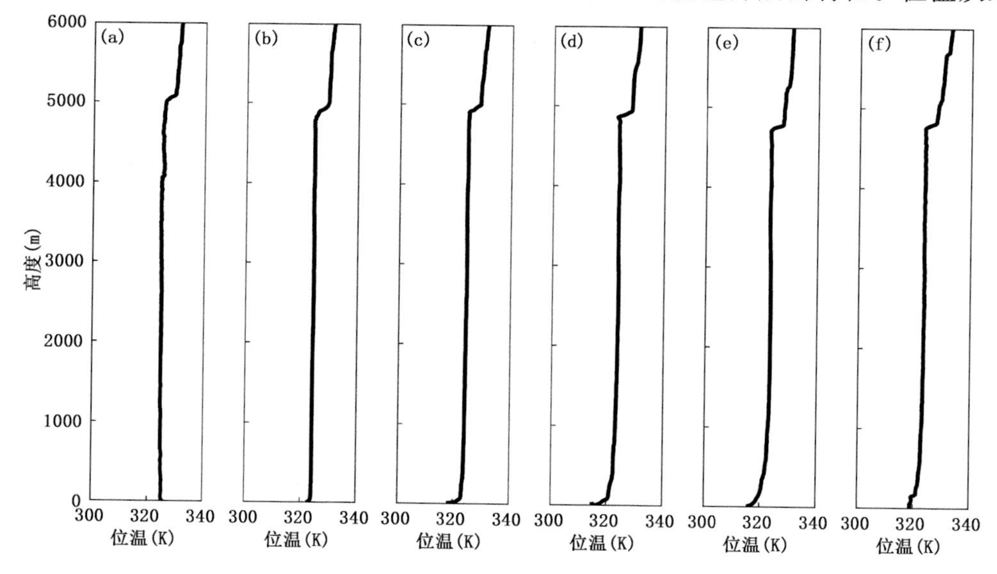

图 4.55 2017 年 7 月 9—10 日晴天夜间位温垂直廓线图

(a)19:15;(b)22:15;(c)01:15;(d)04:15;(e)07:15;(f)10:15

表开始出现波动，到达 150 m 后开始增大至稳定边界层顶趋于稳定。这是因为早晨太阳辐射加热地表，地面热力作用于大气，使近地层开始有对流混合层（ML）的发展，而夜间稳定边界层被迫抬升到 600 m 的位置，同时残余混合层的高度与前一时刻相当，残余逆温层顶盖的厚度为 300 m。因此，太阳辐射对地面加热效应是很快的，而近地面的大气边界层对地面热力因素响应速度还是很迅速的。

上述分析表明，塔克拉玛干沙漠腹地夏季晴天夜间稳定边界层厚度可达到 500 m，其上部存在非常明显的残余混合层，清晰地保留着白天混合层和逆温层顶盖的结构特征；夜间稳定边界层在地面辐射冷却是开始发展，并于凌晨达到最大高度。其上部的残余混合层在失去地面热力因素后，无法继续向上继续发展，且底部有夜间稳定版边界层，因此在夜间发展过程中，残余混合层厚度在不断减小，至早晨 10:15 厚度达到最小，其减小的程度，取决于白天混合层得到的热力大小；沙漠夜间大气边界层看似稳定，但还是存在着地面与边界层、残余混合层与自由大气之间的能量和物质的交换。

4.11.2.2 阴雨天

7 月 21—22 日天气现象是阴有小雨，总降水量为 0.8 mm，04:15 探空试验是在降水过程中开展的，因此，选择该日分析典型阴雨天气夜间边界层的位温变化特征。同时 04:15 探空仪在距离地面 4000 m 左右失去信号，其原因可能与云层内湿度过大和闪电有关。在此高度上，探空数据已可完整展示夜间边界层结构特征，所以 04:15 的数据可以用来分析降水过程位温变化。

图 4.56 是 21—22 日五个时刻的位温垂直廓线。7 月 21 日最高气温达到 32.2 ℃，地表最高温度 60.9 ℃，而总云量是 10，所以 21 日白天混合层高度并不是很深厚。图 4.56a 是 21 日 19:15 的位温廓线，其混合层厚度约为 3100 m。其发展趋势从下到上是逐渐增大，上部的逆温层顶盖并不是很明显。天空中的云层减少到达地面的辐射，进一步减小了地面的热力效应，因此对白天的混合层厚度有相当大的影响。

图 4.56b～d 是 22 日 01:15、04:15、07:15 三个时刻的位温廓线图，在 04:15 降雨过程中，位温垂直廓线在 1000～2500 m 范围内有波动，但整体的趋势变化大致相同。三个时刻的夜间稳定边界层厚度分别为 300 m、350 m、650 m，01:15 和 07:15 混合层厚度分别为 2800 m、2600 m，而 04:15 的降水过程改变了残余混合层的状态，使得其厚度难以分辨。残余逆温层顶盖的厚度保持在 400 m 左右。图 4.56e 是早晨 10:15 的位温垂直廓线，从图中可以看出，夜间稳定边界层已发展到 800 m 的厚度，但在其下部已有混合层（ML）发展，厚度达到 100 m。夜间残余混合层的厚度只剩下约 1400 m 的厚度，而残余逆温层顶盖的厚度基本和夜间保持一致。

上述分析表明，降水过程是一个降温增湿的过程，也是一个能量释放的过程，夜间降水系统会在短时间内改变大气边界层各层的结构特征，特别是显著破坏残余混合层的稳定结构，使残余混合层内位温发生波动。夜间稳定边界层内，因降水破坏了

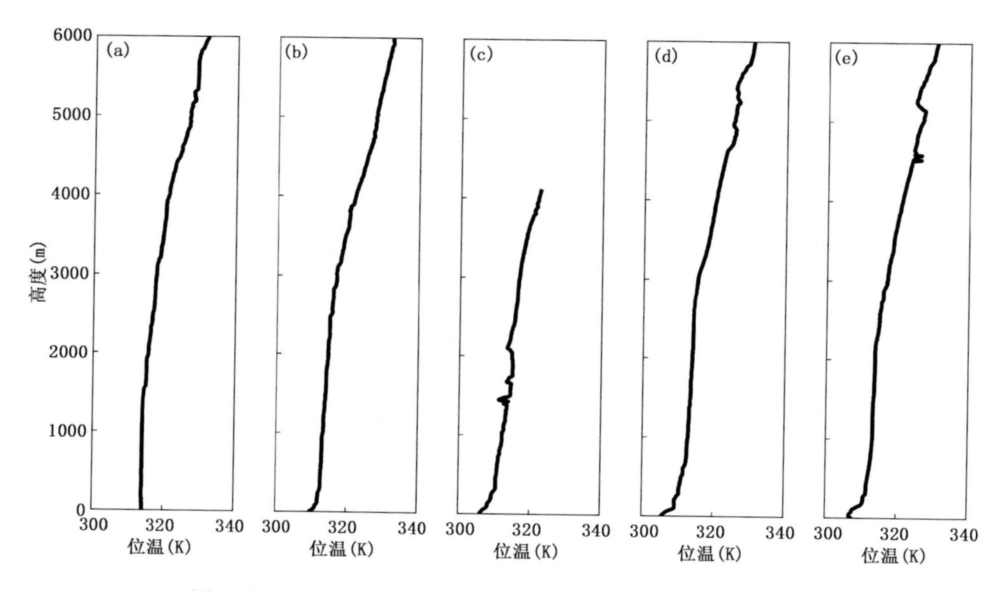

图 4.56　2017 年 7 月 21—22 日阴雨天夜间位温垂直廓线图
(a)19:15;(b)01:15;(c)04:15;(d)07:15;(e)10:15

温度的分布,使位温廓线在稳定边界层内并不是很平滑,但整个逆温层的结构还保持相对完整,这与此次的降水量较小有很大关系。云层吸收地面长波辐射,对地面温度有个保温作用,所以在 07:15 降水过后,整个边界层又恢复到降水前的发展趋势。而地面温度相对较高,夜间稳定边界层的厚度发展得相对较厚。

4.11.2.3　晴天和阴雨天稳定边界层变化比较

图 4.57 所示是晴天和阴雨天夜间边界层各层结高度变化图,图 4.57a 是 9—10 日晴天,4.57b 是 22 日阴雨天。从图中可以看出,夜间稳定边界层都是从傍晚开始发展,到凌晨达到最大,但阴雨天气下的稳定边界层厚度略大于晴天,且发展速度要大于晴天,在 01:15 阴雨天稳定边界层厚度已达到 300 m 要大于晴天的 100 m。晴天残余混合层厚度要大于阴雨天,残余混合层是前一天对流混合层残留下来的,其初始厚度与前一天混合层厚度有关。晴天夜间残余混合层厚度损耗约 700 m,而阴雨天厚度损耗约 1100 m。这说明,晴天夜间更能够保持边界层的稳定,阴雨天容易损耗大气边界层的热量,特别是有降水过程时,更容易破坏边界层的稳定。晴天和阴雨天夜间残余逆温层顶盖厚度分别约为 200 m 和 400 m,可以看出晴天相比于阴雨天在高空中更稳定。

整体来看,晴天相比于阴雨天,其各个层结发展要平滑。这是因为在前一天,混合层接收了地面较多的热量,夜间残余混合层与自由大气夹卷过程中,具有一定能量

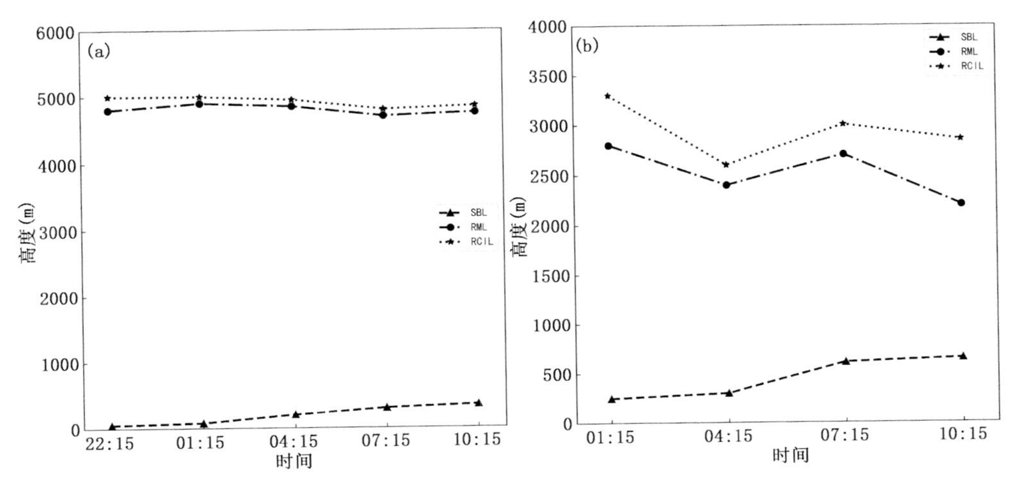

图 4.57　稳定边界层、残余混合层、残余逆温层顶盖高度变化

(a)9—10 日晴天；(b)22 日阴雨天

与物质交换的能力，且能够保持一定的高度。阴雨天因为在前一天对流混合层并不是很高，所获取的热量相比晴天较小，残余混合层在与自由大气夹卷过程中损耗较大，其高度被自由大气下压，难以保持较高的高度，而残余逆温层顶盖厚度也要比晴天大。

阴雨天夜间 04:15 有降水过程，这对该时次的夜间边界层的稳定度产生了较大影响，04:15 各层结厚度变化较剧烈(图 4.57b)，与前后两个时刻相比残余混合层的厚度较小，其主要是因为降水是降温增湿的过程，雨滴在降落的过程中带走了残余混合层的热量，使空气温度减小，湿度增大，破坏了边界层的稳定，降低了各层结高度。而降水过后，夜间边界层又逐渐恢复到降水前的状态，虽然残余混合层高度已降低，但其内部已趋于稳定。

4.11.3　沙尘暴、浮尘稳定边界层结构特征

沙尘天气是塔克拉玛干沙漠春夏季常见的一种天气现象。沙尘暴发生比较迅速，时间并不固定，常常 1～2 h 后就转为扬沙或浮尘。其发展过程是大风吹起沙尘，风速达到一定量级后，就形成沙尘暴，此时的能见度最低。一段时间后沙尘暴转为扬沙，最后较大颗粒的沙尘降落，粉尘持续漂浮在空中，发展为浮尘天气，一般持续 2～3 d。2017 年 7 月 3 日 22:15 探空试验期间就有沙尘暴发生，能见度最低为 512 m，所以 3—4 日夜间能够代表沙尘暴的典型天气。

4.11.3.1　沙尘暴

沙尘暴是指强风将地面沙尘吹起并悬浮于空气中，使空气混浊，能见度小于 1

km 的天气现象。塔克拉玛干沙漠地表都是流动性沙面，在春夏两季更容易发生沙尘暴天气。图 4.58 是 2017 年 7 月 3—4 日夜间沙尘暴位温垂直廓线图，在 7 月 3 日 20:00 后发生沙尘暴，持续到夜间 00 时左右，并转为扬沙天气。所以选用此次个例作为沙尘暴天气进行分析。

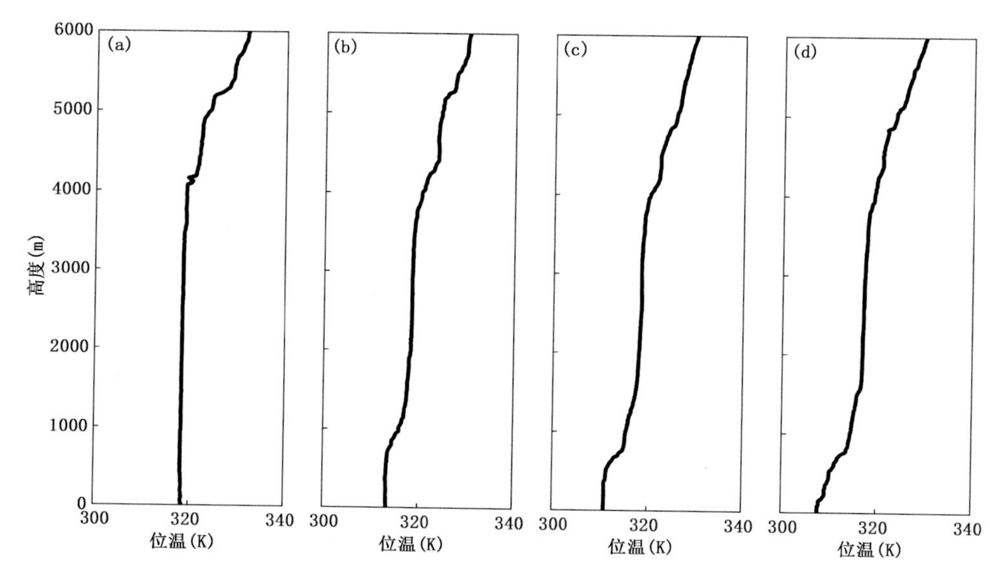

图 4.58　2017 年 7 月 3—4 日沙尘暴夜间位温垂直廓线图

(a)19:15;(b)22:15;(c)01:15;(d)07:15

图 4.58a 是 7 月 3 日 19:15 的位温垂直廓线，从图中可以看出，白天混合层高度达到 4000 m，逆温层顶盖的厚度也有 300 m 左右。说明 3 日白天的天气状况还是很好的，能够发展相当深厚的对流边界层。图 4.58b 是 7 月 3 日 22:15 的位温垂直廓线，从图中可以看出，在近地层并没有出现位温随高度增大的变化，而是低空 700 m 高度以下位温基本保持不变。700～1300 m 高度内才出现位温随高度增大的垂直廓线结构，这说明在低空沙尘天气在很大程度上已经破坏了夜间的逆温层。由于沙尘效应，导致夜间地表对空气的冷却效应减弱，没有形成十分清晰的夜间稳定边界层。在 1300～3800 m 高度内，可以清楚地看到残余混合层的存在。

图 4.58c 是 7 月 4 日 01:15 的位温垂直廓线，从图中可以看出，在近地层 500 m 高度范围内，位温随高度基本保持不变。这与前一时刻的廓线相一致，但高度降低，这说明沙尘暴已经减弱，空气中的沙尘减少，对地表冷却效应的影响减弱。这与实际观测相一致。500～1600 m 高度范围内位温随高度增大，与前一时刻厚度增大。在 1600～3700 m 高度范围内，可清晰地看到残余混合层厚度，但其厚度减小了约 400 m。这说明沙尘天气下，残余混合层高度降低较小，但其厚度损耗还是较大的。

图4.58d是凌晨07:15的位温垂直廓线，近地层700 m高度内出现了位温随高度增大的趋势，这是新形成的夜间稳定边界层。说明沙尘暴天气虽然能够破坏近地层的逆温层结构，但沙尘暴过后，近地层能够在1～2 h内恢复逆温层结构，重新形成夜间稳定边界层。700～1500 m高度范围内是前两个时刻残留下来的位温随高度增大的层，而其上部的残余混合层厚度依然接近2100 m。

上述分析表明，沙尘暴天气会破坏夜间边界层的结构特征，特别是近地层高度范围内，在沙尘暴过境期间，基本不存在夜间稳定边界层。近地层存在一个位温随高度不变的层结，该层厚度与沙尘暴厚度相当。沙尘天气过后，在短时间内就可以形成新的夜间稳定边界层。同时在近地层上部和残余混合下部存在一个1000 m左右的位温随高度增大的层结，该层厚度在夜间稳定边界层形成后逐渐缩小，最终会融入上部的残余混合层和下部的稳定边界层内。高空中能够清晰地观察到残余混合层的存在，其厚度随时间发展在逐渐减弱。

4.11.3.2　浮尘

浮尘天气是强度最低的沙尘暴，是由于沙尘暴与扬沙天气过后，较大颗粒的沙尘沉降后，细小颗粒与粉末依然悬浮在空气中而形成的天气现象。待风速持续减小，悬浮的粉末与颗粒最终会落到地面，但时间要持续2～3 d。由于塔克拉玛干沙漠地表流沙特性，其浮尘天气经常发生。2017年7月6日和7日全天风速平均为3.3 $m \cdot s^{-1}$和2.5 $m \cdot s^{-1}$，平均空气温度为29.5 ℃和29.9 ℃，而6日地表最高温度是55.8 ℃，7日最低气温是24.5 ℃。浮尘天气从6日早晨持续到7日早晨，因此，6—7日是典型的浮尘天气。

图4.59是浮尘天气的位温垂直廓线，其位温都是随高度增大，与晴天、沙尘暴等天气的位温变化趋势相比较为平滑，夜间边界层各层结较难分辨。图4.59a是6日19:15的位温垂直变化，混合层在经过一整天的发展，达到3800 m，但混合层顶与上部逆温层顶盖不是很明显，逆温层顶盖的厚度约为400 m。

图4.59b是7日01:15的位温垂直廓线，可以看到位温廓线整体发展平缓，从地表到高空随高度逐渐增大，没有突然的位温变化，这对边界层各层的确定带来了不便，夜间稳定边界层厚度约为200 m。200～3600 m高度之间是夜间残余混合层。图4.59c是7日凌晨07:15的位温垂直廓线，该时次廓线与前两次有了较大的变化，近地层位和残余混合层顶都有较为显著的变化，能够很清晰地分辨出夜间稳定边界层、残余混合层。稳定边界层的高度约为500 m，而残余混合层厚度为3100 m。

上述分析表明，浮尘天气在一定程度上影响白天对流边界层和夜间稳定边界层的结构。由于空气中悬浮的粉尘颗粒，会削弱到达地面的辐射能量，影响了地表的加热效应，对白天对流边界层的发展有一定的抑制作用。而夜间，浮尘会减弱地面对大气的辐射冷却效应，对边界层内各层结的发展都有一定的影响，使低空的逆温层和高空的夹卷层发展较为平缓，各层之间的位温变化较为不明显，同时抑制了夜间稳定边

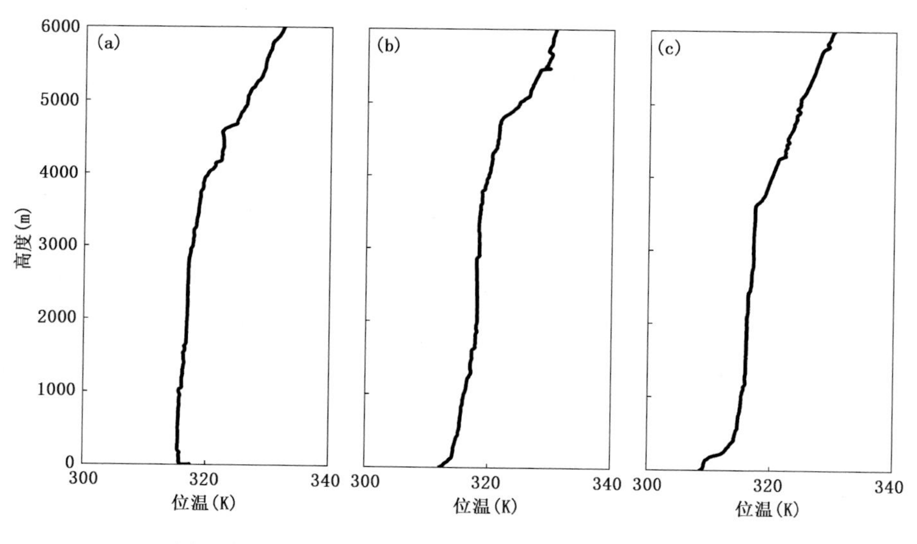

图 4.59 2017 年 7 月 6—7 日浮尘夜间位温垂直廓线图

(a)19:15;(b)01:15;(c)07:15

界层和残余混合层的发展。

4.12 间歇性湍流特征

湍流过程作为大气边界层最基本的特征之一,稳定边界层与不稳定边界层的湍流特性存在很大差异。边界层湍流包含不同尺度的湍涡。大湍涡从平均流场得到能量;大湍涡逐级破碎成小湍涡,最终能量由分子黏性耗散而损失。不同尺度的涡旋(从毫米尺度到边界层高度尺度)运动传输动量、热量、水汽和污染物。湍流强度由风切变和层结程度所决定。白天太阳辐射加热地表,造成热力不稳定和热泡;而夜间稳定边界层中地表冷却,湍流被层结作用所抑制,湍流只能通过平均风切变所产生,并受到浮力效应和黏性耗散的抑制。所以夜间的湍流能量是不确定的,而且对于风切变(产生作用)和平均温度廓线(抑制作用)很敏感。另外,稳定边界层内不同过程之间复杂的非线性相互作用会导致间歇性湍流的产生。

在晴空小风的夜间,如果地表热通量超过某一阈值,夜间稳定边界层内湍流受抑制的时间大于湍流的时间尺度,稳定边界层就会转为一种相对静止的状态。在这种状态下,湍流的发生很短暂,而且是间歇性和突发性,边界层内向上/向下的热量和动量通量主要由这种短暂的间歇性湍流所提供。如边界层湍流主要由下垫面对近地面流场的拖曳作用产生;但在小风情况下,引起湍流的主要存在于边界层高层的次天气尺度运动产生的,包括低空急流、密度流、切变不稳定波破碎、孤立波以及重力波下传、湍流与平均风切变相互作用、谷地斜坡的地形作用。

采用塔克拉玛干沙漠腹地塔中大气环境观测试验站加强观测期边界层观测资料进行分析。观测仪器包括 GPS 无线电探空仪和三维超声风速计。观测时段为 2016 年 7 月 11—17 日，其中每天包括 6～7 次 GPS 探空观测。对数据进行了严格的质量控制。边界层高度采用 GPS 探空资料计算，考虑到沙漠下垫面条件下大气边界层主要受到热力过程的影响，本书采用位温法计算对流边界层高度。稳定边界层高度则定义为夜间低空急流最大风速的高度。考虑到边界层湍流的非线性和非平稳特性，本节采用了希尔伯特谱分析方法（Huang et al.，2008；Wei et al.，2017），该方法在频域和时域均具有很好的局地性和自适应性，非常适用于非线性、非平稳数据的分析。

图 4.60 给出了边界层湍流统计量的时间分布，包括摩擦速度 u^*，稳定度参数 z/L，其中 z 为观测高度、L 为 Obukhov 长度，湍流强度 I 和边界层高度。个例期间的日出日落时间分别为 20:22 和 04:40。由图 4.60a 中稳定度函数的时间分布可以看出，白天的稳定度为负值、边界层为不稳定层结，受到正浮力效应的影响；夜间由于下垫面的辐射冷却作用，大气呈现稳定的层结状态，稳定度函数为正值。根据塔中站的天气条件记录，2016 年 7 月 13—15 日以及 17 日夜间为晴空，因此，强烈的向上辐射有利于逆温层的发展，并加强近地层的稳定层结状态，使得稳定度函数 z/L 数值

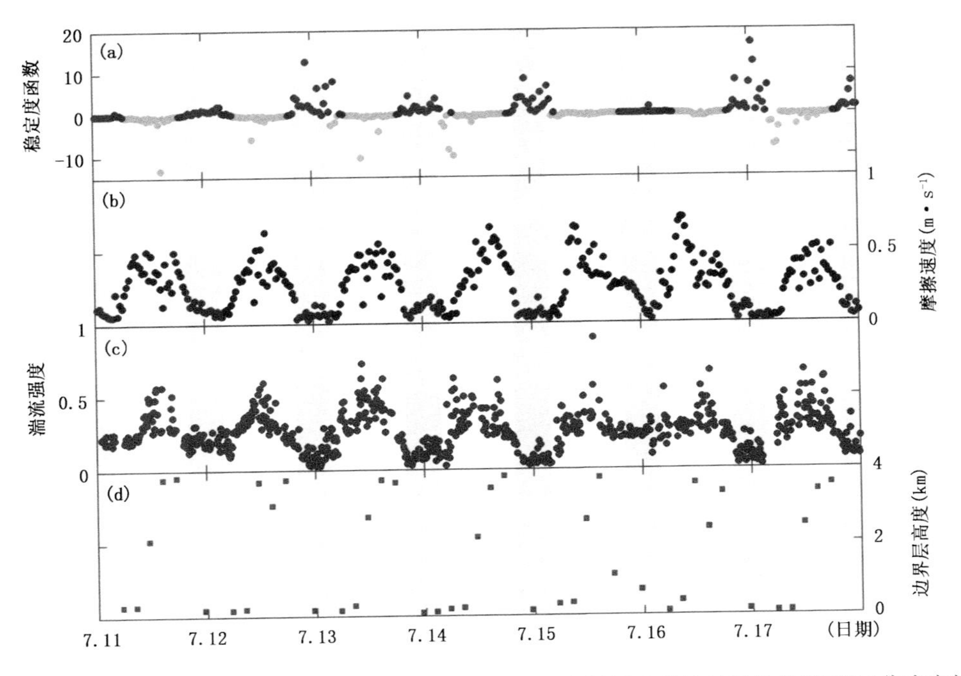

图 4.60 (a)稳定度函数、(b)摩擦速度、(c)湍流强度、(d)边界层高度的时间分布(阴影区代表夜间)

远大于1。7月12日和16日夜间为阴天，近地层为弱稳定层结。由图4.60b中摩擦速度u^*的日变化分布可以看出，边界层中的湍流主要是由近地层的风切变产生的。夜间的摩擦速度很小，数值均小于0.2 m·s^{-1}；而白天的摩擦速度数值可达到0.5 m·s^{-1}，有利于湍流的产生。图4.60c中湍流强度的分布也呈现了显著的日变化。在强烈的浮力和风切变作用下，塔中地区白天近地层的湍流混合得以充分发展。由图4.60d可见，塔中地区夜间稳定边界层高度一般小于200 m；日出之后，边界层逐渐发展，并在下午达到最大（大于3000 m），意味着湍涡可达到对流边界层高度的尺度。强雷的感热通量导致了塔中地区边界层高度呈现显著的日循环变化。前人的工作也表明（Wang et al.，2016），夏天塔克拉玛干沙漠腹地的最大边界层高度可达到4000 m以上。

对垂直风速时间序列进行经验模态分解，每个时间序列都可以分解为一组固有模态函数。图4.61分别为白天和夜间两个时刻的分解结果，每个时刻的原始风速时间序列都分解为14个固有模态函数和一个剩余项，其中模态1～9代表高频模态，波动周期小于1 min；模态10～14代表低频模态。由于分解过程本质上是一个二价滤

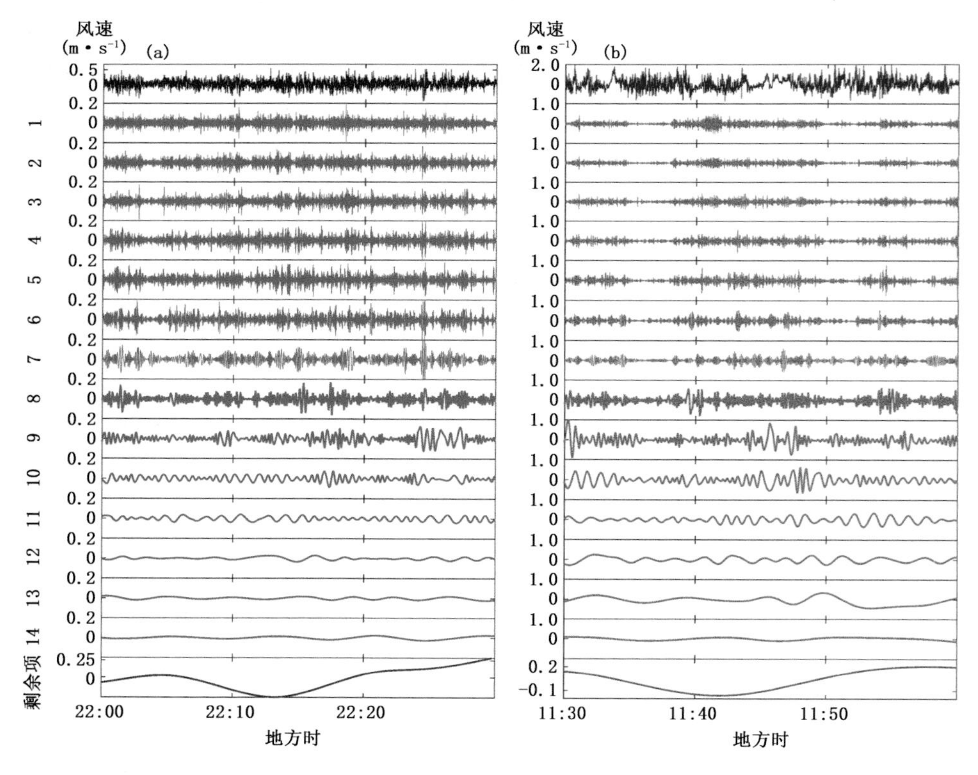

图4.61　经验模态分解
(a)夜间；(b)白天

波器，因此总模态数与原始信号的样本数有关，满足$\log_2 N \approx 15$，在本次个例中样本数 $N=36000$。统计本次 7 d 个例所有的分解结果，模态数在 13 到 15 之间(图略)。图 4.61 中的分解结果代表了湍流的基本特征：低频运动表征了边界层内的慢变过程，高频模态代表了小尺度的快变信号。通过计算每个模态的中心频率可得，夜间时段模态 2～8 为惯性副区信号，中心频率在 0.04～4 Hz 之间；而白天的惯性副区更宽(0.02～4 Hz)，对应着模态 2～9。此外，白天和夜间的分解结果在强度也存在很大差异。由于白天对流边界层高度更高，湍涡发展尺度更大，导致了白天固有模态函数的振幅更大、包含更多的能量。

图 4.62 为固有模态函数平均频率对模态数的分布，其中平均频率为某模态在傅里叶空间的能力加权平均的结果。平均频率随着模态数的增大而减小。值得注意的一点是，无论在白天还是夜间，某一模态的平均频率近似为相邻模态的 1/2，注意结果也证实了经验模态分解过程为一个二价滤波器。

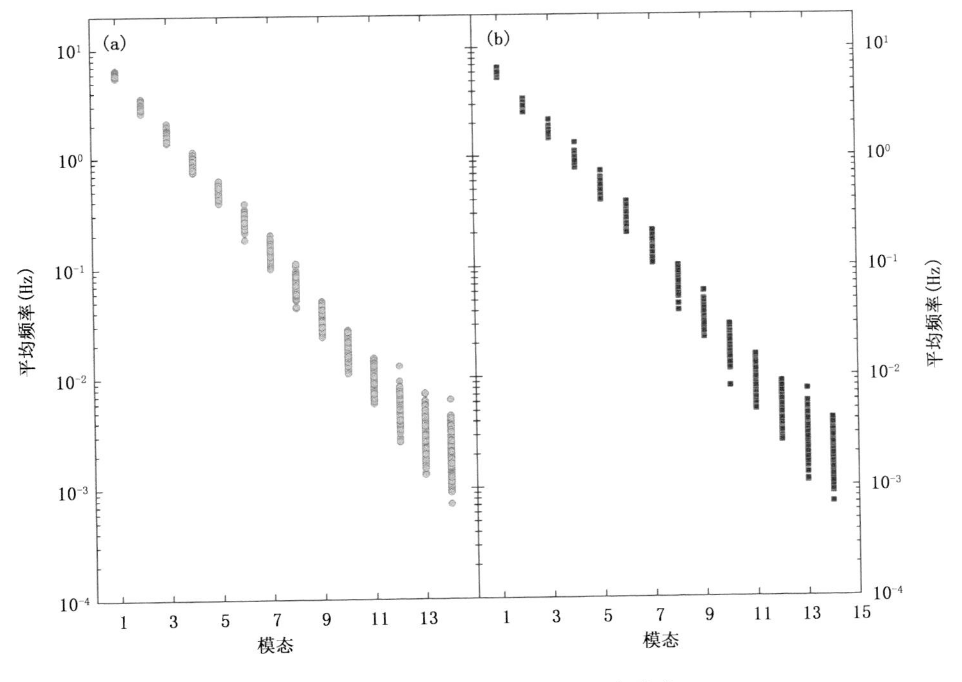

图 4.62　固有模态函数平均频率分布

(a)白天；(b)夜间

基于固有模态函数可构建希尔伯特谱，其中二阶希尔伯特谱的物理含义等同于传统的傅里叶谱。图 4.63 给出了白天和夜间的二阶希尔伯特谱分布。图 4.63a 中最显著的特征为小尺度和大尺度之间的谱隙，对于本次个例来说(2016 年 7 月 11 日

22:00)，谱隙的范围为 0.004～0.04 Hz。意味着频率大于 0.04 Hz 的运动为湍流运动。谱隙将惯性副区和含能涡区分离开来。理论上，谱隙右端的小尺度运动满足三维各向同性假设，遵循 Kolmogorov －5/3 幂次率。但在实际大气条件下，夜间二阶希尔伯特谱在惯性副区的斜率为 1.35，与理论值－5/3存在一定的偏差，这种偏差是由于夜间稳定边界层中的间歇性湍流和非湍流运动导致的。高频区尾端的翘起是噪声污染的结果。对于白天时段(图 4.63b)，谱隙右端约对应着 0.02 Hz，惯性副区斜率更接近－5/3(约为 1.51)，意味着白天对流边界层中的湍流为充分发展湍流。

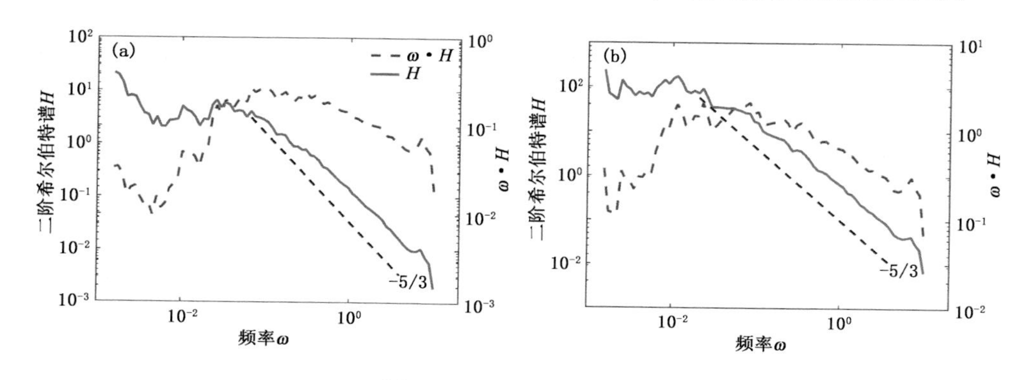

图 4.63　二阶希尔伯特谱

(a)夜间；(b)白天

考虑到间歇性湍流导致的统计不稳定性，可采用湍流信号的统计结果表征间歇性的强度，即时间序列中的小概率事件导致的统计性偏差。本节选择不同尺度的速度增量表征小概率事件。间歇性表现为速度增量的概率密度函数出现“长尾”分布。图 4.64 给出了夜间和白天垂直风速的统计结果，包括标准差和陡峭度，横坐标表征了不同波动的尺度大小。其中标准差代表了风速时间序列的离散程度。由图 4.64a

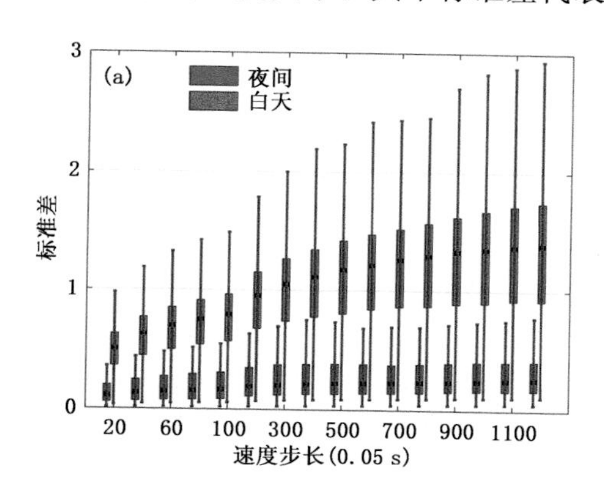

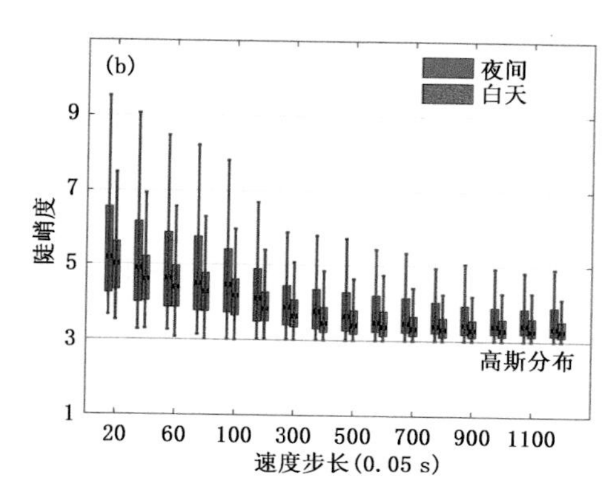

图 4.64　(a)标准差和(b)陡峭度分布结果

可见，白天垂直风速的标准差远大于夜间，与白天对流边界层中更强的湍流运动结果一致；夜间受到浮力抑制的作用，标准差数值较小。陡峭度提供了概率密度函数的形状信息，当陡峭度大于高斯分布结果时意味着概率密度函数具有长尾和高峰分布，对应着边界层内强烈的小尺度间歇性事件。在图 4.64b 中，白天和夜间的陡峭度数值均大于高斯分布(=3)，且夜间的数值更大、更分散。说明夜间边界层内的湍流运动具有更强的间歇性。

传统的傅里叶结构函数常被用来描述湍流间歇性，但基于傅里叶分析的方法必须满足线性、平稳假设，因此，本节工作采用基于希尔伯特谱分析技术的标度指数函数进行分析(图 4.65)。量纲分析表明，结构函数和标度指数函数满足如下线性关系：$\xi(q)=\zeta(q)+1$，其中 $\zeta(q)$ 为结构函数。如果边界层内的湍流是充分发展的并满足 Kolmogorov 理论，标度指数函数是阶数 q 的线性函数：$\xi(q)-1=q/3$。受到间歇性湍流的影响，标度指数函数与 Kolmogorov 理论会存在一定程度的偏差，呈现凸函数的分布型。图 4.65 对比了夜间和白天的标度指数函数分布结果，这里阶数 q 取小于 4。可以看出，尽管夜间和白天的标度指数函数都与理论值存在一定程度的偏差，但夜间的偏差显著大于白天，意味着夜间的间歇性更强。

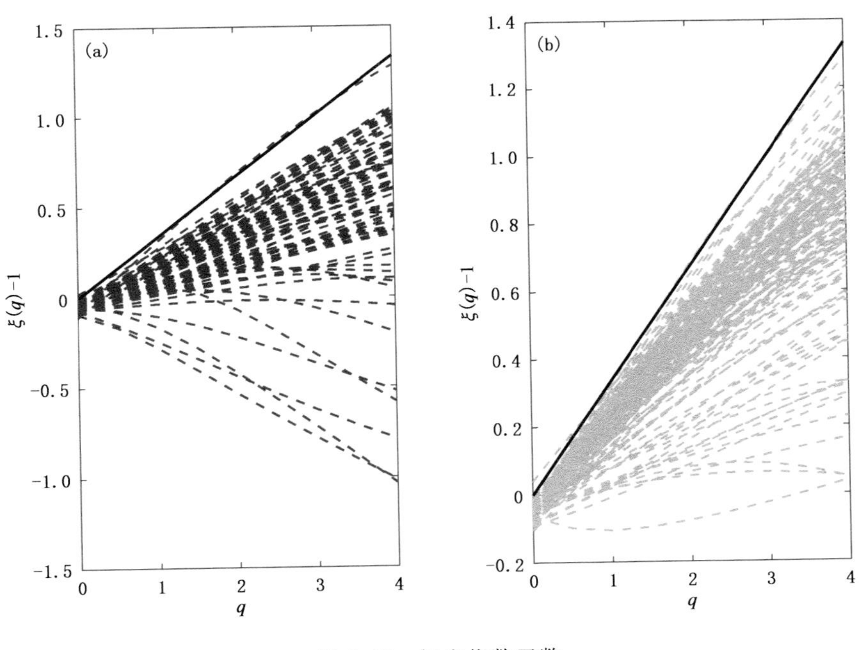

图 4.65　标度指数函数

(a)夜间；(b)白天

为了定量描述湍流间歇性的强度，定义了间歇性因子 IF(intermittency factor)，$IF = (\xi(q_{max}) - 1) - q_{max}/3$，其中 $q_{max} = 4$。由图 4.66a 可见，夜间时段的 IF 数值最强可达到−2.43，且分布更加分散；白天的 IF 数值普遍大于−1.5。特别是 7 月 13—15 和 17 日夜间，IF 的数值更小，对应着这几个观测夜间更稳定的边界层层结和更强的间歇性湍流。在强稳定边界层中，地表的净辐射冷却会抑制湍流，并与下垫面发生相互作用，导致低层大气的湍流减弱。在这种情况下，湍流主要是由高层的强风速导致的(如低空急流和重力波)。这就导致了近地层的湍流是间歇性的，不符合 Kolmogorov 定律。图 4.66b 给出了 7 d 平均的 IF 日循环分布，可见白天的偏差显著小于夜间，最小值出现在下午的充分发展对流边界层中。

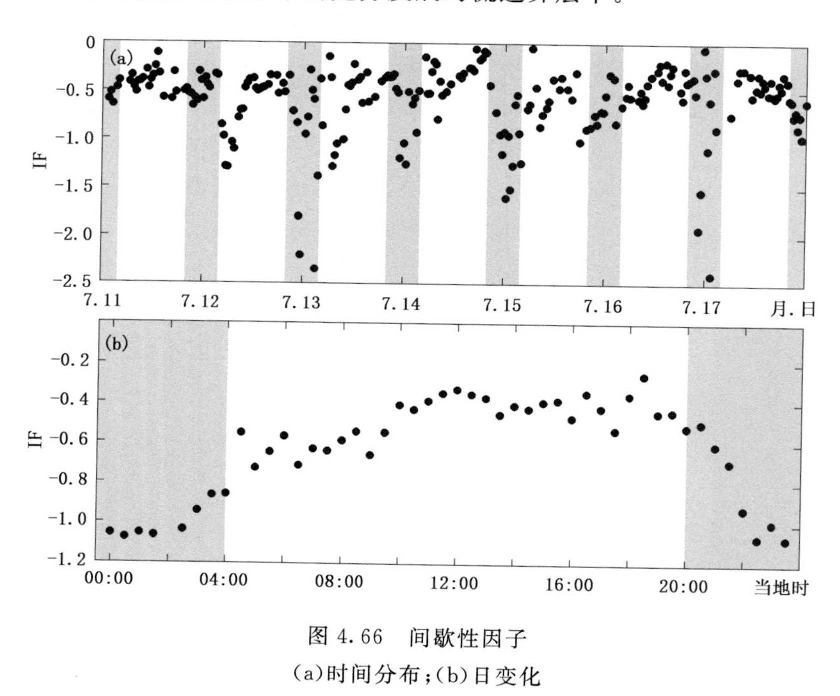

图 4.66 间歇性因子

(a)时间分布；(b)日变化

4.13 低空急流特征

4.13.1 低空急流的判定方法

低空急流的定义有很多，常用的有 Stull(1988)和 Bonner(1968)的定义。Stull 的定义较为宽泛，其定义是距地 1500 m 高度范围内，存在一个风速最大值，并且大于上部风速 2 $m \cdot s^{-1}$，就可以判定为低空急流。而 Bonner 的定义是低空 1500 m 内最大风速大于 12 $m \cdot s^{-1}$，并且与其上部至 3000 m 高度范围内风速最小值的差值≥6 $m \cdot s^{-1}$，或者是距地 3000 m 处风速的差值≥6 m・s^{-1}。

表 4.4　低空急流分类与发生次数

低空急流	V_{max} (m・s^{-1})	ΔV (m・s^{-1})	塔中(2016 年)		塔中(2017 年)	
			02:00	08:00	02:00	08:00
LLJ1	≥8	≥4	20	17	17	17
LLJ2	≥10	≥5	19	13	12	12
LLJ3	≥12	≥6	13	8	6	7
LLJ4	≥16	≥8	4	/	2	1

本节在 Bonner 定义的基础上，结合沙漠腹地低空垂直风速廓线，定义如下：第一，低空 1500 m 内最大风速(V_{max})≥8 m・s^{-1}，第二，风速最大值上部至 3000 m 内风速最小值(V_{min})的差值($\Delta V = V_{max} - V_{min}$)≥4 m・s^{-1}(图 4.67b)，或者风速最大值与 3000 m 处风速的差值(ΔV)≥4 m・s^{-1}(如图 4.67a)。基于此，按急流风速的大小将低空急流划分为四类，分别为 LLJ1、LLJ2、LLJ3、LLJ4(表 4.4)，在 1500 m 高度范围内风速最大值分别≥8 m・s^{-1}、10 m・s^{-1}、12 m・s^{-1}、16 m・s^{-1}，同时风速最大值与其上部至 3000 m 高度内风速最小值的差值分别≥4 m・s^{-1}、5 m・s^{-1}、6 m・s^{-1}、8 m・s^{-1}。

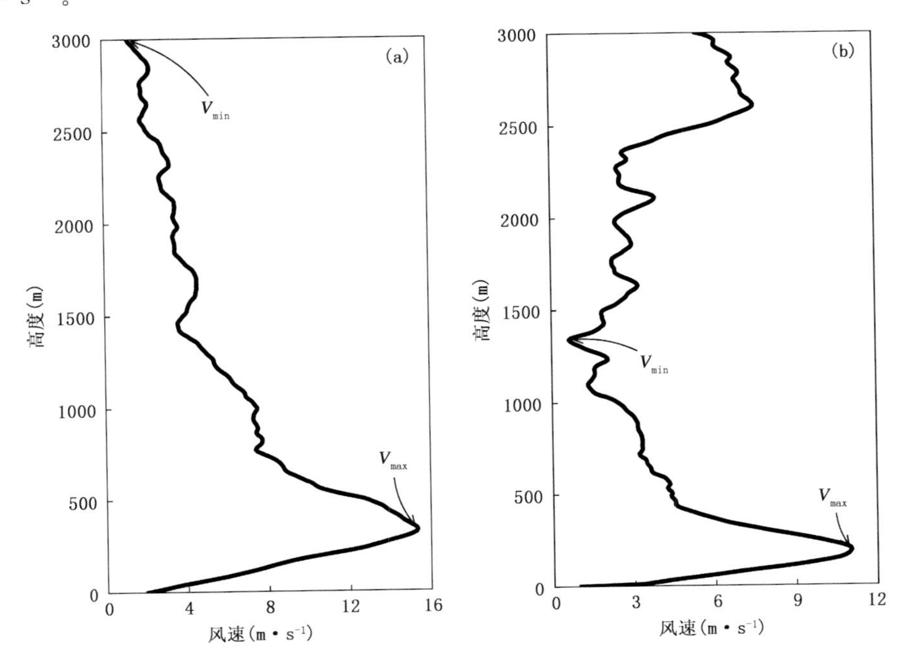

图 4.67　低空急流判定示例

4.13.2 沙漠腹地低空风速变化特征

通过塔克拉玛干沙漠腹地夏季GPS探空观测试验，发现在沙漠腹地低空有夜间低空急流发展。图4.68是2016年和2017年7月4000 m高度范围内的平均风速时间—高度剖面图，从图中可以看到，两年7月风速日平均变化趋势基本相同，从地面到高空，其发展规律均是先增大后减小再增大，低空处存在一个风速极大值的薄层。在1500 m高度范围内风速是先增大后减小，2016年和2017年7月平均风速最大值分别出现在320 m和380 m左右。在1500～3000 m高度范围内，风速先减小再增大，风速最小值分别出现在1800 m左右和2500 m左右，3000 m之上风速随高度逐渐增大。在时间尺度上，低空1500 m范围内，风速从20:00开始逐渐增强，夜间02:00左右达到最大值，其最大值分别为9.8 m·s^{-1}和8.2 m·s^{-1}，早晨08:00后开始明显减弱，14:00左右减弱至5 m·s^{-1}左右。1500～3000 m高度范围内，平均风速全天变化较小。

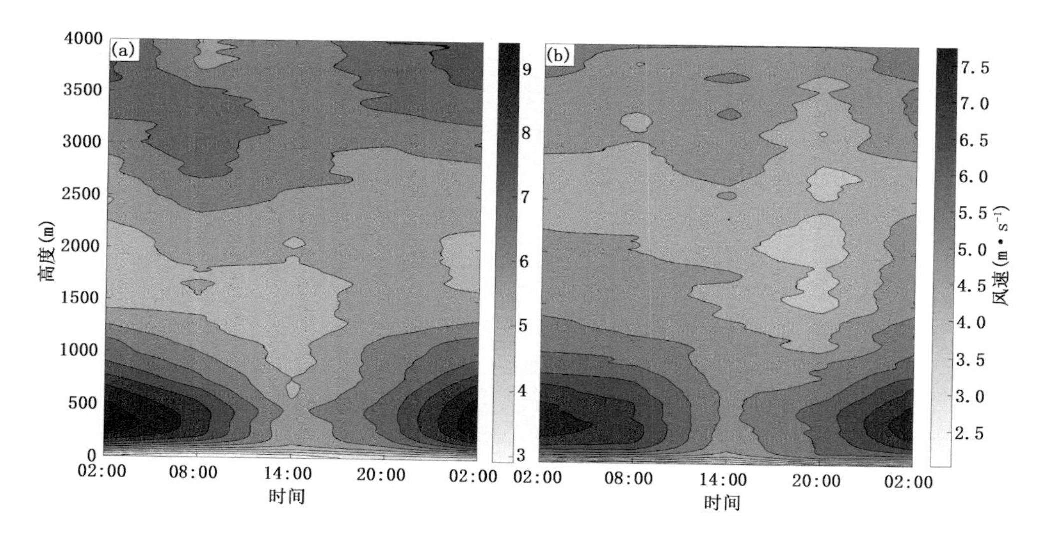

图4.68 风速时间—高度剖面图

(a)2016年7月;(b)2017年7月

图4.69和图4.70是风向玫瑰图，使用的是2016年和2017年7月四个时刻(02:00、08:00、14:00、20:00)4000 m高度范围内所有的风向数据。从图中可以看出，4000 m内全天的风向以偏东风为主。在20:00主风向为东北风，到了夜间02:00主风向为东风，但其他风向逐渐开始增多，早晨和中午时刻，风向有了较多的变化，偏东风占比减小，其他风向占比增多，但偏东风依然为主。以上说明，在沙漠腹地日落后，地表热力因素消失，夜间稳定边界层开始发展，低空处风速开始增大，到午夜达到

最大，并在夜间稳定边界层顶发展成为夜间低空急流。同时平均风速最大值与其上下风速的差值达到 4 m・s^{-1}以上，可以确定在有低空急流发展的夜间，其最大风速要远远大于该平均风速。从时间尺度上看，沙漠腹地低空急流发展情况符合形成的原因之一——惯性振荡。因此，本书给出的急流判定条件，符合沙漠腹地夏季夜间低空急流的判定。

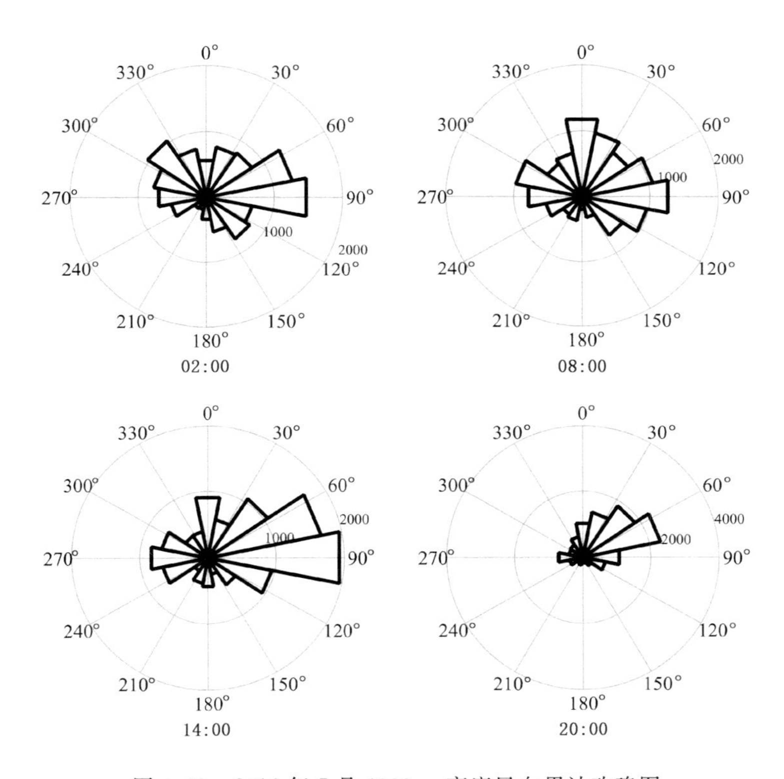

图 4.69　2016 年 7 月 4000 m 高度风向累计玫瑰图

4.13.3　低空急流统计分析

根据低空急流判定条件，对沙漠腹地 GPS 探空观测数据进行筛选、计算和统计。在检验风速垂直廓线过程中，发现在夜间 02:00、05:00 和 08:00 均有低空急流，所以在统计过程中规定，如果当天夜里只有一个时刻出现低空急流，取该时刻的急流核的风速、风向及高度作为该天低空急流的统计样本，如当天夜里三个时刻均有低空急流发生，取急流核风速最大的时刻作为该天低空急流的统计样本。经统计，2016 年和 2017 年 7 月低空急流发生的天数均为 22 d，实际观测天数为 31 d，其中 LLJ1 发生概率均为 71.0%，LLJ2 发生概率分别为 67.7%、54.8%，LLJ3 发生概率分别为

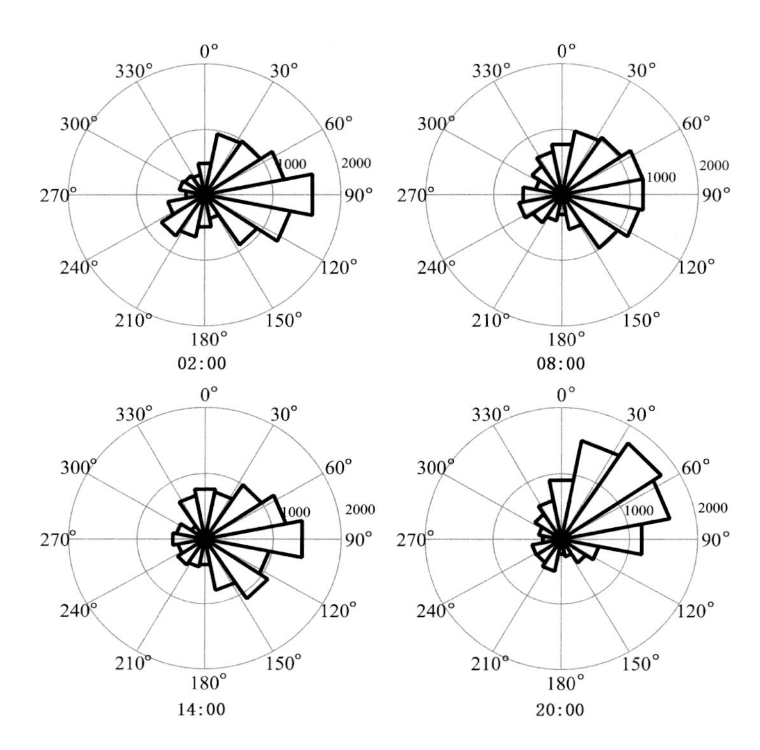

图 4.70　2017 年 7 月 4000 m 高度风向累计玫瑰图

51.6%、32.3%，LLJ4 发生概率分别为 12.9%、16.1%。两年的急流平均风速分别为 13.5 m·s^{-1}、12.9 m·s^{-1}，急流平均高度分别为 402 m、445.5 m。

图 4.71a 和 d 是夜间低空急流高度分布，可以看出，沙漠腹地夏季夜间低空急流高度主要在 700 m 高度范围内，所占比例为 86.4%，2016 年急流高度主要分布在 200～500 m 高度范围内，2017 年急流高度主要分布于 100～400 m 和 500～800 m 高度范围内。风速较大的低空急流(LLJ4)一般多分布于较高的高度上，而较小的低空急流(LLJ1)多分布于较低的高度上。图 4.71b 和 e 是低空急流风向分布图，低空急流主风向多介于 0°～180°之间，2016 年和 2017 年 7 月偏东风急流日在总急流日中的占比分别为 81.8%、90.9%。在偏东风中，低空急流多分布于 0°～90°，而较强的 LLJ4 主要分布在 0°～45°之间。图 4.71c 和 f 是低空急流风速的分布图，风速主要分布于 9～15 m·s^{-1}之间，2016 年和 2017 年 7 月 LLJ4 占总急流风速的百分比为 18.2%、22.7%。2016 年急流风速分布情况相比 2017 年较为集中，主要在 10～15 m·s^{-1}之间，2017 年主要分布在 9～12 m·s^{-1}和 15～17 m·s^{-1}区间内。

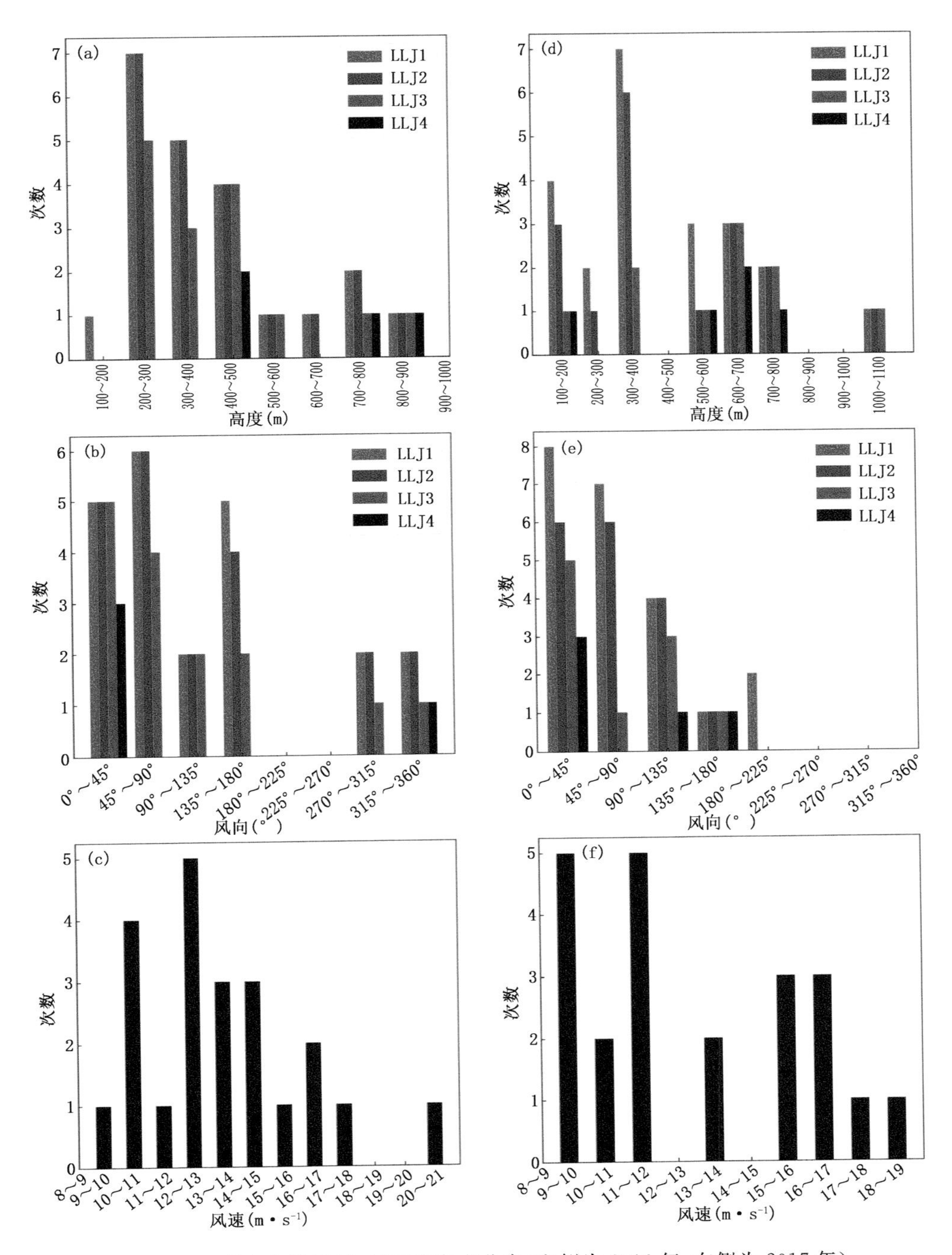

图 4.71　低空急流风速、风向和高度分布(左侧为 2016 年,右侧为 2017 年)

图 4.72 是夜间低空急流风速、风向和高度散点矩阵图，图中使用的数据是两年7 月夜间 02:00、05:00 和 08:00 所有低空急流的样本。可以看出，在所有时次的夜间低空急流中急流风速主要分布在 9～14 m・s^{-1} 范围内，急流高度主要分布于 300～400 m 高度范围内，急流风向主要是偏东风，但 0°～90°的急流风向多于其他方向。从核密度图中可以看到，急流风速随着高度的增高而增大，风速较强的低空急流风向多分布于 0°～90°之间，而较弱的更偏向于东风或东南风。上述分析表明，塔克拉玛干沙漠腹地夏季夜间低空急流发生概率较大，急流以偏东风为主，所在高度多分布于低空，但较强的低空急流所在高度要高于较弱的低空急流。

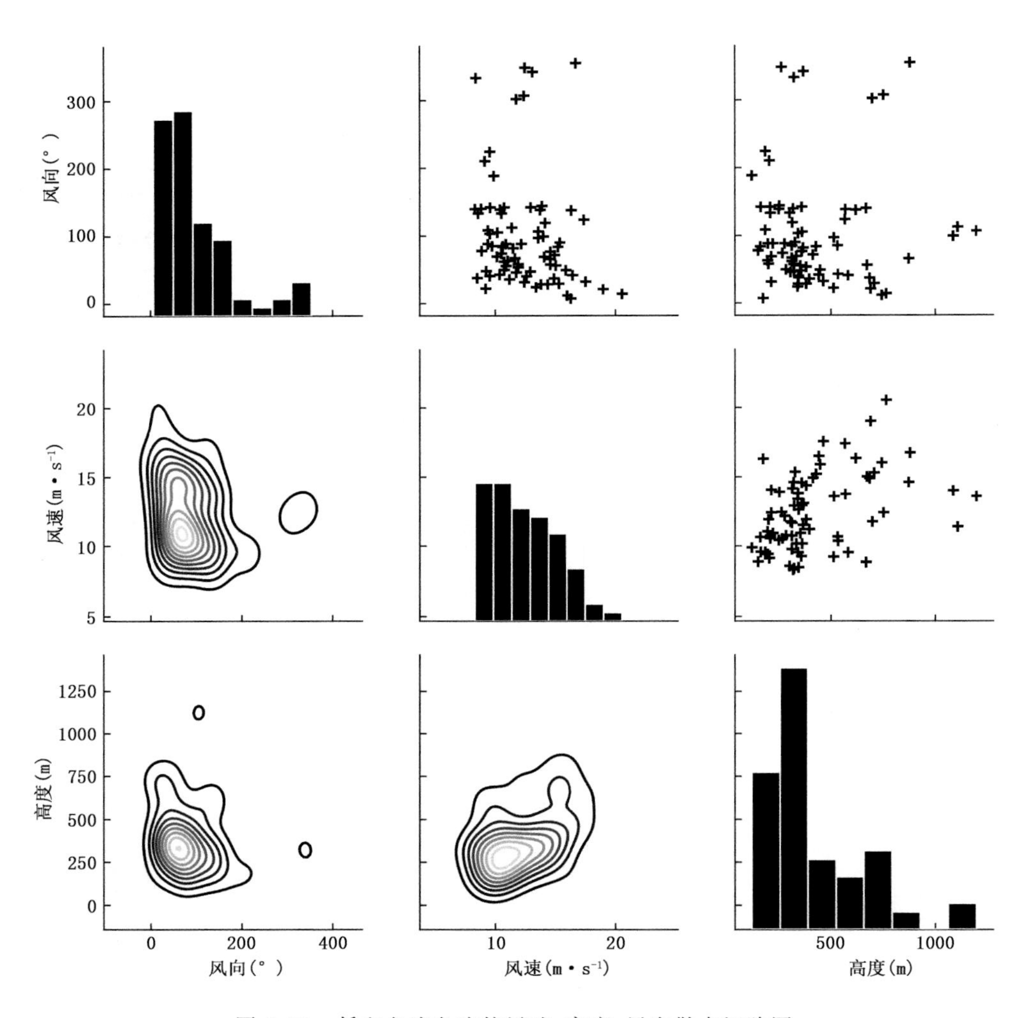

图 4.72 低空急流急流核风速、高度、风向散点矩阵图

4.13.4　低空急流的日变化

为进一步了解低空急流在夜间不同时刻的差异，图 4.73 给出了 7 月 02:00 和 08:00低空急流风速与高度箱线图，从图中可以看出，02:00 的风速最大值、上四分位数、均值、中值、下四分位数和最小值均大于 08:00，02:00 风速箱体在 11～15 $m \cdot s^{-1}$之间，大于 08:00 的 10～14 $m \cdot s^{-1}$。在高度箱体图中，02:00 高度最小值、下四分位数、中值、均值和上四分位数都大于 08:00，而 02:00 高度最大值要小于 08:00，02:00 的高度主体区间在 300～500 m，比 08:00 主体区间 200～500 m 更为集中，说明沙漠腹地低空急流日落后开始发展，急流风速在午夜达到最大，急流所在高度相对稳定，随着时间的推移，急流强度逐渐减弱。急流核高度随着风速的减弱，高度也随之改变，日出前大部分急流向地面靠近，个别急流向高空发展。

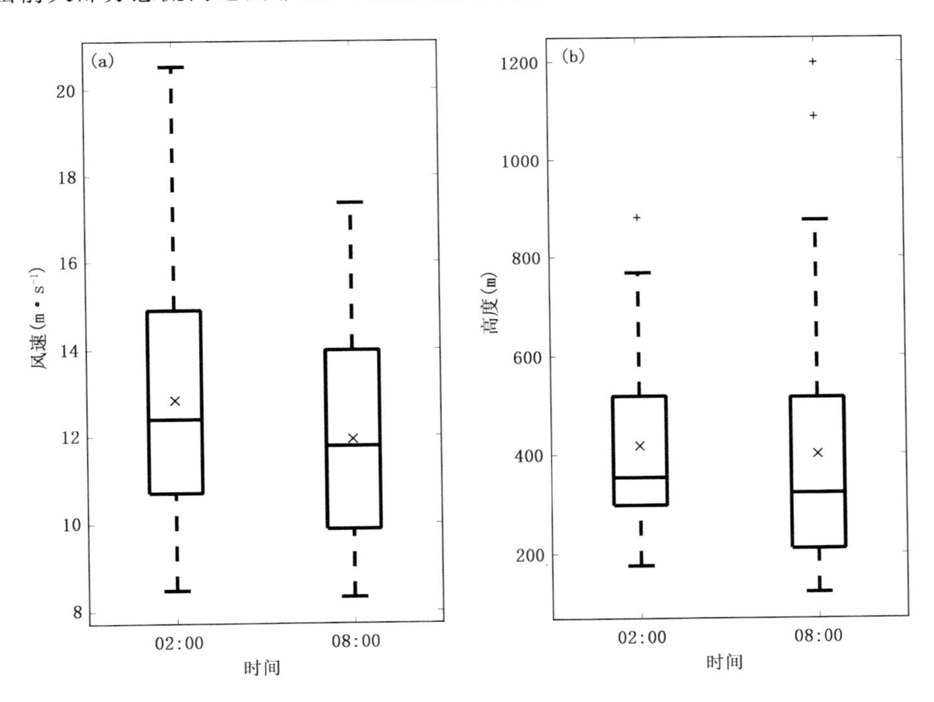

图 4.73　夜间 02:00 和 08:00 风速(a)与高度(b)箱线图(X 为均值)

图 4.74 是 02:00 和 08:00 的低空急流风向玫瑰图，可以看出，在 02:00 低空急流风向主要分布于东北偏北(NNE)和东北(NE)两个方向，而到了 08:00，急流风向主要分布于东东北(ENE)、东(E)和东南(SE)三个方向。说明低空急流在发展的整个过程中，低空急流风向会随时间改变其方向，主要是因其受到地转偏向力的作用，在北半球其风向向右偏转。同时，地转偏向力是在大尺度范围影响风的方向，因此间

接说明塔克拉玛干沙漠低空有大范围的低空急流发展。

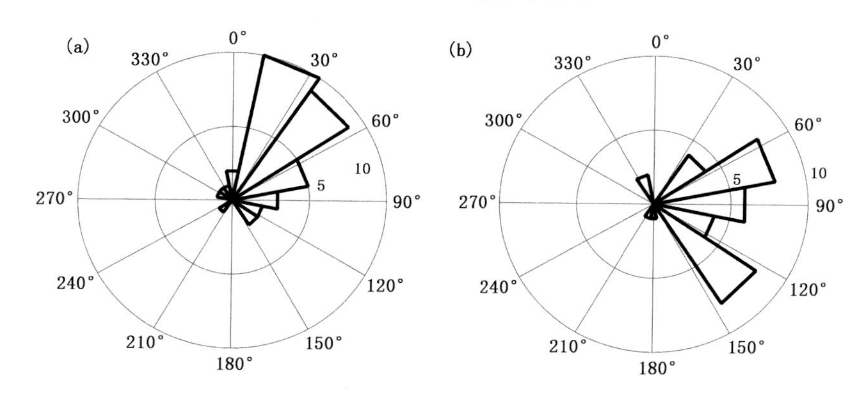

图 4.74 夜间 02:00(a)和 08:00(b)低空急流(LLJ1)风向玫瑰图

图 4.75a 是沙漠腹地 2017 年 7 月 10—11 日晴天的风速垂直廓线图,可以看到,17:00 风速垂直廓线变化较小,从前一天 20:00 至第二天 05:00,风速逐渐增大,特别是 05:00 在 330 m 高度上,风速达到 15.4 m・s^{-1},且风速垂直廓线具有清晰的低空急流结构。早晨 08:00 整体风速大幅减弱,330 m 高度上风速减弱至 8.3 m・s^{-1},与上下层风速大小接近,低空急流结构已崩溃。日出后,边界层大气受地表热力作用及湍流的影响,风速垂直廓线变化规律逐渐趋近相同。

图 4.75c 是沙漠腹地夏季沙尘暴天气低空风速垂直廓线图,此次沙尘暴过程开始于 7 月 3 日 21:00 至 24:00 结束,持续约 3 h,最小能见度为 512 m。图中 14:00 和 20:00 低空风速垂直廓线波动较小,23:00 处于沙尘暴过程中,此时低空 1000 m 高度范围内风速基本都在14 m・s^{-1}以上。02:00 沙尘暴结束,地面风已经减弱,但是在 690 m 高度上,风速并没有因沙尘暴天气过后而减弱,反而在沙尘暴风速的基础上进一步增大至 19.0 m・s^{-1},且具有清晰的低空急流结构特征。08:00 低空急流已开始减弱,其最大风速减弱至 14.6 m・s^{-1},但急流核高度上升至 870 m。到中午 14:00 低空急流已彻底消散。图 4.75e 是浮尘天气低空风速垂直廓线图,从图中可以看出 14:00 和 20:00 风速变化不大,02:00 风速在 300～650 m 高度范围内发展成为双峰结构的低空急流,急流风速达到 9.6 m・s^{-1}。08:00 低空急流核消散,风速减小至 5 m・s^{-1}。以上分析表明,沙漠腹地夏季晴天、沙尘天气中均有低空急流发展,且具有清晰的结构特征。低空急流发展、持续、消退的整个变化过程在晴天天气下较为明显。沙尘天气对低空急流的发展具有促进作用。

4.13.5 低空急流的成因

低空急流形成的原因有多种,包括:惯性振荡、倾斜地形产生的斜压、天气尺度的斜压、锋、山谷风等,在多数情况下,低空急流是由多个因子共同作用下形成的。塔克

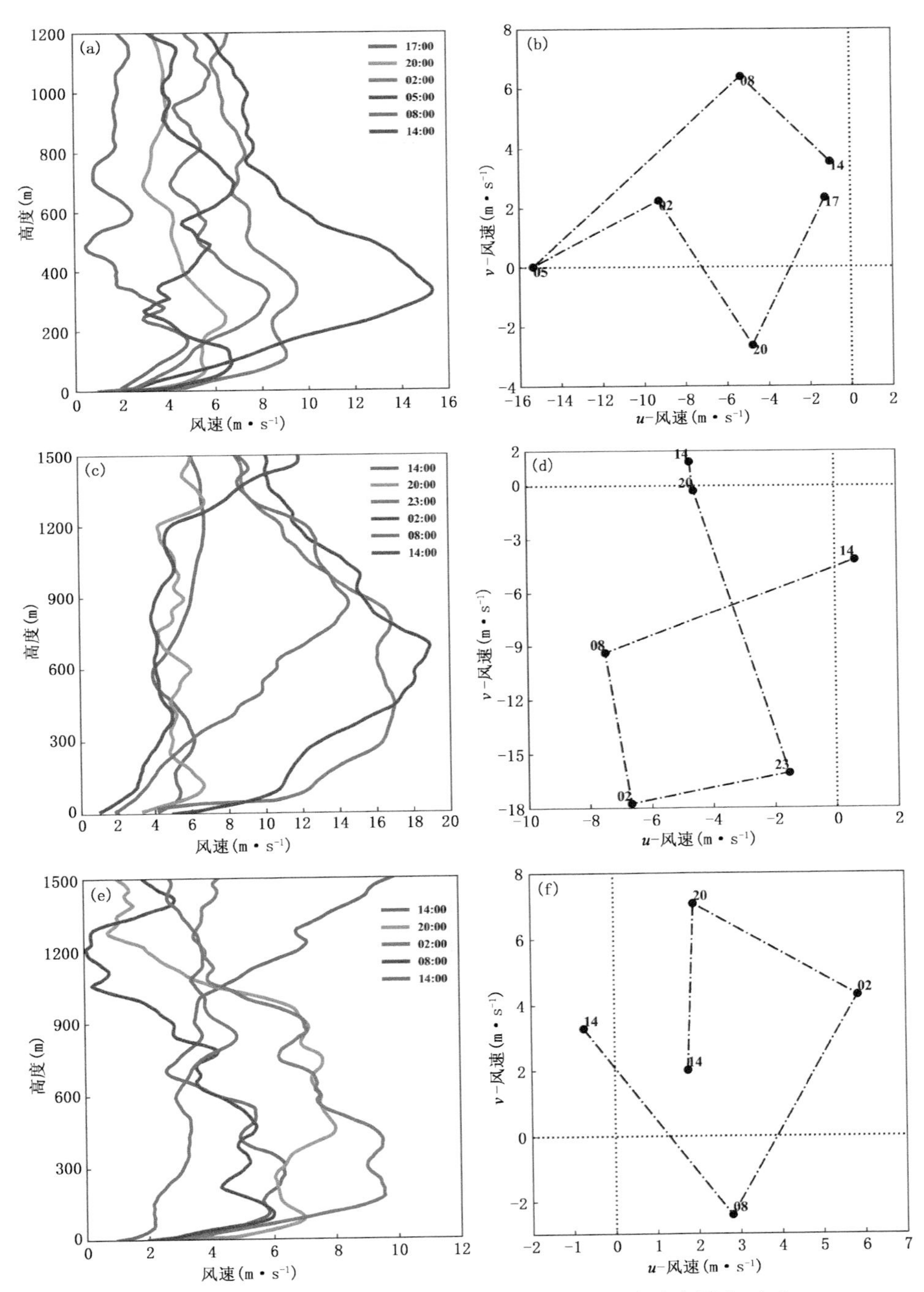

图 4.75　风速垂直廓线图(a,c,e)和低空急流风速速度图(b,d,f)

(a)、(b)是晴天;(c)、(d)是沙尘暴;(e)、(f)是浮尘

拉玛干沙漠地处中纬度地区，气候和地形条件较为特殊，因此，本文从惯性振荡、天气系统的强迫、地形因素三方面分析塔克拉玛干沙漠低空急流的成因。

惯性振荡是由 Blackadar(1957)提出的，是指白天因湍流的作用，边界层的风受摩擦力的作用是次地转的，日落后，边界层内湍流消失，摩擦力随之消除，水平气压梯度力使风恢复到地转风，因此，在低空风场中诱发了惯性振荡，风在地转值左右振荡，但不会收敛于地转值。这个振荡周期就是惯性振荡周期，公式如下：

$$\text{惯性周期} = 2\pi/f \tag{4.7}$$

$$f = 2\omega\sin\phi \tag{4.8}$$

式中，f 为科氏参数；ω 为地转角速度；ϕ 为地理纬度。

塔克拉玛干沙漠腹地塔中地区，惯性周期约为 19 h。图 4.75b、d、f 是晴天、沙尘暴和浮尘天气低空急流所在高度风速速度图，从图中可以看出，三种天气的速度图中，低空急流所在高度上几个时刻的风速都是按照顺时针方向旋转，且基本能够闭合。因沙漠腹地夏天夜间持续时间约为 8 h，而惯性周期约 19 h，探空试验观测时刻并不能与惯性振荡周期完全重合，因此，探空试验期间所观测到夜间低空急流最大值得时刻较少，图 4.75a 中夜间低空急流发展整个过程中，05:00 急流风速达到最大，且具有清晰的低空急流结构特征，说明在晴天天气情况下，比较容易观测到惯性振荡诱发的低空急流，沙尘天气条件下，夜间低空急流的发展受到天气系统的影响，较难观测到惯性振荡。但昼夜交替始终存在，因此，惯性振荡对沙漠腹地夜间低空风场始终具有一定的影响，促进夜间低空急流的形成和发展。

低空急流另一成因是天气系统的强迫。塔克拉玛干沙漠春夏季多发生沙尘天气，系统性天气对于低空急流的发展具有一定的影响。表 4.5 列出了探空试验期间扬沙和沙尘暴天气统计及低空急流的强度，表中白天指的是早 8:00 至晚 20:00，夜间指的 20:00 至次日早 8:00。表中显示，夜间有扬沙或沙尘暴天气过程时，都会有低空急流发生，白天沙尘天气持续到次日夜间，低空急流强度一般较大，如 2016 年 7 月 3—4 日、15—16 日和 2017 年 7 月 24—25 日。沙漠腹地沙尘天气系统来临时，上空风速会逐渐增大，风速增大到一定强度后，吹起地面沙尘形成扬沙、沙尘暴等强对流天气，整个沙尘天气过程持续一定时间后开始减弱至消散。从图 4.75c 可以看到沙尘暴天气系统发展、持续和消散过程中风速垂直廓线随时间演变特征。沙尘天气系统在减弱至消散过程中，低空风速应该是整体减弱的趋势，但在一定高度上风速逐渐增大，并形成低空急流。说明，沙尘暴天气系统，给低空急流的发展提供了风速基础。此时惯性振荡在辐合到这种天气系统中，就会在沙漠腹地上空形成较强的夜间低空急流。

表 4.5　2016 年和 2017 年 7 年沙尘天气和低空急流强度

日期(2016 年)	夜间	白天	LLJ	日期(2017 年)	夜间	白天	LLJ
7 月 2 日	扬沙	浮尘	LL3	7 月 4 日	沙尘暴	晴	LL4
7 月 3 日	晴	沙尘暴	LL3	7 月 12 日	沙尘暴	扬沙	LL4
7 月 4 日	扬沙	浮尘	LL3	7 月 15 日	晴	扬沙	LL2
7 月 6 日	沙尘暴	沙尘暴	LL4	7 月 16 日	扬沙	扬沙	LL3
7 月 7 日	沙尘暴	晴	LL2	7 月 21 日	扬沙	晴	LL2
7 月 8 日	浮尘	扬沙	LL2	7 月 24 日	扬沙	沙尘暴	LL3
7 月 9 日	扬沙	晴	LL3	7 月 25 日	沙尘暴	扬沙	LL4
7 月 15 日	晴	沙尘暴	LL2	7 月 26 日	扬沙	降水	LL1
7 月 16 日	沙尘暴	沙尘暴	LL4	7 月 30 日	沙尘暴	扬沙	LL3
7 月 19 日	沙尘暴	浮尘	LL4	7 月 31 日	扬沙	晴	LL1
7 月 23 日	扬沙	扬沙	LL3	/	/	/	/
7 月 31 日	沙尘暴	扬沙	LL4	/	/	/	/

地形因素是低空急流形成的原因之一。塔克拉玛干沙漠南、西、北三面环山，分别为昆仑山、阿尔金山和天山，东为罗布泊洼地。沙漠西部和南部海拔在 1200～1500 m 之间，而东部和北部海拔在 800～1000 m 之间，下垫面为流沙地表，可以认为整个沙漠是一个西部略微高于东部的流沙平原。沙漠高空是西风带，高空风从西吹向东，在罗布泊附近辐合下沉。近地面风从东吹向西，在沙漠西部辐合上升，所以整个沙漠近地层偏东风较多，这与探空试验 4000 m 高度风向累计的结果较为一致(图 4.69、图 4.70)。低空急流在发展、持续过程中，02:00 的急流风向是东北方向，而到了早晨 08:00，风向变为偏东和东南方向(图 4.74)，说明塔克拉玛干沙漠特殊的地形对于夜间低空急流的流向有一定的影响。以上说明，低空急流的形成和发展，会受到多种因素的影响，这其中惯性振荡因素是长期而存在的，而地理环境因素也是长期广泛的影响一个区域低空急流的形成和发展。天气系统的强迫对低空急流的影响，在时间尺度上较前两种因素要短很多，只有在天气系统经过该区域时，才会对低空急流的形成和发展产生一定的影响。

4.14　本章小结

(1)在夏季夜间，由于沙漠下垫面辐射冷却较快，近地层存在逆温现象，在一定高度范围内气温随高度的升高而增加；20 m 以下，温度梯度变化较大；20 m 以上，温度梯度明显变小。近地层大气平均比湿在 32 m 以下随高度升高而减小，32 m 以上随高度升高有增大的趋势，但变化幅度相对较小。

(2)沙层温度具有明显的日变化特征，白天沙层温度的铅直分布由上层向下递减，夜间的变化状况恰好与白天相反，其中 0 cm 和 5 cm 处沙层温度日变化最为显著，40 cm 以下不再有日变化信号。观测分析表明，沙层表面感热通量最大时热量在沙层的传输深度零界面层出现在 20 cm。

(3)塔克拉玛干沙漠地表辐射平衡以正值为主，除大气向下长波辐射以外，其他各辐射分量(总辐射、反射辐射、地表向上长波辐射、净辐射)均有明显的日变化特征，呈现出标准的日循环形态；总辐射最大值在 700 $W \cdot m^{-2}$ 以上；净辐射峰值达 317 $W \cdot m^{-2}$，其日平均值为 60.7 $W \cdot m^{-2}$。

(4)塔克拉玛干沙漠地—气间感热交换是沙漠地表能量交换的主要形式，潜热交换相对较小。感热和潜热随着太阳高度角的变化反映出流动沙漠热量的正负交换过程；感热是以正平衡为主、凌晨为负平衡的形态体现出沙漠下垫面日变化的特殊形式，在正午 12 时(地方时)左右达到一天中的最大值；而潜热是以昼夜交替的形式反映出日间为正平衡、夜间为负平衡的变化过程，凌晨 7 时和傍晚 20 时左右，分别达到一天中的最高和最低值。塔克拉玛干沙漠下垫面对大气的加热作用显著，白天地面为强热源，晚上转变为弱冷源。

(5)塔克拉玛干沙漠腹地和周边 2016 年 7 月大气边界层发展较为深厚，塔中、民丰、库尔勒、若羌、喀什边界层高度达到 5000 m 的日数分别为 1 d、1 d、1 d、1 d、0 d，边界层高度达到 4000 m 以上的日数分别为 8 d、9 d、5 d、4 d、2 d，超过 3000 m 的边界层日数分别为 20 d、22 d、13 d、15 d、5 d；从边界层高度空间分布特征来看，沙漠中部和南缘边界层最高，南缘高于北缘，东部高于西部。

(6)塔克拉玛干沙漠 2016 年 7 月 1 日大气边界层发展达到 5000 m 厚度，白天对流混合层内位温和风速垂直梯度变化较小，混合层存在一定程度的逆湿现象，沙漠边界层之所以发展得极其深厚，除了强烈的地表加热和大气动力因素外，还与夜间保留下来的残余混合层密不可分。

(7)沙尘天气会从一定程度上破坏夜间稳定边界层和白天对流边界层的结构，沙尘粒子群会削弱到达地表的太阳辐射能量，影响地表对大气的加热效应，进而抑制白天对流边界层的强烈发展，扬沙天气背景下大气边界层高度一般低于 3000 m，沙尘暴天气背景下大气边界层高度一般低于 1000 m。

(8)塔克拉玛干沙漠夏季边界层高度与地表感热通量变化趋势并非完全对应，边界层发展高度除了受感热通量的控制和影响外，大尺度平流也是一个重要的影响因子。地表感热通量弱，边界层高度一般都低，感热通量强，边界层未必发展的很高，还需考虑大尺度平流影响，在雨后晴空，空气洁净，感热很强，但受冷平流以及前期降水蒸发冷却效应影响，边界层一般不会发展的很高。只有在晴空少云天气下，并且无天气系统和大尺度冷平流的影响，地表感热值较大时，通过连续几天的累积效应边界层才会发展的很高。

(9)沙漠近地层气温较低时,边界层高度一般也较低。沙漠近地层气温较高时,边界层高度未必很高,还需要考虑是否有沙尘和云的影响,沙尘发生时,边界层高度一般都较低。相反,边界层高度较低时,近地层大气温度未必就低,边界层高度较高时,大气温度一定很高。

(10)沙漠近地层湍流动能与边界层高度变化趋势对应较一致,说明边界层除了受地表热力因素控制外,还受到平流、切变项等动力因素影响。

(11)塔克拉玛干沙漠夏季边界层高度与气温场的高相关区位于新疆及巴尔喀什湖地区,与上述区域 850 hPa、700 hPa、500 hPa 气温场呈显著正相关,最大相关系数可达到 0.7,与上述区域 100 hPa 气温场呈负相关。沙漠夏季边界层高度与新疆区域 850 hPa、700 hPa、500 hPa 比湿场呈负相关关系。

(12)我国塔克拉玛干沙漠夏季边界层高度与哈萨克斯坦及我国新疆塔里木盆地 850 hPa 位势高度场呈显著负相关,与咸海区域、贝加尔湖区域及我国东北区域 700 hPa 位势高度场也呈负相关,与我国新疆区域 500 hPa 位势高度呈正相关,沙漠边界层是特定天气背景和天气系统影响下的陆气相互作用的产物。

(13)塔中地区风场结构与所处地理环境及气候特征紧密相关。11 月至次年 5 月,中高层多为偏西风,风速较大,低层多为偏东风,风速较小。4 月、5 月、10 月、11 月边界层风场结构类似,整层风速与高度成正比,风速随高度增加而增大,低层风速远小于高层风速,低层为偏东风,中高层转换为偏西风,800～1600 m 高度上存在“东—西”风向切变带。6 月至 9 月,高空风变小,低层风速增大,低层与高层之间的风速差缩小,整层风速从地面到高空的变化幅度很小。夏季塔中地区上空 100～200 m 高度层存在明显风速切变带,与相邻高度层风速相比,最大增幅可达 225%。

(14)塔中地区 850 hPa 特征层除 6 月外全年主导风向为偏东风,风速主要变化范围为 2～3.5 $m \cdot s^{-1}$,月变化较小;6 月主导风向转为偏西,风速增大。700 hPa 特征层 6 月风速最大、9 月风速最小;6 月、8 月和 9 月主导风向为偏东风,4 月、5 月、7 月、10 月、11 月五个月份主导风向为偏西风。500hPa 特征层 4 月、5 月风速较大,6 月风速开始减小,9 月风速减至最小,10 月风速增大,11 月风速增至最大;6 月、9 月主导风向为偏东风,其余月份为偏西风。

(15)2010 年 4 月 19 日沙尘暴暴发前,塔中 1000 m 高度以内的空中风主导风向由偏东风转为偏西风,沙尘暴暴发时,地面至 1500 m 高度内为偏东风。近地面风速在沙尘暴暴发初期迅速增大至 18.3 $m \cdot s^{-1}$,中后期逐渐变小,但依然保持 10 $m \cdot s^{-1}$ 左右的较大风速;300～1000 m 高度,沙尘暴暴发时段的风速小于过程前后;1000～2000 m 高度内,沙尘暴暴发前风速达到最大,然后随时间变化呈递减趋势;3000 m 以上高空风在沙尘暴暴发期间风速可达 20 $m \cdot s^{-1}$。沙尘暴过程中塔中上空存在明显的沙尘颗粒沉降运动,平均下沉速度为 1.2 $m \cdot s^{-1}$。

(16)稳定边界层与不稳定边界层的湍流特性存在很大差异。在不同层结条件下固有模态函数 IMF 平均频率的斜率存在很大差异。联合概率密度函数显示：弱稳定层结，瞬时振幅随着频率的增大逐渐减小，湍涡能量随着涡旋尺度的减小而降低；极强稳定层结，因浮力抑制作用导致的涡旋尺度较小，随着涡旋尺度的减小振幅（或能量）不断增大。夜间弱稳定层结的湍流主要由下垫面的拖曳作用产生，二阶希尔伯特谱在惯性副区的斜率最接近－5/3，湍流运动发展最为充分；强稳定层结，随着湍涡尺度的增大，涡旋所含能量逐渐增加，且大尺度波动和小尺度湍流之间存在“谱隙”；极强稳定层结下湍流运动受到抑制，二阶希尔伯特谱完全不遵从三维各项同性湍流的特征。

（17）塔克拉玛干沙漠腹地夏季夜间低空急流发生概率较高，2016 年和 2017 年 7 月 LLJ1 的发生概率均为 71.0％，LLJ4 发生概率分别为 12.9％、16.1％，急流平均风速在 13.2 $m \cdot s^{-1}$左右，急流平均高度为 424 m 左右，低空急流风向以偏东风为主。较强的低空急流（LLJ4）的高度要高于较弱的低空急流，同时其急流风向以东北风为主。

（18）沙漠腹地夏季晴天低空急流形成和发展具有清晰的日变化特征，日落后发展，午夜达到最大强度，之后逐渐减弱，并于日出前后崩溃消散。低空急流风速在午夜达到最大，高度较为集中，急流风向在发展过程中逐渐向右偏转。沙尘暴天气对低空急流的发展具有促进作用，急流风速可在沙尘暴风速的基础上进一步增大，最终发展成为较强的夜间低空急流（LLJ4）。

（19）影响塔克拉玛干沙漠夜间低空急流形成和发展的主要因素有三种，其中惯性振荡和地形因素具有长期的影响效果，而天气系统的强迫对低空急流的影响时间较短。在影响强度上，天气系统的强迫影响效果要大于惯性振荡和地形因素。

参考文献

何清，2009. 塔克拉玛干沙漠塔中大气边界层结构及地气相互作用观测研究[D]. 南京：南京信息工程大学，30-33.

何清，金莉莉，杨兴华，艾力・买买提明，2011. 塔中紫外辐射与气象要素的关系[J]. 干旱区研究，06：901-912.

何清，缪启龙，李帅，等，2008. 塔克拉玛干沙漠腹地总辐射变化特征及影响因子分析[J]. 中国沙漠，28(5)：896-902.

何清，缪启龙，李帅，等，2009. 塔克拉玛干沙漠腹地的长波辐射变化特征[J]. 高原气象，28(3)：642-646.

何清，魏文寿，李祥余，艾力・买买提明，李帅，2008. 塔克拉玛干沙漠腹地沙尘暴过境时近地层风速、温度和湿度廓线特征[J]. 沙漠与绿洲气象，06：6-11.

胡非，1995. 湍流、间歇性与大气边界层[M]. 北京：科学出版社.

胡隐樵，高由禧，王介民，等，1994. 黑河实验（HEIFE）的一些研究成果[J]. 高原气象，13(3)：225-236.

李建刚，奥银焕，李照国，等. 2014. 巴丹吉林沙漠夏季大气边界层结构[J]. 中国沙漠，34(02)：488-497.

李江风，2003. 塔克拉玛干沙漠和周边山区天气气候[M]. 北京：科学出版社.

李祥余，何清，艾力・买买提明，等，2008. 塔中春季晴天近地层温度、湿度和风速廓线特征[J]. 干旱区地理，31(3)：389-396.

刘树华，洪钟祥，李军，刘辉志，1995. 戈壁下垫面大气边界层温、湿结构的数值模拟[J]. 北京大学学报(自然科学版)，(03)：345-350.

买买提艾力・买买提依明，缪启龙，王延慧，何清，2013. 塔克拉玛干沙漠北缘过渡带紫外辐射和总辐射特征[J]. 中国沙漠，06：1816-1823.

梅凡民，J. Rajot，S. Alfaro，L. Gomes，张小曳，王涛，2006. 毛乌素沙地的粉尘释放通量观测及 DPM 模型的野外验证[J]. 科学通报，(11)：1326-1332.

缪启龙，李兰兰，何清，等，2008. 南疆沙漠腹地大气边界层湍流通量特征的观测研究[J]. 气象与减灾研究，31(3)：15-21.

缪启龙，王晶，何清，等，2009. 南疆沙漠腹地大气边界层气象要素廓线分析[J]. 气象与减灾研究，32(2)：6-10.

缪启龙，温雅婷，何清，等，2010. 沙漠腹地春夏季近地层大气湍流特征观测分析[J]. 中国沙漠，30(1)：167-174.

盛裴轩，2013. 大气物理学. 第 2 版. 北京：北京大学出版社.

苏从先，胡隐樵，1987. 绿洲和湖泊的冷岛效应[J]. 科学通报，10：756-758.

魏伟，张宏昇. 2013. 希尔伯特—黄变换技术及在边界层湍流研究中的应用[J]. 气象学报，71(6)：1183-1194.

温雅婷，焦冰，缪启龙，等，2012. 塔克拉玛干沙漠腹地近地层湍流能谱特征分析[J]. 中国沙漠，32(6)：1716-1722.

徐祥德，王寅钧，魏文寿，等，2014. 特殊大地形背景下塔里木盆地夏季降水过程及其大气水分循环结构[J]. 沙漠与绿洲气象，8(2)：1-11.

张宏昇，2014. 大气湍流基础. 北京：北京大学出版社.

张强，2007. 极端干旱荒漠地区大气热力边界层厚度研究[J]. 中国沙漠，27(4)：614-620.

张强，张杰，乔娟，等，2011. 我国干旱区深厚大气边界层与陆面热力过程的关系研究[J]. 中国科学，14(9)：1365-1374.

ANGEVINE W M, WHITE A B, AVERY S K. 1994. Boundary-layer depth and entrainment zone characterization with a boundary-layer profiler [J]. Boundary-Layer Meteorology, 68: 375-385.

BIRCH C E, D J PARKER, J H MARSHAM, et al, 2012. The effect of orography and surface albedo on stratification in the summertime Saharan boundary layer: Dynamics and implications for dust transport[J], J Geophys Res, 117, D05105, doi:10.1029/2011JD015965.

BLACKADAR A K, 1957. Boundary layer wind maxima and their significance for the growth of nocturnal inversions[J]. Bull Amer Meteor Soc, 38: 283-290.

BONNER W D, 1968. Climatology of the low level jet[J]. Mon Wea Rev, 96(12): 833-850.

BUSCH N E, VINNICHENKO N, WATERMAN A,et al, 1969. Waves and turbulence[J]. Radio Science, 4(12):1377-1379.

CHARNEY J G. 1975. Dynamics of deserts and drought in the Sahel[J]. Quarterly Journal of the Royal Meteorological Society, 101:193-202.

COULTER R,1990. A case study of turbulence in the stable nocturnal boundary layer[J]. Boundary-Layer Meteorology, 52(1-2):75-91.

CUESTA J, EDOUART D, MIMOUNI M, et al. 2008. Multi-platform observations of the seasonal evolution of the Saharan atmospheric boundary layer in Tamanrasset, Algeria, in the framework of the African Monsoon Multidisciplinary Analysis field campaign conducted in 2006 [J]. Journal of Geophysical Research. 113, D00C07.

CUNNINGTON W M, ROWNTREE P R. 1986. Simulation of the Saharan atmosphere-dependence on moisture and albedo[J]. Quarterly Journal of the Royal Meteorological Society, 112: 971-999.

ECKLUND W L, CARTER D A, BALSLEY B B. 1988. A UHF wind profiler for the boundary layer: Brief description and initial results[J]. J Atmos Ocean Technol, 5: 432-441.

EINAUDI F,FINNIGAN J, 1981. The interaction between an internal gravity wave and the planetary boundary layer. Part I: The linear analysis[J]. Quarterly Journal of the Royal Meteorological Society, 107(454):793-806.

ENGELSTAEDTER S, R WASHINGTON, C FLAMANT, et al, 2015. The Saharan heat low andmoisture transport pathways in the central Sahara—Multiaircraft observations and Africa-LAM evaluation[J]. J Geophys Res Atmos, 120, 4417-4442. doi:10.1002/2015JD023123.

FAIRALL C W. 1991. The humidity/temperature sensitivity of clear-Air radars for the cloudfree convective boundary layer[J]. J Appl Meteorol, 8: 1064-1074.

FINNIGAN J, 1999. A note on wave-turbulence interaction and the possibility of scaling the very stable boundary layer[J]. Boundary-Layer Meteorology, 90(3):529-539.

FUA D, CHIMONAS G, EINAUDI F, et al, 1982. An analysis of wave-turbulence interaction [J]. Journal of the atmospheric sciences, 39(11):2450-2463.

GAMO M, P GOYAL, M KUMARI, et al,1994. Mixed-layer characteristics as related to the monsoon climate of New Delhi, India[J]. Boundary Layer Meteor, 67(3), 213-227, doi:10.1007/BF00713142.

GAMO, M,1996. Thickness of the dry convection and large-scale sub-sidence above deserts[J]. Boundary Layer Meteorol, 79, 265-278, doi:10.1007/BF00119441.

GARCIA CARRERAS L, D J PARKER, J H MARSHAM, et al, 2015. The turbulent structure and diurnal growth of the Saharan atmospheric boundary layer[J]. J Atmos Sci, 72(2), 693-713, doi: 10.1175/JAS-D-13-0384.1.

GARRATT J R, 1992. The atmospheric boundary layer[M]. Combridge: Combridge University Press.

GIBSON C H, 1999. Fossil turbulence revisited. Journal of Marine Systems, 21(1):147-167.

GOSSARD E. E, HOOKE W H, 1975. Waves in the atmosphere: atmospheric infrasound and gravity waves-their generation and propagation[J]. Earth-Science Reviews, 13(1):68-69.

GRAMS C M, S C JONES, J H MARSHAM, et al, 2010. The Atlantic inflow to the Saharan heat low: Observations and modelling[J]. Q J R Meteor Soc, 136: 125-140, doi:10.1002/qj.429.

HAYWOOD J M, R P ALLAN, I CULVERWELL, et al, 2005. Can desert dust explain the outgoing longwave radiation anomaly over the Sahara during July 2003[J]. J Geophys Res, 110, D05105, doi:10.1029/2004JD005232.

HENDERSON SELLERS A. 1980. Albedo changes-Surface surveillance from satellites[J]. Climatic Change, 2: 275-281.

HOBBY M, et al. ,2013. The Fennec automatic weather station (AWS) network: Monitoring the Saharan climate system[J]. J Atmos Oceanic Technol, doi. org/10.1175/JTECH-D-12-00037.1.

HUANG Q, J H MARSHAM, D J PARKER, et al, 2010. Simulations of the effects of surface heat flux anomalies on stratification, convective growth, and vertical transport within the Saharan boundary layer[J]. J Geophys Res, 115, D05201, doi:10.1029/2009JD012689.

HUANG Y, SCHMITT F G, LU Z, et al, 2008. An amplitude-frequency study of turbulent scaling intermittency using Empirical Mode Decomposition and Hilbert Spectral Analysis[J]. EPL (Europhysics Letters), 84(4):40010.

LARE A R, NICHOLSON S E. 1990. A climatonomic description of the surface energy balance in the central Sahel: Part I: Shortwave radiation[J]. Journal of Applied Meteorology, 29: 123-137.

LAVAYSSE C, C FLAMANT, S JANICOT, et al, 2009. Seasonal evolution of the West African heat low: A climatological perspective[J]. Clim Dyn, 33, 313-330, doi:10.1007/s00382-009-0553-4.

MARSHAM J H, M HOBBY, C J T ALLEN, et al, 2013. Meteorology and dust in the central Sahara: Observations from Fennec supersite-1 during the June 2011 Intensive Observation Period [J]. J Geophys Res, 118(10), 4069-4089, doi:10.1002/jgrd.50211.

MARSHAM J H, PARKER D J, CRAMS C M, et al, 2008. Obsevations of mesoscale and boundary-layer scale circulations affecting dust transport and uplift over the Sahara[J]. Atmospheric Chemistry and Physics, 8: 6979-6993.

MESSAGER C, D J PARKER, O REITEBUCH, et al, 2010. Structure and dynamics of the Saharan atmospheric boundary layer during the West African monsoon onset: Observations and analyses from the research flights of 14 and 17 July 2006[J]. Q J R Meteor Soc, 136, 107-124, doi:10.1002/qj.469.

MILTON S F, G GREED, M E BROOKS, et al, 2008. Modeled and observed atmospheric radiation balance during the West African dry season: Role of mineral dust, biomass burning aerosol, and surface albedo[J]. J Geophys Res, 113, D00C02, doi:10.1029/2007JD009741.

NAPPO C J, 2013. An Introduction to Atmospheric Gravity Waves[M]. Academic Press.

OTTERSTEN H,1969. Atmospheric structure and radar backscattering in clear air[J]. Radio Sci, 4: 1179-1193.

SCHEPANSKI K, I TEGEN, A MACKE, 2009. Saharan dust transport and deposition towards the tropical northern Atlantic[J]. Atmos Chem Phys, 9, 1173-1189, doi:10.5194/acp-9-1173-2009.

SEIBERT P, BEYRICH F, GRYNING S E, et al,2000. Review and intercomparison of operational methods for the determination of the mixing height[J]. Atmospheric Environment, 34: 1001-1027.

SMEDMAN A S, TJERNSTRÖM M,HÖGSTRÖM U, 1993. Analysis of the turbulence structure of a marine low-level jet[J]. Boundary-Layer Meteorology, 66(1-2):105-126.

SMITH B,MAHRT L, 1981. A study of boundary-layer pressure adjustments[J]. Journal of the atmospheric sciences, 38(2):334-346.

SORBJAN Z, 2010. Gradient-based scales and similarity laws in the stable boundary layer[J]. Quarterly Journal of the Royal Meteorological Society, 136(650):1243-1254.

STULL R B, 1988. An introduction to boundary layer meteorology. Dordrecht: Kluwer Academic Publisher, 301.

STULL R B. 1988. An Introduction to Boundary Layer Meteorology[M]. Dordrecht: Kluwer Academic Publisher, 649pp.

TAKEMI T,1999. Structure and evolution of a severe squall line over the arid region in northwest China[J]. Monthly Weather Review, 127: 1301-1309.

TANAKA H, 1975. Turbulent layers associated with a critical level in the planetary boundary layer[J]. Meteorological Society of Japan, Journal, 53:425-439.

TURNER J T,FERRANTE J G, 1979. Zooplankton fecal pellets in aquatic ecosystems[J]. BioScience, 29(11):670-677.

VAN DE WIEL B, MOENE A, RONDA R, et al, 2002. Intermittent turbulence and oscillations in the stable boundary layer over land. Part II: A system dynamics approach[J]. Journal of the atmospheric sciences, 59(17):2567-2581.

VAN DE WIEL B, MOENE A. , HARTOGENSIS O, et al, 2003. Intermittent turbulence in the stable boundary layer over land. Part III: A classification for observations during CASES-99 [J]. Journal of the atmospheric sciences, 60(20):2509-2522.

VIANA S, YAGÜE C,MAQUEDA G, 2009. Propagation and effects of a mesoscale gravity wave over a weakly-stratified nocturnal boundary layer during the SABLES2006 field campaign[J]. Boundary-Layer Meteorology, 133(2):165-188.

WANG M, WEI W, HE Q,et al, 2016. Summer atmospheric boundary layer structure in the hinterland of Taklimakan Desert, China[J]. J Arid Land 8:846-860.

WEI W, ZHANG H S, SCHMITT F G,et al, 2017. Investigation of Turbulence behaviour in the stable boundary layer using arbitrary-order Hilbert spectra[J]. Bound Layer Meteorol 163: 311-326.

WEINSTOCK J，1984. Effect of gravity waves on turbulence decay in stratified fluids[J]. Journal of Fluid Mechanics，140:11-26.

WOODS J，HÖGSTRÖM V，MISME P，et al，1969. Fossil turbulence[J]. Radio Science，4(12)：1365-1367.

WYNGAARD J C，LEMONE M A，1980. Behavior of the refractive index structure parameter in the entraining convective boundary layer[J]. J Atmos Sci，37：1573-1585.

第 5 章　塔克拉玛干沙漠对流边界层的大涡模拟

5.1　基于 DALES 模式的对流边界层大涡模拟

5.1.1　DALES 大涡模式介绍

DALES(Dutch Atmospheric Large-Eddy Simulation)大涡模式由荷兰皇家气象研究机构研发，DALES 是一个用于模拟湍流尺度和云尺度问题的三维高分辨率数值模式。DALES 的诊断变量有三维风速 u_i，液态水位温 θ_l，总水汽比湿 q_t，雨水比湿 q_r，雨滴数浓度 N_r，最多达到 100 种被动或反应物标量。

5.1.1.1　控制方程

对运动方程使用 Boussinesq 近似，使用 LES 滤波以后，得到以下控制方程：

$$\frac{\partial \tilde{u}_i}{\partial x_i}=0 \tag{5.1}$$

$$\frac{\partial \tilde{u}_i}{\partial t}=-\frac{\partial \tilde{u}_i\tilde{u}_j}{\partial x_j}-\frac{\partial \pi}{\partial x_i}+\frac{g}{\theta_0}(\tilde{\theta}_v-\theta_0)\delta_{i3}+F_i-\frac{\partial \tilde{\tau}_{ij}}{\partial x_j} \tag{5.2}$$

$$\frac{\partial \tilde{\varphi}}{\partial t}=-\frac{\partial \tilde{u}_j\tilde{\varphi}}{\partial x_j}-\frac{\partial R_{u_j,\varphi}}{\partial x_j}+S_{\varphi} \tag{5.3}$$

其中，波浪号代表滤波平均变量，忽略分子黏性传输，z 方向(x_3)为垂直方向。θ_0 是参考态位温，F_i 代表其他力，包括大尺度力和 Coriolis 力，

$$F_i^{\mathrm{cor}}=-2\varepsilon_{ijk}\Omega_j\tilde{u}_k \tag{5.4}$$

其中，Ω 是地球自转角速度。对于标量 φ 的源项用 S_{φ} 表示，包含了微物理项、辐射项、化学项、松弛项。剩下的次网格滤波尺度(SFS)标量通量表示为 $R_{u_j,\varphi}\equiv\widetilde{u_j\varphi}-\tilde{u}_j\tilde{\varphi}$。各项异性的 SFS—应力张量可以表示为：

$$\tau_{ij}\equiv\widetilde{u_iu_j}-\tilde{u}_i\tilde{u}_j-\frac{2}{3}\delta_{ij}e \tag{5.5}$$

其中，$e=\frac{1}{2}(\widetilde{u_iu_i}-\tilde{u}_i\tilde{u}_i)$ 为次网格滤波尺度湍流动能(SFS-TKE)。SFS-应力包含在订正气压里：

$$\pi = \frac{1}{\rho}(\widetilde{p} - p_0) + \frac{2}{3}e \tag{5.6}$$

使用连续方程(5.1),解关于 π 的泊松方程:

$$\frac{\partial^2 \pi}{\partial x_i^2} = \frac{\partial}{\partial x_i}\left(-\frac{\partial \widetilde{u}_i \widetilde{u}_j}{\partial x_j} + \frac{g}{\theta_0}(\theta_v - \theta_0)\delta_{i3} - 2\varepsilon_{ijk}\Omega_j \widetilde{u}_k + F_i - \frac{\partial \tau_{ij}}{\partial x_j}\right) \tag{5.7}$$

由于计算在二维周期区域上进行,在解 z 方向三角系统后,在同性方向上应用快速傅里叶变换解泊松方程。图 5.1 给出 DALES 中所使用的网格。

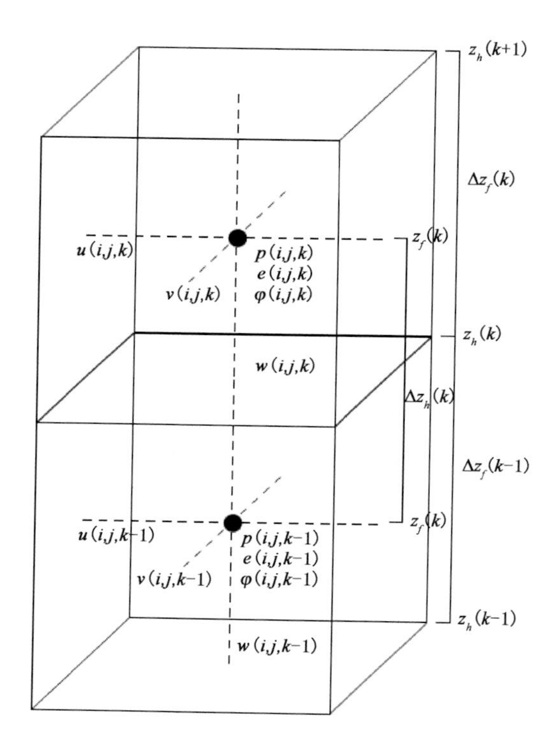

图 5.1 DALES 中所使用的 Arakawa C-网格,气压、SFS-TKE 和标量被定义在网格中心,三维风速被定义在网格表面。网格中心的层被称作为整层(用"f"表示);垂直速度 w 的层被称为半层(用"h"表示)。网格垂直间距 Δz 为相邻层中心距离

5.1.1.2 次网格滤波尺度模式

SFS 应力张量和标量通量使用一阶半闭合模式化(Deardorff, 1972a,1972b):

$$\tau_{ij} = -K_m\left(\frac{\partial \widetilde{u}_i}{\partial x_j} + \frac{\partial \widetilde{u}_i}{\partial x_i}\right) \tag{5.8}$$

$$R_{u_j,\varphi} = -K_h \frac{\partial \widetilde{\varphi}}{\partial x_j} \tag{5.9}$$

涡动量扩散系数 K_m 和涡热量扩散系数 K_h 是 e 的函数。e 的诊断方程为：

$$\frac{\partial e}{\partial t}=-\tilde{u}_j\frac{\partial e}{\partial x_j}-\tau_{ij}\frac{\partial \tilde{u}_i}{\partial x_j}+\frac{g}{\theta_0}R_{w,\theta_v}-\frac{\partial R_{u_j,e}}{\partial x_j}-\frac{1}{\rho_0}\frac{\partial R_{u_j,p}}{\partial x_j}-\varepsilon \tag{5.10}$$

为使方程 5.10 闭合，需要将方程右边除第一项以外的各项参数化。由切变产生的 SFS－TKE（右侧第 2 项）通过方程（5.8）来闭合。对于浮力项（右侧第 3 项），我们使用 Deardorff (1980) 的方法：

$$\frac{g}{\theta_0}R_{w,\theta_v}=\frac{g}{\theta_0}(AR_{w,\theta_l}+BR_{w,q_t}) \tag{5.11}$$

系数 A 和 B 取决于局地动力热力状态（干或湿）：

$$\left.\begin{aligned}A&=A_d=\frac{R_v}{R_d}\tilde{q}_t\\B&=B_d=\left(\frac{R_v}{R_d}-1\right)\theta_0\end{aligned}\right\}\quad 如果\quad q_c=0 \tag{5.12}$$

$$\left.\begin{aligned}A&=A_w=\frac{\left(1-\tilde{q}_t+q_s\frac{R_v}{R_d}\left(1+\frac{L}{R_vT}\right)\right)}{\frac{1+L^2q_s}{c_{pd}R_vT^2}}\\B&=B_w=A_w\frac{L}{c_{pd}}-T\end{aligned}\right\}\quad 如果\quad q_c>0 \tag{5.13}$$

q_s 是在给定温度下的饱和比湿。在云的界面上，在计算浮力项时选择干或湿的系数是个问题。尤其是在云表面属性处于云顶夹卷不稳定（CTEI）标准附近时，这种选择是非常关键的。为了确定混合饱和和未饱和空气后气块自身是否达到饱和，我们计算在混合气块中需要蒸发所有液态水的非饱和空气。饱和混合比定义了对于刚饱和的混合气块中云占整个空气块的比例。

$$\chi_*=\frac{\left(A_d\frac{L}{c_{pd}}-\frac{R_v}{R_d}\tilde{\theta}_l\right)q_c}{(A_w-A_d)\Delta\tilde{\theta}_l(B_w-B_d)\Delta\tilde{q}_t} \tag{5.14}$$

其中，$\Delta\tilde{\theta}_l=\tilde{\theta}_l(z+\Delta z)-\tilde{\theta}_l(z-\Delta z)$ 和 $\Delta\tilde{q}_t=\tilde{q}_t(z+\Delta z)-\tilde{q}_t(z-\Delta z)$ 是云界面上下层的差值。如果湍流混合发生，假设 z^k 层的质量混合比例为

$$\chi=\frac{z^k-z^{k-1}}{z^{k+1}-z^{k-1}} \tag{5.15}$$

如果 $\chi<\chi_{sat}$，混合气块将达到饱和，方程 5.13 中将使用饱和气块的系数。

方程（5.10）中右边第 4 项和第 5 项使用下式进行参数化：

$$-\frac{\partial}{\partial x_j}\left(R_{u_j,e}+\frac{1}{\rho}R_{u_j,p}\right)=2K_m\frac{\partial\tilde{e}}{\partial x_j} \tag{5.16}$$

在 3D 均匀各向同性湍流的假设条件下，耗散率可以通过能谱 $E(k)=\alpha\varepsilon^{2/3}k^{-5/3}$ 从位于惯性副区内的波数 k_f 积分到无穷：

$$\varepsilon = \widetilde{e}^{3/2} k_f \left(\frac{3}{2}\alpha\right)^{-3/2} = \frac{c_\varepsilon}{\lambda} \widetilde{e}^{3/2}, c_\varepsilon = \frac{2\pi}{c_f} \left(\frac{3}{2}\alpha\right)^{-3/2} \tag{5.17}$$

其中，$\frac{\partial \widetilde{e}^{1/2}}{\partial t} = -\widetilde{u}_j \frac{\partial \widetilde{e}^{1/2}}{\partial x_j} + \frac{1}{z\widetilde{e}^{1/2}} \left[K_m \left(\frac{\partial u_j}{\partial x_i} + \frac{\partial u_i}{\partial x_j}\right)\frac{\partial u_j}{\partial x_j} + (-K_h)\frac{g}{\theta_0}\frac{\partial A\widetilde{\theta}_l + Bq_t}{\partial z}\right] + \frac{\partial}{\partial x_j}\left(2K_m \frac{\partial \widetilde{e}^{1/2}}{\partial x_j}\right) - \frac{c_\varepsilon \widetilde{e}}{2\lambda}$，为 Kolmogorov 常数，$\lambda$ 为不可分辨气流主要的长度尺度：$\lambda = \frac{2\pi}{c_f k_f}$，$c_f$ 接近于 2.5。对于不稳定气流，λ 可以设置为等于网格大小 $\Delta = (\Delta x \Delta y \Delta z)^{1/3}$，但这对于稳定气流并不适用。对于稳定气流 $\frac{\partial \widetilde{\theta}_v}{\partial z} > 0$，长度尺度设置为 $\lambda = \min\left(\Delta, c_N \frac{\widetilde{e}^{1/2}}{N}\right)$，$N^2 = \frac{g}{\theta_0}\frac{\partial \theta_v}{\partial z}$ 为 Brunt-Vaisala 频率。

涡扩散系数可以通过使耗散率 ε 和产生的 SFS-TKE 相等计算得到：

$$p = 2K_m \int_0^{k_f} k^2 E(k)\,\mathrm{d}k = \frac{3}{2} K_m \alpha \varepsilon^{2/3} k_f^{4/3} \tag{5.18}$$

可以得到

$$K_m = \frac{\widetilde{e}^{1/2}}{k_f \left(\frac{3}{2}\alpha\right)^{3/2}} = c_m \lambda \widetilde{e}^{1/2} \tag{5.19}$$

$$c_m = \frac{c_f}{2\pi}\left(\frac{3}{2}\alpha\right)^{-3/2} \tag{5.20}$$

相似的，$K_h = c_h \lambda \widetilde{e}^{1/2}$。对于 λ，稳定度订正也应用在 c_h 和 c_ε 上

$$c_h = \left(c_{h,1} + c_{h,2}\frac{\lambda}{\Delta}\right) c_m \tag{5.21}$$

$$c_\varepsilon = c_{\varepsilon,1} + c_{\varepsilon,2}\frac{\lambda}{\Delta} \tag{5.22}$$

将闭合关系和参数带进方程(5.10)，可以得到：

$$\frac{\partial \widetilde{e}^{1/2}}{\partial t} = -\widetilde{u}_j \frac{\partial \widetilde{e}^{1/2}}{\partial x_j} + \frac{1}{\widetilde{e}^{1/2}}\left[K_m\left(\frac{\partial u_j}{\partial x_i} + \frac{\partial u_i}{\partial x_j}\right)\frac{\partial u_j}{\partial x_j} + -K_h \frac{g}{\theta_0}\frac{\partial A\widetilde{\theta}_l + Bq_t}{\partial z}\right] + \frac{\partial}{\partial x_j}\left(2K_m \frac{\partial \widetilde{e}^{1/2}}{\partial x_j}\right) - \frac{c_\varepsilon \widetilde{e}}{2\lambda} \tag{5.23}$$

使得系统闭合。

5.1.2 大涡模拟试验设计

选取塔克拉玛干沙漠腹地 2016 年 7 月 27 日(晴空)10:15 的位温、比湿、风速(U 分量、V 分量)探空廓线作为大涡模式的初始场，利用该日 10:15—19:15 实测地表感热通量、潜热通量、地表位温和地表气压资料(30 min 分辨率)驱动大涡模式发展。

模式水平方向的模拟区域是 12.8 km×12.8 km，采用等间距网格，分辨率是 50 m，垂直方向的模拟高度是 6 km，也采用等间隔间距，垂直空间分辨率为 20 m。模拟时间为 9 h(10:15—19:15)，每隔 60 s 输出一次数据。模式模拟过程中，大尺度强迫项考虑了地转风参数。

为了深入认识塔克拉玛干沙漠夏季对流边界层的形成机制，本节在控制试验基础上，还分别进行了改变地表热通量强度和逆温层顶盖强度的敏感性试验，以分析不同情形下的边界层特征。需要说明的是，由于研究区是极端干旱的沙漠，夏季晴空条件下地表感热是加热大气和控制对流边界层形成及发展的主要能量，因此，在敏感性试验中改变地表热通量是指改变感热通量的大小。此外，逆温层顶盖强度在一定程度上能反映出边界层发展的潜力，逆温强度越弱，边界层垂直发展越容易；反之，由于湍流活动受逆温层负浮力的作用，使得边界层的垂直发展受到阻碍。本节逆温层强度敏感性试验是在控制试验基础上改变大涡模式初始场中位温廓线的逆温层强度(逆温强度 = $d\theta/dz$，见图 5.10a 初始位温廓线)进行的。具体数值试验设计如表 5.1 所示，其中 C1 代表控制试验(地表感热通量为实测结果，见图 5.2)，C2、C3、C4、C5、C6 和 C7 均为敏感性试验，表中的数字代表感热通量、逆温层顶盖强度分别放大或缩小为控制试验感热通量、逆温层顶盖强度的倍数。

表 5.1　数值试验设计("√"代表有试验，"×"代表无试验)

感热通量	逆温层顶盖强度		
	0.7	1.0	1.3
0.5	×	√(C3)	√(C7)
1.0	√(C5)	√(C1)	√(C4)
1.5	√(C6)	√(C2)	×

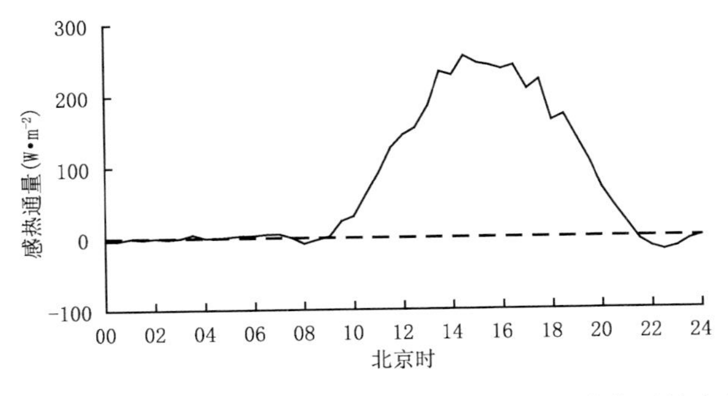

图 5.2　塔克拉玛干沙漠腹地 2016 年 7 月 27 日地表感热通量变化曲线

5.1.3 大涡模拟结果与观测对比

大气边界层一般分为白天对流边界层(CBL)和夜间稳定边界层(SBL)。白天对流边界层在垂直方向又可细分为近地层和混合层(ML)两个区间。图 5.3 分别给出了 2016 年 7 月 27 日 13:15、16:15、19:15 探空观测的位温、比湿廓线与大涡模式模拟的对应时刻区域平均的位温、比湿廓线。从观测的位温和比湿廓线来看,13:15 对流边界层高度为 3000 m,混合层中位温和比湿随高度基本不变,位温值约 321.0 K,比湿值约 4 g·kg^{-1};16:15 对流边界层进一步变暖增厚,高度达到 3600 m;19:15 对流边界层中位温值升高到 323.5 K,比湿值依然维持在4 g·kg^{-1},对流边界层高度达到 4100 m。总体来看,该日边界层对流混合特征十分显著,位温和比湿垂直梯度变化小,属于典型的沙漠对流边界层廓线结构。

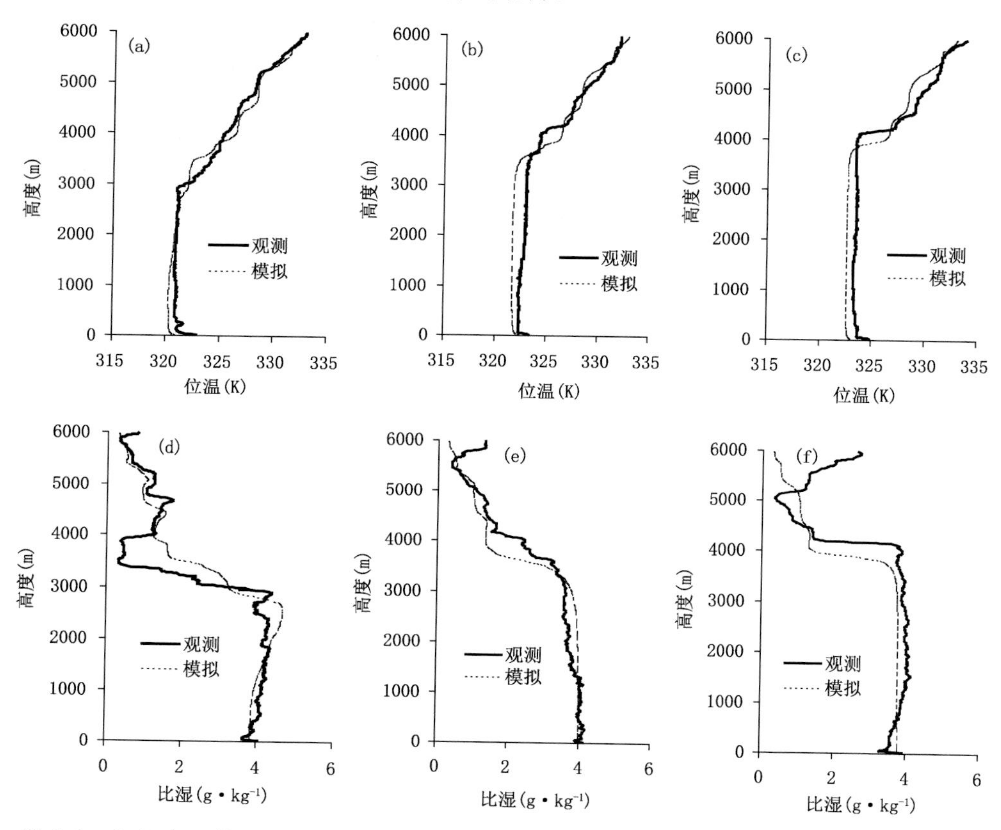

图 5.3 2016 年 7 月 27 日探空观测的位温、比湿廓线与大涡模式模拟的位温、比湿廓线对比
(a)13:15;(b)16:15;(c)19:15;(d)13:15;(e)16:15;(f)19:15

从模拟的位温和比湿廓线可以看到,各个时次的模拟值与观测值较为接近,可反

映出沙漠对流边界层垂直结构和变化过程。13:15 位温廓线模拟的最大误差为 −1.9 K(模拟值减观测值,下同),也即模拟值比观测值最多偏低 1.9 K,平均误差仅为 −0.08 K;16:15 位温廓线模拟的最大误差为 2.125 K,平均误差 −0.46 K;19:15 位温模拟最大误差为 2.87 K,平均误差 −0.61 K。总体来看,大涡模拟的位温廓线值比探空观测值偏小一些,模拟的对流边界层高度比实际边界层偏低 100～200 m。从模拟的比湿廓线来看,13:15 比湿模拟最大误差为 2.18 $g \cdot kg^{-1}$,平均误差仅为 0.17 $g \cdot kg^{-1}$;16:15 最大误差为 −1.09 $g \cdot kg^{-1}$,平均误差 −0.08 $g \cdot kg^{-1}$;19:15 最大误差为 −2.48 $g \cdot kg^{-1}$,平均误差 −0.31 $g \cdot kg^{-1}$。总体而言,大涡模拟结果与观测结果基本一致,DALES 可以准确模拟出沙漠对流边界层的平均结构和发展演变过程。由于 DALES 属于理想模式,无法考虑真实下垫面和地形,DALES 模拟出现一定的偏差是合理的,这并不影响对边界层物理过程、湍流精细结构特征及其形成机制进行研究。

5.1.4 对流边界层垂直结构和湍流动能特征

图 5.4 给出了大涡模式模拟的区域平均的垂直热通量和湍流动能(TKE)时间—高度图。从热通量时间—高度图(图 5.4a)可以看出,热通量在近地面有最大值,随着高度的增加线性递减,到混合层顶附近减小为 0,再往上热通量出现负值区,而且在边界层顶热通量达到负的最大值,热通量负值区间就是通常所说的夹卷层。从热通量时间—高度图可清晰地反映出沙漠对流边界层的垂直结构和热力垂直分布特点。

湍流动能是边界层气象学中重要的物理量之一,它是湍流强度的度量,与边界层中动量、热量和水汽的输运直接相关。从湍流动能时间—高度图(图 5.4b)看到,TKE 可反映出对流边界层范围内的湍流强度特征,TKE 在午后 14:00—18:00 出现了大值中心,大值中心的垂直空间尺度约为 3000 m,其最大值可达到 4.0 $m^2 \cdot s^{-2}$,这说明午后边界层中的湍流运动非常剧烈,其混合层发展较为充分,18:00 以后

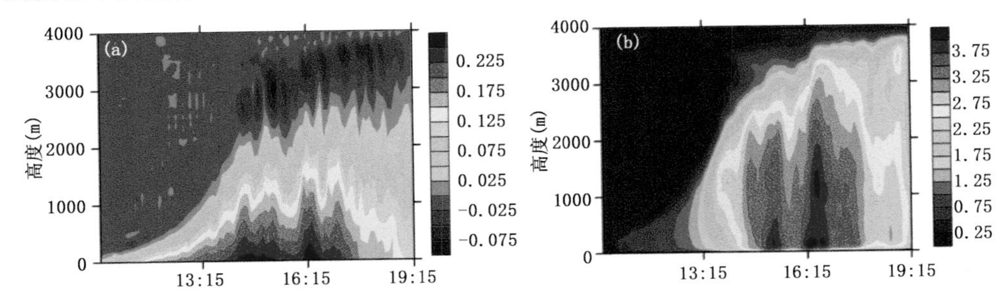

图 5.4 大涡模式模拟的区域平均垂直热通量和湍流动能时间—高度图

(a)垂直热通量 $\overline{w'\theta'}$(单位:$K \cdot m \cdot s^{-1}$);(b)湍流动能(单位:$m^2 \cdot s^{-2}$)

TKE 逐渐减弱。湍流动能可由上升的对流热泡产生，也可由机械涡产生，地面加热和强风是白天湍流动能的两个能量来源。结合图 5.4a 可知，该日对流边界层中的湍流动能除了地面加热外，夹卷层机械剪切也起到了一定的作用和贡献。

总体来看，大涡模式模拟的垂直热通量和湍流动能时间—高度图可分别反映出该日对流边界层的时空结构和湍流运动强度特征，对流边界层最大高度可达到 3900 m。

5.1.5 湍流通量廓线

图 5.5 给出了大涡模式模拟的 7 月 27 日 13:15—18:15 区域平均的位温、热量、动量和水汽通量廓线。从各时次位温和热通量廓线可定量分辨出湍流边界层的发展变化过程，热通量廓线随着高度的增加呈线性递减，到混合层顶以上减小为负值区，热通量廓线正值区间对应混合层厚度，负值区间对应着夹卷层，负的最大值即是对流边界层的顶部。13:15 对流边界层高度为 1200 m，15:15 对流边界层发展达到 3000 m，18:15 边界层高度达到 3900 m。从夹卷层的变化来看，厚度约在 500～1300 m 之间变化，尤其在午后 15:15 夹卷效应最为显著，厚度可达到 1300 m 左右。

从各时次水汽通量廓线来看，13:15 和 14:15 水汽通量为负值，说明边界层中存在一定程度的逆湿现象，这是因为沙漠夏季白天地表潜热较小，蒸发较弱，混合层上部夹卷效应促使上层比湿增大所致。随着时间的推移，15:15 之后水汽通量廓线已由负值转变为正值，说明午后边界层中充分混合发展，逆湿现象已不存在，这也表明 15:15 混合层已完全吞噬前期的残余混合层并发展为对流边界层。

从动量通量廓线可以看出，13:15 残余混合层中动量通量并不等于零，说明该时刻残余层中还存在湍流混合现象；13:15、14:15 和 15:15 的动量通量主要表现为正值，说明在此期间动量主要从下层往上层传递，有利于湍流向上混合，16:15、17:15 低层动量通量已转变为负值，说明动量从上向下传递，大气逐渐向稳定状态发展。

结合水汽通量、热通量及动量通量廓线可知，各时次夹卷层对应着较大的水汽通量和动量通量，说明沙漠地区边界层顶夹卷效应是十分显著的，可将边界层与自由大气之间的能量进行交换和输送。

5.1.6 湍流动能收支方程各物理量分析

湍流动能收支方程描述了边界层中湍流产生的各种物理过程和能量来源，因此，分析湍流动能收支方程中的各项物理量具有重要意义。

$$\frac{\partial \bar{e}}{\partial t}=\frac{g}{T}\overline{w'T'}-\left[\overline{u'w'}\frac{\partial U}{\partial z}+\overline{v'w'}\frac{\partial V}{\partial z}\right]-\frac{\partial(\overline{w'e})}{\partial z}-\frac{1}{\bar{\rho}}\frac{\partial(\overline{w'p'})}{\partial z}-\varepsilon \quad (5.24)$$

其中，u'、v'、w' 是脉动速度分量；U、V 是平均风速的水平分量；p 是气压；$\bar{\rho}$ 是标准密度；T 是背景虚位温；e 是湍流动能(简称湍能)。上式中，左边代表湍流动能的局

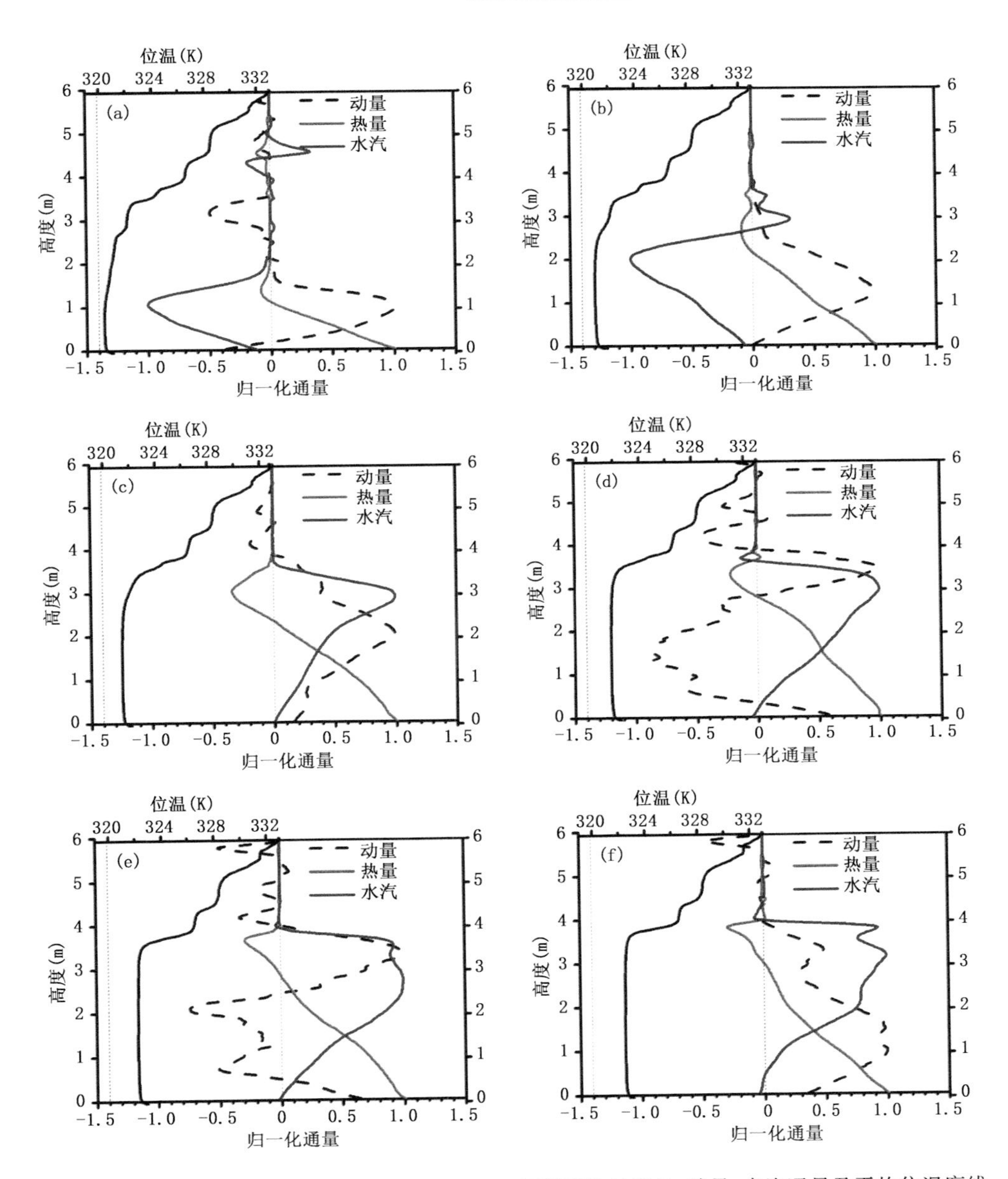

图 5.5 大涡模式模拟的 7 月 27 日 13:15—18:15 区域平均的热量、动量、水汽通量及平均位温廓线
(a)13:15;(b)14:15;(c)15:15;(d)16:15;(e)17:15;(f)18:15

地储存或变化倾向(湍能储存项 $\partial\bar{e}/\partial t$),右边第一项为浮力产生或消耗(浮力项 $g/T\ \overline{w'T'}$),第二项为机械剪切产生项,第三项为湍流输运项,第四项为压强相关项,第五项为湍流耗散项。其中浮力项和切变项是湍流动能的源,耗散项是汇,而湍流输运项

和压强相关项既不产生湍流动能也不消耗湍流动能，只在垂直方向上对湍流动能起再分配的作用。

图 5.6 给出了大涡模式模拟的湍流动能收支方程中各项物理量的时间—高度图。从图 5.6a 可以看出，浮力项总体上随高度升高逐渐减小，在混合层之上存在负的浮力区间，该区间即是夹卷层。从切变项（图 5.6b）来看，对流混合层范围内量值较小，13:15—15:15 夹卷层对应的切变项较大，说明由于空气的夹卷效应，机械剪切产生的湍能较大。对比图 5.6a 和 5.6b，在混合层中浮力产生项比机械剪切项远远偏大，说明 7 月 27 日边界层中湍流动能主要由热力浮力对流产生，机械剪切产生的湍流动能相对较小，边界层主要处于自由对流状态。图 5.6c 显示出边界层中下部的湍流动能被输运到边界层中上部，该项并不直接产生湍流，只是将湍涡从一个地方输送到另外一个地方。耗散项主要体现的是小尺度湍涡对湍能的耗散情形，从图 5.6d

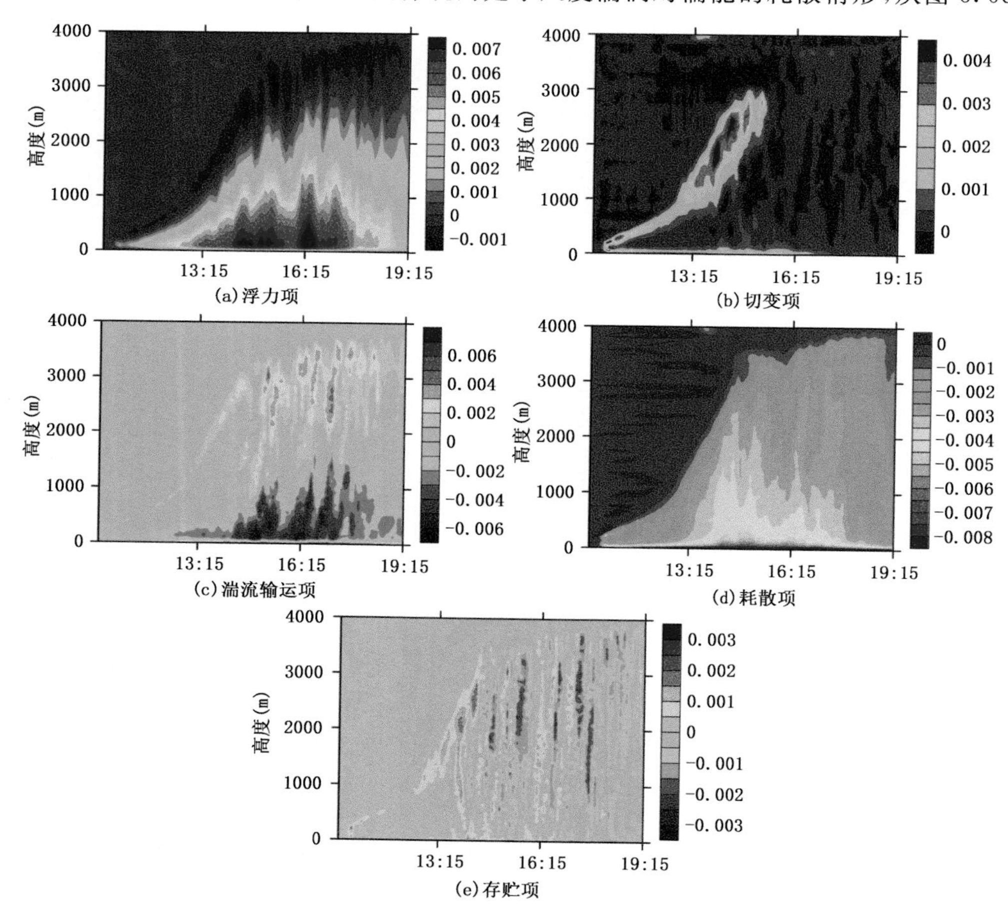

图 5.6 大涡模式模拟的湍流动能收支方程中各项物理量的时间—高度图（单位：$m^2 \cdot s^{-3}$）

可以看出，湍能的耗散随高度呈减弱趋势，说明小尺度湍涡数量随高度是减少的。从储存项来看（图 5.6e），边界层湍能的变化倾向呈间歇性，当空气以上升运动为主导时，浮力项为正，其储存项为正值，当边界层为下沉气流时，浮力项为负，储存项即为负值，这也说明该日对流边界层内存在明显的上升和下沉气流。上述分析表明，塔克拉玛干沙漠在夏季晴空条件下，边界层湍能主要由地表热力浮力对流产生，机械剪切对边界层湍能的贡献相对较小，主要体现在近地层和夹卷层，小尺度湍涡对湍能的耗散随高度呈减弱趋势，边界层湍能变化呈现间歇性特点。

5.1.7　热对流泡变化特征

对流边界层中浮力是驱动湍流的主要机制。这种湍流不是完全随机的，而是常常组成能辨认的泡状或羽状结构，这些泡状运动对于热量和水汽在边界层中的输送、污染物的扩散以及边界层顶的夹卷作用都是极为重要的。图 5.7 给出了 2016 年 7 月 27 日 10:15—19:15 模拟区域逐小时的纬向垂直速度剖面图。模式模拟 3 h 后（13:15），对流边界层高度达到 1500 m，混合层内存在着明显的上升与下沉气流（正值为上升，负值为下沉），最大上升速度达到 4 m・s^{-1}，上升气流对应着热对流泡，热

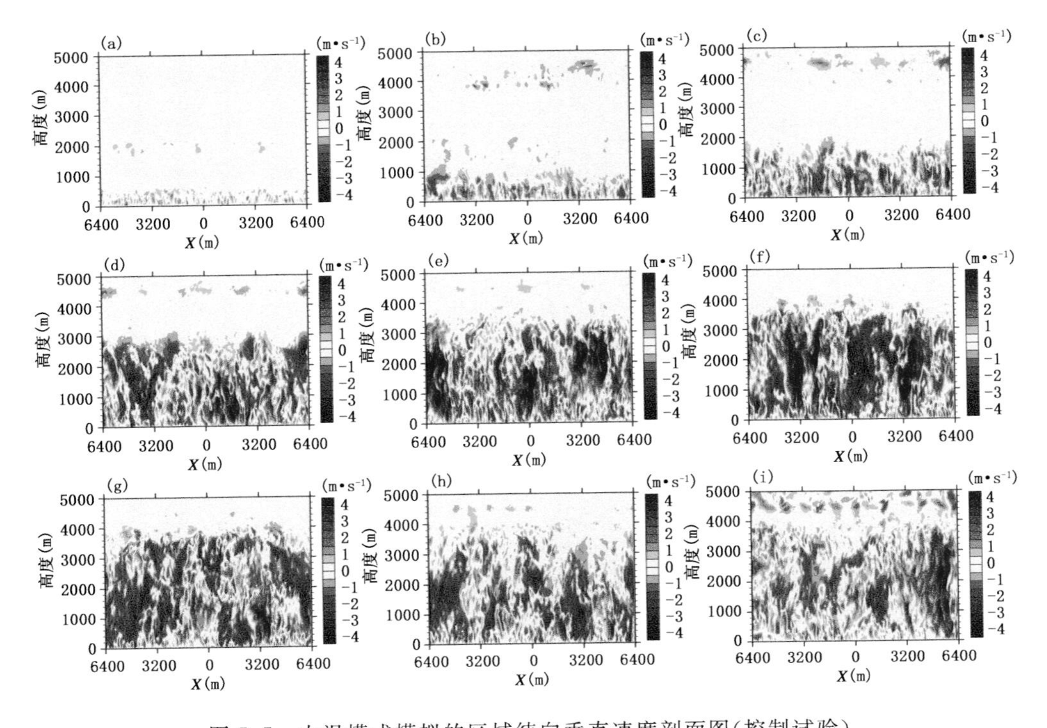

图 5.7　大涡模式模拟的区域纬向垂直速度剖面图（控制试验）

(a)11:15；(b)12:15；(c)13:15；(d)14:15；(e)15:15；(f)16:15；(g)17:15；(h)18:15；(i)19:15

泡的垂直尺度为1000 m左右，水平尺度约在300～800 m范围变化，在热泡的周围伴随着明显的下沉气流。模式模拟6 h后(16:15)，对流边界层高度达到3500 m，模拟区域共有2个明显的热对流泡，其中较大热泡的水平尺度约为3200 m，垂直尺度为3500 m，既是对流混合层的高度，热泡的上升速度可超过4 m·s^{-1}。17:15以后，模拟区域的热对流运动明显减弱，热泡变得较为破碎，但边界层高度有所抬升，到19:15对流边界层发展到3900 m高度。总体来看，边界层范围内热对流运动明显比自由大气剧烈，图6清晰的呈现了沙漠晴空边界层热对流运动的发展演变图像。

图5.8给出了模拟区域500 m高度的垂直速度平面图，可以看出，模拟1 h后，模拟区域内垂直速度相对较弱，上升与下沉运动最强不超过2 m·s^{-1}，并呈现出有规则的羽状分布特征。模拟3 h后，上升与下沉运动明显增强，并逐渐演变为网状分布的特征，最大上升速度可达到4 m·s^{-1}。模拟6 h后，模拟区域内网状分布特征更加显著，垂直速度进一步增强，最大值达到5 m·s^{-1}，此时上升运动区出现了一定程度的合并，这反映了混合层中热泡的合并现象，同时也说明随着地表对大气持续性的加热作用，午后边界层内热对流运动十分剧烈。在上升运动区周围，伴随有大片的下沉辐散区域。

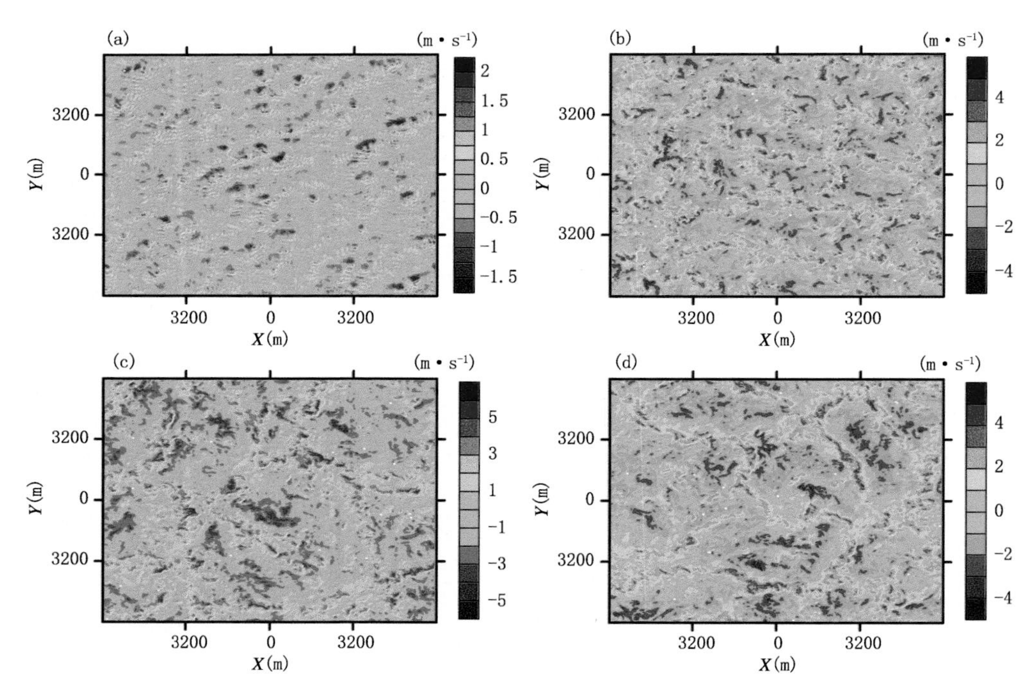

图5.8 大涡模式模拟的区域500 m高度垂直速度平面图

(a)11:15;(b)13:15;(c)16:15;(d)19:15

5.1.8 塔克拉玛干沙漠夏季晴空对流边界层形成机制

为了深入认识塔克拉玛干沙漠夏季晴空对流边界层的形成机制，本节在控制试验基础上，还分别进行了改变地表感热通量和逆温层顶盖强度的敏感性试验。图 5.9 给出了 C1(控制试验，地表感热为实测结果)、C2(地表感热是控制试验的 1.5 倍)和 C3(地表感热是控制试验的 0.5 倍)三种数值试验模拟的 2016 年 7 月 27 日 13:15、16:15、19:15 的位温廓线对比图。可以看出，当增大地表感热通量(C2)，各时次 CBL 明显变暖，而且 CBL 的厚度也在不断增大；当减小地表感热通量(C3)，CBL 会变冷且高度降低。试验 C2 在 19:15 的 CBL 平均位温约为 324.5 K，CBL 厚度约 4200 m；而试验 C3 在 19:15 的 CBL 平均位温只有 321.5 K，CBL 厚度仅为 3000 m。

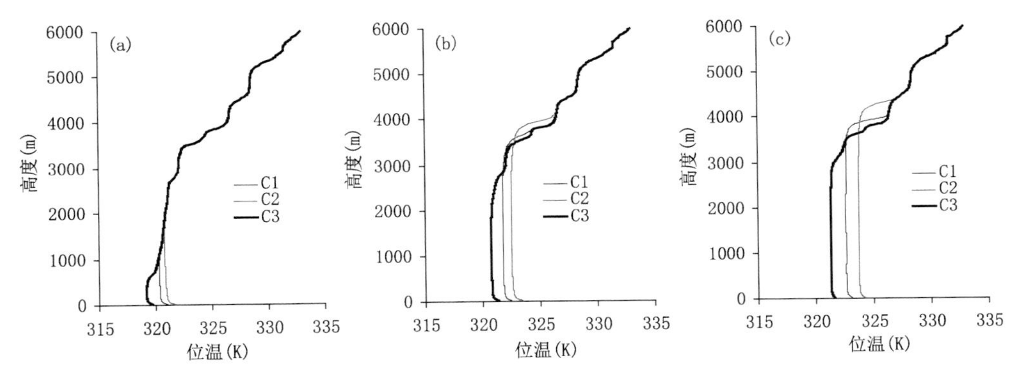

图 5.9 不同感热通量强度下模拟的 7 月 27 日 13:15、16:15、19:15 位温廓线对比图

(a)13:15；(b)16:15；(c)19:15

影响边界层热力对流发展的因子除了地表感热之外，混合层之上的逆温层顶盖强度也是一个不可忽视的因素。图 5.10 给出了 C1(控制试验)、C4(逆温层顶盖强度

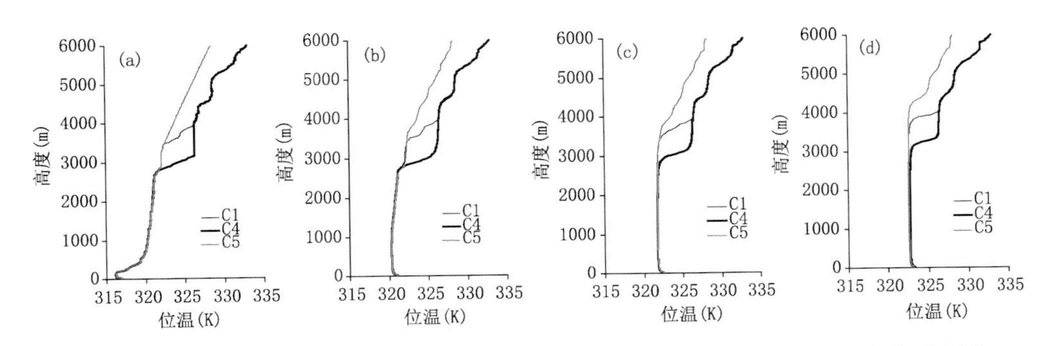

图 5.10 不同逆温层顶盖强度下模拟的 7 月 27 日 13:15、16:15、19:15 位温廓线对比图

(a)10:15；(b)13:15；(c)16:15；(d)19:15

是控制试验的 1.3 倍)、C5(逆温层顶盖强度是控制试验的 0.7 倍)三种数值试验模拟的 13:15、16:15、19:15 平均位温廓线。可以看出,13:15 试验 C4 模拟的 CBL 厚度较小,约为 2800 m,试验 C5 模拟的 CBL 厚度较大,约为 3500 m,其模拟的边界层温度基本没变。从 16:15 和 19:15 的位温廓线图来看,当增大逆温层顶盖强度后(C4),对流边界层高度发展受到明显的抑制,当减弱逆温层顶盖强度(C5),对流边界层发展较为通畅,边界层高度有所升高。这是因为,逆温层顶盖强度越强,CBL 之上的气层越稳定,边界层对流越不容易向上发展,被限制在逆温层之下,CBL 的厚度就较小;当逆温层顶盖越弱,CBL 之上的气层越不稳定,边界层对流容易向上发展,CBL 的厚度就会抬高。

图 5.11 给出了 C1、C6(地表感热是控制试验的 1.5 倍且逆温层顶盖强度是控制试验的 0.7 倍)和 C7(地表感热是控制试验的 0.5 倍且逆温层顶盖强度是控制试验的 1.3 倍)三种数值试验模拟的 7 月 27 日 13:15、16:15、19:15 的位温廓线对比图。从各个时次的廓线可以看出,当把地表感热减小并且将逆温层顶盖强度增大(C7),CBL 会显著变冷且高度降低;当把地表感热增大并且将逆温层顶盖强度减弱(C6),CBL 会显著变暖且高度升高。19:15 试验 C6 的 CBL 平均位温约 324.0 K,CBL 厚度可达到 5000 m,而试验 C7 的 CBL 平均位温只有 321.5 K,CBL 厚度仅为 2900 m。

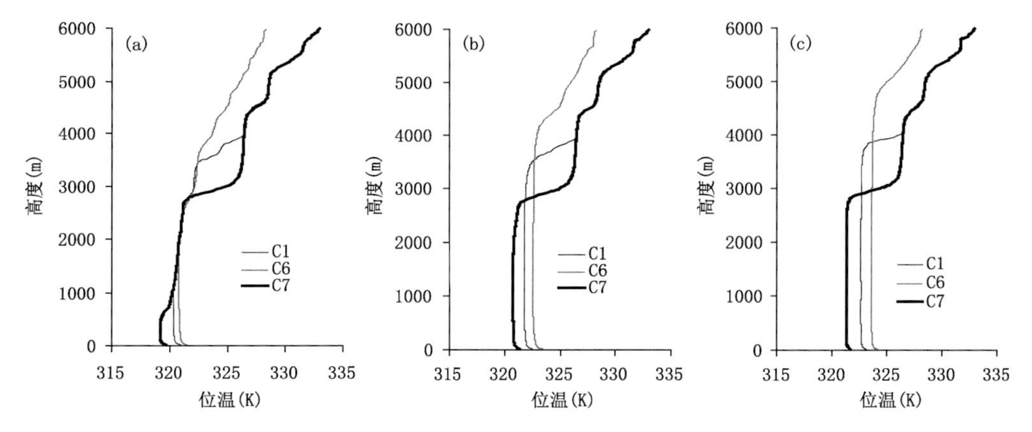

图 5.11 不同感热通量和逆温层顶盖强度下模拟的 7 月 27 日 13:15、16:15、19:15 位温廓线对比图
(a)13:15;(b)16:15;(c)19:15

通过上述分析可知,地表感热和逆温层顶盖强度是控制和影响沙漠对流边界层发展的两个重要因素,地表感热通量增大,浮力项加强,边界层变暖且高度增高,感热通量减小,浮力项减弱,边界层变冷且高度降低。在感热通量不变的条件下,逆温层顶盖强度越大,越不利于对流边界层的发展,逆温层顶盖强度越小,越有利于对流边界层的发展。

5.2　基于 WRF 模式的对流边界层大涡模拟

5.2.1　数值试验设计

利用 WRF(Weather Research and Forecasting)模式以次千米分辨率模拟了塔克拉玛干沙漠 2016 年 7 月 1 日深厚大气边界层过程。模式自 7 月 1 日 08:00 开始模拟,模拟时长 12 h。使用 WRF 模式的单向嵌套尺度从中尺度延伸至大涡模拟,垂直分层共 51 层,模式层顶为50 hPa,模式前 20 层海拔高度分别为 1130 m、1157 m、1207 m、1294 m、1423 m、1591 m、1795 m、2021 m、2272 m、2558 m、2882 m、3248 m、3658 m、4118 m、4633 m、5212 m、5855 m、6517 m、7151 m、7757 m,模式中 D01、D02、D03 和 D04 区域的水平分辨率分别为 12 km、3 km、1 km、0.33 km,水平格点数分别为 411×321、791×651、211×201 和 403×406。图 5.12 显示了除 BDY_T3 试验以外所有模拟的区域,在 BDY_T3 试验中使用较小的网格大小(205×208)来验证模拟区域大小对大涡模拟结果的影响。

模式最外层网格的初始场和侧边界条件(LBC)由 NCEP-FNL 再分析数据驱动,空间分辨率为 0.25°× 0.25°,时间间隔为 6 h,垂直层次 32 层,从 1000 hPa 到 10 hPa。模式物理过程包括:WSM5 微物理方案(Hong et al. ,2006),PBL 方案(Hong et al. ,1996),Kain-Fritsch 积云参数化方案(Kain et al. ,1993; Kain, 2004),RUC 陆面方案(Smirnova et al. , 1997, 2000),RRTM 长波辐射方案(Mlawer et al. , 1997)和 Dudhia 短波辐射方案(Dudhia,1989)。其中积云参数化方案仅适用于 D01(12 km),LES 仅用于 D04(0. 333 km)。表 5.2 列出所有数值试验。试验 1 为控制试验(CTRL),试验 2(表示为 BDY_T2;LBC 6 h 更新 1 次)和试验 3(表示为 BDY_T3;模拟区域大小为 205 × 208)与 CTRL 试验相同,但模拟区域大小和侧边界条件更新的频率不同,试验 4 (HFX_%75) 感热通量为 CTRL 试验感热通量的 75%,试验 5(HFX_%125) 感热通量为 CTRL 试验的 125%, 以探究感热通量大小对塔克拉

表 5.2　数值试验列表

试验	名称	内容
1	CTRL	D04 的 LBC 由 D03 提供,更新频率为 1 h 1 次,格点数:403×406
2	BDY_T2	D04 的 LBC 由 D03 提供,更新频率为 6 h 1 次,格点数:403×406
3	BDY_T3	格点数:205×208;其他与 BDY_T2 相同
4	HFX_%75	感热通量为 CTRL 的 75%;其他与 CTRL 相同
5	HFX_%125	感热通量为 CTRL 的 125%;其他与 CTRL 相同
6	Noah	采用 Noah 陆面方案;其他与 CTRL 相同

玛干沙漠对流边界层高度的影响，在试验 6(Noah)中，采用 Noah 陆面方案(Chen et al.,2001a,2021b)替代 CTRL 试验中的 RUC 陆面方案，以检验不同陆面参数化对对流边界层厚度的影响。

5.2.2 数据

将数值试验模拟结果与塔克拉玛干沙漠塔中观测试验结果进行比较。塔中地理位置相对平坦，下垫面被沙地和稀疏荒漠植被覆盖(图 5.12c)。涡动相关探测系统采用英国 GILL 公司研制的 R3-50 型超声风速仪，架设高度为 10 m，数据采集频率为 20 Hz，地表感热通量和潜热通量根据涡动相关法计算得到。垂直廓线由中国航天科工集团第二十三研究所研制的 CASIC23 GPS 探空系统探测得到，该系统每天进行 4～6 次高空气温、气压、相对湿度、风速和风向探测，探测时间分别为 01:15、07:15、10:15、13:15、16:15 和 19:15(北京时)。

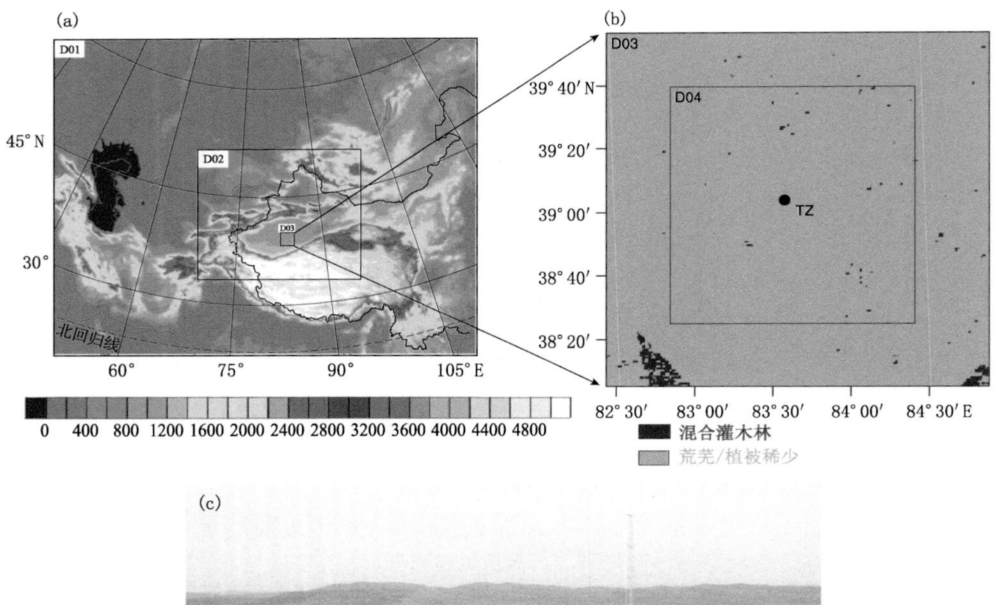

图 5.12 WRF 模式中的模拟区域

(a)地形高度(m)；(b)D03 和 D04 的土地使用类别；(c)塔中站地形地貌

5.2.3　天气形势

图 5.13 显示了 2016 年 7 月 1 日 08:00 在 850 hPa、700 hPa、500 hPa 和 100 hPa 的环流形势。在 850～500 hPa 图中存在以 55°N 为中心的气旋性涡旋(图 5.13a、b、c)。2016 年 7 月 1 日 08:00 气旋向塔克拉玛干沙漠东西方向延伸。在 100 hPa 高空，由于南亚高压影响，塔克拉玛干沙漠上空受西风急流控制(图 5.13d)；在图 5.14 中可看到热低压系统主导控制了新疆南部的大部分地区，从而导致沙漠持续的高温天气。

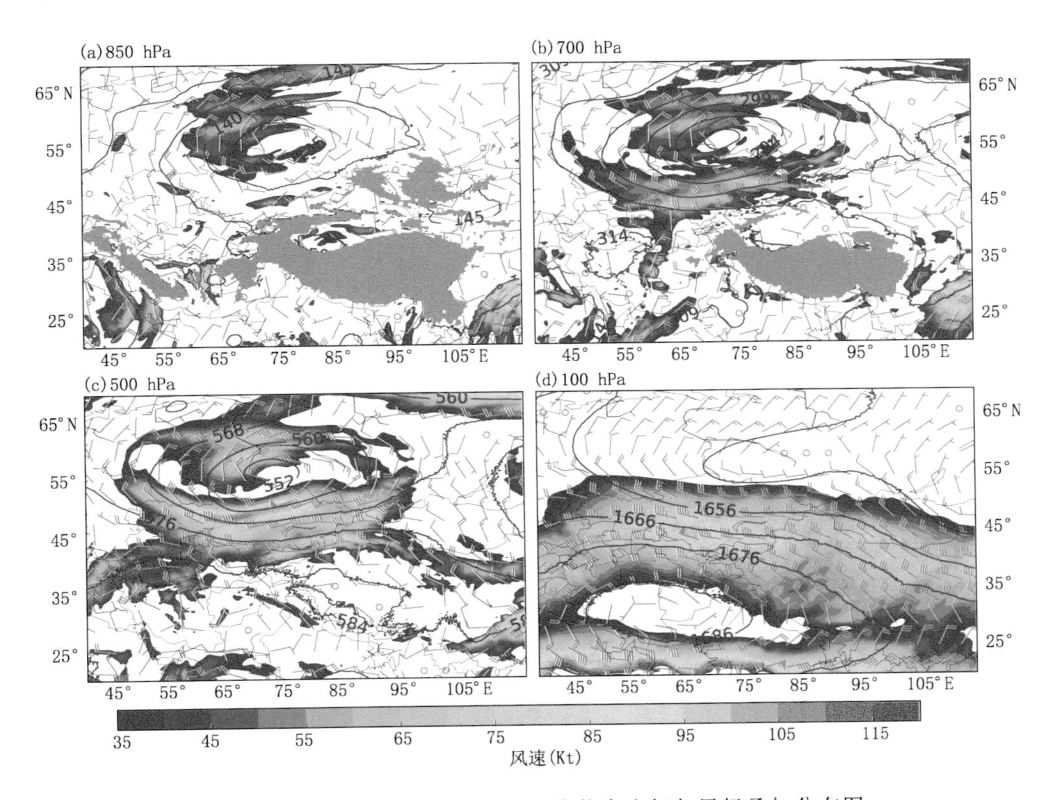

图 5.13　2016 年 7 月 1 日 08:00 位势高度场与风场叠加分布图

5.2.4　深厚对流边界层结构的验证

图 5.15 给出了控制试验(CTRL)模拟的 2016 年 7 月 1 日塔中地表参数。可以看出，地表温度、地表感热和潜热通量模拟结果与观测值存在较大差异，感热通量观测最大值为 243 $W \cdot m^{-2}$，远小于模式模拟的最大值 613 $W \cdot m^{-2}$，WRF 模式模拟的感热通量最大值是观测值的 2.5 倍。相比感热通量，WRF 模式对地表温度的模拟表现出显

著的冷偏差，地表温度观测值最高达到 70 ℃，远高于模拟的地表温度最高值 50 ℃。为进一步验证地表参数模拟结果的准确性，计算了 3～12 h 塔中站模拟值与观测值的均方根误差(RMSE)和平均偏差(BIAS)(表 5.3)。可以看出，模式显著高估了地表感热通量(RMSE 263 W・m^{-2}、BIAS 250 W・m^{-2})，显著低估了地表温度(RMSE 14 ℃、BIAS −13 ℃)。

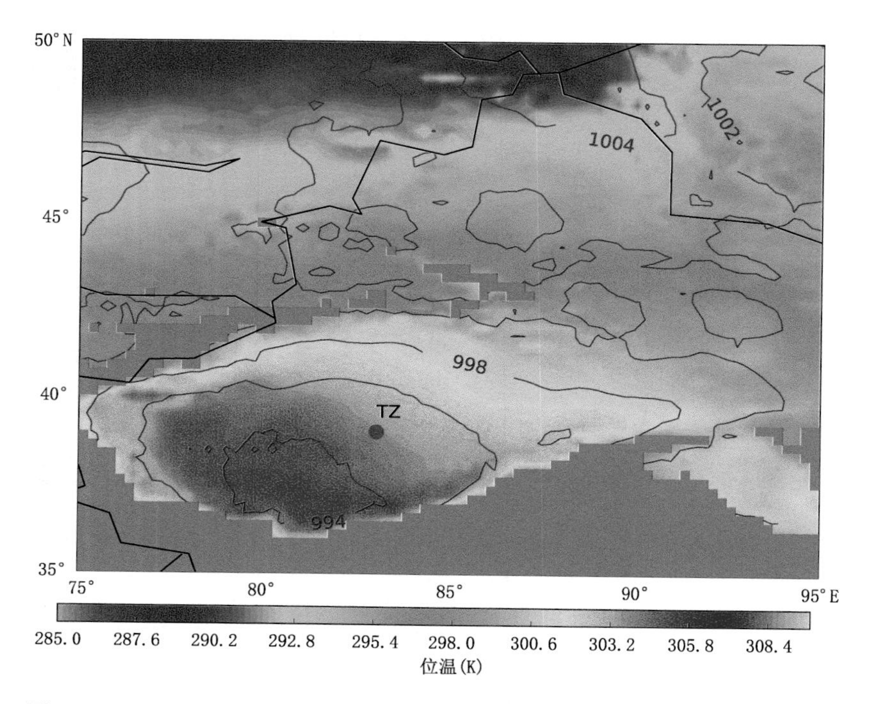

图 5.14　2016 年 7 月 1 日 08:00 700 hPa 位温和海平面气压(等值线)分布图，黑点表示塔克拉玛干沙漠塔中站位置

表 5.3　塔中地表参数观测值与模拟值的均方根误差(RMSE)和平均偏差(BIAS)

试验	感热通量		潜热通量		表面温度		土壤水分含量		2 m 气温		2 m 相对湿度		10 m 风速	
	RMSE	BIAS	RMSE	BIAS	RMSE	BIAS	RMSE	BIAS	RMSE	BIAS	RMSE	BIAS	RMSE	BIAS
CTRL	263.636	250.140	12.398	6.674	14.654	−13.373	0.017	−0.017	1.666	1.613	1.220	1.109	2.579	1.864
BDY_T2	249.395	240.660	12.383	6.253	14.116	−12.853	0.017	−0.017	1.912	1.817	1.275	1.162	2.943	1.307
BDY_T3	241.681	232.705	12.251	6.328	14.929	−13.737	0.017	−0.017	1.227	1.046	1.483	1.280	2.118	1.287
HFX_%75	151.119	134.594	12.544	6.354	14.740	−13.426	0.017	−0.017	3.078	3.016	0.956	0.826	3.335	0.874
HFX_%125	357.711	335.556	12.439	6.152	14.244	−13.043	0.017	−0.017	1.026	0.860	1.303	1.231	3.265	2.052
Noah	125.695	120.313	23.350	20.664	12.757	−11.502	0.048	0.048	1.046	0.983	10.116	9.904	2.788	1.79

WRF 模式模拟的感热通量远大于观测值可能有两方面原因：一是模式中土地利用类型和真实情况存在差别，WRF 模式应用土地利用类型为每个网格单元分配

静态参数和初始值(如反照率和地表粗糙度)(Schicker et al.,2016)。但是,站点涡动相关探测系统附近为沙漠和荒漠植被相间的复杂下垫面(图 5.12c),该下垫面在模式中无法被准确描述,造成感热通量被高估。二是涡动方法测量的感热通量和潜热通量可能存在误差,测量值低于真实值(LeMone et al.,2013)。通过准确的净辐射和土壤热通量分析,塔中站感热通量和潜热通量约占平均地表能量平衡收支所需值的 75%。

模式中 2 m 温度、相对湿度和 10 m 风速的模拟值均高于观测值(图 5.15e、f、g)。2 m 温度的时间序列变化与观测结果较一致,均方根误差为 1.66,平均偏差为 1.61,但模式模拟的地表温度比观测结果偏高 3 K,当模式和观测都达到最高温度时偏差仅为 1 K。

模式模拟的近地面相对湿度与观测值接近(图 5.15f)。虽然模式开始运行时模拟的相对湿度高于观测值,但 3 h 后湿度变化过程能够被很好地模拟,与观测结果基本一致,均方根误差为 1.22%。整体来说,相对湿度模拟值高于观测值,平均偏差为 1.11%。

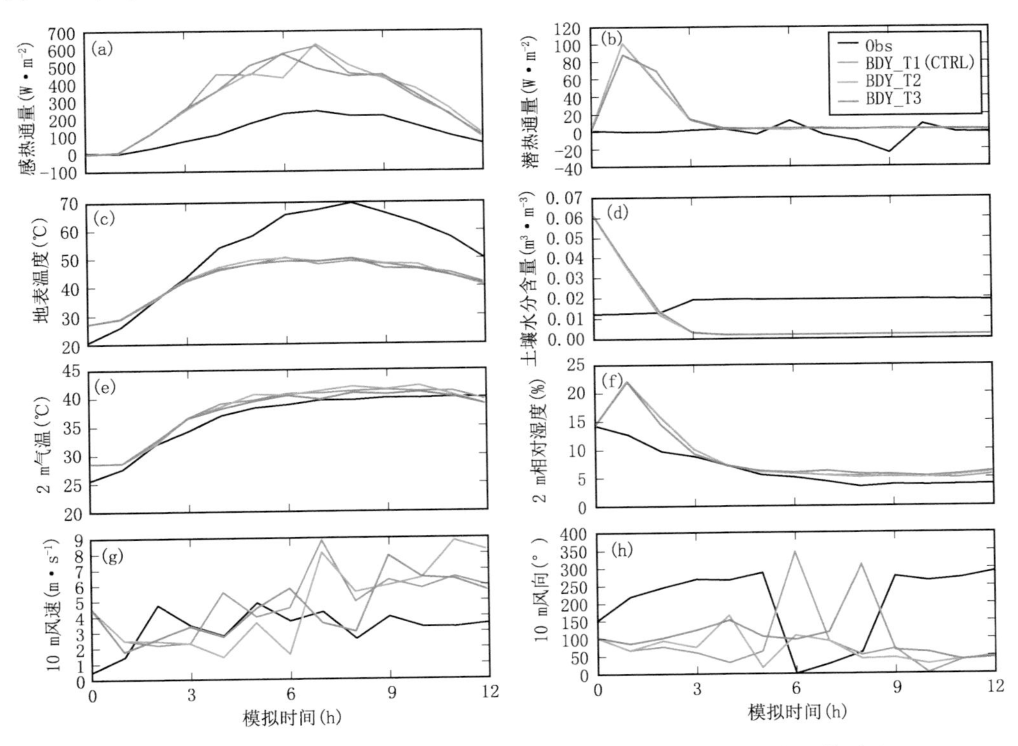

图 5.15　2016 年 7 月 1 日塔中地表参数观测值与 WRF 模式模拟值对比

(a)感热通量;(b)潜热通量;(c)地表温度;(d)土壤水分含量;(e) 2 m 气温;(f) 2 m 相对湿度;(g) 10 m 风速;(h) 10 m 风向

造成这种差异的原因是模拟过程中高估了土壤含水量。土壤含水量对近地面相对湿度有很大影响，在该模式初始条件下，对土壤水分含量的高估可能会导致近地表湿度产生较大差异(Talbot et al.,2012)。在控制试验中，模式在前 3 h 土壤水分含量被高估，在初始时刻，观测站 5 cm 土壤含水量为 0.23 $m^3 \cdot m^{-3}$，而模式的初始值为 0.6 $m^3 \cdot m^{-3}$(图 5.15d)。土壤水分值的高估也导致模式中潜热通量的持续增加(图 5.15b、f)。因此，近地面初期模拟值比观测结果要大得多。当然，该模式具有一定纠正偏差的能力，模拟 3 h 后，土壤湿度和 2 m 相对湿度观测结果与模拟结果基本一致。

图 5.16 为 2016 年 7 月 1 日 08:00—20:00，模式模拟的位温(实线)与探空观测位温(虚线)对比图。无线电探空仪高度为 6 km 时，水平距离塔中站约 7 km，因此，模式输出的廓线为 3.5 km 半径范围内的平均值。当模式在 08:00 初始化时，夜间逆温层高度达到 300 m(图略)。逆温于 11:00 发生改变，模式结果和观测值均达到约 300 m(图 5.16a)。然而，受到较大感热通量影响，早晨模拟的对流边界层高度比观测值增长的快，14:00 模拟结果为 3500 m，而观测结果为 3000 m(图 5.16b)。17:00，模拟和观测到的对流边界层高度分别为 4000 m 和 5000 m(图 5.16c)，这表明模拟的对流边界层高度在下午的增长速率要比观测结果偏慢偏低。与观测结果相比，模式虽然初始温度偏低，但升温速度较快。由于过快的升温速度，模式在下午模拟的结果相对偏暖，但到白天结束时与观测结果基本一致。

模式在初始模拟阶段得到的对流边界层比观测值偏冷和干燥(图 5.16a)。相对于位温观测廓线而言，模式模拟的近地层位温廓线温度较高，对流边界层的出现比观测要早。残留混合层在塔克拉玛干沙漠超厚对流边界层发展过程中起着十分重要的作用。11:00，当对流边界层高度约为 300 m 时，对流边界层中的位温约为 317 K，而残留混合层中的位温约为 320 K；当对流边界层中的位温升高到残留混合层中的值时，对流边界层与残留混合层合并为一体，在 14:00 对流边界层高度达到 3000 m。这些结果与 Han(2012)等人的研究一致，他们通过分析巴丹吉林沙漠对流边界层观测数据，发现对流边界层在 12:00 以后发展十分迅速。

当感热通量在中午 14:00 达到最大值时(图 5.16b)，模拟的位温廓线与观测结果较为接近。20:00 (图 5.16d)，模式中对流边界层高度达到最大值，与观测结果也较为一致，值得注意的是，在低空 2.5 km 以下位温观测值比模拟值偏低 0.4 K，导致模式模拟位温较高的原因可能是地表热通量的差异。通过分析发现，地表感热通量是影响塔克拉玛干沙漠夏季白天对流边界层厚度变化的关键因素。因此，模式中地表感热通量与观测之间的差异可能会导致白天对流边界层过程显著不同。

图 5.16 也给出了塔中水汽混合比廓线。可以看出，11:00 模拟的残余层廓线在 1500～3500 m 高度区间比观测结果要干燥得多。垂直混合导致对流边界层内水汽分布均匀，因此，当对流边界层在 14:00 超过 4000 m 时，模拟结果与观测结果之间的

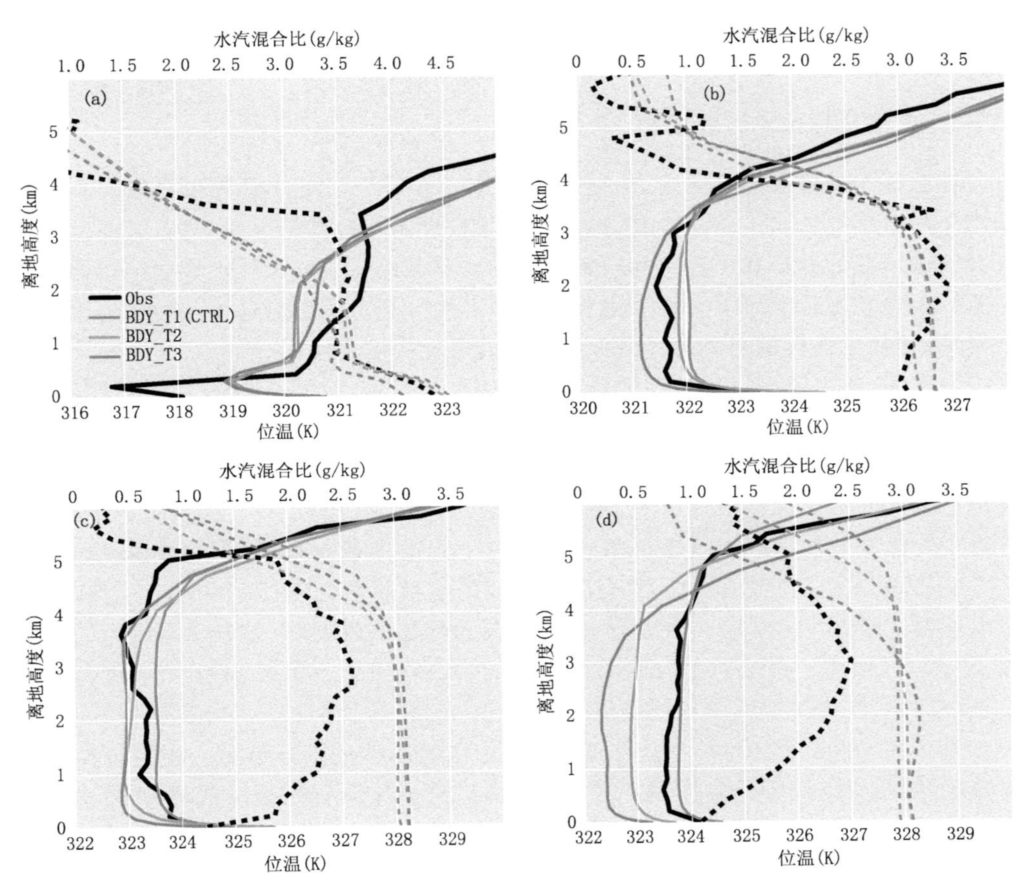

图 5.16　塔中 2016 年 7 月 1 日 GPS 探空廓线与模拟的位温(实线)、水汽混合比(虚线)廓线对比图
(a)11:00;(b)14:00;(c)17:00;(d)20:00

差异明显减少。11:00,差异小于 1 g・kg^{-1},14:00 差异最小为 0.3 g・kg^{-1}。然而,在 2000 m 高度以下边界层出现了逆湿现象,水分含量为 2.8～3.6 g・kg^{-1},模式没有模拟出此现象。随着对流边界层的发展,14:00—20:00 逆湿结构形成并一直维持在 3000 m 高度以下。由于模式无法模拟出边界层内的逆湿现象,所以在 17:00 之后水汽混合比模拟值高于观测值。

逆湿现象产生的原是水汽的不均匀分布以及大尺度平流的输送作用。例如,绿洲与沙漠环境的相互作用可能会导致沙漠大气边界层中出现一个逆湿层。造成模式结果与观测结果差异的原因是土地利用类型分类方面的误差。WRF 模式中默认使用的 USGS 土地使用数据是基于 1992—1993 年高分辨率(1 km)卫星数据,这些数据在塔克拉玛干沙漠的使用可能不够准确 (Schicker et al.,2016)。土地利用类型模拟结果与塔中站观测结果之间差异也证实了这一点。干燥空气的大范围平流输送会影响水汽分布，水分含量在水平方向上发生变化，因此，在 11:00 和 20:00 之间，平流作用导致大气边界层下层湿度更低，而上层湿度更高。

5.2.5 对侧边界条件的敏感性

在验证大涡模拟结果之后，评估了指定侧边界条件时间分辨率和网格大小对模拟结果的敏感性。对于单向嵌套，指定侧边界条件是从粗网格中获得的，之前运行的较大区域模拟的分析和预报时间用于指定侧边界条件。造成大气边界层结构差异的主要原因是较粗分辨率下网格大小和频率的不同。其目的是通过更大面积的模式网格模拟，评估大涡模拟对侧边界条件强迫不确定性的敏感性。

图 5.16 给出了侧边界条件敏感性试验模拟的位温、比湿廓线与观测的位温、比湿廓线。结果表明，侧边界条件与对流边界层之间存在显著的关系，模式模拟的廓线图在初始时刻几乎是相同的(图略)，然而不同试验下对流边界层结构存在较大差异。侧边界条件的模拟区域格点越大、时间频率越高，则大气边界层温度越高、越干燥，而自由大气温度越低、越湿，且这种敏感性相对于侧边界条件是单调的(图 5.16)。之后 3 h 内，敏感性试验之间的差异会随着时间的推移而增大(图 5.16a、b)。对流边界层内位温廓线在 11:00 时出现差异，随着对流边界层的发展，下午显示出较大的一致性(图 5.16c)，到了傍晚时差异最大(图 5.16d)，在 BDY_T2 和 BDY_T1 两组试验中，模拟的对流边界层位温比观测值分别高出 0.7 K 和 0.9 K。

图 5.17 给出了沿 39.03°N 叠加了位温和比湿的水平风分布图。在侧边界条件的冷区，侧边界条件较低的更新频率是可取的，它会导致研究区域的冷平流和水汽(图 5.17b,c)。较大的模拟区域会改变侧边界条件与研究区的距离，可以有效减少侧边界条件附近较大预报误差对研究区域的影响(图 5.17a、c)。

为了进一步研究侧边界条件对塔克拉玛干沙漠深厚对流边界层湍流的影响，这里给出瞬时垂直速度场(图 5.18)。14:00 时，CTRL 试验模拟的对流在强地表加热下明显增强，最大垂直速度达到 9 $m \cdot s^{-1}$，混合层厚度增至约 4.3 km(图 5.18a)，边界层湍涡之间的距离增大到约 12 km，上升气流的峰值高度刚刚达到 4 km。在热对流水平分布图中，边界层上升与下沉气流特征十分清晰。BDY_T2 和 BDY_T3 试验(图 5.18b、c)都再现了模拟区域边界处较弱的垂直运动。在 BDY_T3 中，位于模式中心的塔中站受到低频侧边界条件产生冷平流的影响，导致垂直速度场最大值和最小值减弱(约 6 $m \cdot s^{-1}$)。然而，尽管低估了位温，BDY_T2 试验垂直速度场与 CTRL 试验垂直速度场在水平分布上较为相似，上升、下沉气流的水平范围也与 CTRL 试验一致。

为了进一步分析沙漠对流边界层的垂直结构，图 5.19 给出沿塔中站(39.03°N)的垂直速度纬向剖面图。在 CTRL 和 BDY_T2 试验中，沿 A1－A2 规则的上升气流被分裂成较强和不规则的气流运动，BDY_T3 试验中的上升气流较弱(图 5.19c)。

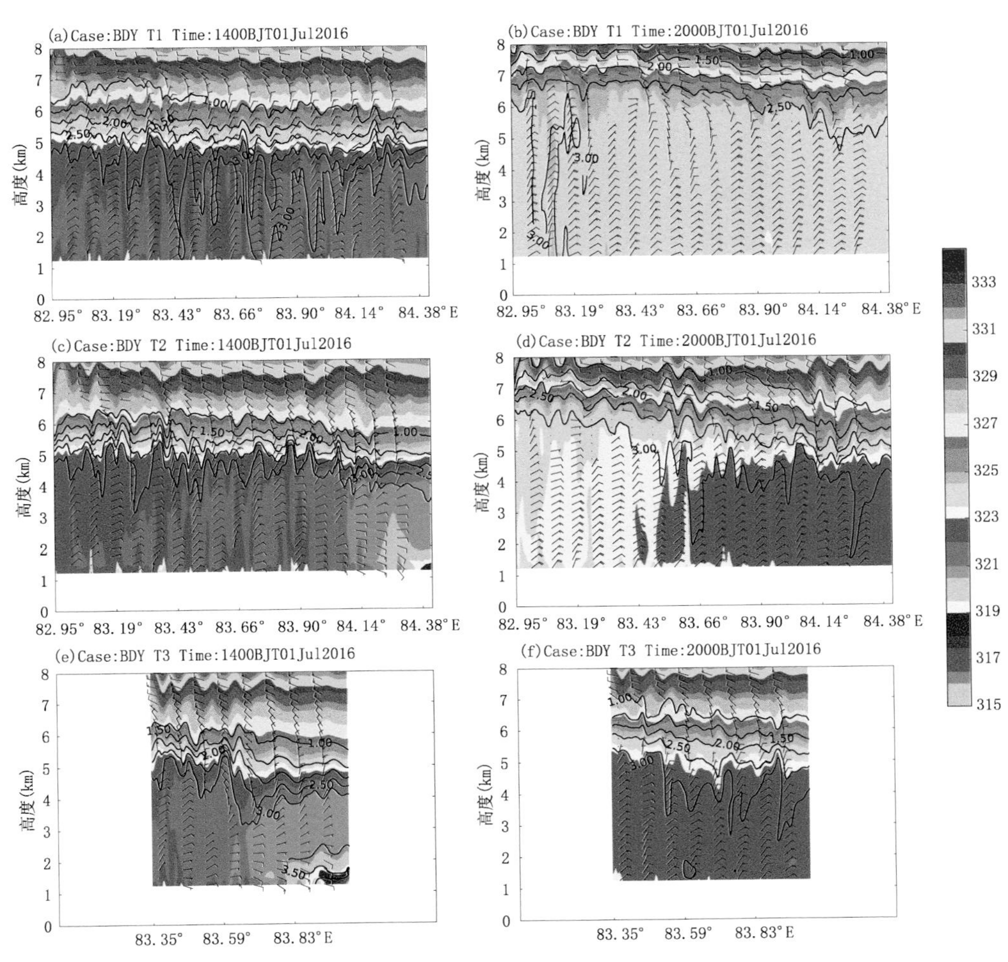

图 5.17　2016 年 7 月 1 日沿 39.03°N 叠加了位温(彩色:K)和比湿(等值线:g・kg^{-1})的水平风(m・s^{-1})分布图

(a)、(b)BDY_T1;(c)、(d)BDY_T2;(e)、(f)BDY_T3;(a)、(c)、(e)14:00;(b)、(d)、(f)20:00

BDY_T3 试验中上升气流峰值约为 4 m・s^{-1},远低于 CTRL 试验(9 m・s^{-1})和 BDY_T2 试验(8 m・s^{-1})。在 BDY_T2 和 BDY_T3 中,因流入边界较宽,所以边界处对流强度较弱。BDY_T3 试验塔中站垂直速度水平分布明显弱于 BDY_T2 试验。结果表明,模式结果对指定侧边界条件的时间分辨率和模拟区域网格大小十分敏感,各个敏感性试验模拟结果的差异和不同意味着需要量化侧边界条件的影响,以便在百米分辨率模拟中表现出更真实的性能。

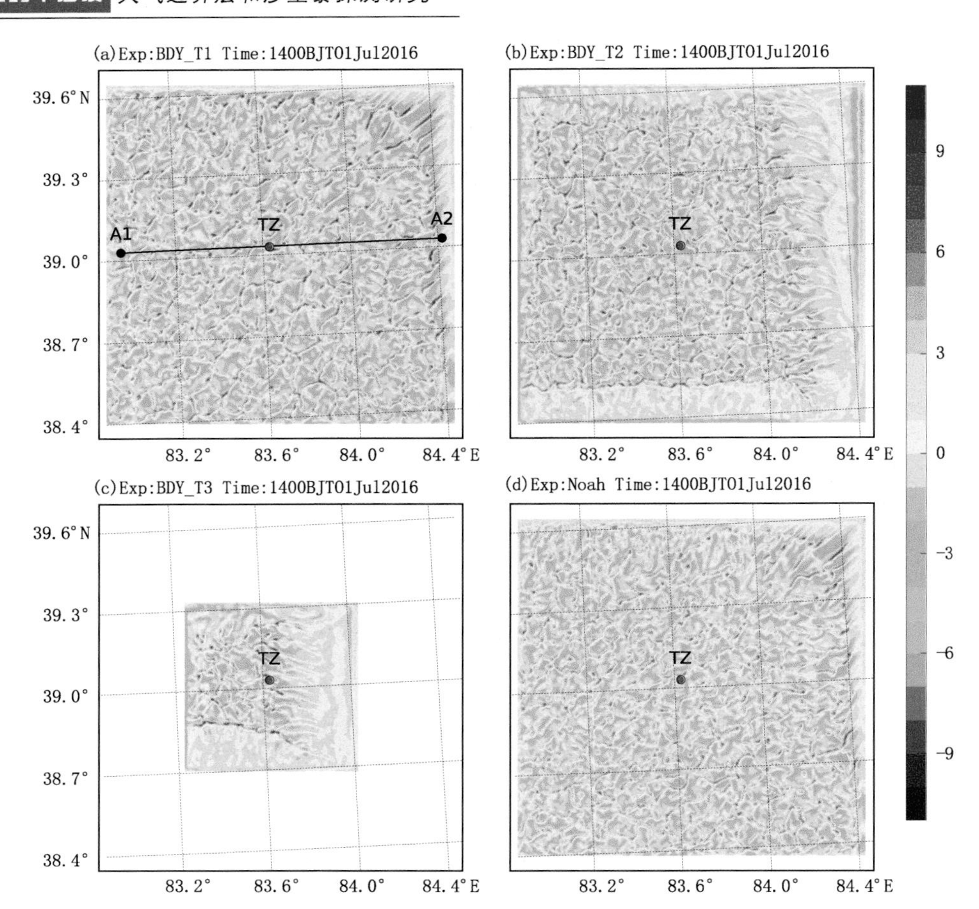

图 5.18 2016 年 7 月 1 日 14:00 时 3000 m 高度瞬时垂直速度场（m·s^{-1}）
(a)BDY_T1(CTRL);(b)BDY_T2;(c)BDY_T3;(d)Noah

5.2.6 不同地表感热通量和陆面模式的模拟

导致大气边界层结构差异的一个重要原因是不同陆面方案所输出的感热通量之间的差异。感热通量是影响夏季白天对流边界层厚度的一个关键因素，模式输出的感热通量与感热观测值之间的差异会导致白天大气边界层发展厚度的不同。为了进一步确认是否出现这种情况，在 CTRL 试验基础上进行了三项敏感性模拟试验。CTRL 试验中用 Noah 陆面模式代替了 RUC 陆面模式，HFX－125％和 HFX－75％的感热通量分别是 CTRL(HFX－100％)试验感热通量的 125％和 75％，其他参数保持不变。

图 5.20 和表 5.3 中的结果表明，与 CTRL 和 HFX－125％模拟试验相比，HFX－75％ 试验显著改进了感热通量模拟的准确性(RMSE＝151)。Noah 陆面模式在

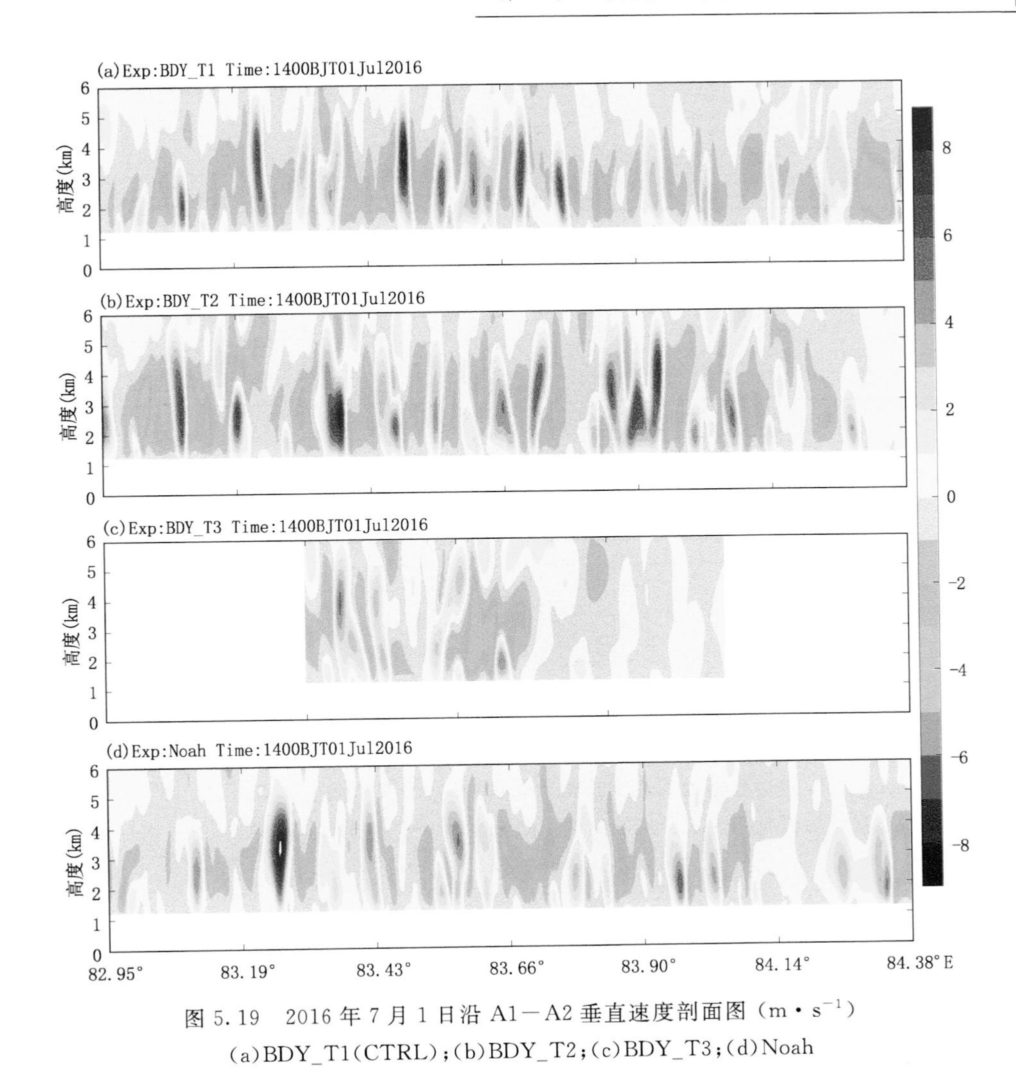

图 5.19　2016 年 7 月 1 日沿 A1－A2 垂直速度剖面图（$m \cdot s^{-1}$）
(a)BDY_T1(CTRL)；(b)BDY_T2；(c)BDY_T3；(d)Noah

感热通量、地表温度和大气温度方面有较好的模拟效果，然而它对土壤水分含量的模拟结果与观测结果存在较大差异，导致潜热通量和相对湿度的模拟结果与 CTRL 试验相比明显被高估。

对位温和比湿廓线(图 5.21)进一步分析表明，较小的感热通量会导致偏冷、偏湿、较低的大气边界层以及干燥温暖的自由大气，且这种敏感性相对于感热通量是单调的。与 CTRL(HFX－100％)相比，HFX－75％和 Noah 试验模拟的对流边界层结构与 GPS 探空观测结果更为接近。CTRL(HFX－100％)和 HFX125％试验的位温廓线始终比观测值分别高约 0.4 K 和 0.5 K，然而在 14:00，HFX－75％和 Noah 试验的模拟结果与观测结果差异约在 0.2 K 范围内(图 5.21b)。这些结果表明，WRF 模

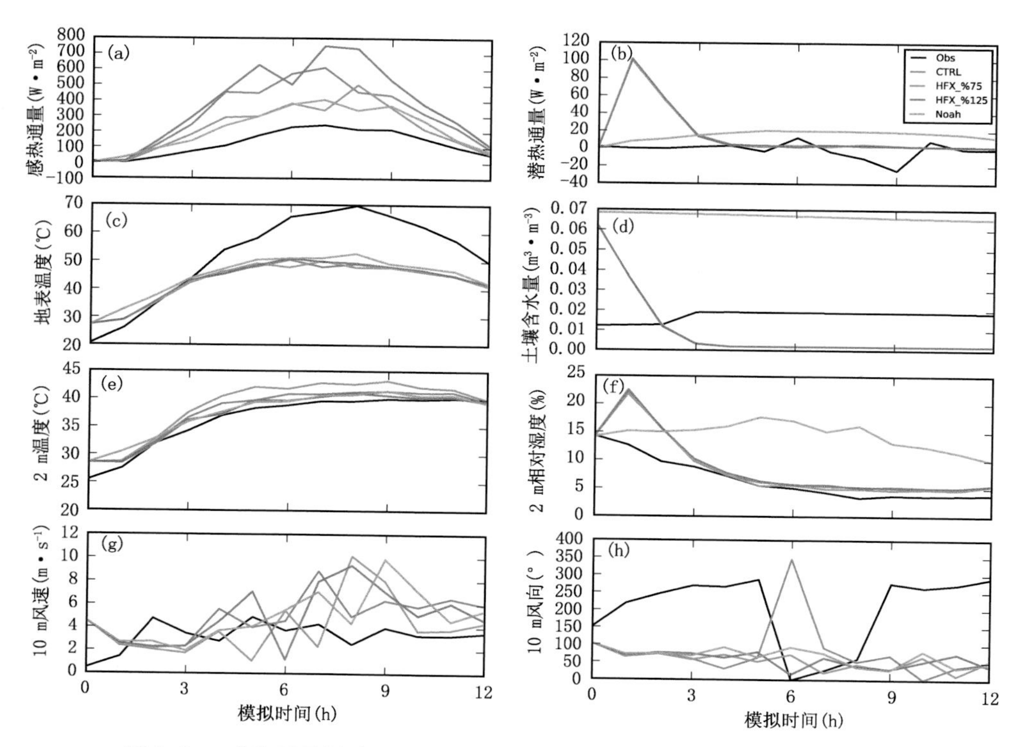

图 5.20 感热通量敏感性试验和 Noah 陆面试验模拟的地表变量时间序列
(a)感热通量;(b)潜热通量;(c)地表温度;(d)土壤含水量;(e)2 m 温度;(f)2 m 相对湿度;
(g)10 m 风速;(h)10 m 风向

式对陆面模式输出的感热通量的变化十分敏感。虽然模拟结果与观测结果在 20:00 仍然存在一定差异,但在一天结束时总体上趋于一致(图 5.21d)。HFX－75％和 Noah 试验模拟的地表感热通量较小,但仍然产生与 CTRL 和 HFX－125％试验几乎相同的深厚对流边界层。这表明除了感热通量外,还存在其他影响塔克拉玛干沙漠深厚对流边界层形成的重要因素。

沙漠上午大气边界层模拟结果与前人在其他地区的陆面模式敏感性试验结果较一致(Hu et al.,2010;Zhang et al.,2017)。然而,2016 年 7 月 1 日 17:00—20:00(图 5.21c、d),所有试验模拟的对流边界层厚度和水分含量几乎相同,为了弄清傍晚时模拟结果对陆面过程的不敏感性,进一步研究了这一时间段感热通量对沙漠大气边界层结构的影响。如果不考虑大尺度平流或下沉等因素,对流边界层的发展主要受热力学和湍流夹卷的影响。除了地表感热,夹卷过程强度也从一定程度上影响了对流边界层的发展厚度。因此,夹卷率(W_e)也是衡量大气边界层结构发展的一个重要指标。在没有大尺度垂直运动前提下,对流边界层的发展速度主要由逆温层夹卷

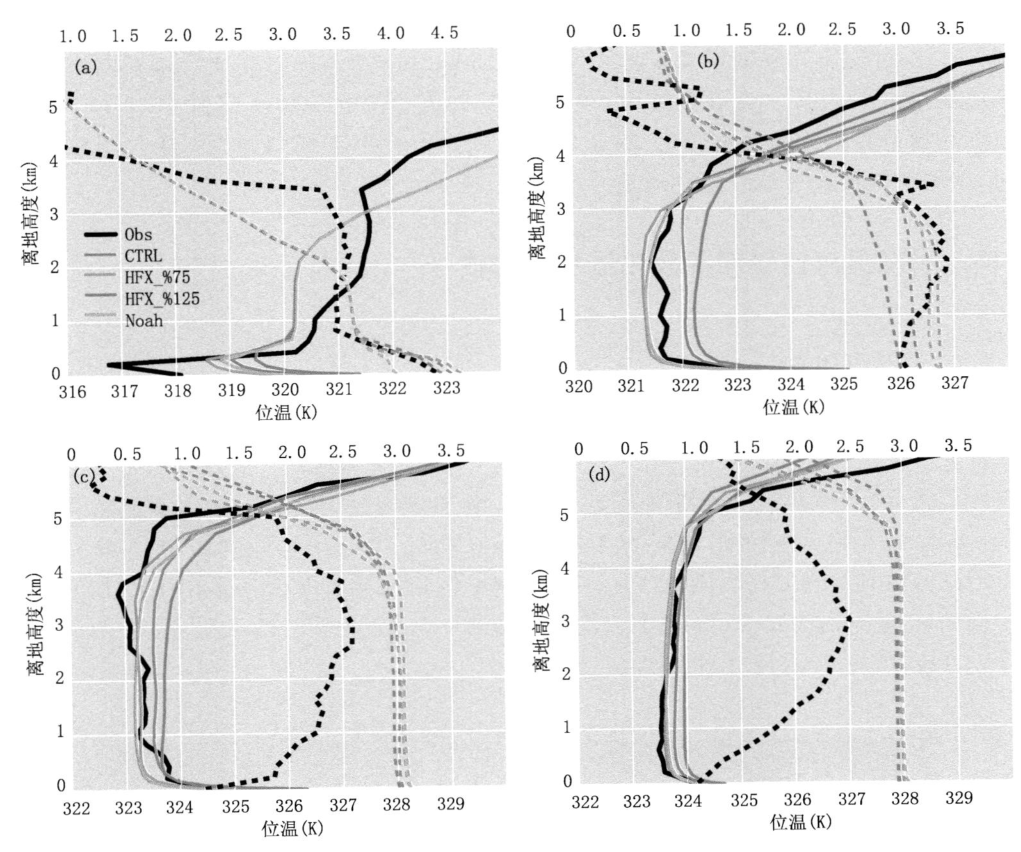

图 5.21 2016 年 7 月 1 日感热通量敏感性试验和 Noah 陆面试验的位温(实线:K)和水汽混合比(虚线:g · kg^{-1})

(a)11:00;(b)14:00;(c)17:00;(d)20:00

率(W_e)决定。夹卷率通常与逆温层热通量呈正相关。大涡模拟试验表明,逆温层热通量大约是地表面浮力通量的−0.2 倍。从 11:00—14:00,较大的感热通量与较强湍流夹卷以及自由大气进入混合层的暖空气显著相关。因此,由于模式中温度的明显升高和强烈的垂直混合,对流边界层在早期模拟阶段发展迅速且升温较快。HFX−75%试验和 Noah 陆面模式在温度和湿度方面产生的模拟误差最小,故感热通量的减少在早期模拟阶段更好地再现了沙漠边界层的演变过程。然而,HFX−75%试验和 Noah 陆面模式模拟的对流边界层厚度和位温在 17:00 分别达到>5000 m 和 323.2 K(图 5.21c),在当日剩余时间里,由于对流边界层较厚(>5000 m),需要更多热量来维持和增加边界层厚度,故对流边界层厚度的增长速度减慢,夹卷率随着逆温层强度的增大而减小,这抑制了混合与夹卷过程。在塔克拉玛干沙漠腹地当高度>

5000 m 时，以上两个因素限制了对流边界层的发展。因此，将感热通量从 75％ 增大到 125％，对流边界层前期发展阶段（厚度< 5000 m）所需的时间比后期形成深厚对流边界层的时间短。当塔克拉玛干沙漠上空对流边界层的厚度超过 5000 m 时，它与感热通量并不成正相关变化（图 5.21d）。因此，在 WRF 模拟中大气边界层基本相同，在傍晚时模式对地表感热通量并不敏感。

5.3 尺度适应边界层参数化适用性评估

5.3.1 模式和设置

本节采用 WRF 模式（3.8.1 版）对发生于 2016 年 7 月 1 日的塔克拉玛干沙漠深厚对流边界层（CBL）过程进行次千米级模拟。图 5.22 为模拟区域和网格设置，其中最外层区域（d01）的水平网格间距为 12 km，格点数量为 411×321；嵌套网格（d02、d03、d04）的水平网格间距分别为 3 km、1 km 和 0.33 km，格点数量分别为 791×651、211×201、403×406（图 5.22）。从地表到 50 hPa，垂直网格分为 51 层，其中最低 10 层的高度分别为 1130.4 m、1157.6 m、1207.6 m、1294.5 m、1423.6 m、1591.5 m、1795.0 m、2021.2 m、2271.5 m、2557.5 m。

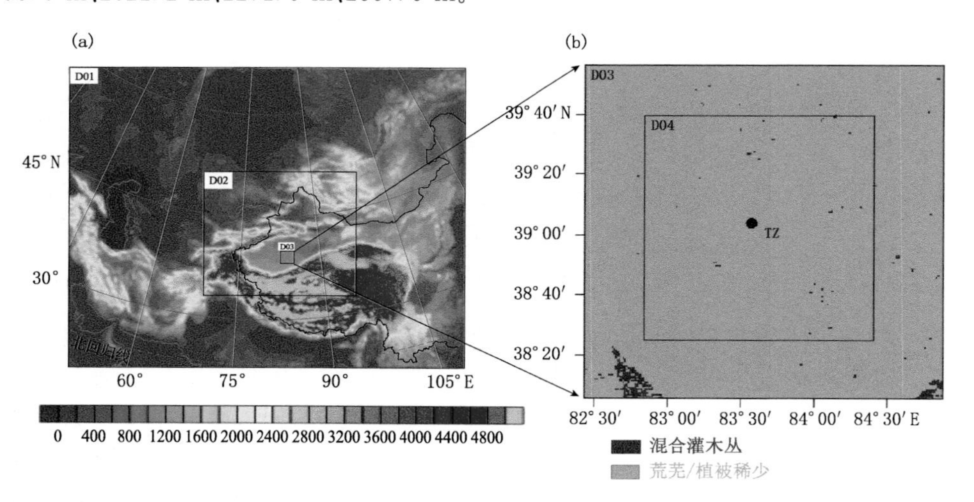

图 5.22 ARW 模式中的模拟区域以及地形高度（a）（阴影，单位：m）；（b）D03 和 D04 网格的土地利用类型

模式的物理过程包括 WSM5 微物理方案（Hong et al.，2006）、Yonsei University（YSU）边界层（PBL）方案（Hong et al.，1996）、Revised MM5 Monin-Obukhov 近地层方案（Jiménez et al.，2012），Kain-Fritsch 云参数化方案（Kain，1993，2004）、

Noah 陆面模式(Chen et al.，2001a，2001b)、Rapid Radiative Transfer Model (RRTM)(Mlawer et al.，1997)、长波辐射以及 Dudhia 短波辐射方案(Dudhia，1989)。其中，积云对流参数化方案仅用于 d01(12 km)，而大涡模拟(LES)仅应用于 d04 区域。

初始边界条件和侧边界条件采用美国国家环境预测中心(NCEP)全球资料同化系统(GDAS)的 FNL 全球再分析资料，水平分辨率为 0.25°×0.25°，时间间隔为6 h，垂直层次包含地表数据以及从 1000 hPa 到 10 hPa 的 26 个等压面。模式于北京时间 2016 年 7 月 1 日 08 时起报，积分 12 h。为了解不同边界层在塔克拉玛干沙漠深厚边界层的适用性，本节采用了 WRF-LES、YSU 常规边界层方案以及方案 Shin-Hong 尺度适应边界层方案等三种不同的 PBL 参数化方案开展数值试验。

5.3.2　边界层参数化简介

5.3.2.1　YSU 方案

YSU 方案是一阶闭合非局地方案，该方案不需要任何其他湍流动能预报方程来表示湍流对平均变量的影响。变量 C 的垂直扩散方程如下：

$$\frac{\partial C}{\partial t}=\frac{\partial}{\partial z}\left[K_c\left(\frac{\partial C}{\partial z}-\gamma_c\right)-\overline{(w'c')}_h\left(\frac{z}{h}\right)^3\right] \tag{5.25}$$

其中，K_c 是湍流扩散系数；z 代表高度；t 代表时间。式(5.25)右边的第一项即是传统的垂直扩散项。γ_c 是反梯度传输项，它将非局地湍流的作用计入总通量。第二项 $\overline{(w'c')}_h$ 是与逆温层夹卷相关的湍流通量。YSU 方案采用 K 廓线来确定边界层内的扩散系数 K_c，动量扩散系数(K_m)计算公式如下：

$$K_m = k\,w_s z\left(1-\frac{z}{h}\right)^p \tag{5.26}$$

其中，p 代表廓线形状指数，默认值是 2；k 是冯・卡曼常数，其值为 0.4；w_s 代表混合层速度尺度；h 是 PBL 高度。

5.3.2.2　Shin-Hong 方案

Talbot 等(2012)提出在处理次网格和可分辨部分时，将相似性定理确定的无量纲变量添加到 Deardorff 自由对流尺度变量中，次网格和可分辨部分的相似函数是总变量的相似函数与“部分”相似函数的乘积(基于网格大小计算得到)。为了确定部分相似函数的形式，将不同网格尺度依赖函数与 LES 数据进行拟合，然后根据尺度依赖函数计算粗网格尺度下，变量的次网格和可分辨部分。

Shin-Hong 尺度适应边界层方案(Zhou et al.，2014)保留了 Talbot 等(2012)所提出函数的原始形式，通过调整经验常数，将参考数据和简单函数之间的均方根误差最小化。该方案基于 Shin 等(2013)提出的概念，对 SGS 垂直输送廓线进行了参数化。首先，分别计算了强上升气流的非局地输送和剩余小尺度涡旋的局地输送。其次，SGS 非本地传输是通过将尺度依赖函数乘以通过 LES 数据拟合的总非本地传输来表示，如以下公式所示：

$$<w'\theta'>^{S(\Delta_*),NL}=<w'\theta'>^{NL}P_{NL}(\Delta_{*CS}) \tag{5.27}$$

$$P_{NL}(\Delta_{*CS})=0.243\frac{(\Delta_{*CS})^2+0.936(\Delta_{*CS})^{7/8}-1.110}{(\Delta_{*CS})^2+0.312(\Delta_{*CS})^{7/8}+0.329}+0.757 \tag{5.28}$$

其中，尖角括号表示区域平均值，上标 S 和 NL 分别表示 SGS 和非局地。$P_{NL}(\Delta_{*CS})$ 代表 SGS 非局地热量输送尺度依赖函数，它是自由对流条件下利用 LES 参考数据拟合的经验函数。$\Delta_*=\Delta/h$；CS 表示稳定函数。最后，再将局地尺度依赖函数与总局地垂直输送通量相乘，可得到 SGS 局地输送通量，总局地垂直输送廓线可通过湍流扩散系数公式计算如下：

$$<w'\theta'>^{S(\Delta_*),L}=-K_H P_L(\Delta_*)\frac{\partial\overline{\theta}^{\Delta}}{\partial z} \tag{5.29}$$

$$P_L(\Delta_*)=0.280\frac{(\Delta_*)^2+0.870(\Delta_*)^{1/2}-0.913}{(\Delta_*)^2+0.153(\Delta_*)^{1/2}+0.278}+0.720 \tag{5.30}$$

同式(5.27)一样，式(5.29)中的尖角括号表示区域平均值，上标 S 和 NL 分别表示 SGS 和局地。$P_L(\Delta_*)$ 代表 SGS 局地热量输送尺度依赖函数。在计算垂直扩散系数(K_H)时需考虑到 $P_L(\Delta_*)$ 项，其目的是在分辨率提高时抑制参数化过高的湍流输送通量。Shin-Hong 边界层方案的主要改进之处在于：其一，利用 LES 输出拟合预先设定的非局地热传输廓线；其二，采用尺度依赖函数降低高估的边界层中次网格垂直输送(Shin et al.，2015)。因此，Shin-Hong 边界层参数化是一种适用于 CBL 的灰区尺度适应方案。

5.3.3 研究结果

5.3.3.1 边界层结构

图 5.23 和图 5.24 分别为塔中站模拟和 GPS 探空位温和水汽混合比的垂直廓线。由于初始场低估了残留层(RL)的高度，所有初始模拟结果相似，边界层的温度都低于观测值。7 月 1 日 11 时，所有模式的模拟结果接近，在 2～3.5 km 高度都比观测更湿、更冷(图 5.23a、图 5.24a)。7 月 1 日 11 时所观测到的位温廓线在 CBL 内极不稳定(图 5.23a)。WRF-LES 试验较为合理地模拟了不稳定边界层结构，并且高度与观测高度几乎相同，但衰减率要小得多。YSU 和 Shin-Hong 试验中不稳定边界层结构相对较弱，θ 廓线与观测值及 WRF-LES 试验结果均存在较大差异。然而，7 月 1 日 14 时，所有模式模拟的 CBL 温度都比观测更高一些(图 5.23b)。值得注意的是，与观测相对比，位温和边界层高度的误差最大的是 YSU 试验(图 5.23)，其次为 Shin-Hong 试验，再次为 WRF-LES 试验。这说明尺度适应方案的性能要强于传统方案。此外，由于地表感热通量的巨大差异(略)，所有模拟结果的加热速率在早晨都

高于观测，而下午的加热速率模拟结果与观测基本一致，但模拟 CBL 的温度仍然高于观测。北京时间 17 时，与观测相比，YSU 试验中的 CBL 位温高于观测值 0.8 K，Shin-Hong 试验结果高于观测值 0.6 K、WRF-LES 试验结果则高于观测值 0.52 K。

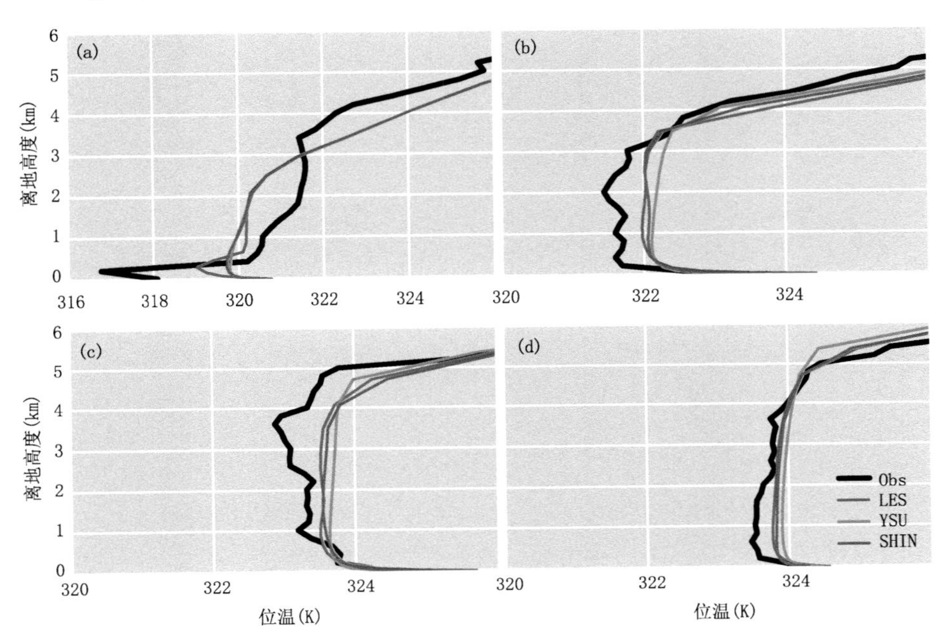

图 5.23　2016 年 7 月 1 日(a)1100、(b)1400、(c)1700 以及(d)2000 时刻塔中站(83.63°E,39.03°N)GPS 观测和模拟的位温垂直廓线(单位:K)

Shin Hong 和 YSU PBL 方案之间的湿度和温度分布的差异如图 5.23 和图 5.24 所示。Shin-Hong 和 WRF-LES 试验夹卷率较弱，而在 YSU 试验中夹卷率被明显高估。与观测相比，不同试验模拟的湿度廓线相对更为集中，且都存在一定程度的高估(图 5.24)。在 7 月 1 日的模拟试验中，Shin-Hong 方案与 WRF-LES 方案的试验结果非常接近，仅在近地层存在一定差异(图 5.23d)。YSU 和 Shin-Hong 方案中的温度和湿度廓线与 WRF-LES 方案相比均存在一定差异，但是与 YSU 方案相比，Shin-Hong 方案的廓线与 WRF-LES 方案的廓线更加接近，这说明在引入尺度适应以及大涡模拟的参考数据之后，Shin-Hong 方案的模拟结果要优于 YSU 方案。虽然 WRF-LES 方案(例如夹卷)的结果对模式水平和垂直分辨率非常敏感(Bretherton et al.,1999)，但是 WRF-LES 方案被认为是一个相对可靠的参考，因为研究使用的 YSU 和 Shin-Hong PBL 方案都是在基于 WRF-LES 方案的开发。

在大气数值模式中确定 PBL 高度(h)的计算方式非常重要，许多物理过程参数化是通过 h 来计算(Shin et al.,2011)。为了进一步探究两个非局地方案在塔克拉玛

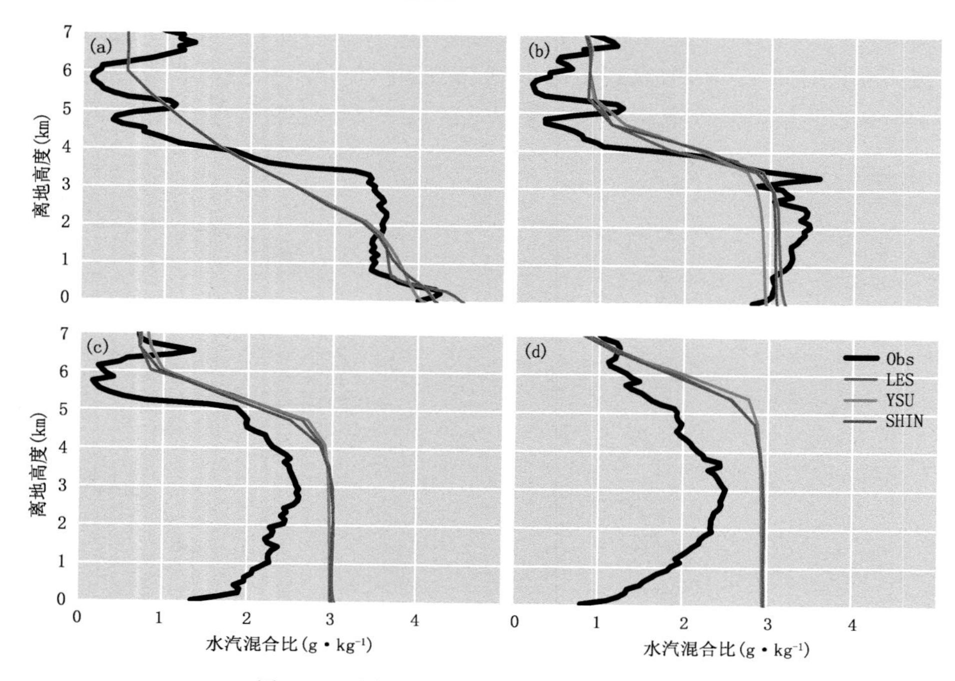

图 5.24 同图 5.23 但是变量为水汽混合比

干沙漠 CBL 模拟结果中的差异，我们将通过 Liu 等(2010)方法来计算 PBL 高度。计算方法可分为以下四步：

(1)将观测和模拟结果插值到 50 m 间隔垂直廓线。

(2)通过检查第五层(250 m)和第二层(100 m)之间的近地表热梯度来进行状态识别，在观测中选择这两层是为了消除原始数据噪声。

(3)气团从地表绝热上升至某一高度后保持中性浮力，那么此高度即被认定为边界层高度。实际应用中，对于不稳定机制，我们首先向上扫描以找到最低层。

(4)为了对初次估计的 k 层进行校正，需再次向上扫描，以寻找 $\frac{\dot{\theta}_k}{\partial z} \geqslant \dot{\theta}_r$ 首次出现的层次。其中，$\dot{\theta}_k$ 是对应高度 z 的 θ 垂直梯度；$\dot{\theta}_r$ 是逆温层的最小强度。

此方法中三个参数(δ_s、δ_u 和 θ_r)的经验值由 Liu 等(2010)提出($\delta_s = 1.0$ K；$\delta_u = 0.5$ K；$\dot{\theta}_r = 4$ K·km^{-1})。在研究过程中，我们发现，CBL 高度的主要不确定性来自于 θ_r 参数值，因为在所有的模拟试验中，混合层之上的位温垂直梯度都比观测值要低。除了模型模拟的性能外，模拟结果中逆温较弱的另一个重要原因是受到垂直分辨率限制。与观测值相比，因为垂直分辨率的限制，模式很难获取位温垂直梯度的精细机构。因此，我们将参数设为 θ_r 的较小值 2 K·km^{-1}，以避免在模拟和观测结果中高估夹卷层的高度。

图 5.25 为 YSU、WRF-LES 和 Shin-Hong 三个方案试验，采用如上方法计算的 PBL 高度。针对热通量的日间变化，所有试验(包括 WRF-LES)都模拟出了混合层的发展过程。在模拟积分的最初 3 h，PBL 高度的模拟结果与观测值几乎一致。08 时后，YSU 方案模拟的 PBL 高度是最高的，这种情况一直持续到试验结束。YSU 方案试验的最大值达到 5850 m，而 Shin-Hong 模拟的 PBL 高度最大值为 5750 m。YSU 和 Shin-Hong 方案模拟的边界层高度达到最大值的时间均延迟了约1 h，它们最大值分别高于 WRF-LES(最大值 5550 m)300 m 和 200 m。鉴于观测值仅有 5200 m，所有试验均高估了 PBL 高度，这也导致所有模拟结果中混合层的温度过高。与 YSU 方案相比，Shin-Hong 尺度适应性方案 PBL 高度、PBL 廓线温度和湿度都更低，更加接近观测值，与 WRF-LES 的结果也更加一致。因此，与 YSU 方案相比，Shin-Hong 方案试验改进了对塔克拉玛干沙漠边界层的模拟。

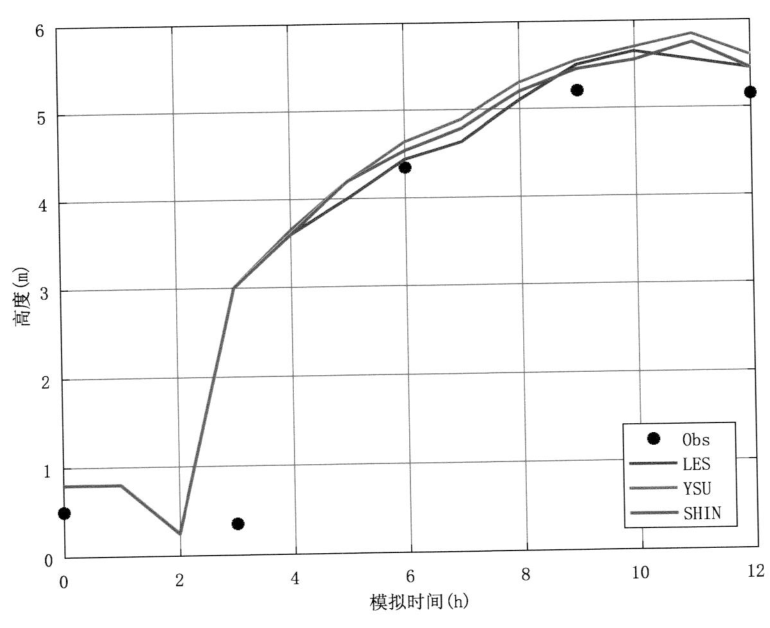

图 5.25 塔中站 PBL 高度(单位：km)时间序列，包含 GPS 探空(黑色)、WRF-LES(绿色)、YSU(红色)以及 Shin-Hong(蓝色)方案的试验结果

总之，在北京时间 17 时之前，两个非局地 PBL 参数化试验模拟的热量差异加大。与传统 YSU 方案相比，Shin-Hong 尺度适应方案与 WRF-LES 的结果更为接近，且与观测值更加吻合。在当天结束时，不同方案的温度廓线差异较小，模拟结果接近于观测值。模拟的湿度廓线在边界层发展过程中的演变是相似的，但其值明显偏离探空观测值。研究结果表明，灰区尺度适应性在塔克拉玛干沙漠 PBL 模拟中发挥着重要作用。尤其是在不稳定条件下，与传统非局地 PBL 方案相比，Shin-Hong

方案的性能更好。图 5.26 为塔中站 YSU、Shin-Hong 分别与 WRF-LES 试验位温差的时间—高度剖面图。在 Shin-Hong 尺度适应性方案中，因为混合层升温速率放缓，夹卷层降温速率增强，导致靠近 PBL 顶部高度的温度更高，而混合层温度更低，这与 WRF-LES 试验结果一致(图 5.26a)。该结果进一步表明，随着混合层的不断发展，Shin-Hong 方案中的夹卷层比 YSU 方案中的要弱得多，导致夹卷层温度更高，而混合层温度更低(图 5.26b)。在 YSU 的模拟结果中，PBL 中过强的垂直混合(图 5.25)，导致 PBL 快速发展，夹卷层位温明显下降，而混合层位温上升。以上两种方案结果的差异主要是因为 Shin-Hong 方案改进了非局地热传输廓线和 PBL 中的垂直混合强度(图 5.28)。

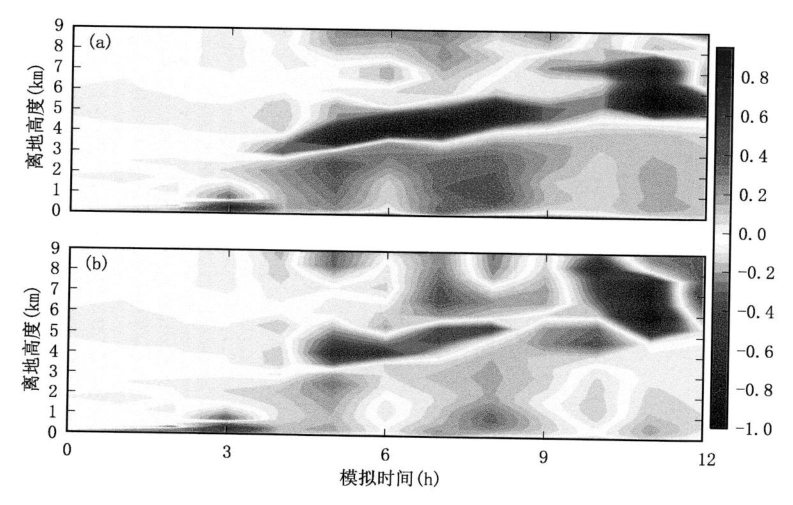

图 5.26 塔中站(a)YSU、(b)Shin-Hong 分别与 WRF-LES 试验位温差的时间—高度剖面图

水汽混合比分布受 PBL 模拟方案的影响与温度相似(图 5.27)。在 Shin-Hong 方案中，PBL 中存在明显的湿度更大区域，但在当天结束时模拟结果湿度偏低。YSU 与 WRF-LES 试验之间的差值(图 5.27a)要高于 Shin-Hong 与 WRF-LES 之间的差值(图 5.27b)。我们之前的研究采用塔中站的土壤湿度分析了湿度偏高的原因，在对 WRF-LES 模式进行初始化时，塔中站 5 cm 土壤湿度值为 0.230 $m^3 \cdot m^{-3}$，而模式初始值为 0.6 $m^3 \cdot m^{-3}$。对土壤湿度值的高估导致模式中地表潜热不断上升，在模式积分的最初几个小时，近地表的湿度远高于观测值。但是，值得注意的一点是，模式有能力对一些因地表初始条件而造成的误差进行纠正。

下面我们进一步研究尺度适应边界层参数化对塔克拉玛干 PBL 垂直混合的影响。图 5.28 为 YSU 和 Shin-Hong 方案中塔中站 K_m(动量垂直扩散系数)的时间—高度剖面图。总的来说，这两个方案揭示了局部垂直混合强度随太阳加热日变化的典型变化。YSU 和 Shin-Hong 试验的扩散系数垂直结构类似，在对流边界层，这两

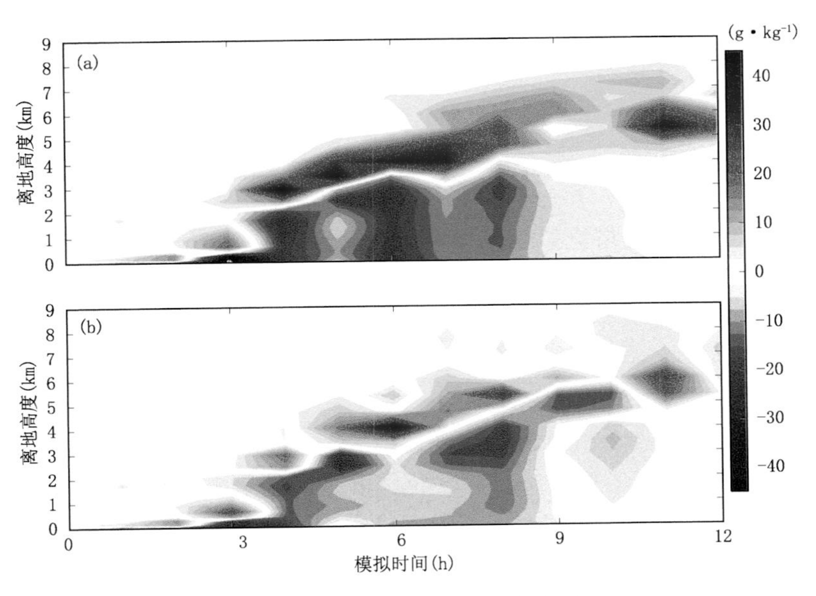

图 5.27　同图 5.26 但是为水汽混合比

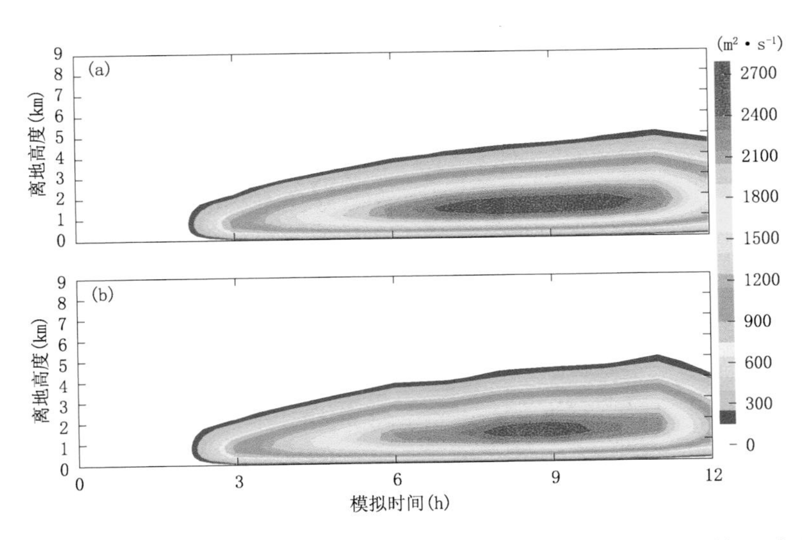

图 5.28　塔中站(a)YSU 和(b)Shin-Hong 试验模拟的湍流扩散系数 K_m 时间—高度剖面

个试验结果的最大值均为高于地面 1 km。但是，Shin-Hong 方案的局地垂直混合更弱一些。既然两个方案中的扩散系数非常类似，为什么在 Shin-Hong 方案中边界层廓线得到改进？根据 Shin 等(2015)研究表明，Shin-Hong 方案的主要改进之一便是非局地湍流输送廓线采用大涡模拟结果拟合结果进行改进，其中经由非局地输送而导致的降温仅限于表层。因此，Shin-Hong 方案与 WRF-LES 更加接近，YSU 试验结果与 LES 存在较大差异。YSU 方案中 CBL 从地表到边界层中层存在明显的降温，此 YSU 模式中的局地分量直至 CBL 中层均保持着更大的热力，而在 WRF-LES 方案中，在表层之上热力降低。

5.3.3.2 湍流精细结构

以上模拟结果表明，塔克拉玛干沙漠 CBL 的垂直过程在非局地 PBL 方案中对尺度依赖性非常敏感。沙漠 CBL 廓线的模拟结果与之前的研究结果相一致。

图 5.29 给出瞬时垂直速度水平分布。截止到北京时间 14 时，在强地表加热条件下，WRF-LES 试验模拟的对流明显增强。因此，垂直速度的最大值达到了 9 m · s^{-1}，混合层的高度增加至 4.3 km(图 5.29a)。与此相对应的是，边界层对流卷之间的距离增大到约 12 km，峰值上升气流的高度被抬升至 4 km 之下。随着对流的增强，在水平分布中明显可见代表边界层对流卷特征的细胞状上升气流和下沉气流。YSU 试验的结果可重现这一动态过程，但其最大值和最小值均弱于 WRF-LES，这是由于过强 SGS 热量输送引起的(图 5.29b)。而 Shin-Hong 方案则限制了传统非局地 PBL 方案(例如 YSU 和 ACM)中过多的 SGS 热量输送，因此，Shin-Hong 中的最大值和最小值(w 约等于 7 m · s^{-1})都要比 YSU 的试验结果要强得多。此外，尽管 Shin-Hong 仍然低估了峰值，但是其 w 场与 WRF-LES 的 w 场在水平分布上非常类似，而且正如图 5.29 所示，Shin-Hong 中上升气流/下沉气流的水平范围与 WRF-LES 试验一致。Shin-Hong 方案以 LES 参考数据来调整可分辨湍涡及次网格尺度湍流，这一点即可证实其尺度适应性。以上结果表明，在沙漠对流边界层的模拟中，Shin Hong 尺度依赖的 PBL 方案可以合理地调整分辨率和次网格尺度的湍流。

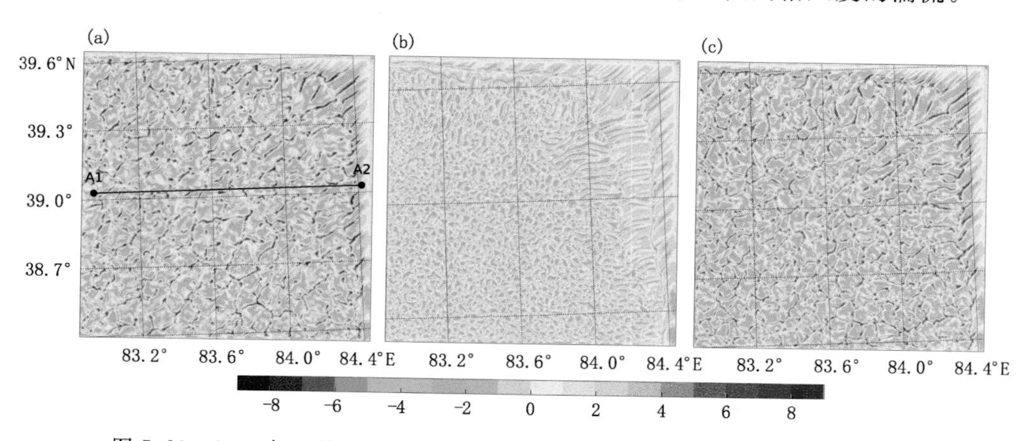

图 5.29 2016 年 7 月 1 日 14 时(a)WRF-LES、(b)YSU 和(c)Shin-Hong 试验 3000 m 高度瞬时垂直速度水平分布(阴影：m · s^{-1})

为了进一步研究尺度适应方案对沙漠 CBL 模式的影响，图 5.30 显示了塔中站(39°N)垂直速度(w)的垂直剖面图。在 Shin-Hong 方案中，原本宽阔且间隔规则的上升气流沿着 A1-A2 分裂成强度更大且更不规则的垂直运动。在 YSU 方案中，上升气流明显更弱，且分布均匀(图 5.30)，峰值上升气流约为 4 $m \cdot s^{-1}$，比 Shin-Hong(7.5 $m \cdot s^{-1}$)和 WRF-LES(9 $m \cdot s^{-1}$)要低得多。此外，上升气流间的水平距离也小得多。整体而言，YSU 方案中下沉气流的环流尺度更小，对流细胞状形态不足，强度更低。此外，YSU 试验中垂直速度的水平分布相对更窄，这说明在 YSU PBL 方案中存在一定程度的滚涡。Shin 等(2015)指出，YSU 试验除了所使用的 PBL 方案是造成试验中出现细胞状湍流的部分原因，与此同时，还有其他一些因素也对此结果造成了影响。总而言之，传统的非局地方案(YSU)试验结果误差较大，而令人鼓舞的是 Shin-Hong 能够模拟出于 WRF-LES 方案相似的湍流结构。

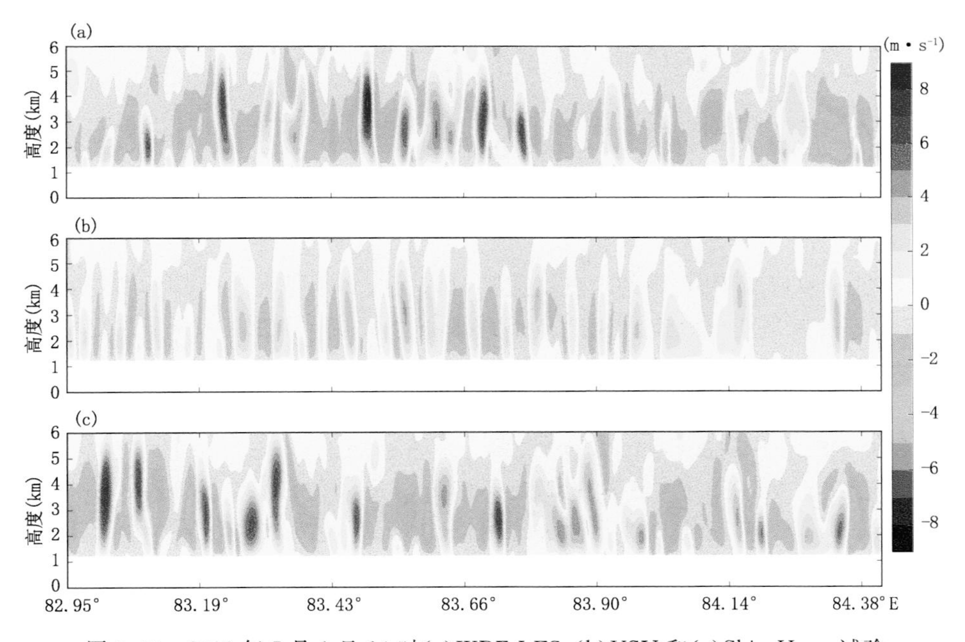

图 5.30 2016 年 7 月 1 日 14 时(a)WRF-LES、(b)YSU 和(c)Shin-Hong 试验沿 A1—A2 瞬时垂直速度(阴影：$m \cdot s^{-1}$)垂直剖面

5.3.3.3 功率谱和水平方差

图 5.31 是 2016 年 7 月 1 日 14 时 D04 区域 3000 m 高度垂直速度的功率谱。与上文所描述的边界层湍流结构一致，与 Shin-Hong 方案相比，YSU 方案严重低估了本案例中的可分辨湍流的能量。尽管 Shin-Hong 方案略微低估了可分辨湍流的能量，但是从图 5.31 仍然可以看出，该方案在模拟沙漠深厚 CBL 可分辨湍流方面确实

有一定的进步。以 WRF-LES 方案为参考,Shin-Hong 方案比 YSU 方案有所改进,但是在所有相关尺度上,Shin-Hong 方案仍然低估了可分辨湍流的能量。

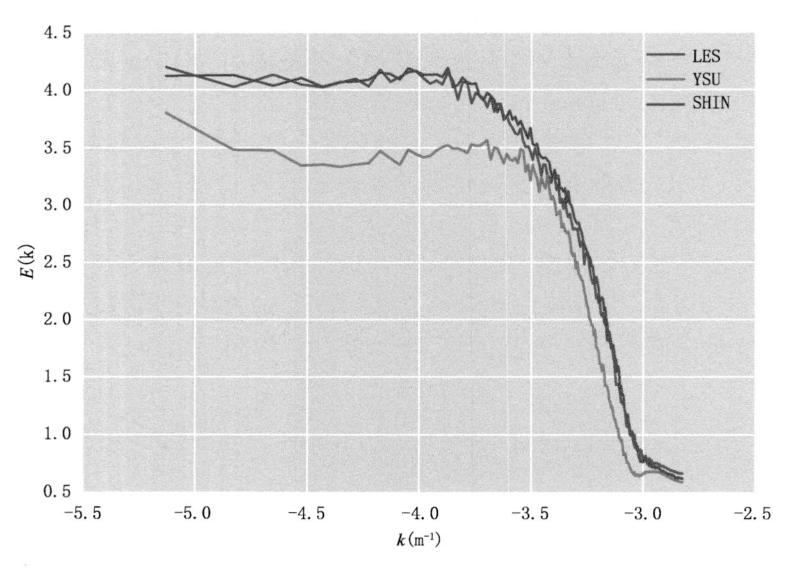

图 5.31　2016 年 7 月 1 日 14 时 D04 区域 3000 m 高度 w 功率谱

为了进一步研究 PBL 中的尺度适应性对塔克拉玛干沙漠边界层湍流的影响,图 5.32 展示了区域平均可分辨湍流热量输送的垂直廓线。从图 5.32 可见,从地表到 500 m 高度,w 的垂直梯度递减,而从 500 m 到 4000 m 高度递增。在 YSU 方案中,相应的 w 在 PBL 下部呈梯度递减,在 PBL 上部则呈梯度递增,但这一特征比 Shin-Hong 和 WRF-LES 的试验结果要弱得多。更重要的是,PBL 下部的下降特征和上部的上升特征在 WRF-LES 试验中体现得最为明显,其次为 Shin-Hong 试验,这是因为 Shin-Hong 试验正确模拟出了强的湍流结构,而在 YSU 试验中强的湍流结构则弱得多。也就是说,抑制 SGS 参数化的作用,使用灰区分辨率 LES 的经验性网格尺度依赖函数,可以正确地描述出尺度适应性对塔克拉玛干沙漠 CBL 的影响,并能提高 PBL 中 w 的垂直梯度,结果与 WRF-LES 方案相一致。Shin 等(2015)指出,Shin-Hong 方案的优势在于能够更好地表示出可分辨湍流通量。此处所示的可分辨湍流通量证实了 Shin-Hong 方案在深厚 PBL(大于 5000 m)研究中的适用性。但是,Shin-Hong 参数化方案并非针对像塔克拉玛干这样的极端条件(超级深厚 PBL)而开发的,Shin-Hong 方案中的假设条件及 LES 方案的参考数据边界层高度设定在 4000 m 以内(Shin et al., 2013)。尽管如此,将尺度适应 PBL 参数化方案直接应用到沙漠(例如塔克拉玛干沙漠)深厚边界层(大于 5000 m)的研究之中,仍然可以得到比传统方案更佳的模拟结果。

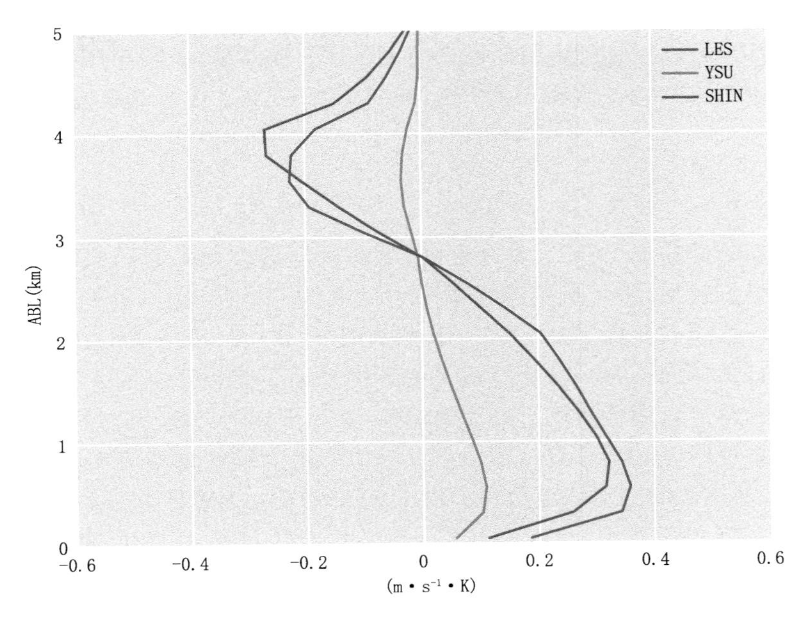

图 5.32　区域平均可分辨垂直热量输送垂直廓线

图 5.33 是模式模拟结果中垂直速度的概率分布。Shin-Hong 试验的 PDF(概率分布函数)与 WRF-LES 结果一致。但是,对于强上升气流或下沉气流而言,前者的 PDF 值略小。这说明来自 LES 参考数据的尺度依赖经验函数对非局地 PBL 方案模

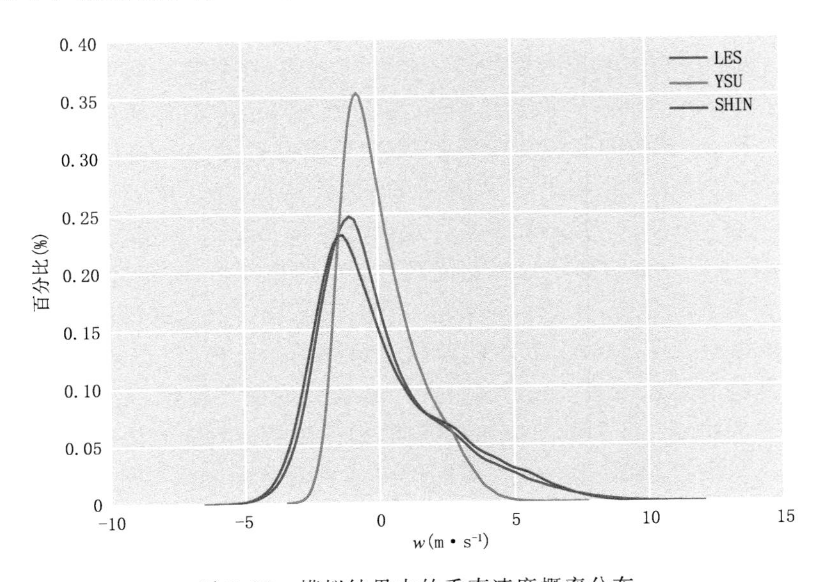

图 5.33　模拟结果中的垂直速度概率分布

拟湍流的强垂直运动有显著影响。另一方面，YSU 和 WRF-LES 之间的差异很大，YSU 试验中的垂直速度更低，强度也更弱。这表明在 YSU 试验中，强垂直速度并非主要来自于 PBL 过程，而 WRF-LES 和 Shin-Hong 方案中强垂直速度主要是由 PBL 湍流造成。

5.3.4 讨论

Shin-Hong 是基于 YSU 方案开发的，具有尺度适应性的非局地 PBL 算法。本节对此方案进行评估，将其试验结果与塔中站观测值进行对比，并与传统的非局地 YSU 边界层方案进行比较，测试了在 ARW-WRF 模式中尺度适应性方案对塔克拉玛干沙漠深厚 CBL(大于 5000 m)模拟结果的影响。为了弥补观测的不足，利用 WRF-LES 对塔克拉玛干沙漠边界层进行大涡模拟，进一步评估尺度适应性方案的性能。

研究结果表明，YSU 和 Shin-Hong 方案均可模拟出塔克拉玛干沙漠 CBL 典型的充分混合、弱逆温的三层位温结构。由于 Shin-Hong 方案将总非局地湍流热量输送廓线采用 LES 数据拟合，使其得以改进，因此，模拟结果中 CBL 廓线的温度和湿度更低，与 WRF-LES 模拟结果更加一致，而 YSU 试验则高估了 PBL 的温度和湿度。需要指出的是，Shin-Hong 试验中的 CBL 发展仍然略快于 WRF-LES，无法描述造成逆温结构，造成平滑且较低的 CBL。这说明，尽管 Shin-Hong 方案采用了来自 LES 的拟合数据，是目前最为先进的尺度适应 PBL 方案，但是它仍然存在不确定性。另一方面，非局地 PBL 方案中的尺度适应性对塔克拉玛干沙漠 CBL 模拟有着重大的影响。正如 Shin 等(2013)所述，新的 Shin-Hong 算法使廓线得到改进，主要得益于将总的非局地传输廓线与 LES 数据拟合。

另外，对边界层中的湍流结构的进一步分析表明，在塔克拉玛干深厚 CBL 湍流结构模拟方面，Shin-Hong 方案也比 YSU 方案更有优势。与传统的非局地 PBL 算法相比，Shin-Hong 模拟的湍流结构更加强健，环流也更强。Shin-Hong 试验重现了细胞状对流卷，其尺度大小略小于 WRF-LES 试验结果，而传统的 PBL 方案未能生成强对流卷。在本研究中，我们根据塔中观测试验和 WRF-LES 试验结果，对塔克拉玛干沙漠 CBL 次千米级模拟中潜在的问题进行了简单的梳理；今后需要对这些试验结果进行更加深入的分析，才能为未来的工作打下基础。之前深厚沙漠 CBL 案例研究，例如 Engelstaedter 等(2015)发现，英国气象局的综合模式(以单柱模式运行)在重现层积云结构时难度较大，这表明了 PBL 参数化方案在模拟沙漠深厚 CBL 关键过程存在一定的难度。我们的研究结果证明，即便使用最先进的传统非局地 PBL 方案(Hu et al.，2010)，在模式中加入灰区尺度适应性是非常重要的。就本研究个例而言，塔克拉玛干沙漠深厚 CBL 结构对 PBL 参数化方案中的尺度依赖函数非常敏感。采用了 LES 数据拟合后，非沙漠局地湍流输送得到改进，进而使平均廓线模拟更加合理。

5.4　本章小结

(1)DALES 大涡模式可以模拟出塔克拉玛干沙漠夏季晴空对流边界层结构和发展演变过程;沙漠边界层热通量随高度呈线性递减趋势,负值区间对应着夹卷层,正值区间对应混合层,最大负值对应对流边界层顶部;沙漠边界层湍流动能在午后存在大值中心,垂直空间尺度约为 3000 m,最大值可达到 4.0 $m^2 \cdot s^{-2}$。

(2)沙漠夏季晴空边界层湍流动能主要由地表热力浮力对流产生,机械剪切对边界层湍能的贡献相对较小,小尺度湍涡对湍能的耗散随高度呈减弱趋势,边界层湍能变化呈现间歇性特点。

(3)沙漠夏季晴空边界层中存在着有组织的热对流泡现象,其最大上升速度可超过4.0 $m \cdot s^{-1}$;热对流运动一般呈羽状和网状分布特征,在上升运动区周围伴随有大片的下沉气流。

(4)地表感热和逆温层顶盖强度是控制和影响沙漠对流边界层发展的两个重要因素,地表感热增大,边界层变暖且高度升高,地表感热减小,边界层变冷且高度降低。在感热不变的条件下,逆温层顶盖强度越大,越不利于对流边界层的发展,逆温层顶盖强度越小,越有利于对流边界层的发展。

(5)以塔克拉玛干沙漠夏季深厚对流边界层为例,通过不同的模式设置和敏感性模拟试验,评估了 WRF 模式的大涡模拟性能。侧边界条件的敏感性试验表明,模式结果对侧边界条件的时间分辨率和模拟区域网格大小十分敏感。较大的模拟区域会改变研究区域与侧边界条件的距离,并且可以有效减少侧边界条件附近较大的预报误差。

(6)研究中使用的模式配置较好再现了沙漠大气边界层演变过程,呈现出早晨对流边界层热力和水汽结构。模式模拟了相对干燥、冷的早晨对流边界层发展过程,低估了塔中站近地面温度(1.5 K)和水汽含量(1 $g \cdot kg^{-1}$)。对流边界层廓线的高估主要是由模式和观测值初始差异引起,这表明模拟结果对模式设置的初始条件十分敏感。然而,模式可以纠正土壤水分偏差导致的水汽误差。模式精确再现了下午大气边界层的热力结构,但模拟结果比观测更偏暖偏湿。对流边界层位温廓线比观测值高约 0.4 K。模式高估了沙漠下午的水分含量,并高估了对流边界层中的水汽混合比(约 1～2 $g \cdot kg^{-1}$)。模拟和观测之间最大的差异出现在 0～3 km 高度层,模式水汽混合比是观测值的两倍(高达约 3 $g \cdot kg^{-1}$)。

(7)通过开展三个感热通量敏感性试验,分析了地表感热通量对白天对流边界层发展的影响。研究表明,模式结果对感热通量和陆面模式十分敏感,模式输出的感热通量与观测值之间的巨大差异会导致白天对流边界层发展的差异。因此,地表感热通量是影响夏季塔克拉玛干沙漠对流边界层过程的一个重要因素。然而,因为夹卷率在一天结束时减小，模拟期间的边界层峰值厚度对感热通量不太敏感。需要注意的是，塔克拉玛干对流边界层达到超厚(>4000 m)需要几天有利的环境，持续的高温天气和较强的感热通量是对流边界层由薄到厚发展的关键因素，但感热通量并不是唯一主导因素。

(8)具有尺度适应的 Shin-Hong PBL 方案，在塔克拉玛干沙漠深厚 CBL 结构模拟中展现出令人鼓舞的结果，与传统非局地 PBL 方案相比，Shin-Hong 方案的廓线以及湍流结构模拟显著提升。传统非局地方案的主要短板(非局地输送和尺度描述)均可通过合理的方式进行处理。然而，尽管具有尺度适应的 Shin-Hong 方案在深厚沙漠 CBL 模拟方面非常有效，但是仍然要考虑到其不确定性。Shin-Hong 试验结果与观测结果以及 WRF-LES 试验结果之间仍然存在不匹配的情形。这意味着需要进一步量化尺度适应 PBL 方案中在灰区分辨率数值模拟的不确定性。此外，因为数据的缺乏，塔克拉玛干地区的模式性能仍然具有不确定性。需要该地区更多精细的观测数据(包括地表数据和探空数据)来进一步提高模式性能。

参考文献

BRETHERTON C S, MACVEAN M K, BECHTOLD P, et al, 1999. An intercomparison of radiatively driven entrainment and turbulence in a smoke cloud, as simulated by different numerical models[J]. Quarterly Journal of the Royal Meteorological Society, 125(554):391-423.

CHEN F, DUDHIA J, 2001a. Coupling an advanced land surface-hydrology model with the Penn State-NCAR MM5 modeling system. Part I: Model implementation and sensitivity[J]. Mon Wea Rev, 129, 569-585.

CHEN F, DUDHIA J, 2001b. Coupling an Advanced Land Surface-Hydrology Model with the Penn State-NCAR MM5 Modeling System. Part II: Preliminary Model Validation[J]. Monthly Weather Review, 129(4):587-604.

DEARDORFF J W, 1972a. Numerical investigation of neutral and unstable planetary boundary layers[J]. Journal of the Atmospheric Sciences, 29:91-115.

DEARDORFF J W, 1972b. Theoretical expression for the counter-gradient Vertical heat flux[J]. Journal of Geophysical Research, 77:5900-5904.

DEARDORFF J W, 1980. Stratocumulus-capped mixed layers derived from a three dimensional model[J]. Boundary-Layer Meteorology, 18:495-527.

DUDHIA J, 1989. Numerical study of convection observed during the winter monsoon experiment using a mesoscale two-dimensional model[J]. J Atmos Sci, 46:3077-3107.

ENGELSTAEDTER S, WASHINGTON R, FLAMANT C, et al, 2015. The Saharan heat low and moisture transport pathways in the central Sahara—Multiaircraft observations and Africa-LAM evaluation[J]. Journal of Geophysical Research: Atmospheres, 120(10):2015JD023123.

HAN B, S H LYU, Y H AO, 2012. Development of the convective boundary layer capping with a thick neutral layer in Badanjilin: Observations and simulations[J]. Adv Atmos Sci, 29:

177-192.

HONG S Y,LIM J O J, 2006. The WRF single-moment 6-class microphysics scheme (WSM6)[J]. J Korean Meteor Soc, 42(2):129-151.

HONG S Y,PAN H L, 1996. Nonlocal boundary layer vertical diffusion in a medium-range forecast model[J]. Monthly Weather Review, 124(10):2322-2339.

HU X M,J W NIELSEN GAMMON, F Q ZHANG, 2010. Evaluation of three planetary boundary layer schemes in the WRF model[J]. J Appl Meteor Climatol, 49: 1831-1844.

JIMÉNEZ P A,DUDHIA J, GONZÁLEZ-ROUCO J F,et al, 2012. A revised scheme for the WRF surface layer formulation[J]. Monthly Weather Review, 140(3):898-918.

KAIN J S, 1993. Convective parameterization for mesoscale models: The Kain-Fritsch scheme. The representation of cumulus convection in numerical models[J]. Meteor Monogr, 46: 165-170.

KAIN J S,2004. The Kain-Fritsch convective parameterization:An update[J]. J Appl Meteor, 43: 170-181.

LEMONE M A, M TEWARI, F CHEN, et al, 2013. Objectively determined fair-weather CBL depths in the ARW-WRF model and their comparison to CASES-97 observations[J]. Mon Wea Rev, 141: 30-54.

LIU S,LIANG X,2010. Observed diurnal cycle climatology of planetary boundary layer height[J]. Journal of Climate, 23(21):5790-5809.

MLAWER E J, S J TAUBMAN, P D BROWN, et al, 1997. Radiative transfer for inhomogeneous atmospheres: RRTM, a validated correlated-k model for the longwave[J]. J Geophys Res Atmos, 102: 16663-16682.

SCHICKER I, D ARNOLD ARIAS, ,P SEIBERT, 2016. Influences of updated land-use datasets on WRF simulations for two Austrian regions[J]. Meteor Atmos Phys, 128: 279-301.

SHIN H H,HONG S Y,2013. Analysis of resolved and parameterized vertical transports in convective boundary layers at Gray-Zone resolutions. Journal of the Atmospheric Sciences, 70 (10):3248-3261.

SHIN H H,HONG S Y,2015. Representation of the subgrid-scale turbulent transport in convective boundary layers at Gray-Zone resolutions[J]. Monthly Weather Review, 143(1): 250-271.

SHIN H H,HONG S Y,2011. Intercomparison of planetary boundary-layer parametrizations in the WRF Model for a single day from CASES-99[J]. Boundary-Layer Meteorology, 139(2): 261-281.

SMIRNOVA T G, J M BROWN, S G BENJAMIN, et al, 2000. Parameterization of cold-season processes in the MAPS land-surface scheme[J]. J Geophys Res Atmos, 105: 4077-4086.

SMIRNOVA T G,J M BROWN,S G BENJAMIN,1997. Performance of different soil model configurations in simulating ground surface temperature and surface fluxes[J]. Mon Wea Rev, 125: 1870-1884.

TALBOT C, BOU-ZEID E,SMITH J, 2012. Nested mesoscale large-eddy simulations with WRF:

Performance in real test cases[J]. Journal of Hydrometeorology, 13(5):1421-1441.
ZHANG F M, Z X PU, C H WANG, 2017. Effects of boundary layer vertical mixing on the evolution of hurricanes over land[J]. Mon Wea Rev, 145: 2343-2361.
ZHOU B, SIMON J S, CHOW F K, 2014. The convective boundary layer in the Terra Incognita [J]. Journal of the Atmospheric Sciences, 71(7):2545-2563.

第 6 章　塔克拉玛干沙漠夏季深厚边界层过程对区域环流的反馈

6.1　数值试验设计

利用 WRF(Weather Research and Forecasting)模式对 2016 年 7 月出现的 5000 m 厚度大气边界层过程进行了模拟。模拟时间为 2016 年 7 月 01 日 00 时—7 月 02 日 20 时，使用 NCEP(National Centers for Environmental Prediction)GFS 预报资料作为模式初始场与侧边界。模拟区域网格采用双重嵌套(15 km/3 km，见图 6.1)，模拟区域中心为(45°N，80°E)，水平格点数分别为 411×321、790×650，垂直分层共 38 层，模式层顶为 50 hPa，时间步长 90 s，粗网格输出时间间隔为 6 h，细网格为 1 h。长波辐射和短波辐射分别采用 RRTMG 方案(Mlawer et al.，1997)、Dudhia 方案(Dudhia，1989)；微物理过程采用 WSM6 方案(Hong et al.，2006)；粗网格积云对流参数化采用 Kain-Fritsch 方案(Kain et al.，1993，2004)，细网格未使用积云对流参数

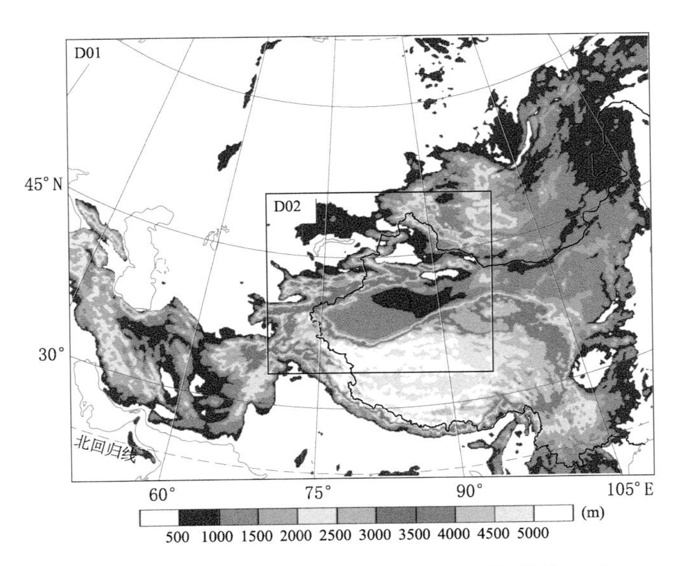

图 6.1　WRF 模式网格设置，阴影为地形(单位：m)

化方案;边界层参数化采用 YSU 方案。为了定量分析塔克拉玛干沙漠夏季深厚大气边界层过程对区域环流的影响,考虑到地表感热在沙漠陆面和边界层过程中占主导因素,本章在控制试验(FLUX_1.0 试验)基础上还分别进行了敏感性试验(FLUX-0.25 试验、FLUX-1.5 试验),具体做法是:FLUX-0.25 试验将塔克拉玛干沙漠区域地表感热减小为控制试验的 0.25 倍,FLUX-1.5 试验将沙漠区域地表感热增大为控制试验的 1.5 倍,其他参数均保持不变。通过以上数值模拟试验,可以分析不同地表热力情形下的沙漠边界层时空变化差异、成因及其对区域环流的影响效应。

6.2 沙漠深厚大气边界层模拟

为了深入认识塔克拉玛干沙漠夏季深厚大气边界层的时空变化特征、形成原因以及深厚边界层过程对区域环流的影响效应,这里利用中尺度数值模式 WRF 对 2016 年 7 月 1 日的沙漠边界层过程进行了模拟分析。数值试验包括 FLUX-1.0 试验(控制试验)、FLUX-0.25 试验(地表感热减小为控制试验的 0.25 倍)、FLUX-1.5 试验(地表感热增大为控制试验的 1.5 倍)。

图 6.2 给出了 FLUX-1.0 试验(控制试验)模拟得到的 7 月 1 日 10:00—24:00 边界层高度变化。从图可清晰地看到塔克拉玛干沙漠边界层的动态变化过程,模拟 2 h 后,沙漠边界层从盆地东南缘开始逐渐发展,呈现东南—西北向“东灌”加强的变化形态,模拟 5 h 后,超过 4000 m 高度的边界层已占据沙漠的大部分区域,模拟 7 h 后,沙漠边界层高度均达到 4000 m,中部边界层最大高度已超过 5000 m。从总体来看,沙漠边界层在 16:00—19:00 发展的最为旺盛和深厚,其边界层高度的大值区主要分布在沙漠中部主体区域,最大高度可达到 5500 m。20:00 沙漠边界层开始衰退,22:00 以后边界层迅速衰退到 1000 m 高度以下。从图中也可以看出,白天沙漠边界层明显高于周边山区、绿洲及新疆北部地区。图 6.3 给出了 FLUX-1.0 试验模拟得到的沙漠腹地塔中 7 月 1 日 10:15、13:15、16:15、19:15 位温廓线与探空观测位温廓线的对比图。可以看出,模拟的 13:15 位温廓线与探空位温廓线十分接近,所表征的边界层高度均在 3300 m 左右;16:15 和 19:15 的位温廓线模拟值与观测值略有差异,模拟得到的边界层高度比实际观测的边界层高度略低一些。但从总体来看,模式模拟结果与探空观测结果基本一致,说明模式模拟的 7 月 1 日沙漠大气边界层过程是准确的。

从敏感性数值试验结果(图 6.4)可以看出,当把沙漠区域地表感热通量减小为 0.25(FLUX-0.25),无论 14:00 还是 20:00,沙漠边界层高度整体上显著降低,当地表感热通量增大为控制试验的 1.5 倍时(FLUX-1.5),沙漠边界层强烈发展,14:00 和 20:00 沙漠边界层整体高度高于控制试验(FLUX-1.0),最大高度达到 6000 m。上述模拟结果进一步说明地表感热通量是控制和影响深厚沙漠边界层及其分布最重

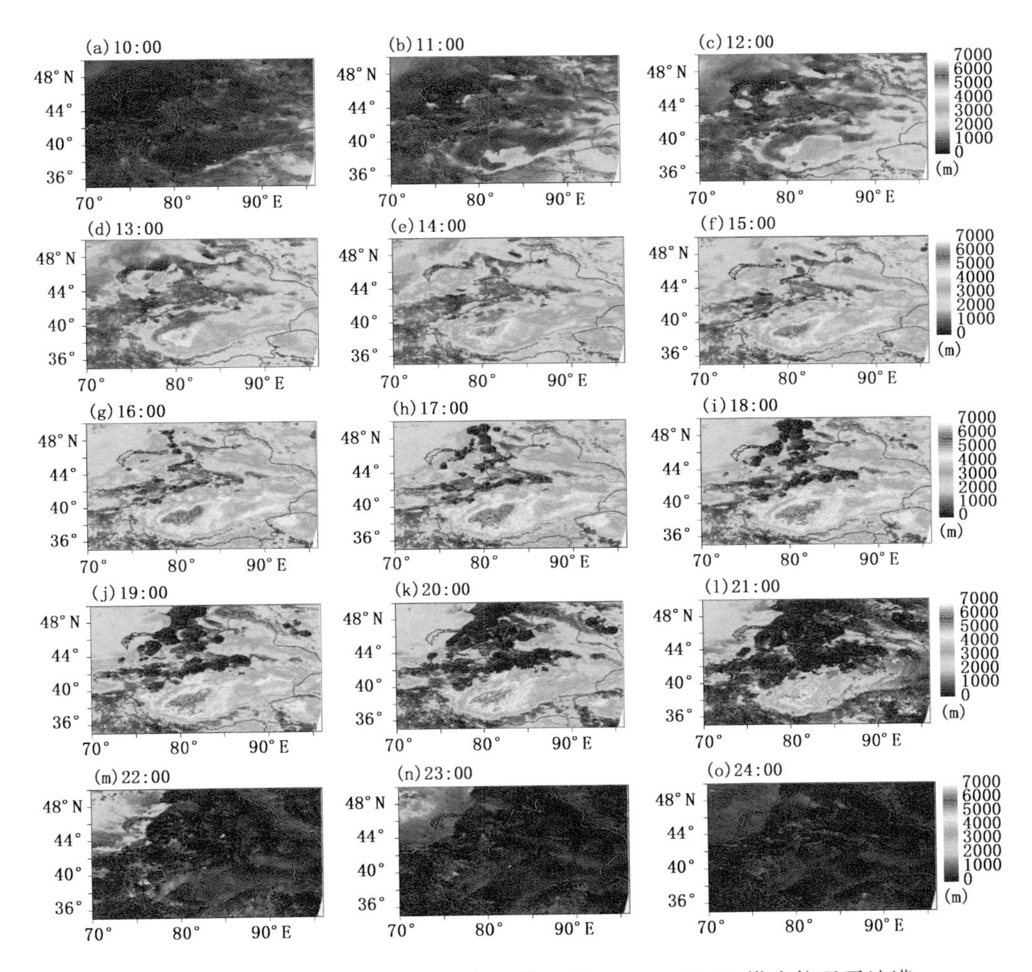

图 6.2　WRF 模式模拟的 2016 年 7 月 1 日 10:00—24:00 塔克拉玛干沙漠边界层高度变化特征(单位:m)

要的因子,地表感热通量增大,沙漠边界层高度升高,范围扩大,感热通量减小,沙漠边界层高度显著降低,范围缩小。

6.3　沙漠异常深厚边界层过程对区域环流的反馈作用和影响

沙漠夏季白天地表感热较大,垂直方向湍流输送很强;入夜后,湍流强度和湍流摩擦力迅速减弱,由于科氏力诱发的惯性振荡作用,一般会在夜间稳定边界层顶形成低空急流。Ge 等(2016)利用 2000—2012 年的 ERA 再分析资料研究了塔克拉玛干沙漠夜间的低空急流现象,结果表明:该沙漠每年有 60%以上的夜间会出现大范围

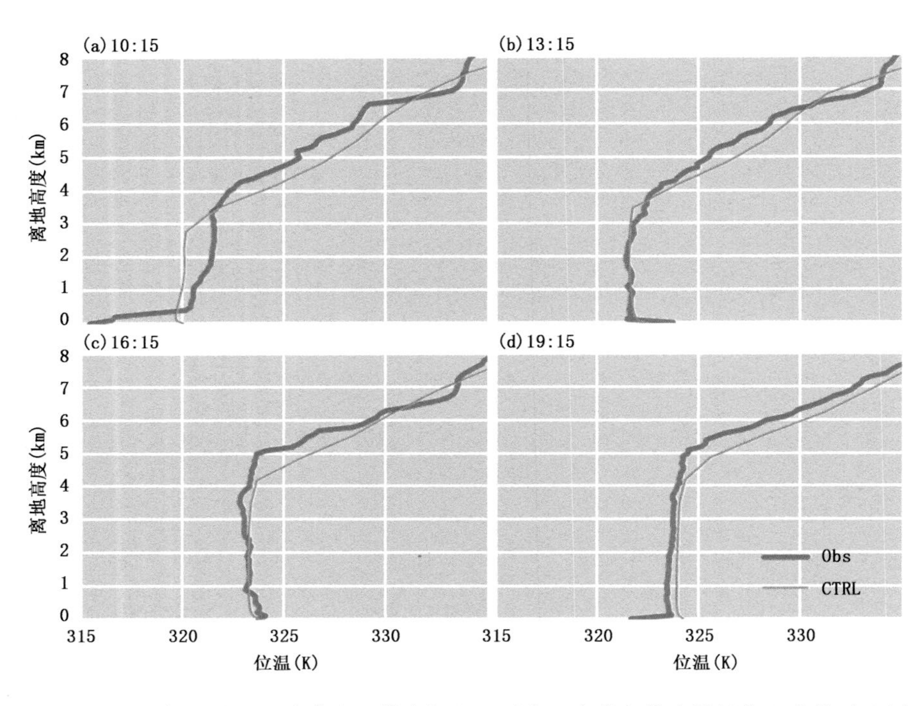

图 6.3　2016 年 7 月 1 日沙漠腹地塔中探空观测位温廓线与模式模拟位温廓线对比图

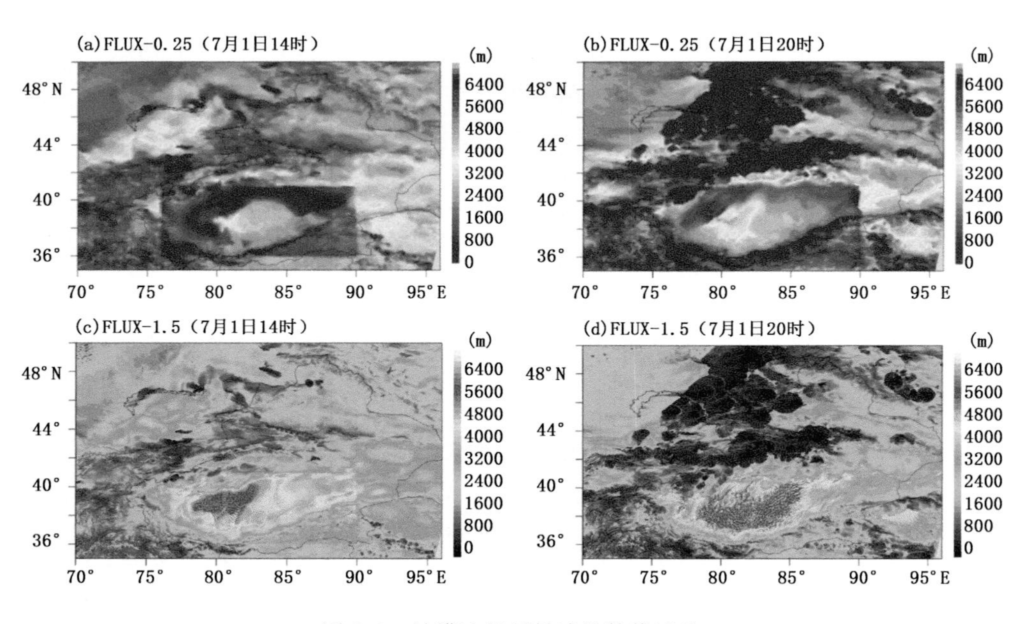

图 6.4　沙漠边界层敏感性数值试验

的偏东低空急流，并且夜间低空急流与白天对流边界层过程紧密相关，急流日 CBL 高度显著高于非急流日 CBL 高度，也即当白天出现深厚的对流边界层时，次日夜间常会形成较强的偏东低空急流。

图 6.5 给出了 FLUX-1.0 试验与 FLUX-0.25 试验 850 hPa 风场的差值分布图。可以看出，7 月 1 日 14 时和 20 时水平风差值较小，20 时沙漠区域水平风差值表现为西北风、北风和东北风；7 月 2 日 02 时和 08 时水平风差值较大，呈现显著的偏东风差异，最大水平风差值可超过 13.0 m · s^{-1}，这主要体现的是 FLUX-1.0 试验下沙漠夜间稳定边界层顶的低空急流现象。为了进一步说明这一点，图 6.6 分别给出 FLUX-0.25 试验、FLUX-1.0 试验和 FLUX-1.5 试验下 7 月 2 日 02 时 850 hPa 水平风场分布图。可以看到，在 FLUX-0.25 试验下850 hPa 风场并不存在大范围的偏东低空急流，而在 FLUX-1.0 试验和 FLUX-1.5 试验下，850 hPa 风场呈现出明显的偏东低空急流，并且随着地表感热的增大，低空急流强度也在增大，这说明塔克拉玛干沙漠夏季夜间低空急流与白天地表感热和对流边界层过程紧密相关。由于塔克拉玛干沙漠三面环山，东部为缺口，该偏东低空急流会促使沙漠区域低层大气产生显著的聚集和动力辐合上升运动(图 6.10)。

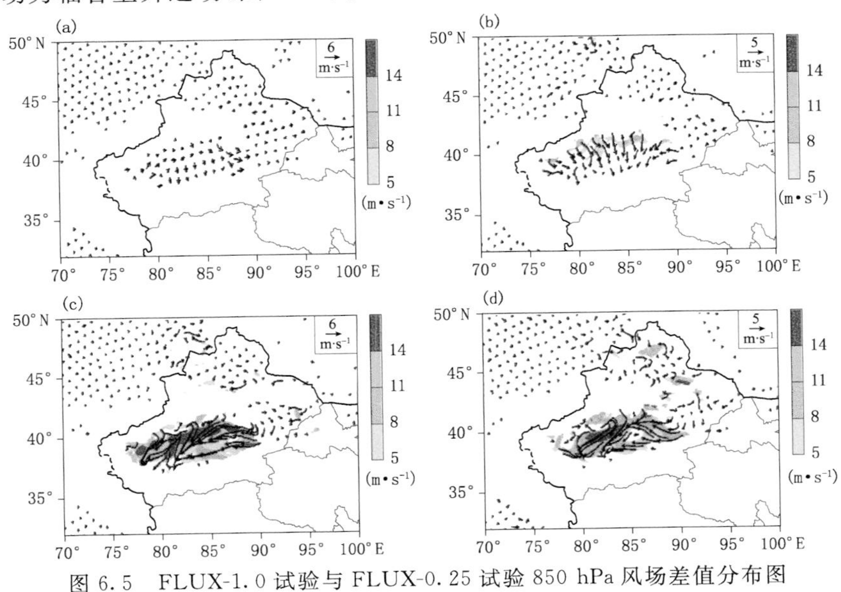

图 6.5　FLUX-1.0 试验与 FLUX-0.25 试验 850 hPa 风场差值分布图

(a)2016 年 7 月 1 日 14:00；(b)2016 年 7 月 1 日 20:00；(c)2016 年 7 月 2 日 02:00；(d)2016 年 7 月 2 日 08:00

从 FLUX-1.0 试验与 FLUX-0.25 试验 700 hPa 风场的差值图(图 6.7)可以看到，FLUX-1.0 试验有利于在 700 hPa 形成正涡度环流，7 月 2 日 08 时沙漠区域呈现为一个明显的气旋型环流差异。

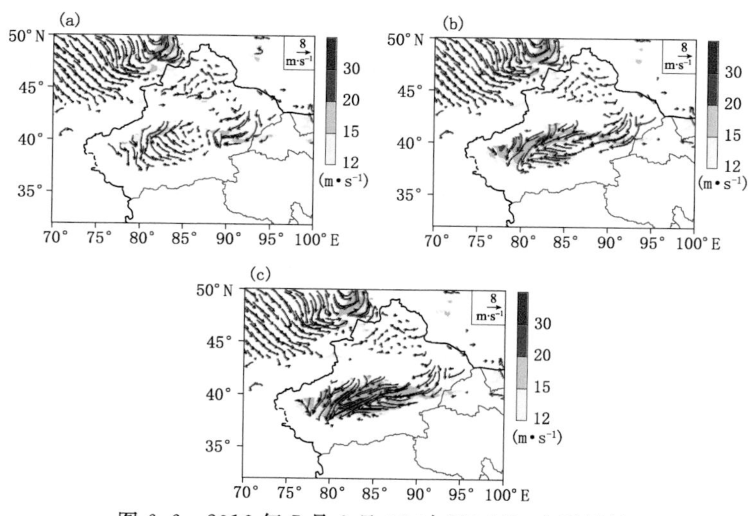

图 6.6 2016 年 7 月 2 日 02 时 850 hPa 水平风场

(a)FLUX-0.25 试验;(b)FLUX-1.0 试验;(c)FLUX-1.5 试验

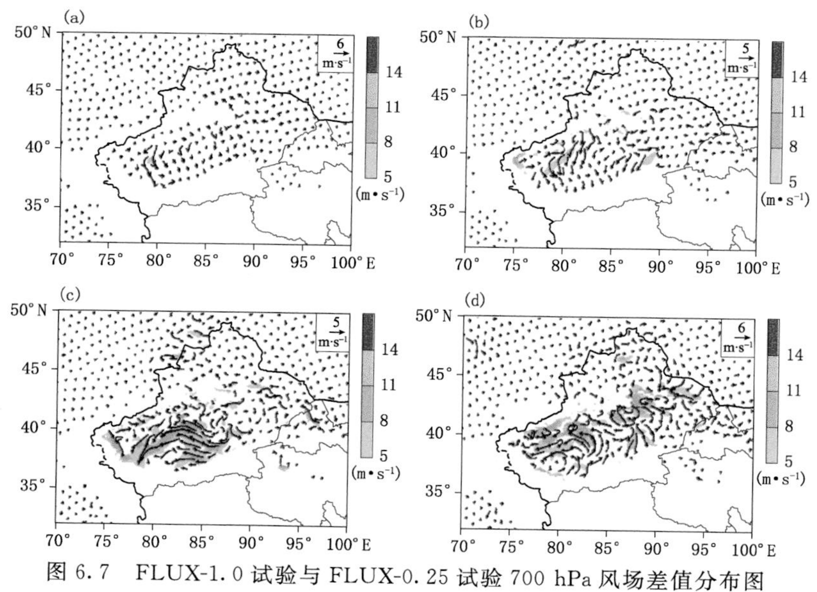

图 6.7 FLUX-1.0 试验与 FLUX-0.25 试验 700 hPa 风场差值分布图

(a)2016 年 7 月 1 日 14:00;(b)2016 年 7 月 1 日 20:00;(c)2016 年 7 月 2 日 02:00;

(d)2016 年 7 月 2 日 08:00

从 FLUX-1.0 试验与 FLUX-0.25 试验 500 hPa 风场差值图(图 6.8)可以看到,相对于 FLUX-0.25 试验,FLUX-1.0 试验有利于加强 500 hPa 高空大气的辐散运动和反气旋环流的强度。图 6.9 分别给出了 FLUX-0.25 试验、FLUX-1.0 试验、

FLUX-1.5 试验的 7 月 1 日 20 时和 7 月 2 日 08 时 500 hPa 水平风场图。可以看出，在 FLUX-0.25 试验下，7 月 1 日 20 时沙漠区域 500 hPa 高空无明显的辐散特征，上游的偏西气流可直接进入沙漠(图 6.9a)。在 FLUX-1.0 试验和 FLUX-1.5 试验下，7 月 1 日 20 时沙漠区域 500 hPa 高空存在明显的辐散特征，上游的偏西气流不能顺利进入沙漠腹地，到了 7 月 2 日 08 时沙漠和青藏高原北部 500 hPa 高空则发展为一个明显的反气旋环流。总体来看，随着地表感热的增大，500 hPa 大气的辐散运动和反气旋环流的强度也在加强。此外，从 FLUX-1.0 和 FLUX-0.25 试验的 400 hPa 风场图(图略)来看，二者无明显差异，均为偏西气流，说明沙漠深厚大气边界层过程主要对 400 hPa 以下的区域环流产生影响。

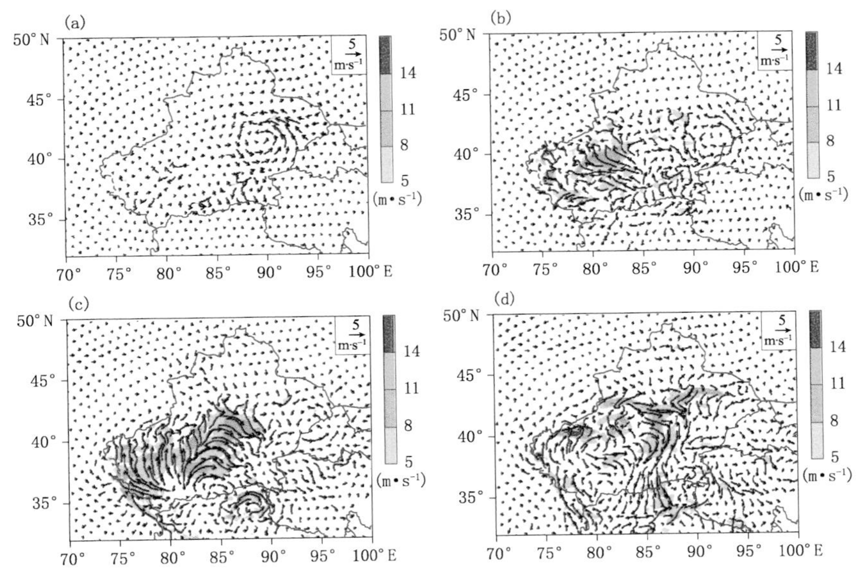

图 6.8　FLUX-1.0 试验与 FLUX-0.25 试验 500 hPa 风场差值分布图
(a)2016 年 7 月 1 日 14:00;(b)2016 年 7 月 1 日 20:00;(c)2016 年 7 月 2 日 02:00;
(d)2016 年 7 月 2 日 08:00

为了进一步说明上述沙漠区域大气的动力特征，图 6.10 给出 FLUX-1.0 试验下 7 月 2 日 08 时沿 38°N 的风矢量垂直剖面图。可以看出，低层表现为风速较大的偏东风，厚度约600 m，该偏东低空急流促使沙漠中西部低层大气产生明显的空气聚集和辐合上升运动，最大上升高度可达到 5000 m，由于受高空偏西气流影响，辐合上升气流在高空转向并向东运动，到达沙漠东部后形成下沉气流，这支下沉气流主要弥补了偏东低空急流造成的空气缺失。上述分析结果进一步印证了对 850 hPa、700 hPa 和 500 hPa 水平风场的分析结果，说明沙漠夜间稳定边界层顶的低空急流有利于加强该区域低层大气辐合上升与中高层辐散动力效应，亦加强了 500 hPa 反气旋环流

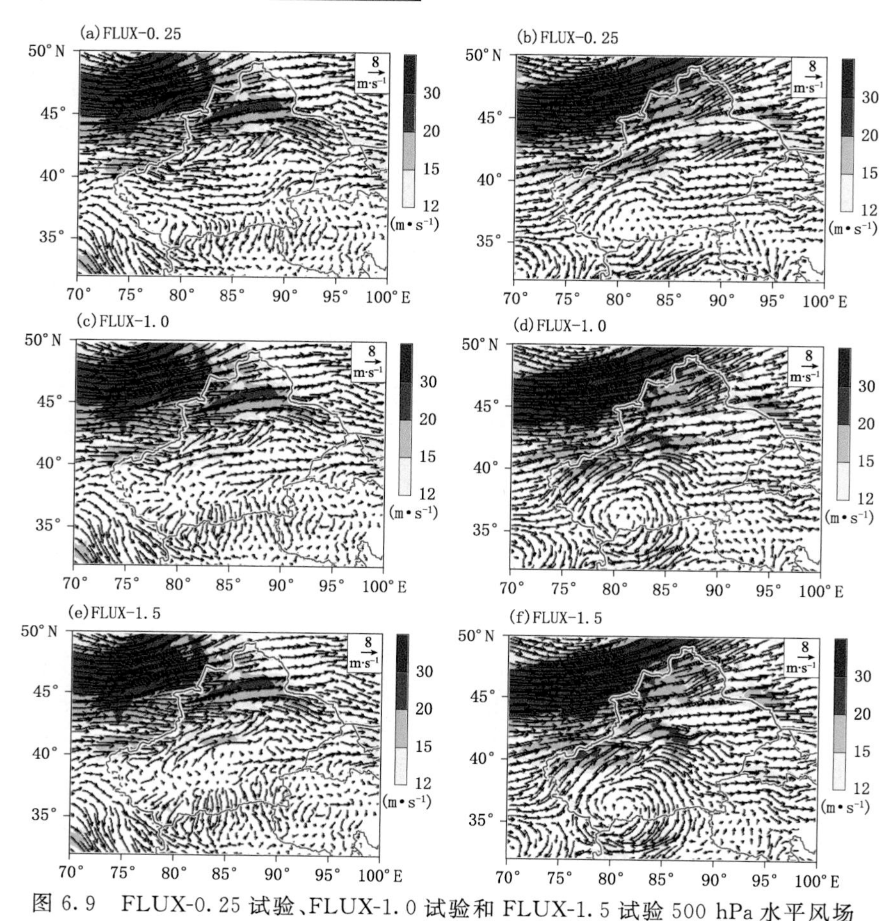

图 6.9 FLUX-0.25 试验、FLUX-1.0 试验和 FLUX-1.5 试验 500 hPa 水平风场

(a)、(c)、(e)对应时间为 2016 年 7 月 1 日 20:00;(b)、(d)、(f)对应时间为 2016 年 7 月 2 日 08:00

的强度。此外,通过分析上述试验的 850 hPa、700 hPa、500 hPa 风场差值图可知,2016 年 7 月 1 日深厚大气边界层过程对环流的影响是区域性的,主要集中于塔克拉玛干沙漠及周边,对其他地区影响较小。

本节统计了沙漠腹地和沙漠周边 2016 年 7 月偏东低空急流(LLJ)出现的次数(表 6.1)。偏东低空急流确定方法如下:在 1500 m 高度以下选取风速≥12 m·s^{-1}的最大风速值(V_{max});最大风速值 V_{max} 与其上部 3000 m 高度范围内最小风速的差值(ΔV)≥6 m·s^{-1};最大风速值 V_{max} 对应的风向 0°<WD<180°。从表 6.1 可以看到,塔中、若羌、民丰、库尔勒 2016 年 7 月分别出现偏东低空急流 10 次、9 次、5 次、4 次,塔中出现概率达到 30%以上。图 6.11 给出塔中 10 个急流日每日四个时刻的平均风速图,可以看出,夜间存在明显的低空急流,急流轴最大平均风速可超过 13 m·s^{-1},白天时段对应的平均风速较小,通过统计也发现,塔中 10 个急流日中有 7 个急流日对应

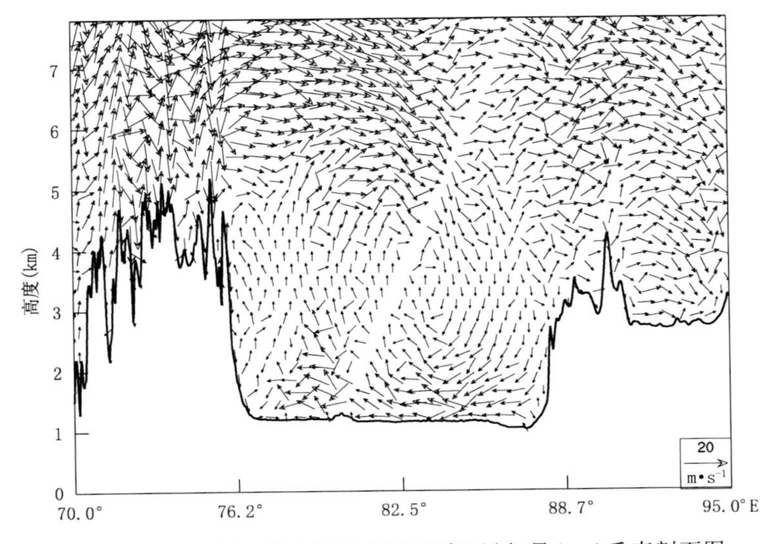

图 6.10　2016 年 7 月 2 日 08 时沿 38°N 风矢量(uw)垂直剖面图

的前一日边界层发展较高,PBL 高度均大于 3000 m,这说明塔中夜间偏东低空急流与白天边界层物理过程有着紧密的联系,该偏东低空急流多由夜间边界层顶惯性振荡作用所触发。由于沙漠三面环山,偏东低空急流往往会促使盆地低层大气产生聚集和动力辐合上升运动,从而有利于加强中层大气的辐散运动强度。

表 6.1　塔克拉玛干沙漠腹地和周边 2016 年 7 月 1—31 日夜间偏东低空急流确定标准和出现次数

低空急流	V_{max}(m·s^{-1})	ΔV(m·s^{-1})	风向	塔中		库尔勒	若羌	民丰
				01:15	07:15	07:15	07:15	07:15
LLJ	≥12	≥6	0°<WD<180°	10	8	4	9	5

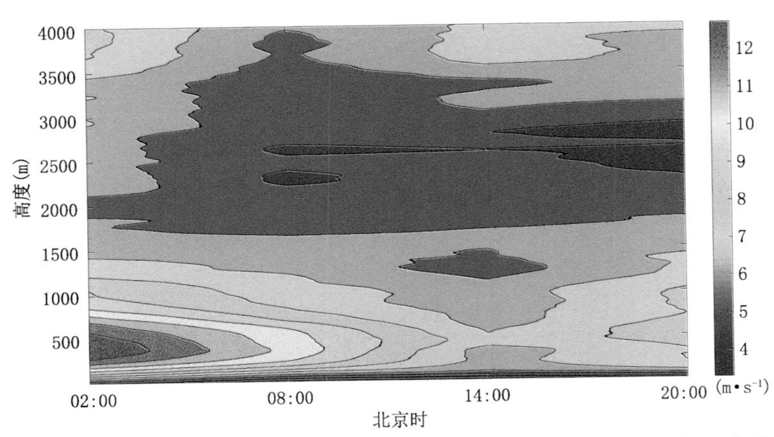

图 6.11　沙漠腹地塔中 2016 年 7 月偏东低空急流日的平均风速时间—高度图

图 6.12 给出了塔克拉玛干沙漠 2016 年 7 月 1 日异常深厚大气边界层过程对区域环流影响的概念模型示意图，从该图可清楚地反映出上述分析的影响机制和物理过程。沙漠夏季白天地表感热较大，湍流强度较强，边界层大气除了受气压梯度力和科氏力的作用外，还受湍流摩擦力的作用和影响；夜间来临后，地面温度逐渐低于大气温度，进而形成稳定边界层，由于夜间湍流强度和湍流摩擦力迅速减弱，科氏力就会在稳定边界层顶诱发出惯性振荡，进而形成稳定边界层顶的低空急流，而沙漠三面环山，该低空急流便促使低层大气产生显著的聚集和动力辐合上升运动，势必加强了 500 hPa 大气的辐散运动和反气旋环流的强度。

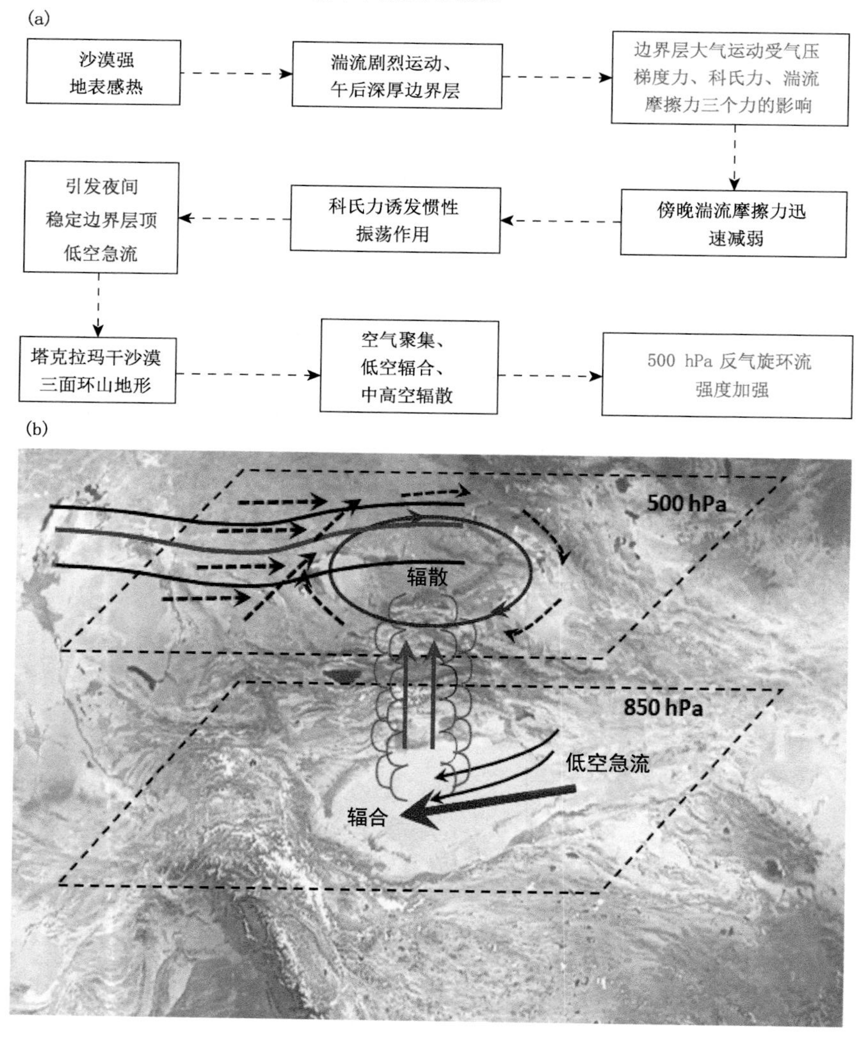

图 6.12 塔克拉玛干沙漠异常深厚大气边界层过程对区域环流反馈和影响示意图

6.4 本章小结

利用塔克拉玛干沙漠腹地和周边2016年7月的探空观测资料，研究了沙漠异常深厚大气边界层时空演变特征，探讨了深厚边界层过程在不同地表感热情形下区域环流的差异、成因及其内在的物理机制。

(1)塔克拉玛干沙漠2016年7月1日边界层高度达到5000 m，沙漠深厚边界层在空间上呈现东南—西北向"东灌"发展加强的日变化形态，其边界层高度的大值区主要分布在沙漠中部，沙漠边界层明显高于周边山区和绿洲。

(2)塔克拉玛干沙漠2016年7月1日异常深厚大气边界层过程在次日夜间伴随有较强的偏东低空急流，最大风速可达到13.5 $m \cdot s^{-1}$，由于沙漠三面环山，东部为缺口，该偏东低空急流促使沙漠中西部低层大气产生显著的空气聚集和动力辐合上升运动，从而加强了500 hPa中层大气的辐散运动和反气旋环流的强度。通过对该地区偏东低空急流进行统计，塔中、若羌、民丰、库尔勒2016年7月出现偏东低空急流分别为10次、9次、5次、4次，塔中出现概率达到30%以上。

(3)塔克拉玛干沙漠2016年7月1日异常深厚大气边界层过程对区域环流的影响主要存在于400 hPa以下，对400 hPa以上影响较小，这种影响也是区域性的，主要集中于沙漠及周边地区。

参考文献

DUDHIA J,1989. Numerical study of convection observed during the winter monsoon experiment using a mesoscale two-dimensional model[J]. J Atmos Sci,46(20):3077-3107.

GE J M,H Y LIU, J P HUANG,2016. Taklimakan Desert nocturnal low-level jet: climatology and dust activity[J]. Atmos Chem Phys,16(12):7773-7783.

HONG S Y,Y NOH,2006. A new vertical diffusion package with an explicit treatment of entrainment processes[J], Mon Wea Rev,134:2318-2341.

KAIN J S,2004. The Kain-Fritsch convective parameterization: an update[J]. J Appl Meteor,43(1):170-181.

KAIN J S,J M FRITSCH,1993. Convective Parameterization for MesoscaleModels: The Fritsch-Chappell Scheme. The Representation of Cumulus Convection in Numerical Models[R]. American Meteorological Society.

MLAWER E J, S J TAUBMAN, P D BROWN,et al,1997. Radiative transfer for inhomogeneous atmospheres: RRTM, a validated correlated-k model for the longwave[J]. J Geophys Res Atmos, 102(D14):16663-16682.

第 7 章　基于风廓线雷达的沙尘暴探测分析与应用

沙尘暴是干旱和半干旱地区常见的一种灾害性天气，是大气运动和自然地理环境的综合产物。沙尘暴的发生、发展不仅破坏生态平衡和人类生存环境，而且对气候变化有着重要影响，其造成的直接损失和间接损失巨大。因此，准确地进行沙尘暴的定量监测和预报对防灾减灾、生态环境保护与可持续发展具有重要的科学和现实意义。本章介绍了风廓线雷达的探测原理、风廓线雷达探测沙尘暴的基本特征及基于风廓线雷达的沙尘暴质量浓度定量反演估算方法。

7.1　沙尘暴监测方法概述

卫星遥感和雷达是目前监测沙尘暴最常用的技术手段。就卫星遥感而言，主要借助静止气象卫星和极轨气象卫星进行沙尘暴监测。沙尘中含有大量的矿物质，它通过吸收和散射太阳辐射及地面和云层长波辐射来影响地球辐射收支和能量平衡，表现出光谱特征的差异性。根据不同光谱波段上沙尘粒子的散射和辐射特性，可以有效地在卫星遥感数据中区分出沙尘层、云、地面等目标物。Fraser(1993)研究表明，利用 NOAA/AVHRR 数据的可见光和近红外通道反演沙尘暴光学厚度是可行的。叶笃正(2005)、孙司衡(2000)、方宗义(2001)、吴晓京等(2001)通过应用卫星遥感监测信息对 2000—2001 年的沙尘暴过程进行了研究，结合 GIS 技术确定了沙尘暴的起源、空间分布和移动路径，分析了沙尘暴遥感图像的特征。郑新江等(2001)对沙尘暴天气云图特征的研究表明，在卫星(NOAA)拍摄的可见光云图上，沙尘暴区顶部结构均匀，色调呈浅灰色；沙尘暴区顶部反照率与云团及地表的反照率有明显差异。方宗义等利用气象卫星上的可见光、短波红外和红外窗区的辐射测量值对沙尘暴进行了研究，认为在 3.7 μm 的卫星遥感辐射测量值中，既有沙尘粒子以本身温度发射的辐射部分，也有沙尘粒子对太阳辐射的后向散射部分。高庆先等(2000)的研究也证明，通过分析多时次的遥感数据，可以动态监测沙尘暴的起源、扩散及沉降过程。虽然前人已利用卫星遥感手段在沙尘暴监测方面取得了很多研究成果，但仍然不能准确地获得沙尘暴的精细垂直结构特征和大气含沙尘量、沙尘数浓度等定量信息。

激光雷达是目前雷达探测沙尘暴的主要设备。董旭辉等(2007)探讨了双波长偏振雷达在探测沙尘暴天气时激光雷达方程的应用条件。范广强等(2011)利用双通道偏振激光雷达对上海世博会开幕式前后的沙尘暴污染过程开展研究,并对测量结果进行了分析。黄忠伟(2015)基于地基和星载激光雷达的观测数据,结合多种其他资料,详细分析了发生在我国西北地区的两次特大沙尘暴过程,研究了沙尘气溶胶的传输路径和物理光学特性。胡红玲(2008)利用激光雷达测尘仪LB-D200对北京市2006—2007年的沙尘天气进行监测,通过与其他手段的监测结果进行比较,验证了激光雷达探测沙尘天气具有一定的可信度。李红军等(2013)利用微脉冲偏振激光雷达对塔中一次沙尘过程进行监测分析,得到了塔克拉玛干沙漠沙尘天气过程的一些特征。激光雷达虽然可以得到沙尘天气过程中沙尘的空间分布结构和变化过程等信息,但由于发射功率较小,在强沙尘暴期间激光不能穿透整个沙尘暴剖面,无法对强沙尘暴进行准确的探测。

风廓线雷达是近几年兴起的高空遥感手段。由于它进行了多次时间相干积累、谱变换和谱平均等一系列信号处理环节,因而具有高时空分辨率、高精度、廓线形式等优点,在沙尘暴发生期间可以连续、有效地探测到沙尘垂直空间的回波强度。王敏仲、魏文寿等(2011)利用风廓线雷达(WPR)开展沙尘天气研究,分析了2010年4月19—20日塔克拉玛干沙漠腹地WPR探测沙尘天气个例。研究表明,WPR可以在沙尘天气工作,其探测资料能及时反映中小尺度的三维流场特征,通过WPR提供的水平风场、信噪比(SNR)、垂直速度、大气温度等资料,可从多角度了解沙尘天气过程。本章将重点介绍风廓线雷达探测原理,以及利用风廓线雷达探测资料定量描述沙尘暴特征参数(沙尘谱、沙尘粒子总数及沙尘质量浓度)的估算方法,并分析各个参数的时空变化特点。

沙尘暴遥感探测今后的发展方向必定是结合多种遥感手段进行探测分析。随着雷达和卫星遥感技术的不断发展,对沙尘暴的监测研究必定会由定性和半定量研究向沙尘属性特征参数的定量提取发展。遥感信号处理技术和图像技术的发展,也将在沙尘暴预报、沙尘监测及沙尘成因研究等发面发挥重大的作用。

7.2 风廓线雷达探测原理

7.2.1 基本探测原理

风廓线雷达设计的原理是以晴空大气为探测对象,利用大气湍流对电磁波的散射作用并根据多普勒原理进行大气风场等要素的反演计算。风廓线雷达发射的电磁波在大气传播过程中,因为大气湍流造成的折射率分布不均匀而产生散射,其中,后向散射能量被风廓线雷达所接收。

风廓线雷达一般采用相控阵天线和五波束(东、南、西、北、中)探测方式。当风廓线雷达沿某一个波束方向探测时,首先根据信号返回的时间进行距离库的划分,由此确定回波的位置;再通过频谱分析提取每个距离库上的平均回波功率、径向速度、速度谱宽及噪声比等气象信息。

7.2.2　信号处理

信号处理是风廓线雷达系统的重要环节之一,它有效地提高了风廓线雷达提取微弱信号的能力,并增加了对信号的质量控制。风廓线雷达信号处理主要经过了相干积分(时域平均)、谱变化、谱平均(频域平均)和谱矩参数估计几个步骤,如图 7.1 所示。

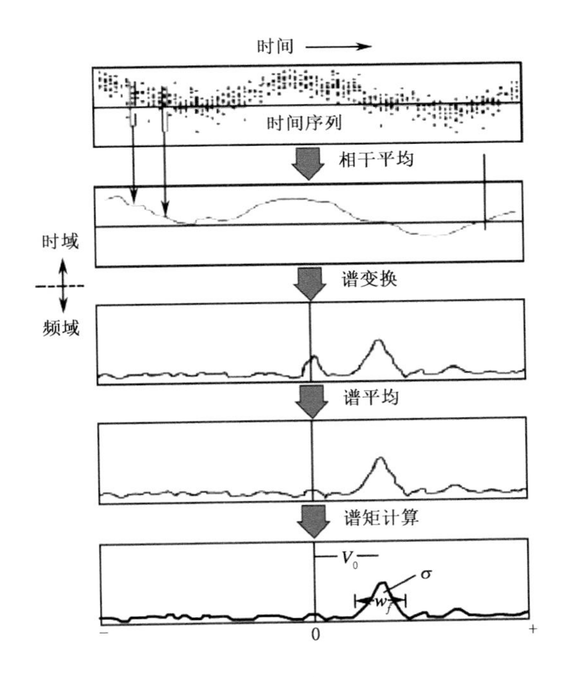

图 7.1　信号处理步骤(何平,2006)

对脉冲压缩处理后的每个数据库的 I/Q 序列,首先进行多次相干积分处理,平均累积次数称为相干积分数,记为 M,通过相干积分后,信噪比有效地提高了 M 倍;再将相干积分后的数据进行 FFT 变换,得到功率谱密度函数,典型结果如图 7.2 所示,其中,P_r 是回波信号功率,$\overline{f_D}$ 是平均多普勒频移,W_f 是多普勒谱宽,P_N 是平均噪声功率。记 N 为谱平均的次数,则信噪比提高了 $\sqrt{N}$ 倍。谱平均的主要目的是降低脉动,同时提高微弱信号的检测能力。相干积累、FFT 变换、谱平均是风廓线雷达信号处理过程的三个核心技术环节,经过信号处理后的数据可再进行数据处理。

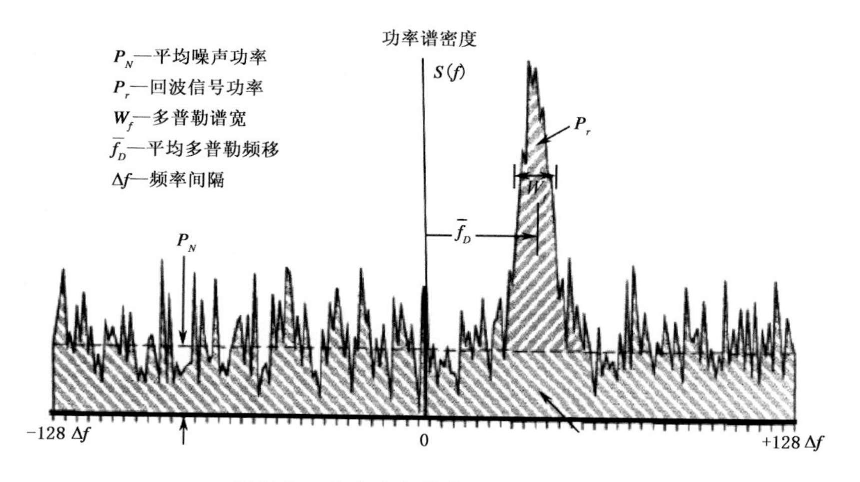

图 7.2 速度功率谱分布(何平,2006)

7.2.3 数据处理

风廓线雷达的数据产品主要有回波功率、信噪比、速度谱宽、水平风、垂直风和大气折射率结构常数等。

7.2.3.1 信噪比的计算

计算信噪比的关键是如何准确地确定噪声值的大小,目前主要有两种方法。第一种方法是,假定最远距离库接收的信号是大气噪声信号和雷达系统噪声的和;第二种方法是,对每个距离库速度功率谱数据按照大小顺序进行排序,将比较小的几个或几十个数值认为是大气噪声信号和雷达系统产生的噪声值。确定噪声值后,雷达接收的总功率减去噪声值就得到信号功率,信噪比则等于信号功率与噪声的比值。

7.2.3.2 回波强度、径向速度和速度谱宽的计算

由图 7.2 可以看出,回波信号功率是谱密度的零阶矩,径向速度是谱密度的一阶矩,速度谱宽是谱密度的二阶矩,可用公式分别表示为:

$$P_r = \int \psi(f)\mathrm{d}f \tag{7.1}$$

$$\overline{f} = \frac{\int f\psi(f)\mathrm{d}f}{\int \psi(f)\mathrm{d}f} = \frac{1}{P_r}\int f\psi(f)\mathrm{d}f \tag{7.2}$$

$$\sigma^2 = \frac{\int (f-\overline{f})^2 \psi(f)\mathrm{d}f}{\int \psi(f)\mathrm{d}f} = \frac{1}{P_r}\int (f-\overline{f})^2 \psi(f)\mathrm{d}f \tag{7.3}$$

式中，P_r 为回波信号功率；$\psi(f)$ 为功率谱；$\overline{f}$ 为径向频移；σ^2 为频移谱宽。再进一步计算可得到回波强度、径向速度和速度谱宽。

7.2.3.3　水平风和垂直风的计算

在三波束探测模式下，垂直波束用于测量垂直速度；两个在方位上间隔 90°的倾斜波束（分别指向正东和正北）的天顶角是状态量，以 θ 表示。假设 V_{rz} 、V_{rx} 和 V_{ry} 分别表示天顶、正东和正北三个波束方向的径向速度的探测值。根据方程式(7.4)，通过径向速度的测量值可计算出 u、v 分量。

$$\begin{aligned} u &= \frac{(V_{rx} - V_{rz}\cos\theta)}{\sin\theta} \\ v &= \frac{(V_{ry} - V_{rz}\cos\theta)}{\sin\theta} \\ w &= V_{rz} \end{aligned} \tag{7.4}$$

然后代入计算水平风 V_H 和 u 、v 分量的关系式，由式(7.5)得到水平风，垂直风由垂直波束直接测量得到。

$$\begin{aligned} V_H(\varphi) &= u\sin\varphi + v\cos\varphi \\ \varphi &= \arctan\frac{u}{v} \\ \alpha_H &= \pi + \varphi \end{aligned} \tag{7.5}$$

其中，V_H 为水平风大小；α_H 为水平风方向；φ 为方位角，取正北方向 $\varphi = 0$。

采用五波束探测时，垂直波束用于测量垂直速度，四个倾斜波束在方位上均匀分布，天顶角是状态量，均为 θ ，先将两个相对方向的倾斜波束的径向速度进行平均，例如，西波束和东波束，北波束和南波束，再按三波束风廓线雷达水平风合成的计算方法得到。

$$\overline{V}_{rx} = \frac{1}{2}[V_r(\theta,\frac{\pi}{2}) - V_r(\theta,\frac{3\pi}{2})]$$

$$\overline{V}_{ry} = \frac{1}{2}[V_r(\theta,0) - V_r(\theta,\pi)]$$

7.2.4　风廓线雷达的探测特点

风廓线雷达主要以晴空大气为探测目标，起伏涨落的大气湍流是风廓线雷达探测获取风场信息的中间介质。信号微弱、起伏涨落、谱分布较宽、杂波干扰较多是风廓线雷达回波信号最为显著的特点。

此外，风廓线雷达探测还具有三个突出的特点。①探测资料具有较高的时间分辨率和垂直空间分辨率。最小时间分辨率为几分钟(一般为 3～6 min),垂直空间分辨率为几十米,并且能够实现连续不间断探测。②探测得到的资料产品较多,能够给出多种气象要素信息。水平风廓线只是风廓线雷达提供的最基本的气象要素,除此之外,风廓线雷达还能提供垂直速度、信噪比、谱宽、回波功率、径向速度、大气折射率结构常数等产品。③遥感探测方式。风廓线雷达属于地基遥感探测设备,利用电磁波探测大气湍流的多普勒频移反演三维风场信息。

7.2.5 风廓线雷达与多普勒天气雷达、激光雷达的区别

表 7.1 对比了风廓线雷达、多普勒天气雷达、激光雷达这三种典型的气象与环境雷达。结果显示,上述三种雷达的波长依次减小,其中激光雷达的波长远小于风廓线雷达的波长。

表 7.1 三种典型雷达的特征比较

雷达类型	波长范围	距离分辨率	最大探测距离	雨的影响
风廓线雷达	10 cm～10 m	50～500 m	5～30 km	衰减影响不大
多普勒天气雷达	1～10 cm	150～1000 m	100～450 km	轻微一中等程度的衰减影响
激光雷达	0.1～2 mm	30 m	10～20 km	很严重的衰减影响

风廓线雷达以晴空大气为主要探测对象,可以对晴空大气进行连续探测,提供风场、湍流场等信息。近年来,通过采用数字中频技术,使风廓线雷达具有很大的动态接收范围,可在降水天气条件下进行有效工作,可同时探测湍流散射信号和降水粒子散射信号。风廓线雷达虽为单点探测设备,但在垂直方向上对大气目标物的探测精度远远高于多普勒天气雷达,它在区域数值模式、气象灾害监测预报、航空气象、环境气象等专业领域可发挥重要的作用。

多普勒天气雷达通常使用的波长是厘米量级,其使用波长一般小于风廓线雷达的波长,可划分为 K、X、C 和 S 四个波段。K 波段的雷达主要用于探测非降水云;X、C 和 S 波段的雷达主要用于探测降水粒子,可以从面上对降水云体进行连续探测,提供一定区域降水粒子的散射强度、运动速度等信息。多普勒天气雷达在临近预报、中小尺度天气预警、区域降水定量估测等方面发挥着不可替代的重要作用。多普勒天气雷达和风廓线雷达均利用多普勒原理测量大气目标物的速度信息,因此,二者均属于多普勒雷达的范畴。

激光雷达属于环境领域的雷达,是快速监测大气环境的新一代高技术产品。它根据大气对激光的弹性散射、消光等物理效应,探测大气气溶胶和云的激光后向散射回波,实现对几公里乃至十几千米范围内大气环境的实时、快速监测。监测内容包括大气气溶胶的时空分布、云高和云层结构、边界层结构等。通过计算获得的大气能见度、消光系数廓线,可给出大气气溶胶的分布情况。微脉冲偏振激光雷达还可以有效

地区分球形颗粒(云滴、雾滴)与非球形颗粒物(飘尘、沙尘),从而在激光雷达自动测量的大量数据中有效地区分云和沙尘气溶胶,也可用来探测高层冰晶组成的卷云。

7.3 风廓线雷达探测沙尘暴外场试验

7.3.1 设备及主要技术参数

本书中采用的设备为中国航天科工集团第二十三研究所研制的CFL-03移动边界层风廓线雷达(图7.4)。该设备主要由发射机系统、接收机系统、天馈系统、监控系统、信号处理与控制系统、数据处理系统六部分组成,它的探测设计高度为3000～5000 m,属于边界层风廓线雷达。CFL-03采用5个固定指向波束的探测方式,分别为1个垂直波束和4个天顶角为15°的倾斜波束,倾斜波束在方位上均匀正交分布。为了兼顾探测高度和低层的高度分辨率,CFL-03采用高、低两种工作模式。低模式使用窄脉冲、高度分辨率为50 m,高模式使用宽脉冲、高度分辨率为100 m,两种模式交替进行,在保证低空具有较高垂直空间分辨率的同时,可以达到较高的探测高度。表7.2列出了CFL-03风廓线雷达的主要技术参数。

表7.2 CFL-03风廓线雷达主要技术参数

参数名称	参 数	参数名称	低模式参数	高模式参数
雷达波长	227 mm	相干积累次数	100	64
馈线损耗	2 dB	高度分辨率	50 m	100 m
天线增益	25 dB	最低探测高度	50 m	600 m
发射峰值功率	2.36 kW	FFT点数	256	512
波束数	5	噪声系数	2 dB	2 dB
波束宽度	8°	脉冲宽度	0.33 ms	0.66 ms
接收机	数字中频	带宽	3.0 MHz	1.5 MHz

7.3.2 风廓线雷达探测沙尘暴外场试验实例

2010年4—10月、2014年3—5月,利用CFL-03移动边界层风廓线雷达在塔克拉玛干沙漠腹地塔中气象站(见图7.3和图7.4,塔中气象站位置为38°58′N、83°39′E,海拔高度为1099.3 m)开展了探测沙尘暴天气的科学试验。在进行探测试验之前,对风廓线雷达发射机系统、接收机系统、天馈系统等的硬件参数均进行了准确的仪器测量和标定。

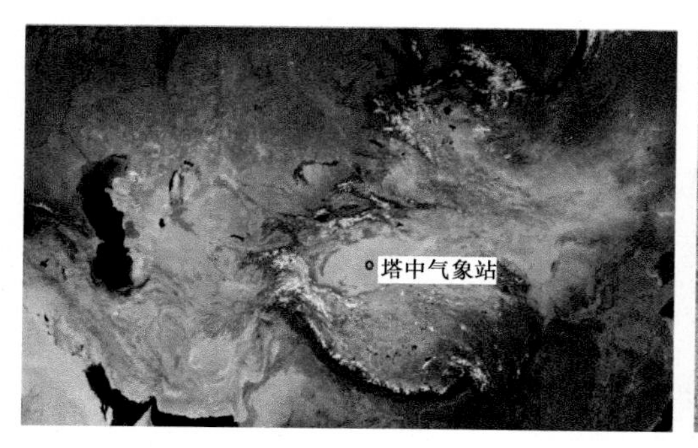

图 7.3　风廓线雷达探测试验地点

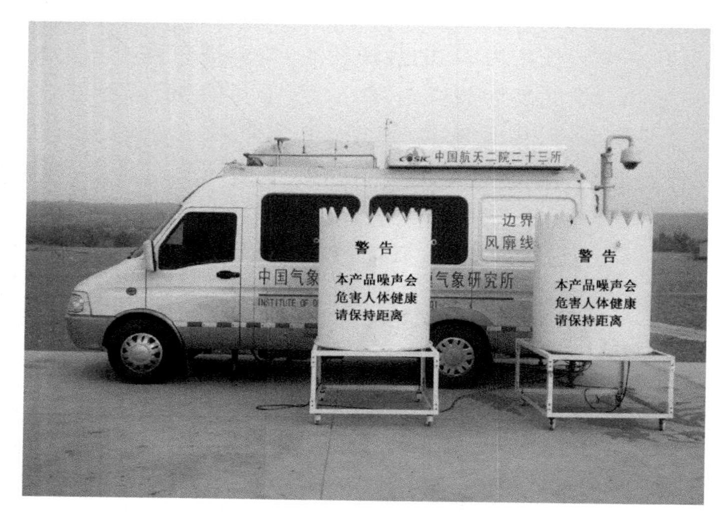

图 7.4　CFL-03 移动边界层风廓线雷达在塔克拉玛干沙漠塔中气象站观测

7.4　风廓线雷达探测沙尘暴的基本特征

利用风廓线雷达对沙尘暴进行不间断连续探测，可以得到具有较高时间和垂直空间分辨率的探测资料。本节重点分析风廓线雷达探测沙尘暴的反射率因子和速度两个基本特征。

7.4.1　风廓线在沙尘暴天气分析中的应用

7.4.1.1　2010 年 4 月 19 日个例分析

2010 年 4 月 19 日，塔克拉玛干沙漠腹地出现了持续性的浮尘、扬沙和沙尘暴天气。其中，00:00—13:05 为浮尘，从 13:05 开始出现扬沙和沙尘暴，沙尘暴主要集中在 14:12—16:11 和 18:42—20:18 两个时间段，最小能见度为 900 m；扬沙发生在 13:05—14:12、16:11—18:42、20:18—24:00 三个时间段。

在 500 hPa 高空图上，4 月 17 日 08 时里咸海以北地区有一个弱脊，随着时间的推移，脊发展加强并向东移，经向环流加大，并于 4 月 18 日 08 时在西伯利亚地区形成低槽，槽线呈东北—西南走向，此后，经向环流进一步加大，脊前的偏东北风带不断引导高纬度冷空气南下补充到西西伯利亚低槽中，4 月 19 日，低槽进入新疆(图 7.5)，造成南疆沙漠地区的沙尘天气。

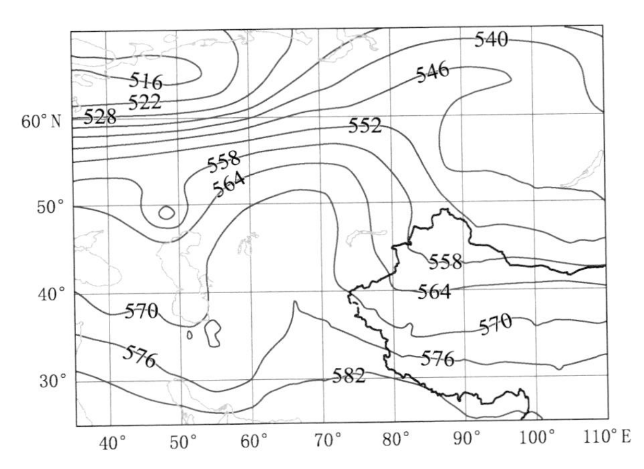

图 7.5　2010 年 4 月 19 日 14 时 500 hPa 高度场(单位：dagpm)

在地面天气图上(图略)，4 月 18 日 08 时西伯利亚地面高压位于 50°N，高压中心为 1027.5 hPa，随后加强沿东南向往下，19 日 11 时，地面高压中心缓慢移至巴尔喀什湖，中心强度达到 1035 hPa，前期南疆盆地地面气压较低，锋区位于新疆天山山区一带，等压线密集，锋面前部的低压和后部的地面高压形成了北高南低的气压形势，气压梯度增强，风力加大，引发沙尘天气。

图 7.6 给出了 CFL-03 风廓线雷达对 2010 年 4 月 19 日沙尘暴过程水平风场的探测结果，可以看出，4 月 19 日 12:00 以前，近地层到 5000 m 高空，大气风场随时间演变无明显的风切变，主要为西风、西南风和西北风控制，天气现象为浮尘。从 13:00 开始，低空风场随时间变化出现切变，1000 m 以下风场首先由西风转变为西北风，14:00—18:00，风向又逐步转变为北风和东北风，18:00 以后，风向最终转为东风和东南风，并一直持续到 4 月 20 日 23:00，风向的切变线从 19 日 13:00 起从低空逐渐升高至 1500 m 左右；在此期间高空主要为西风、西南风和西北风。分析发现：13:00 低空风场出现切变的时刻，正好对应扬沙天气的开始，低空风向转为东风和东南风的时刻正是强沙尘暴开始的时间，低空东风的维持是此次沙尘天气发生的动力条件。

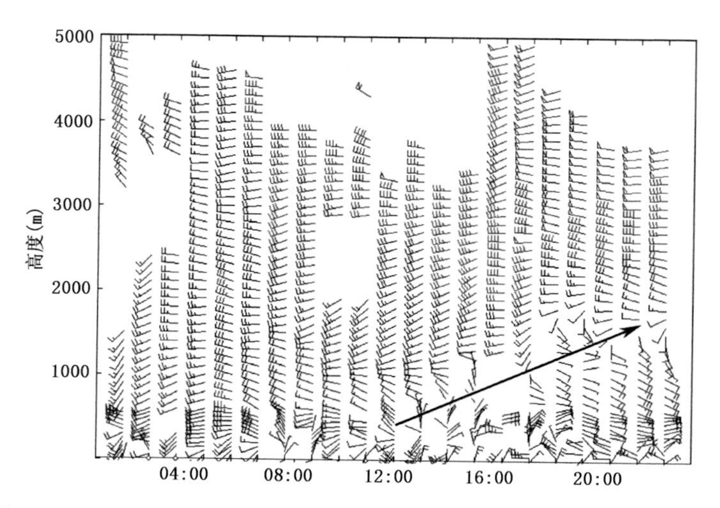

图 7.6　2010 年 4 月 19 日沙尘暴天气过程水平风速风向时间—高度图
（图中黑实线为风垂直切变线所处高度）

从风随高度的分布同样可以看出，4 月 19 日 12:00 以前，近地层到 5000 m 高空，无明显的水平风垂直切变，13:00—17:00，风随高度呈逆时针旋转，根据热成风原理，测站上空有冷空气进入，此时，天气实况为扬沙和沙尘暴，说明冷空气过境引发地面沙尘天气。18:00—23:00，低层 50～1500 m 为偏东风和东南风，风随高度呈顺时针旋转，但此时的偏东风是由于天山地形绕流形成的，不能简单地用热成风原理来推断测站上空的温度平流情况。若没有天山地形的阻挡，测站低空应为西北风，风随高度应呈逆时针旋转，根据热成风原理可推断测站上空由冷平流控制，冷空气引发第二阶段沙尘暴和扬沙天气。

7.4.1.2　2010 年 4 月 9 日个例分析

图 7.7 给出了 CFL-03 风廓线雷达对 2010 年 4 月 9 日沙尘暴过程水平风场的探测结果。4 月 9 日 00:00—09:20 为浮尘，09:20—20:00 为扬沙和沙尘暴，20:00 之后转为浮尘，最小能见度为 750 m。从 4 月 9 日沙尘暴天气水平风速风向时间—高度图可以看出，00:00—9:00，近地层到 3000 m 高空大气为西风和西北风控制，300 m 以上风速很大，在 2500～3000 m 高度最大风速可达到 27.0 m・s^{-1}，300 m 以下风速较小，尤其近地面风速很弱，天气现象对应为浮尘；09:00 以后，低空 700～800 m 高度以下风向突然出现切变，由西北风迅速转为东风，风速增大，平均风速为 3.0～8.0 m・s^{-1}，800 m 以上仍为西北风控制，但风速有减弱趋势，此时天气现象由浮尘转为扬沙和沙尘暴，能见度降低，并一直持续到 20:00 左右。分析表明：塔克拉玛干沙漠地处塔里木盆地中部，三面环山，北有天山，南临昆仑山，西连帕米尔高原，当冷空气影响该区域时，由于高大山体的阻挡，沙漠腹地高空盛行西风气流，风速很大，近

地边界层由于受地形阻挡风速一般较弱，所以此时沙尘天气较轻，表现为浮尘；当冷空气沿天山自西向东移动，绕过天山山脉东部从盆地东部缺口进入沙漠时，近地边界层风速会迅速增大，出现低层为东风、高层为西风的大气运动形式，在较大风速的吹动下，导致扬沙和沙尘暴的发生。

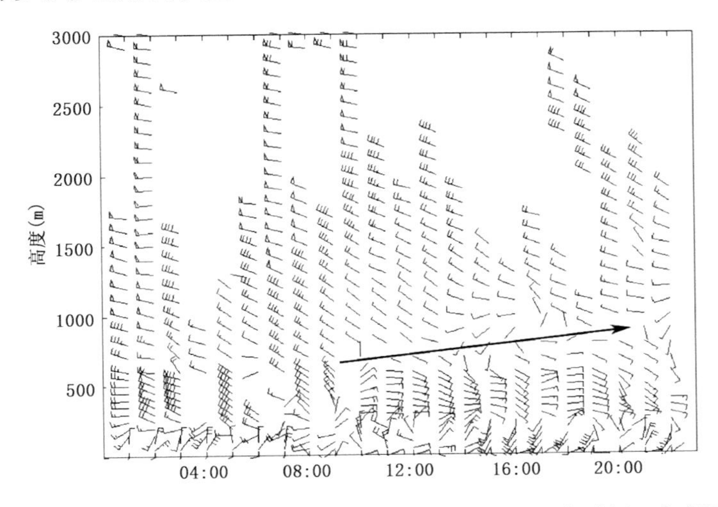

图 7.7 2010 年 4 月 9 日沙尘暴天气过程水平风速风向时间—高度图
（图中黑实线为风垂直切变线所处高度）

通过对 2010 年 4 月两次沙尘暴过程(2010 年 4 月 19 日和 4 月 9 日)水平风场的分析，认为水平风向垂直切变及低空偏东风的维持是塔克拉玛干沙漠沙尘天气发生的动力成因，低空水平风场随时间出现切变的时刻，往往对应着扬沙和沙尘暴天气的开始时间。

7.4.2 反射率因子特征

反射率因子是表征回波强度的量，分析风廓线雷达探测沙尘暴的强度特点，主要是分析反射率因子的特点，这里可用雷达气象方程对沙尘暴过程的反射率因子(回波强度)进行计算，公式如下：

$$Z=\frac{1024\times \ln 2\times \lambda^2\times R^2\times L\times P_r}{\pi^3\times P_t\times h\times G^2\times \varphi\times \theta\times \left|\frac{m^2-1}{m^2+2}\right|^2} \tag{7.6}$$

$$P_r=\mathrm{SNR}_0\times P_n$$

$$P_n=K\times T_0\times B\times N_f$$

其中，SNR_0 为原始信噪比；P_n 为噪声功率；K 为玻尔兹曼常数，取值为 1.38×10^{-23} $\mathrm{J\cdot K^{-1}}$；B 为接收机带宽；T_0 是用绝对温度表示的雷达天线温度，取值为 290K；N_f

为噪声系数；λ 为电磁波波长；R 为目标物距离；L 为馈线损耗；P_r 为回波功率；π 是常数；P_t 为雷达发射峰值功率；G 为天线增益；φ、θ 为水平和垂直波束宽度；$\left|\frac{m^2-1}{m^2+2}\right|^2$ 为复数模的平方(取值为 0.3)；Z 为反射率因子。

图 7.8 是风廓线雷达探测的典型晴空条件下(2010 年 8 月 3 日)反射率因子的时空分布，由图中可以看到，夜间反射率因子较弱；早晨日出后，反射率因子逐渐增大，呈现抛物状上扬的变化形态，在图 7.8 中表现为亮色区域；17:00—19:00 反射率因子达到最强，最大值为-7～-3 dBz_e，高度可达到 3500 m；20:00 以后反射率因子值逐渐减小。这里的回波形态所体现的主要是晴空边界层的发展演变特征。

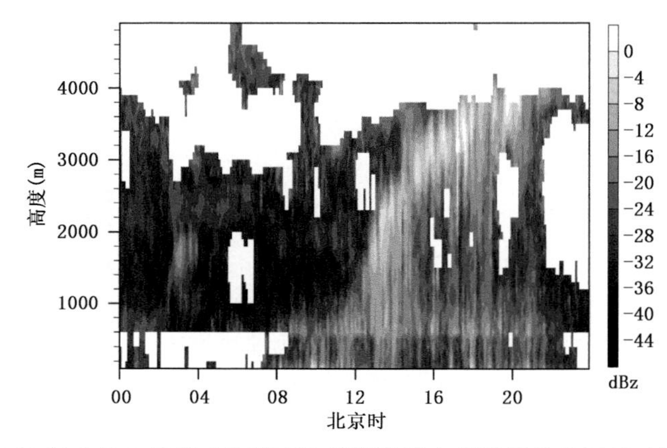

图 7.8　2010 年 8 月 3 日塔克拉玛干沙漠腹地晴空等效反射率因子时间—高度图

图 7.9 为风廓线雷达探测的 5 次沙尘暴的反射率因子时空分布，由图可以得到，在沙尘暴发生期间反射率因子在 0～18 dBz 变化，随着高度的升高反射率因子逐渐减小。对比图 7.8 所示风廓线雷达探测的晴空大气反射率因子特点，可以看到，沙尘暴期间的反射率因子明显大于晴空大气的反射率因子；在沙尘暴发生期间，风廓线雷达探测的回波功率主要由沙尘粒子群的后向散射引起，当沙尘暴越强时，反射率因子越大。

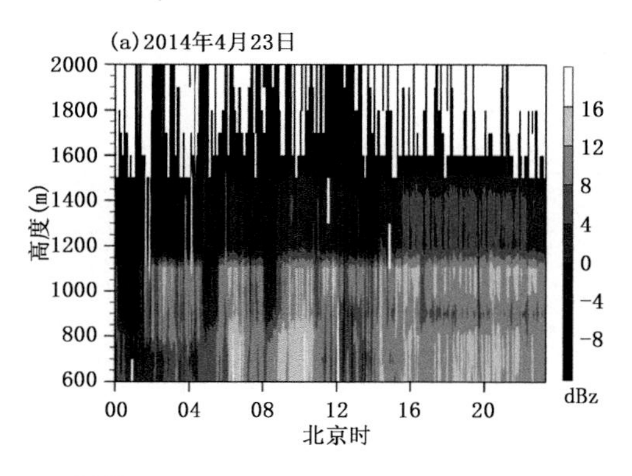

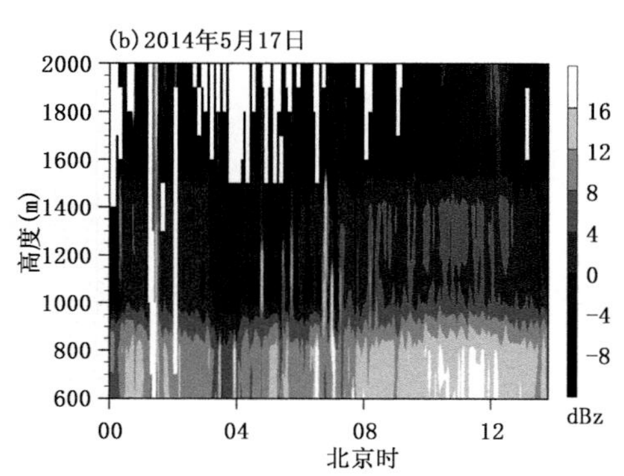

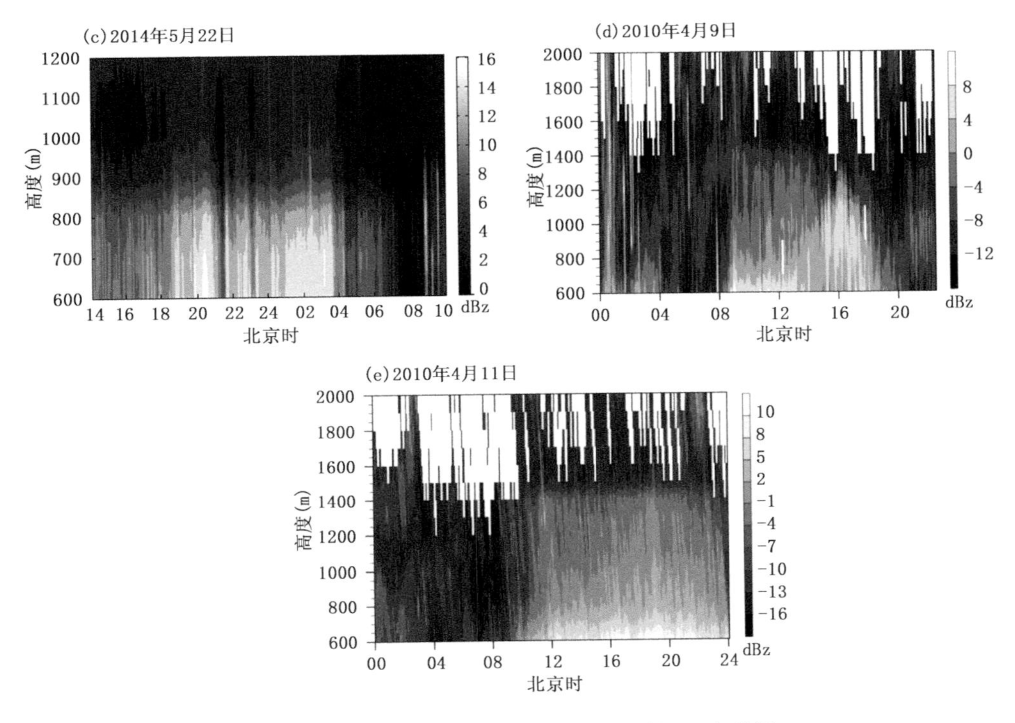

图 7.9 沙尘暴过程雷达反射率因子时间—高度图

7.5 基于风廓线雷达的沙尘暴质量浓度定量反演估算

对沙尘暴的定量监测主要是指实时监测沙尘暴过程的沙尘谱分布、沙尘粒子总数、沙尘质量浓度的时空变化特点。早在 20 世纪 20 年代国外就开始对沙尘暴的成因、结构,以及如何有效地监测和预报沙尘暴进行了研究。中国从 20 世纪 70 年代开始对沙尘暴进行研究。董庆生(1997)在 20 世纪 90 年代系统分析了中国典型沙区的沙尘物理特征,并得到了沙尘的粒子分布特点。游来光等人根据飞机观测的一次沙尘暴资料,分析得到了沙尘暴期间沙尘粒子的空间分布特点。

本书中介绍的基于风廓线雷达的沙尘暴定量监测算法,主要利用风廓线雷达中波束(垂直波束)探测的速度功率谱数据进行沙尘谱、沙尘粒子总数和沙尘质量浓度的计算。

7.5.1 沙尘谱的反演

沙尘谱是指在单位体积中沙尘粒子个数随不同粒子直径的分布。沙尘谱是描述沙尘粒子分布的量,是定量分析沙尘暴的基本量。结合图 7.10,以 2014 年 5 月 22 日 20:38 风廓线雷达探测沙尘暴 700 m 高度的速度功率谱数据 $S(v)$ 为例(图 7.10a),详细说明沙尘谱的计算方法。

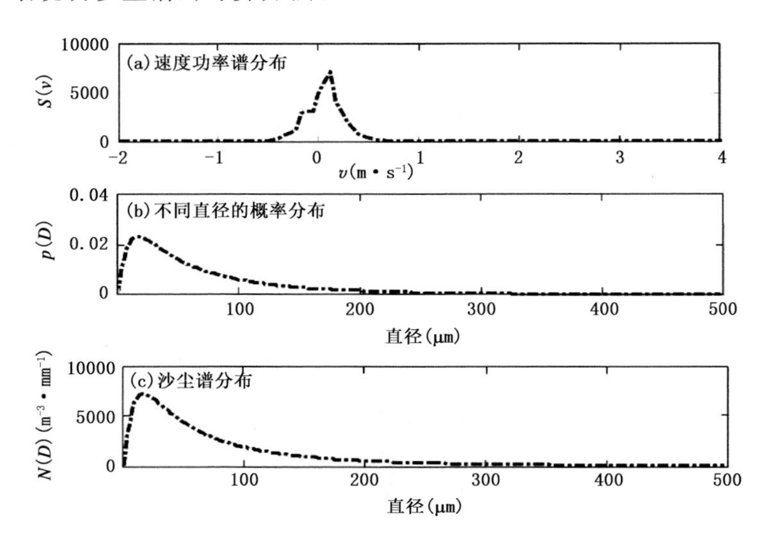

图 7.10　2014 年 5 月 22 日 20:38 塔克拉玛干沙漠沙尘暴 700 m 高度沙尘谱的反演过程

7.5.1.1　沙尘粒子概率密度函数

在过去的研究中,科学家们提出可用连续函数描述沙尘粒子概率密度分布情况,如指数函数、正态函数、幂函数等。

在塔中站 80 m 气象观测塔的 47 m、63 m 和 80 m 高度处安装集沙仪,收集了 2014 年 5 月 22—23 日沙尘暴过程 3 个高度层的沙尘样品,利用激光粒度仪对沙尘样品进行粒子谱分析,得到了沙粒的概率分布特点(图 7.11),由图 7.11 可以看到沙尘粒子概率分布基本符合对数正态分布。

基于近地层沙尘粒子概率分布近似符合对数正态分布的特点,定义沙尘谱的概率密度分布函数为

$$p(D) = \frac{a}{\sqrt{2\pi}\sigma D}\exp\left[-\frac{(\ln D - E)^2}{2\sigma^2}\right] \tag{7.7}$$

式中,$p(D)$ 是概率密度函数;a 是调整因子;σ 是标准方差;E 是期望值。

对式(7.7)进行离散化后,得到直径为 D_i 的粒子的概率 $p(D_i)$ 为

$$p(D_i) = \sum_{i=1}^{N} \frac{a}{\sqrt{2\pi}\sigma D_i}\exp\left[-\frac{(\ln D_i - E)^2}{2\sigma^2}\right]\Delta D \tag{7.8}$$

式中,N 表示离散化的总个数;$p(D_i)$ 表示直径为 D_i 的粒子的概率;ΔD 表示离散化粒子距。

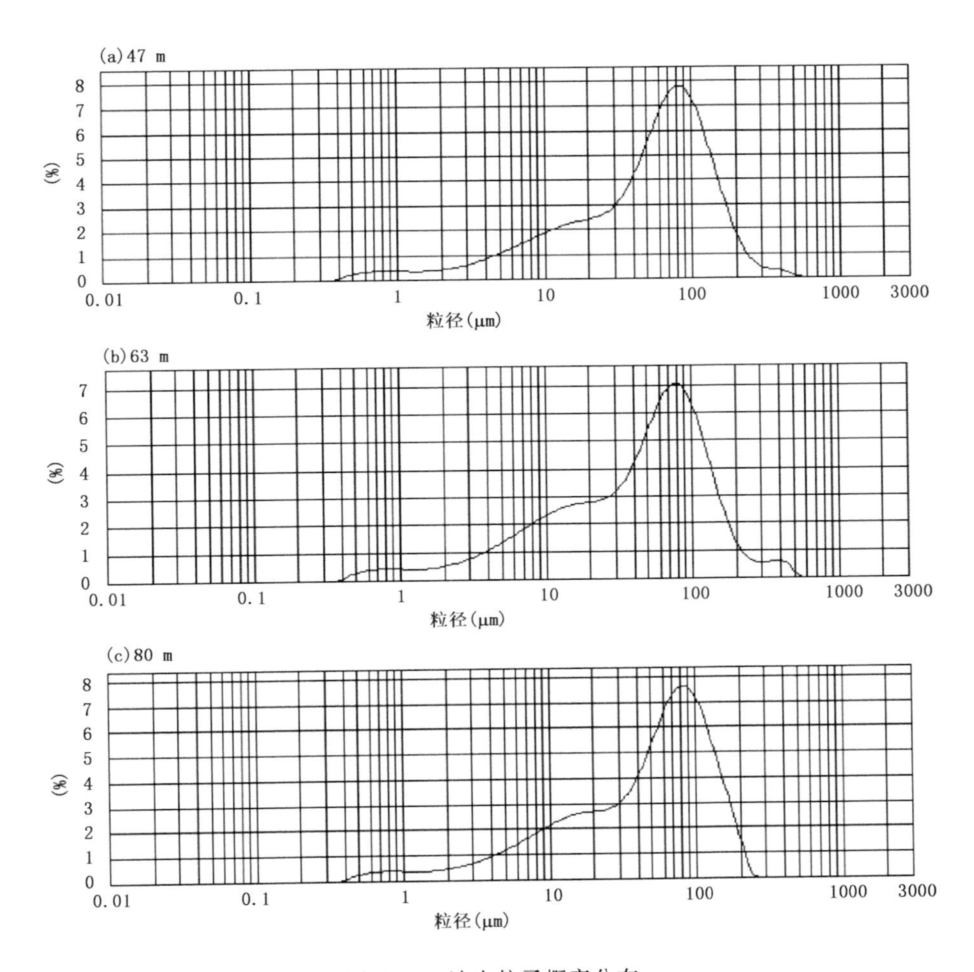

图 7.11　沙尘粒子概率分布

7.5.1.2　标准方差和期望值随高度的变化

2010 年，在对沙尘粒子分布特征的研究后发现，沙尘粒子概率密度函数的标准方差和期望值随高度的变化符合指数分布。对图 7.11 中 3 个不同高度沙尘粒子概率密度分布进行高斯拟合，参数如表 7.3 所示。

表 7.3　不同采样高度高斯拟合参数及相关系数

高　度	调整常数 a	均值 E	标准差 σ	相关系数 r
47 m	0.225	−2.579	0.748	0.925
63 m	0.225	−2.701	0.791	0.918
80 m	0.225	−2.910	0.821	0.928

从表 7.3 可知，调整常数 a 为 0.225。根据在沙尘暴过程中 E、σ 随高度呈对数变化的特点，利用 47 m、63 m 和 80 m 的 E、σ，推演得到 E、σ 随高度变化的公式为

$$E = 0.434\mathrm{e}^{-1.827R} \tag{7.9}$$

$$\sigma = 0.081\mathrm{e}^{0.847R} \tag{7.10}$$

根据式(7.9)和式(7.10)得到 E、σ 在不同高度的值，再利用粒子的概率分布式(7.8)就可计算出沙尘暴期间不同高度上的概率分布函数，如图 7.10b 所示。

7.5.1.3 计算沙尘谱

雷达反射率因子 Z 和沙尘谱 $N(D_i)$ 之间的关系可以用式(7.11)来表示，即

$$Z = \sum_{D_i=0}^{D_{\max}} N(D_i) D_i^6 \Delta D \tag{7.11}$$

式中，$D_{\max}$ 表示粒子直径的最大值；沙尘谱 $N(D_i)$ 可以用粒子概率 $p(D_i)$ 、粒子总数 N_0 表示为

$$N(D_i) = N_0 p(D_i) \qquad i = [0, N] \tag{7.12}$$

将式(7.12)代入式(7.11)后，可以得到反射率因子 Z 和粒子概率 $p(D_i)$、粒子总数 N_0、粒子直径 D_i 的关系为

$$Z = \sum_{D_i=0}^{D_{\max}} N_0 p(D_i) D_i{}^6 \Delta D \tag{7.13}$$

利用式(7.13)可以计算得到沙尘粒子总数 N_0 ，再通过式(7.12)得到沙尘谱如图 7.10c 所示。

7.5.2 沙尘质量浓度定量估算

单位体积内沙尘粒子的总质量，称为沙尘质量浓度 M，其单位为 g/m³。假定某一沙尘粒子体积等于直径为 D 的球形沙尘粒子的体积，则其质量为 $\frac{1}{6}\pi\rho D^3$ ，其中 ρ 为沙尘粒子的密度，故可以用沙尘谱表示沙尘质量浓度为：

$$M = \frac{1}{6}\pi\rho \int_0^{\infty} N(D) D^3 \mathrm{d}D \tag{7.14}$$

将式(7.14)离散化后表示为：

$$M = \frac{1}{6}\pi\rho \sum_{i=1}^{N} N(D_i) D_i^3 \Delta D \tag{7.15}$$

其中，N 表示离散化的总个数。从式(7.15)中，可以得到 M 和 D_i^3 成正比。由反演得到的沙尘谱 $N(D_i)$ ，通过式(7.15)可计算得到沙尘质量浓度。

7.5.3 反射率因子 Z 和沙尘质量浓度 M 的关系

由于反射率因子 Z 和沙尘质量浓度 M 都与沙尘谱 $N(D_i)$ 存在关系，因此，可以

建立 Z 和 M 的关系式为

$$Z = AM^b \tag{7.16}$$

基于2010年4月11日、2014年4月23日、2014年5月22—23日三次沙尘暴过程的风廓线雷达数据，利用反射率因子和反演得到的对应时刻沙尘质量浓度，通过非线性最小二乘法拟合得到浮尘阶段、扬沙阶段和沙尘暴阶段时的参数 A 和 b，如表7.4所示。

由表7.4可以得到，A 的值都大于20000，b 的值在1左右；从浮尘到扬沙再到沙尘暴，参数 A 和 b 的值都在增大。

表7.4 不同天气 Z-M 系数取值

天气现象	A	b	样本数
浮尘	20713.5	0.995	1270
扬沙	22988.3	1.006	2162
沙尘暴	24584.2	1.013	1956

7.5.4 实例分析

选择风廓线雷达在塔克拉玛干沙漠2014年5月22—23日探测沙尘暴过程的垂直波束速度功率谱资料，利用7.5.1节中所示的沙尘谱反演算法，具体分析此次沙尘暴过程的反射率因子、沙尘谱、沙尘质量浓度的时空变化特点。

2014年5月22—23日，受西西伯利亚冷空气影响，塔克拉玛干沙漠出现了一次明显的沙尘暴天气过程。地面观测资料表明：5月22日14:00—18:50、21:12—21:46为扬沙，18:50—21:12、21:46—23:59为沙尘暴；5月23日00:00—03:40为沙尘暴，03:40—04:20为扬沙，04:20—07:00为浮尘。

7.5.4.1 反射率因子的时空特点

根据速度功率谱数据与反射率因子的计算关系式，利用风廓线雷达探测的垂直波束的速度功率谱数据计算得到5月22日14:00至5月23日10:00反射率因子的时空变化(图7.12)。从图7.12可以得到，在800 m高度以下，扬沙阶段(14:00—18:50、21:12—21:46和03:40—04:20)的反射率因子一般为8～10 dBz，沙尘暴阶段(18:50—21:12、21:46—03:40)的反射率因子一般大于10 dBz，浮尘阶段(04:20—07:00)的反射率因子为5～8 dBz；在800～1000 m高度时，反射率因子明显下降，扬沙阶段降到了3 dBz左右，沙尘暴阶段降到了6 dBz左右，浮尘阶段降到了2 dBz以下；在1000～1200 m高度的反射率因子都在4 dBz以下。

7.5.4.2 沙尘谱的特点

选择5月22日20:30时600 m、900 m和1200 m高度的速度功率谱数据，利用

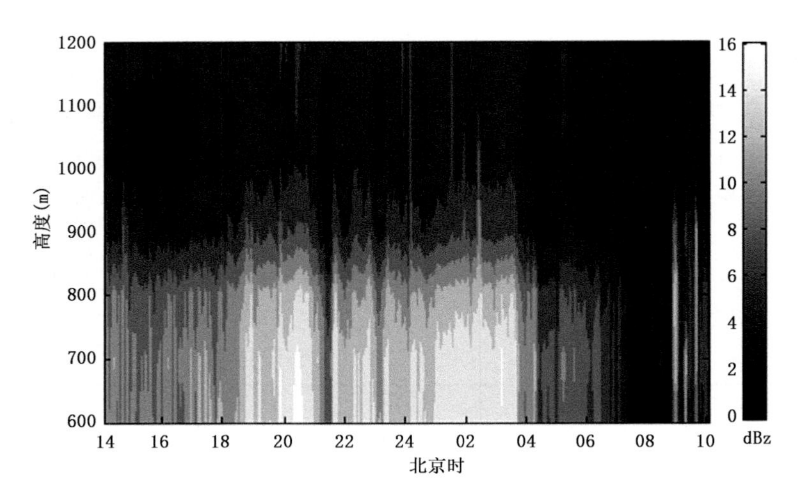

图 7.12　2014 年 5 月 22 日 14:00—5 月 23 日 10:00 沙尘暴过程反射率因子的时间—高度图

上述沙尘谱的计算方法进行沙尘谱反演，结果如图 7.13 所示。由图 7.13a 可知，在 600 m 高度时，粒子数浓度最大值达到了 6000 $m^{-3}\cdot mm^{-1}$，粒子数浓度最大时的直径为 18 μm；由图 7.13b 可以得到，在 900 m 高度时，粒子数浓度最大值为 1200 $m^{-3}\cdot mm^{-1}$，粒子数浓度最大时的直径接近15 μm；由图 7.13c 可以看出，在 1200 m 高度时，粒子数浓度最大值小于 1000 $m^{-3}\cdot mm^{-1}$，粒子数浓度最大时的直径为 10 μm。整体来看，沙尘谱的分布特点符合对数正态分布；随高度的增大，粒子数浓度逐渐减小，粒子直径的期望值也越来越小。

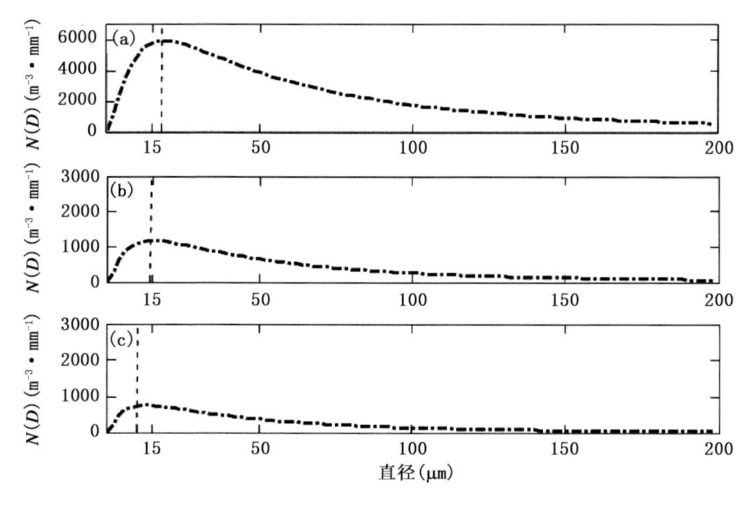

图 7.13　2014 年 5 月 22 日 20:30 塔克拉玛干沙漠沙尘谱分布

(a)600 m;(b)900 m;(c)1200 m

选择扬沙阶段(5 月 22 日 18:30)、沙尘暴阶段(5 月 22 日 20:30)和浮尘阶段(5 月 23 日 05:40)三个时刻，对不同高度的速度功率谱数据反演沙尘谱，结果如图 7.14 所示。由图 7.14 可以得到，在 800 m 高度以下，随高度的增加沙尘数浓度变化不大；在 800～1000 m 高度，随高度的增加沙尘数浓度迅速减小了$10^{1.5}$ m^{-3} · mm^{-1}；当大于 1000 m 高度时，随高度的增加沙尘数浓度缓慢减少。从图 7.14c 浮尘阶段，到图 7.14a 扬沙阶段，再到图 7.14b 沙尘暴阶段可以得到：相同粒子直径的沙尘数浓度依次增大了$10^{0.5}$ m^{-3} · mm^{-1}；随粒子直径的增大，沙尘数浓度减小的速度越来越小。

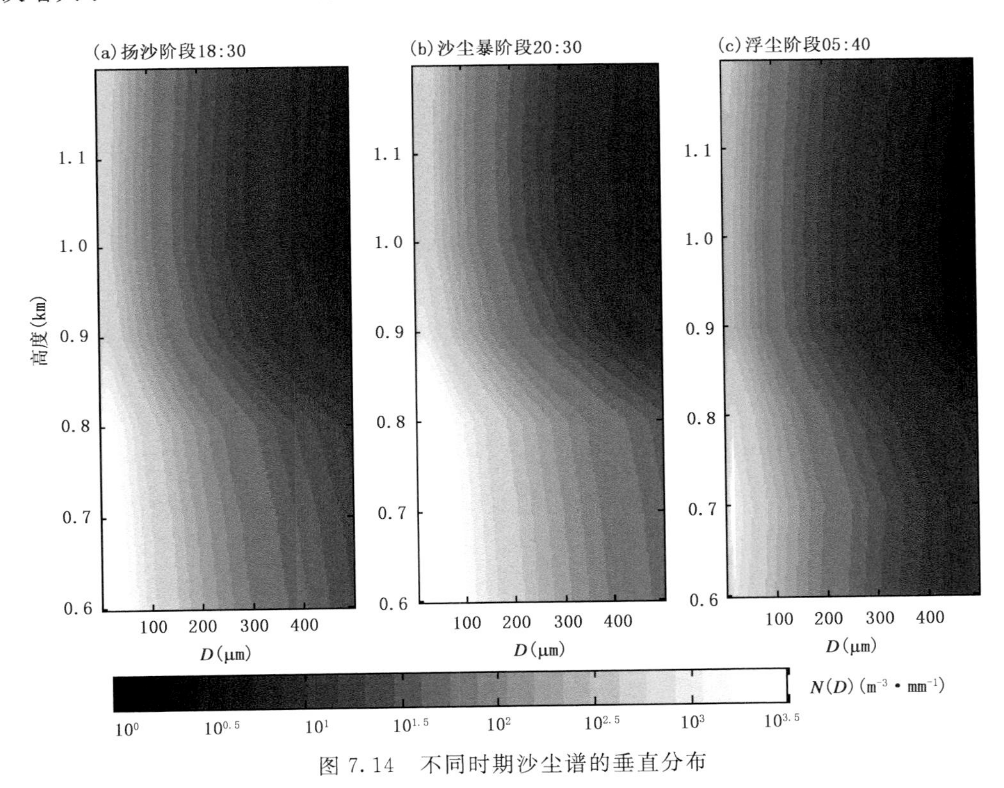

图 7.14　不同时期沙尘谱的垂直分布

7.5.4.3　沙尘质量浓度的时空特点

利用反演的沙尘谱，计算得到 5 月 22 日 14:00—5 月 23 日 10:00 的沙尘质量浓度时空分布，如图 7.15 所示。结合反射率因子的时空分布(图 7.12)，由图 7.15 可以得到，在整体上，沙尘质量浓度和反射率因子的变化趋势是一致的；在 800 m 高度以下，扬沙阶段(14:00—18:50、21:12—21:46 和 03:40—04:20)沙尘质量浓度为 400～700 μg · m^{-3}，沙尘暴阶段(18:50—21:12、21:46—03:40)沙尘质量浓度一般为 700～1800 μg · m^{-3}，最大时可以达到 2000 μg · m^{-3}，浮尘阶段(04:20—07:00)沙尘质量浓度为 100～400 μg · m^{-3}；在 800～1000 m 高度，扬沙阶段沙尘质量浓度降到了 100 μg · m^{-3}左右，沙尘暴阶段沙尘质量浓度降到 300 $\mu g \cdot m^{-3}$左右，浮尘阶段沙尘质量浓度在 50 $\mu g \cdot m^{-3}$以下；当大于 1000 m 高度时，扬沙阶段沙尘质量浓度在 50 $\mu g \cdot m^{-3}$以下，沙尘暴阶段沙尘质量浓度在 150 $\mu g \cdot m^{-3}$以下，浮尘阶段的沙尘质量浓度几乎为 0。

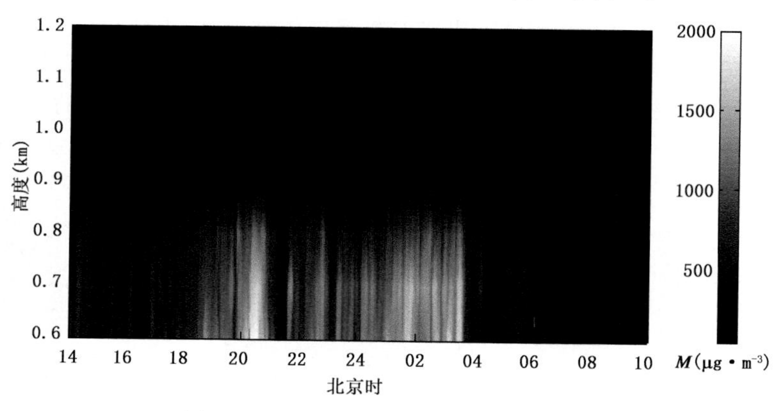

图 7.15　沙尘质量浓度时间—高度图

董庆生等(1997)在对腾格里沙漠的沙尘暴探测时得到，近地面 1.4～1.6 m 高度的沙尘质量浓度为 10～10^6 $\mu g \cdot m^{-3}$。游来光和马培民等人利用飞机对沙尘暴探测时得到，在 1200～1500 m 高度，沙尘质量浓度为10^2～10^3 $\mu g \cdot m^{-3}$。由图 7.15 可以得到，本书反演的 600～1200 m 高度的沙尘质量浓度为10^2～10^4 $\mu g \cdot m^{-3}$。对比前人的研究，本书反演的沙尘质量浓度的量级在合理的范围内，反演的结果具有一定的可信度。

根据表 7.4 建立的 Z-M 关系，利用反射率因子 Z 直接计算得到沙尘质量浓度 M，并对比由沙尘谱计算得到的沙尘质量浓度 M。选择 700 m 高度，按照时间顺序画出两种方法计算的沙尘质量浓度对比曲线，如图 7.16 所示。在图 7.16 中，黑色实线表示沙尘谱计算得到的沙尘质量浓度 M，黑色虚线表示由 Z-M 关系计算得到的沙尘质量浓度 M。

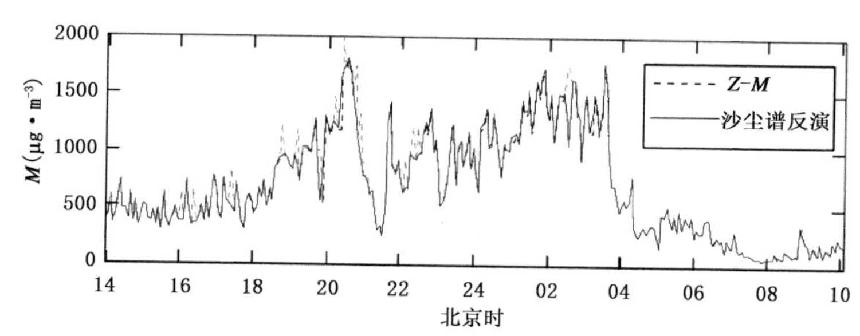

图 7.16　Z-M 关系计算的 700 m 高度处沙尘质量浓度与沙尘谱反演的 700 m 高度处沙尘质量浓度比较

从图 7.16 中可以得到，利用 Z-M 关系计算得到的沙尘质量浓度与由沙尘谱计算得到的沙尘质量浓度随时间的变化趋势是一致的，并且两者的数值相差不大。所以，利用表 7.4 参数建立的浮尘、扬沙和沙尘暴的 Z-M 关系具有一定的可信度。

沙尘暴发生期间，风廓线雷达探测的回波功率主要是沙尘粒子群的后向散射功率。本书利用风廓线雷达探测资料反演得到了沙尘谱和沙尘质量浓度，结果与前人的探测结果基本一致，说明该定量计算沙尘质量浓度的方法可行。本书建立了反射率因子 Z 和沙尘质量浓度 M 的 Z-M 关系式，该式经深入研究并进一步得到证实后将具有一定的应用价值。

由于观测条件的限制，本书利用风廓线雷达反演的沙尘质量浓度不能直接得到验证。在沙尘暴发生期间，大气湍流运动、沙尘粒子对电磁波的损耗等因素会对回波功率产生较小的影响，本书直接将回波功率近似等于沙尘粒子群的后向散射功率，反演结果会有一定的影响。本书拟合的 Z-M 关系，需要更多的个例和实际观测数据进行检验和修正。这些工作还需要今后进行更深入细致的观测和试验，以实现风廓线雷达对沙尘暴的准确定量探测和监测。

7.6　本章小结

本章详细介绍了风廓线雷达信号处理过程、风廓线雷达探测沙尘暴的基本特征，以及基于风廓线雷达的沙尘暴质量浓度定量反演估算方法，并建立了反射率因子和沙尘质量浓度的Z-M 关系式。通过对沙尘暴过程反射率因子信息的提取和计算，发现沙尘天气现象在反射率因子时间—高度图上有着清晰的印痕，可判识沙尘输送的高度和厚度，可反映沙尘的垂直强度分布。沙尘暴天气反射率因子约为 0～18 dBz，远大于晴空等效反射率因子。

通过实测个例分析可以得到，沙尘质量浓度在扬沙阶段可以达到 700 $\mu g \cdot m^{-3}$，在沙尘暴阶段可以达到 2000 $\mu g \cdot m^{-3}$，在浮尘阶段可以达到 400 $\mu g \cdot m^{-3}$。建立反射率因子和沙尘质量浓度的关系式：浮尘阶段时为 $Z = 20713.5M^{0.995}$，扬沙阶段时为 $Z = 22988.3M^{1.006}$，沙尘暴阶段时为 $Z = 24584.2M^{1.013}$。通过该方法反演的结果与前人的探测结果基本一致，说明风廓线雷达可作为今后进行沙尘暴定量探测的一种新的参考技术手段。

参考文献

董庆生，1997. 中国典型沙区中沙尘的物理特性[J]. 电波科学学报，2(1)：15-25.

董旭辉，祁辉，任立军，等，2007. 偏振激光雷达在沙尘暴观测中的数据解析[J]. 环境科学研究，20(2)：106-111.

范广强，刘建国，张天舒，等，2011. 激光雷达在沙尘污染输送中的监测应用[C]// 中国光学学会

2011 年学术大会摘要集.

方宗义,张云刚,郑新江,等,2001. 用气象卫星遥感监测沙尘的方法和初步结果[J]. 第四纪研究,21(1):48-55.

高庆先,李令军,张运刚,等,2000. 中国春季沙尘暴研究[J]. 中国环境科学,20(6):495-500.

何平,2006. 相控阵风廓线雷达[M]. 北京:气象出版社.

胡红玲,2008. 沙尘天气激光雷达监测技术研究[D]. 北京:中国林业科学研究所.

黄忠伟,2015. 气溶胶物理光学特性的激光雷达的遥感研究[D]. 兰州:兰州大学.

李红军,郑伟,巩庆,2013. 塔克拉玛干沙尘天气的激光雷达探测个例分析[J]. 沙漠与绿洲气象,7(1):1-5.

孙司衡,郑新江,2000. 沙尘暴的卫星遥感监测与减灾服务[J]. 测绘科学,25(2):33-36.

游来光,马培民,陈君寒,等,1991. 沙尘暴天气下大气中沙尘粒子空间分布特点及其微结构[J]. 应用气象学报,2(1):13-21.

王敏仲,魏文寿,何清,等,2011. 边界层风廓线雷达资料在沙尘天气分析中的应用[J]. 中国沙漠,31(2):352-356.

王晓蕾,阮征,葛润生,等,2010. 风廓线雷达探测降水云体中雨滴谱的试验研究[J]. 高原气象,29(2):498-505.

吴晓京,陆均天,张晓虎,等,2001. 2001 年春季沙尘天气分析[J]. 国土资源遥感,3:8-10.

叶笃正,纪范,刘纪远,等,2005. 关于我国华北沙尘暴天气的成因与治理对策[J]. 地理学报,55(5):513-521

张培昌,杜秉玉,戴铁丕,2010. 雷达气象学[M]. 北京:气象出版社.

郑新江,陆文杰,罗敬宁,2001. 气象卫星多通道信息监测沙尘暴的研究[J]. 遥感学报,5(4):300-305.

DONG Z B, MAN D Q, et al, 2010. Horizontal aeolian sediment flux in the Minqin area, a major source of Chinese dust storms[J]. Geomorphology, 116: 58-66.

FRASER R S, 1993. Optical thickness of atmospheric dust over Tanzlhikistan[J]. Atmos Environ, 27A: 2533-2538.

GUOCHANG XU, 1979. Analysis of the "4. 22" much stronger sand-dust storm in Gansu Province [J]. Acta Meteor Sinica, 37(4): 26-35.

HANKIN E H, 1921. On dust raising winds and descending currents. India Met Memirs.

IDSO S B, INGRAM R S, PRITCHARD J M, 1972. An American Haboob[J]. Bull AMS, 53: 930-935.

JAUREGUI E, 1989. The dust storms of Mexico City[J]. Inter J Climatology, 9(2): 169-180.

NARAYANA T R, KIRANKUMAR N VP, RADHAKRISHNA B, 2008. Classification of tropical precipitating systems using wind profiler spectral moments[J]. J Atmos Ocean Tech, 25: 884-897.

OHNO Y, WILLIAMS R C, GAGE KE S, 1999. Simplified method for rain rate and Z-R relation cstimation using UHF wind profile[C]// 29th International Conference on Radar Meterology, July, 12-16, Montreal, Canada, AMS, 4-17.

RUAN Z, GE R S WU Z G, 2002. The reach of a method for the rain cloud structure with profile [J]. J Appl Meteor Sci, 32: 133-140.

SUTTON L J, 1925. Haboobs[J]. Quart J R Met Soc, 51: 25-30.

WANG M Z, et al, 2013. Application of wind-profiling radar data to the analysis of dustweather in the Taklimakan Desert[J]. Environ Monit Assess, 185: 4819-4834.

第 8 章　基于毫米波雷达的沙尘暴探测研究

由于沙尘暴粒子的直径一般小于 500 μm，并且散射能力较弱，利用常规多普勒天气雷达、激光雷达等探测效果不是很好，实时准确地探测沙尘暴仍然是一个科学问题。为了得到更精确的沙尘暴特征，本章利用 35 GHz/Ka 波段连续波雷达、Grimm180 颗粒物监测仪、激光粒度仪等设备对沙尘暴进行了联合探测试验，深入分析沙尘暴对 Ka 毫米波的散射特性，计算了沙尘暴和沙漠云的反射率因子，最后利用毫米波雷达探测数据反演了沙尘暴的质量浓度，建立了毫米波雷达反射率因子和沙尘质量浓度的关系式。

8.1　沙尘暴外场探测试验

8.1.1　设备

由于沙尘粒子的散射能力远小于降水粒子，并且沙尘粒子的粒子直径比较小；此次探测试验选择了波长较短、对弱信号处理能力更强的连续波雷达(图 8.1)。该雷达是安徽四创电子公司生产的 Ka 波段连续波雷达，具有很高的垂直距离(10 m)和时间分辨率(每分钟产生 10 组谱数据)，扫描方式是朝向天空连续发射电磁波，硬件

图 8.1　Ka 波段连续波雷达

设备非常稳定，可以 24 h 不间断地连续探测，主要参数见表 8.1。

表 8.1 Ka 波段连续波雷达参数

参数名称	参数	参数名称	参数
波长	8.26 mm	发射脉冲宽度	2560 μs
距离分辨率	10 m	发射功率	10 W
中心频率	35 GHz	FFT 点数	256
水平波束宽度	1.2^0	馈线损耗	1.2 dB
垂直波束宽度	1.2^0	天线增益	40 dB
发射机有效带宽	15 MHz	接收机带宽	4 MHz

探测试验利用的设备还有 Grimm180 颗粒物监测仪和激光粒度仪。Grimm180 颗粒物监测仪是德国 Grimm 公司生产的，能够实时探测每分钟 1 L 体积内的沙尘粒子数；激光粒度仪是 Everise Technology Ltd 生产的，可以有效得到沙尘粒子的密度分布。

8.1.2 数据

中国气象局规定可以根据地面风速和能见度判定沙尘暴、扬沙和浮尘，具体为：沙尘暴期间，地面风速很大并且能见度小于 1 km；扬沙天气时，地面风速较大并且能见度大于 1 km 小于 10 km；浮尘天气时，地面风速很小并且能见度大于 1 km 小于 10 km。从 2018 年 4 月到 2018 年 5 月，塔克拉玛干沙漠共发生了 3 次比较强的沙尘暴过程。3 次沙尘暴过程的地面观测时间见表 8.2。

表 8.2 2018 年 4—5 月沙尘暴过程的观测记录

日期	浮尘	扬沙	沙尘暴
5 月 7 日	11:00—11:30;17:30—19:00	11:30—13:35;16:00—17:30	13:35—16:00
5 月 20 日	13:30—13:40	13:40—14:10;16:08—16:30	14:10—16:08
5 月 24 日	8:50—12:00;17:20—19:00	12:00—14:20;17:10—17:20	14:20—17:10

从 2018 年 4 月到 2018 年 6 月，毫米波雷达探测到塔克拉玛干沙漠云的时长为 32607 min(4 月的时长为 9978 min；5 月的时长为 9702 min；6 月的时长为 12927 min)。

本章主要利用毫米波雷达对沙尘暴和云的探测数据，首先对功率谱数据进行谱平均处理，对毫米波雷达气象方程中沙尘粒子的复折射指数进行理论分析，再利用谱平均处理后的功率谱计算得到沙尘暴和云的反射率因子；对比分析毫米波雷达探测沙尘暴的功率谱、反射率因子的特征；最后通过分析沙漠云的特征得到沙尘暴、扬沙与云之间的相互作用。

8.1.3 天气概况

塔克拉玛干沙漠沙尘暴的天气背景基本相同,以2018年5月20日的沙尘暴过程对其进行说明。5月18日,在西西伯利亚地区出现了低槽,其后部有较强的冷空气。随着时间的推移,槽线自西向东移动,并进一步发展加强;到5月20日时,槽线进入了塔中地区;高空主导风向也逐渐由西北转向西南;由于受到槽线东移的影响,地面风速增大,造成塔克拉玛干沙漠发生沙尘暴。

8.2 毫米波雷达探测沙尘暴功率谱的特征

8.2.1 沙尘暴功率谱信号的谱平均

毫米波雷达接收的信号经过快速傅里叶变换(FFT)后得到频谱信号。为了进一步提高频谱信号的信噪比,本节对毫米波雷达探测的频谱信号进行了谱平均。具体计算过程以图8.2(2018年5月20日14:37的410～450 m高度原始谱线)为例进行阐述。

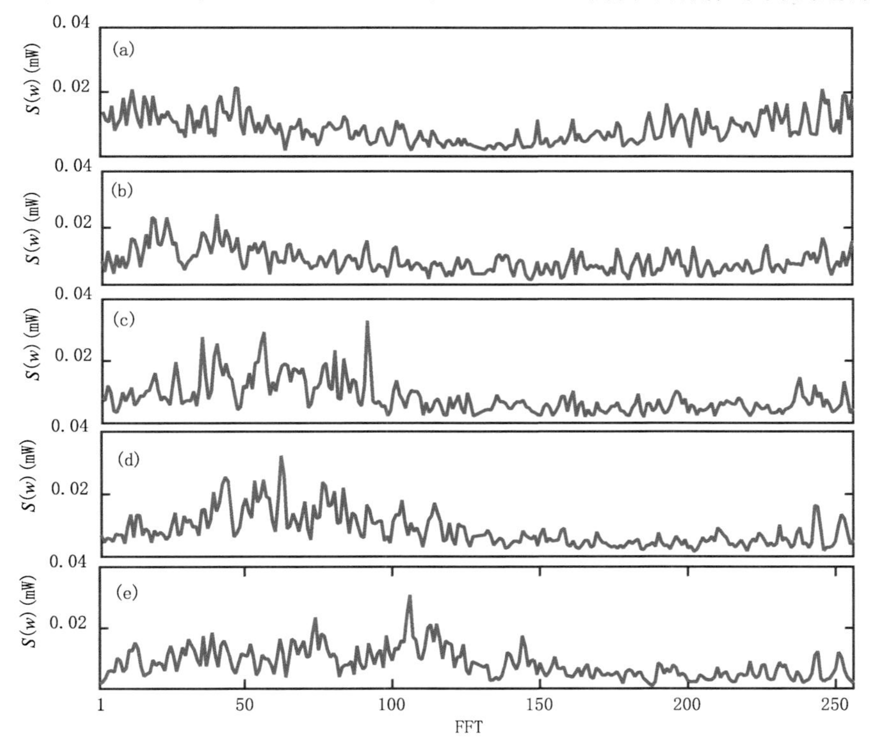

图8.2 毫米波雷达探测的2018年5月20日14:37原始谱线

(a)450 m;(b)440 m;(c)430 m;(d)420 m;(e) 410 m

谱平均主要依据是接收信号的噪声功率幅度随机波动，而有效信号的功率幅度在一定时间内变化较小。具体的谱平均处理过程：假定相邻时刻 T_0、$T_1 \cdots T_N$（其中当前时刻为 T_0），将相同高度同一频点的功率值相加平均，公式表示为式(8.1)，在式中 $S(w_i)_{T_0}$ 表示为频点 i 的当前时刻的功率值，$S(w_i)_{T_j}$ 表示为频点 i 的 T_j 时刻的功率值，N 表示为总共相邻的 N 个时刻进行谱平均，i 为 FFT 点。

$$S(w_i)_{T_0} = \frac{1}{N}\sum_{j=0}^{N} S(w_i)_{T_j} \quad i = 1,\cdots,256 \tag{8.1}$$

由于该毫米波雷达每分钟产生了 10 组谱线，本研究采用了每分钟的 10 组谱线按照式(8.1)进行谱平均计算。图 8.3 是图 8.2 的谱线进行谱平均后得到谱线，对比两图可以得到：经过谱平均处理的噪声值功率（图 8.3 横轴 FFT 的 150～200）幅值更加平滑，而有效信号的功率（图 8.3 横轴 FFT 的 1～150，210～256）幅值变化不大。信号经过 N 次谱平均后，信号的信噪比有效地提高了 $\sqrt{N}$（何平，2016），在本研究中经过了 10 次谱平均，信噪比提高 $\sqrt{10}$。在后面计算中，以每分钟谱平均后的功率谱为准。

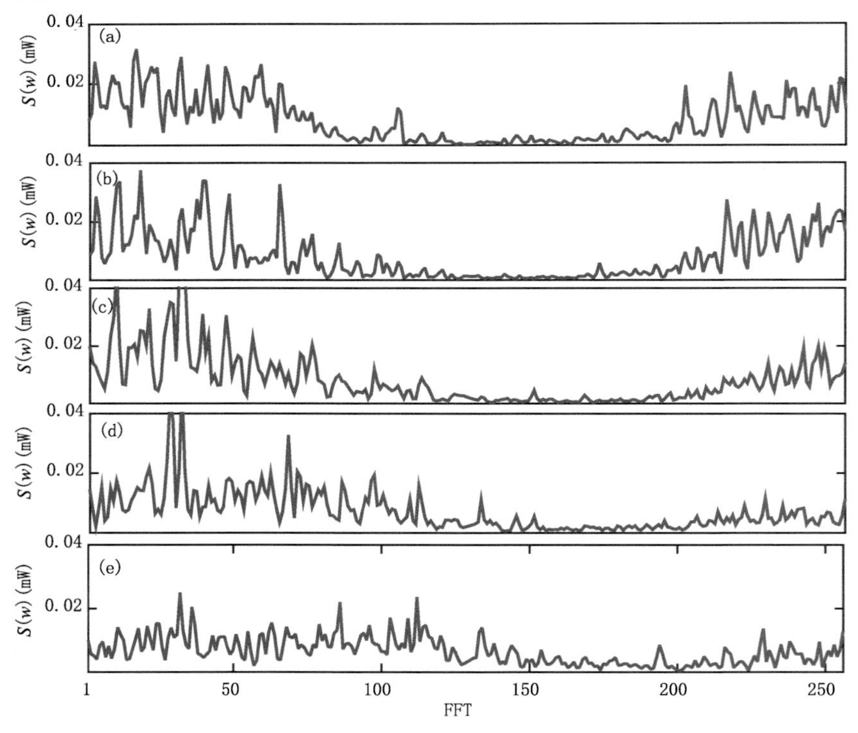

图 8.3　2018 5.20，14:37 谱平均处理的谱线

(a)450 m；(b)440 m；(c)430 m；(d)420 m；(e) 410 m

8.2.2 沙尘暴和晴空的回波功率谱特征差异

选择雷达在 2018 年 5 月 20 日 15:15 时探测的功率谱(图 8.4 能见度 950 m)分析沙尘暴的功率谱特征。在图 8.4 中得到:在沙尘暴期间,当高度从 100 m 到 200 m,功率谱的平均值从 37.6 dB 降为 21.3 dB,峰值从 45 dB 减小到 30 dB;高度从 200 m 到 300 m,功率谱的平均值降到了 5.3 dB,峰值降到了 15 dB;高度从 300 m 到 400 m,功率的平均值降为−3 dB,峰值减小到 5 dB;高度从 400 m 到 500 m,功率的平均值降为−9.2 dB,峰值减小到 0 dB;高度从 500 m 到 600 m,功率的平均值降为−14.1 dB,峰值减小到−5 dB;当高度大于 600 m 到800 m,功率的平均值降为−21.1 dB,峰值减小到−10 dB;当高度大于 800 m,功率谱的平均值都小于−22 dB,峰值都小于−15 dB。

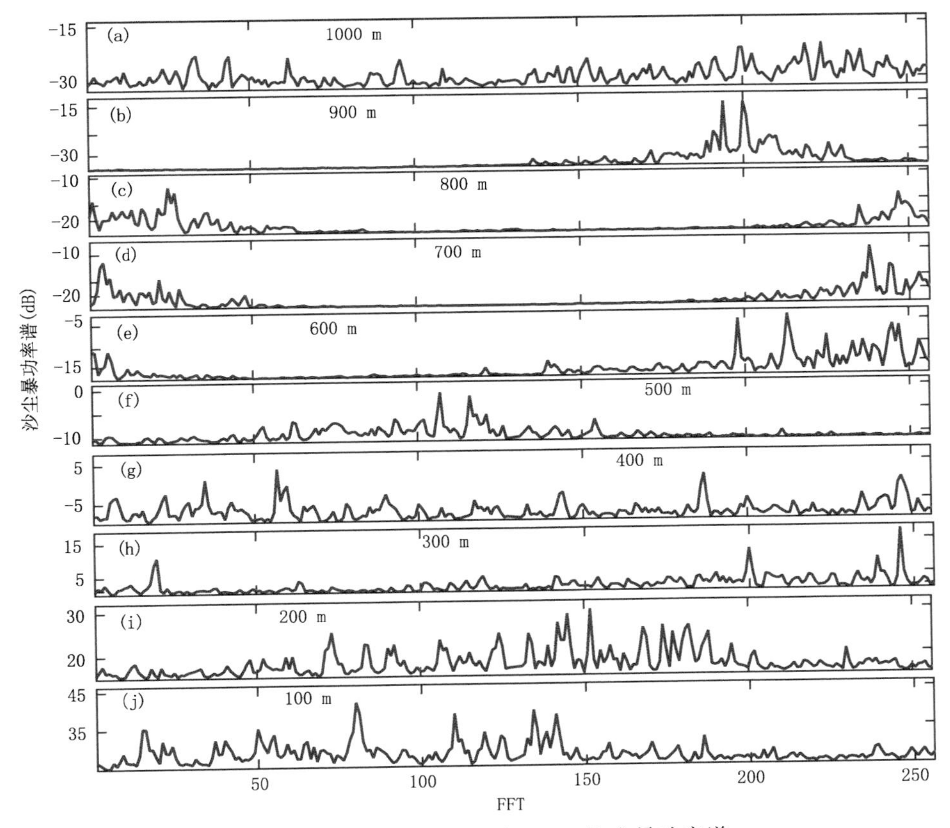

图 8.4 2018 年 5 月 20 日 15:15 沙尘暴功率谱

选择雷达在 2018 年 5 月 13 日 08:55 的功率谱(图 8.5)分析晴空的功率谱,当高度大于 100 m 小于 1000 m 时,不同高度的谱线形状不规则,FFT 点的功率幅度分布在

−35～−25 dB,平均值都小于−30 dB;当高度小于 100 m 时,由于低空受少量浮尘粒子对电磁波后向散射的影响,功率谱的平均值相对较大为−20.5 dB,峰值为−5 dB。

沙尘暴的功率谱(图 8.4)与晴空功率谱(图 8.5)相比,当高度小于 1000 m 时,无论功率谱的平均值还是峰值都明显大于晴空值,并且高度越低数值的差距越大,这表明毫米波雷达可以有效地探测到沙尘粒子的后向散射回波。

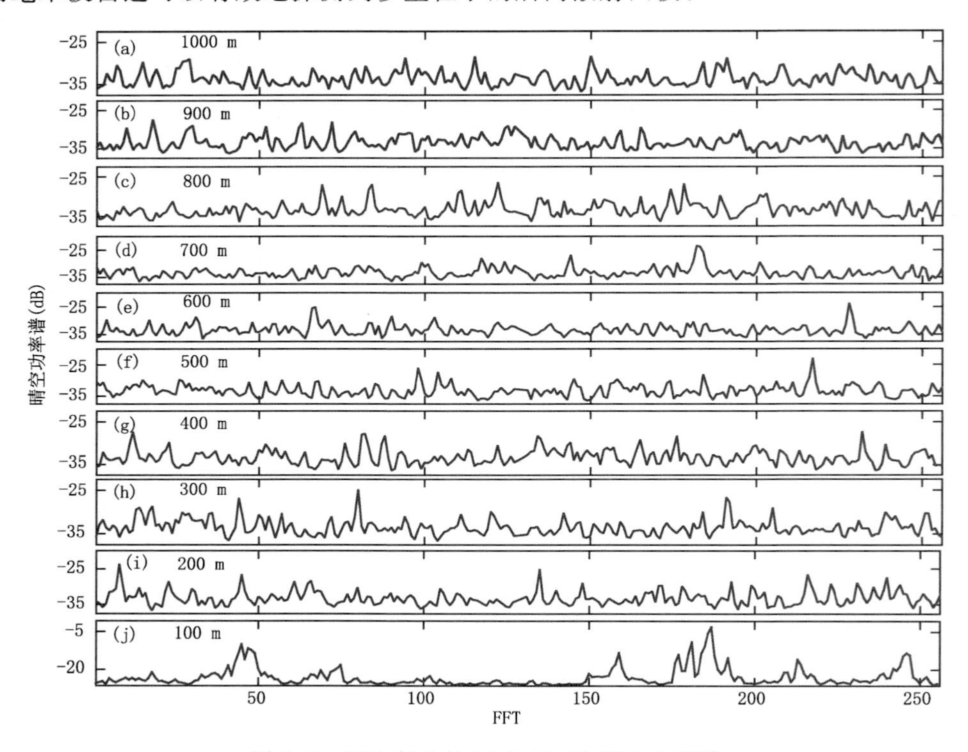

图 8.5 2018 年 5 月 13 日 08:55 晴空功率谱

8.2.3 沙尘暴与降水的功率谱差别

选择雷达在 2018 年 6 月 25 日 08:03 的降雨功率谱(图 8.6),当高度小于 1000 m 时,由于雨滴的下降速度一般大于 4 $m \cdot s^{-1}$,造成了毫米波雷达的速度模糊,从而导致不同高度的功率谱线形状变化很大且峰值的位置变化很大,但所有高度的谱功率值都很大,平均值都大于 35 dB,最大峰值达到 70 dB。

沙尘暴的功率谱(图 8.4)与降雨功率谱(图 8.6)相比,当高度小于 1000 m 时,沙尘功率谱的平均值和峰值都小于降水值,这主要是由于降水粒子的复折射率指数远大于沙尘粒子的复折射率指数,雨滴的散射能力更强;随高度增大两者的差值增大,这主要是随高度的增大，沙尘粒子数浓度变小而降水强度变化不大。

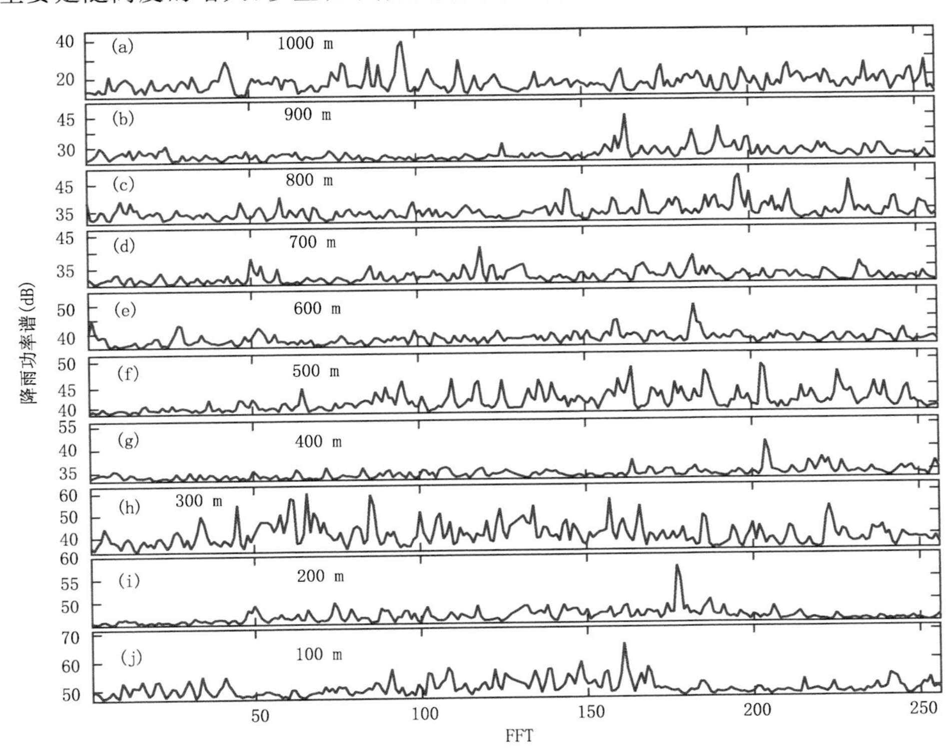

图 8.6　2018 年 6 月 25 日 08:03 降水功率谱

8.3　毫米波雷达探测沙尘暴的散射机制

8.3.1　复介电常数

沙尘粒子对电磁波的散射能力主要由沙尘粒子的复介电常数决定，复介电常数 ε 表示为式(8.2)，式中 ε' 是实部、ε'' 是虚部。

$$\varepsilon = \varepsilon' + \varepsilon'' j \tag{8.2}$$

LIEBE(1991)研究沙尘粒子对电磁波的散射得到：沙尘粒子介电常数受粒子的含水量影响很大。根据 Maxwell-Garnett 公式，沙尘粒子的介电常数可以用干沙和水的介电常数表示为：

$$\varepsilon_m = \varepsilon_s\left[1 + \frac{3p(\varepsilon_w - \varepsilon_s)/(\varepsilon_w + 2\,\varepsilon_s)}{1 - p(\varepsilon_w - \varepsilon_s)/(\varepsilon_w + 2\,\varepsilon_s)}\right] \tag{8.3}$$

其中，ε_m 表示沙尘的复介电常数；ε_s 表示干沙的复介电常数；ε_w 表示水的复介电常数；p 代表水在沙尘粒子体积的百分比。

水的介电常数可表达为：

$$\varepsilon_w = \varepsilon_0 - f[(\varepsilon_0 - \varepsilon_1)/(f + i\gamma_1) + (\varepsilon_1 - \varepsilon_2)/(f + i\gamma_2)] \tag{8.4}$$

其中，f 代表雷达发射电磁波的频率；ε_0、ε_1、ε_2、γ_1 和γ_1 都与温度 T(℃)有关(Liebe et al. 1991)，具体表示为：

$$\begin{cases} \varepsilon_0(T) = 77.66 - 103.3\theta \\ \theta = 1 - 300/T \\ \varepsilon_1 = 0.0671\varepsilon_0 \\ \gamma_1 = 20.2 + 146.4\theta + 316\theta^2 \\ \varepsilon_2 = 3.52 + 7.52\theta \\ \gamma_2 = 39.8\gamma_1 \end{cases} \tag{8.5}$$

干沙的复介电常数的实部与频率无关，即 $\varepsilon'_s = 3$，虚部与电磁波频率的关系为(王红霞，2021)：

$$\varepsilon_s = \begin{cases} 1.8 \times \dfrac{10^{(2\lg f - 2.8)}}{f}, & 0.8\ \text{GHz} \leqslant f < 80\ \text{GHz} \\ \dfrac{18.256}{f}, & f \geqslant 80\ \text{GHz} \end{cases} \tag{8.6}$$

试验地点的塔克拉干沙漠由于常年干燥少雨，沙尘含水量很少，根据塔中气象站在 2009 年对沙尘含水量得到 5 月平均为 0.9%。温度取两次沙尘暴过程的平均值 T=26.8 ℃，计算得到 Ka 毫米波雷达(35 GHz)的沙尘复介电常数：

$$\varepsilon_m = 3.0078 - 0.0987j \tag{8.7}$$

8.3.2 沙尘粒子概率密度分布函数

沙尘概率密度分布是指在单位体积内，不同直径粒子的个数分布。首先利用激光粒度分析仪对安装在铁塔的粒子收集器采集的两次沙尘暴过程的沙尘粒子样本进行分析，得到沙尘暴过程在 47 m、63 m 和 80 m 的粒子密度分布为图 8.7。从图 8.7 中可以得到，在这三次沙尘暴中，真实的沙尘粒子直径大于 0.5 μm 而小于 300 μm，因此，沙尘粒子直径的范围为 0.5～300 μm。

由图 8.7 可以得到沙尘粒子密度分布基本符合对数正态分布，这与 WANG 等(2018)的研究结论相符；所以沙尘粒子概率密度函数可以表示：

$$p(D) = \frac{1}{\sqrt{2\pi}\sigma D}\exp\left[-\frac{(\ln D - \mu)^2}{2\sigma^2}\right] \tag{8.8}$$

式中，$p(D)$ 是概率密度函数；D 是粒子直径；σ 是标准方差和；μ 是期望值。

对式(8.8)离散化得到直径为 D_i 的粒子的概率 $p(D_i)$ 为：

$$p(D_i) = \frac{1}{\sqrt{2\pi}\sigma D_i}\exp\left[-\frac{(\ln D_i - \mu)}{2\sigma^2}\right]\Delta D; i = [1, N] \tag{8.9}$$

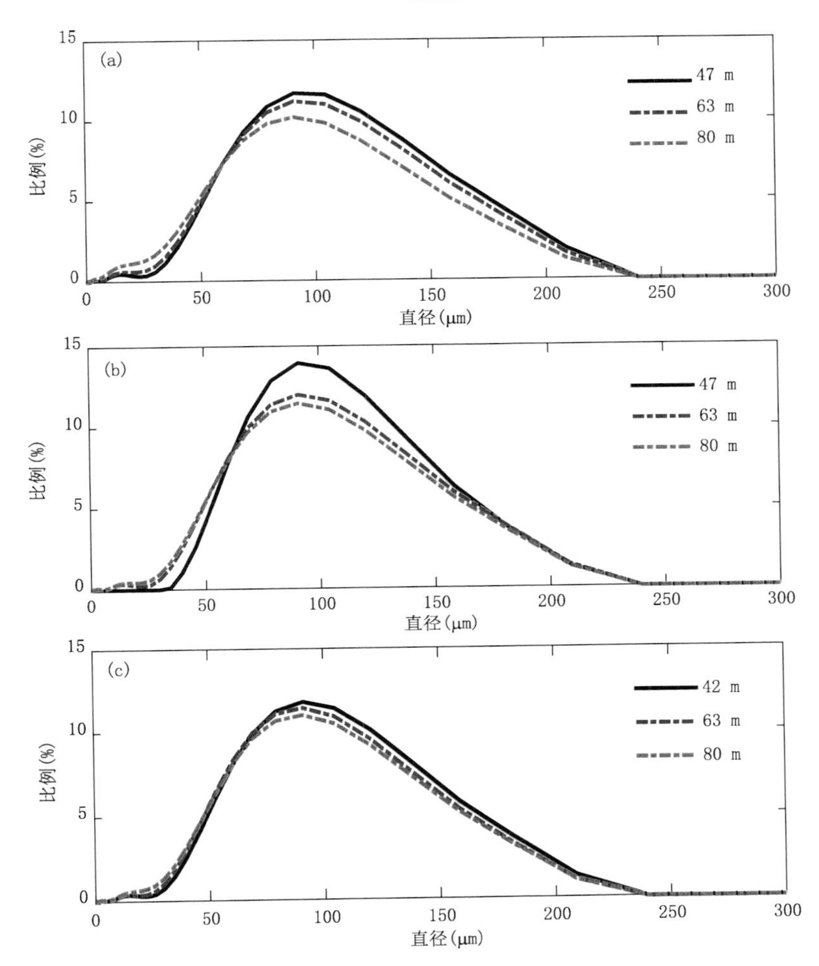

图 8.7　激光粒度分析仪得到的沙尘粒子密度分布

(a) 5 月 7 日;(b) 5 月 20 日;(c) 5 月 24 日

式中,N 表示离散化的总点数;$p(D_i)$ 表示直径为 D_i 的粒子的概率;ΔD 表示粒子距。

利用非线性最小二乘法,分别对三次沙尘暴过程在高度 47 m、63 m 和 80 m 的沙尘粒子概率密度(图 8.7)进行对数正态分布拟合得到图 8.8。在图 8.8 中,R-square系数都大于 0.95。

统计图 8.8 三次沙尘暴过程高度 47 m、63 m 和 80 m 沙尘粒子密度拟合的对数正态分布的期望值 μ 和标准方差 σ 为表 8.3。在表 8.3 中可以得到,随高度的增大,μ 逐渐减小而 σ 逐渐增大。在同一高度时,μ 和 σ 基本相同,表明发生在塔克拉玛干沙漠的不同沙尘暴过程中,在同一高度的沙尘粒子谱的分布变化不大。

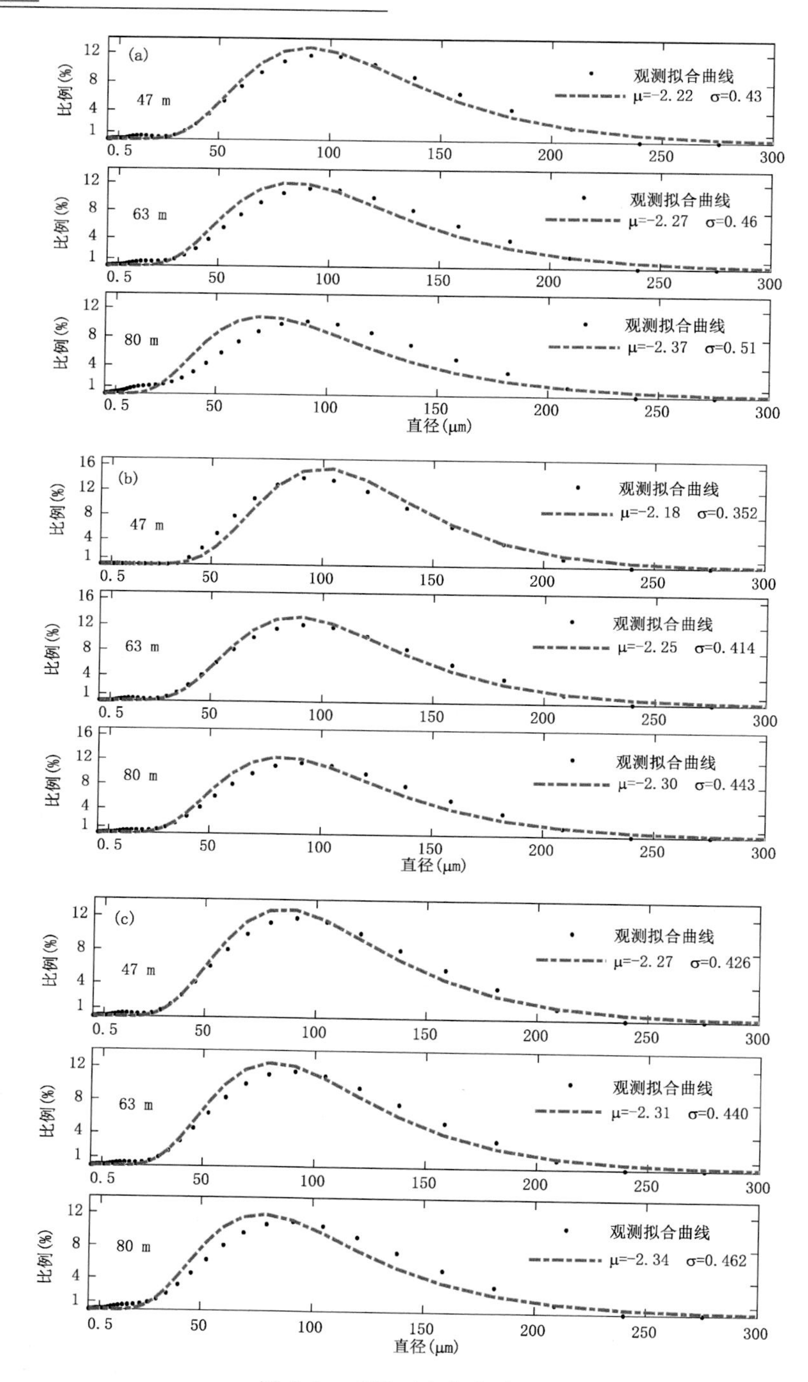

图 8.8 对数正态拟合分布

(a) 5 月 7 日;(b) 5 月 20 日;(c) 5 月 24 日

表 8.3　三次沙尘暴过程 47 m、63 m 和 80 m 的正态对数拟合参数

高度	μ				σ			
(m)	5 月 7 日	5 月 20 日	5 月 24 日	平均	5 月 7 日	5 月 20 日	5 月 24 日	平均
47	−2.22	−2.18	−2.27	−2.22	0.43	0.352	0.426	0.403
63	−2.27	−2.25	−2.31	−2.28	0.46	0.414	0.440	0.438
80	−2.37	−2.30	−2.34	−2.34	0.51	0.443	0.462	0.472

王敏仲等(2018)对沙尘粒子分布研究中指出:标准方差和期望值随高度的变化近似符合指数分布。利用表 8.3 中 μ 和 σ 在 47 m,63 m 和 80 m 的平均值,进行指数拟合得到:

$$\mu = -2.061\ e^{0.001593R} \tag{8.10}$$

$$\sigma = 0.323\ e^{0.004764R} \tag{8.11}$$

其中,R 为高度。

利用式(8.10)和式(8.11)得到不同高度的期望值 μ 和标准方差 σ 的值为图 8.9,再将 μ 和 σ 代入式(8.9)得到不同高度的粒子概率分布 $p(D_i)$。

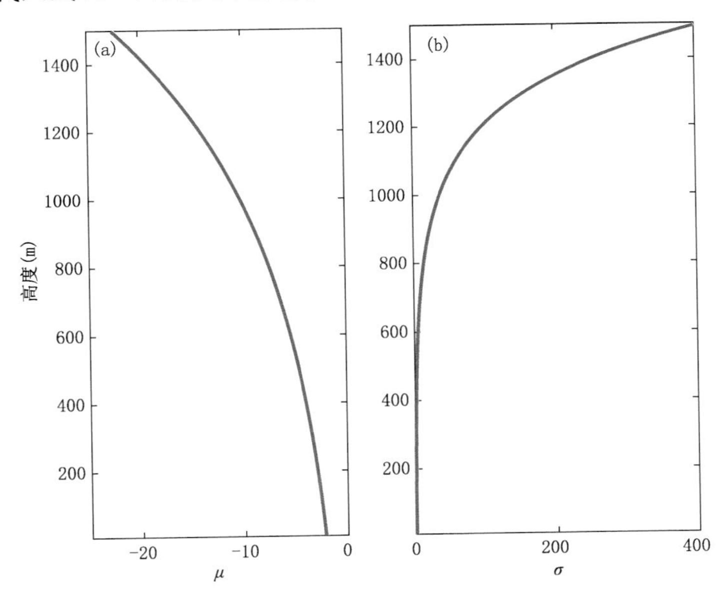

图 8.9　期望值和标准方差随高度的分布
(a)期望值;(b)标准方差

8.3.3　沙尘粒子总数

沙尘粒子总数指在单位时间里,单位体积内沙尘粒子的总个数。为了得到沙尘

暴过程中沙尘粒子总数，利用 Grimm180 颗粒物监测仪在 2018 年 5 月 20 日 15:40—20:30，5 月 24 日 15:00—20:30 进行了连续观测试验(Grimm 180 每分钟观测 1 L 体积内沙尘粒子的总数(L/min))。图 8.10 是能见度(V)和沙尘粒子总数(N_0)的实时变化，当 $V<200$ m 时，N_0 可以达到 10×10^5 L/min；当 200 m$\leqslant V<600$ m 时，N_0 为 $6\times10^5\sim8\times10^5$ L/min；当 600 m$\leqslant V<1000$ m 时，N_0 为 $4\times10^5\sim6\times10^5$ L/min；当 V 增加到 2000 m 时，N_0 大约为 3×10^5 L/min；当 $V\geqslant3000$ m 时，N_0 小于 2×10^5 L/min。

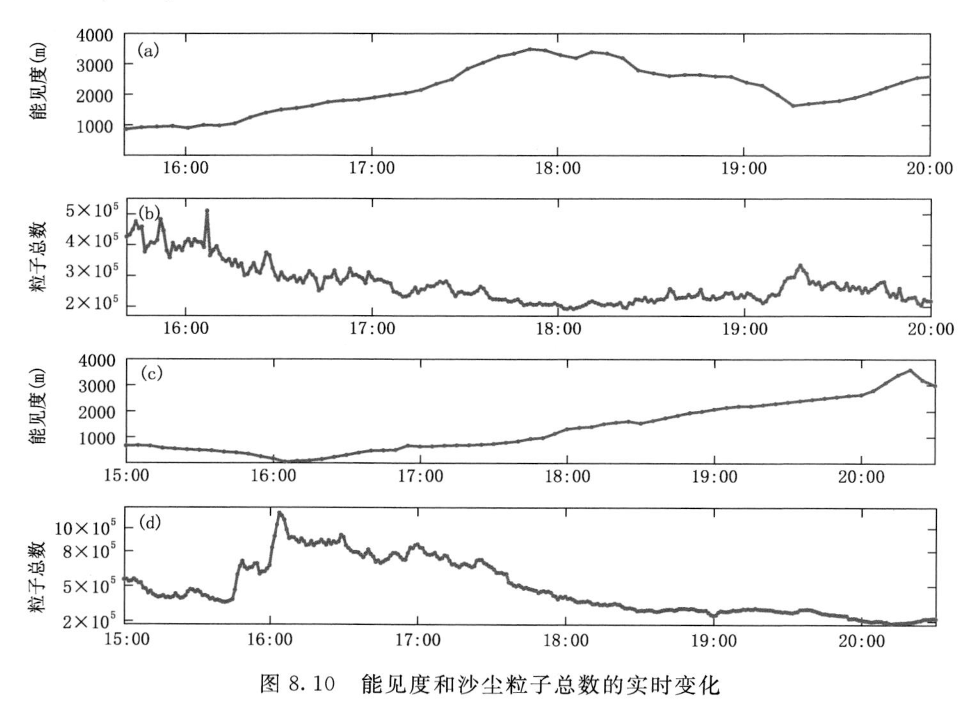

图 8.10 能见度和沙尘粒子总数的实时变化

(a)5 月 20 能见度；(b)5 月 20 日粒子总数；(c)5 月 24 日能见度；(d)5 月 24 日粒子总数

由于沙尘粒子数与能见度具有很高的相关性，基于 Grimm180 观测的 N_0 (L/min)和能见度仪探测的 V 数据，利用非线性最小二乘法对 N_0 随 V 从 0～3000 m 进行指数拟合得到图 8.11，R^2 为 0.823；进一步将 N_0-V 用函数表示为式(8.12)。

$$N_0=1.05\times10^6\exp(-6.32\times10^{-4}V) \tag{8.12}$$

8.3.4 吸收截面和散射截面

沙尘粒子对毫米电磁波的衰减作用主要是吸收和散射，粒子的吸收和散射可以用吸收截面(Q_a)和散射截面(Q_s)来表示。在图 8.7 可以得到，沙尘粒子的直径 D 主要集中在 50～150 μm，远小于本研究毫米波雷达波长 8.2 mm。由于 $\alpha=\frac{2\pi D}{\lambda}\ll1$，

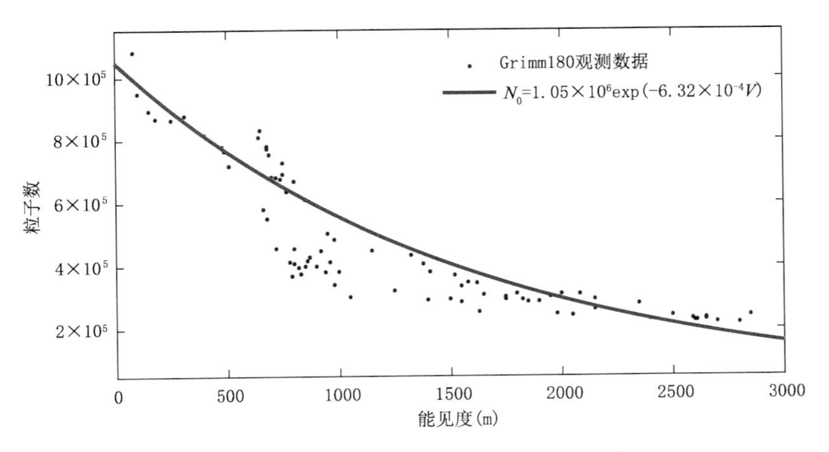

图 8.11　能见度和沙尘粒子数的指数拟合

Q_a 和 Q_s 分别可以用式(8.13)和式(8.14)表示为：

$$Q_s = \frac{128\,\pi^5}{3\,\lambda^4}\left|\frac{m^2-1}{m^2+2}\right|^2 = \frac{2\,\lambda^2}{3\pi}\,\alpha^6\left|\frac{m^2-1}{m^2+2}\right|^2 \tag{8.13}$$

$$Q_a = \frac{8\,\pi^2\,r^3}{\lambda}\mathrm{Im}\left(-\frac{m^2-1}{m^2+2}\right) = \frac{\lambda^2}{\pi}\,\alpha^3\,\mathrm{Im}\left(-\frac{m^2-1}{m^2+2}\right) \tag{8.14}$$

式中，m 为沙尘复折射指数，可以用复介电常数表示为 $m=\sqrt{\varepsilon_m}$ 。利用式(8.13)、式(8.14)得到 Q_a 和 Q_s 随不同沙尘粒子直径(10～300 μm)的变化图 8.12。沙尘粒子

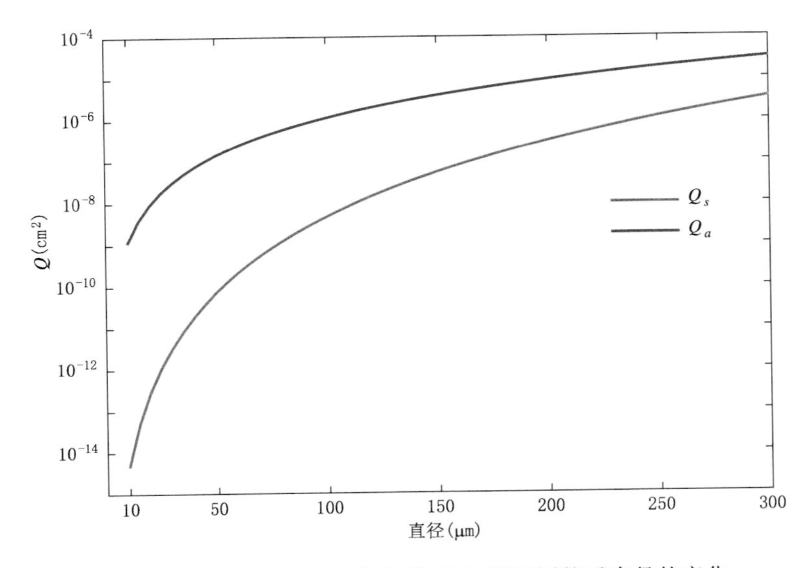

图 8.12　吸收截面 Q_a 和散射截面 Q_s 随不同粒子直径的变化

对电磁波的吸收作用大于散射作用，并且随着沙尘粒子直径减小，Q_a 比 Q_s 越大。$D=10\ \mu m$ 时，Q_a（约为$10^{-9}\ cm^2$）比 Q_s（约为$10^{-14}\ cm^2$）大$10^5\ cm^2$；$D=100\ \mu m$ 时，Q_a（约为$10^{-6}\ cm^2$）比 Q_s（约为$10^{-9}\ cm^2$）大$10^3\ cm^2$；$D=300\ \mu m$ 时，Q_a（约为$10^{-4.5}\ cm^2$）比 Q_s（约为$10^{-5.5}\ cm^2$）大$10^1\ cm^2$。分析其原因，主要由于随粒子直径的减小参数 α 的值越来越小，Q_s 比 Q_a 减小得更多。

8.3.5 衰减系数

沙尘衰减系数 k 表示沙尘粒子在单位距离(m)电磁波能量损失的分贝数(dB)，考虑单位体积粒子群的衰减截面 Q_t（包括吸收截面 Q_a 和散射截面 Q_s）和沙尘粒子数 N_i 表示为：

$$k=0.4343\sum_i N_i Q_t=0.4343\sum_i N_i(Q_a+Q_s) \tag{8.15}$$

将式(8.13)、(8.14)代入式(8.15)得到 k 表示为：

$$k=0.4343\times\frac{8\pi^2}{\lambda}\mathrm{Im}\left(-\frac{m^2-1}{m^2+2}\right)\sum_i N_i D_i^3+0.4343\times\frac{128\pi^5}{3\lambda^4}\left|\frac{m^2-1}{m^2+2}\right|^2\sum_i N_i D_i^6 \tag{8.16}$$

式中，$p(D_i)$ 为概率密度分布函数；N_0 为沙尘粒子总数。将式(8.12)代入式(8.16)，建立衰减系数和能见度的关系为式(8.17)。

$$k=4.56\times10^5\exp(-6.32\times10^{-4}V)t\left[\frac{8\pi^2}{\lambda}\mathrm{Im}\left(-\frac{m^2-1}{m^2+2}\right)\sum_i D_i^3 p(D_i)+\frac{128\pi^5}{3\lambda^4}\left|\frac{m^2-1}{m^2+2}\right|^2\sum_i p(D_i)D_i^6\right] \tag{8.17}$$

通过式(8.17)得到衰减系数 k 随能见度 $0\leqslant V\leqslant 3000$ m 的变化图 8.13(蓝线)。从图 8.13 中可以得到沙尘粒子的衰减系数分布在 1～10 dB·km^{-1}；并且随能见度的降低，衰减系数逐渐变大。在沙尘暴期间($V\leqslant1000$ m)，$k>5$ dB·km^{-1}，而在浮尘扬沙时 $V>1000$ m，$k<5$ dB·km^{-1}。

由于沙尘粒子直径远小于毫米波雷达的发射波长($\alpha\ll1$)，沙尘粒子对毫米电磁波的散射符合瑞利散射；根据瑞利散射，沙尘粒子的衰减截面近似等于吸收截面即 $Q_t\approx Q_a$。衰减系数 k 的表达式进一步简化为：

$$k\approx3.65\times10^6\frac{\pi^2}{\lambda}\exp(-6.32\times10^{-4}V)t\cdot\mathrm{Im}\left(-\frac{m^2-1}{m^2+2}\right)\sum_i D_i^3 p(D_i) \tag{8.18}$$

根据式(8.18)建立瑞利散射下的衰减系数随能见度(0～3000 m)的变化特征图 8.13(红线)，在图 8.13 中得到，通过式(8.17)和式(8.18)得到的 k 值基本相同，并且随能见度的增大，两者差距越小，沙尘粒子对毫米电磁波的散射越符合瑞利散射。

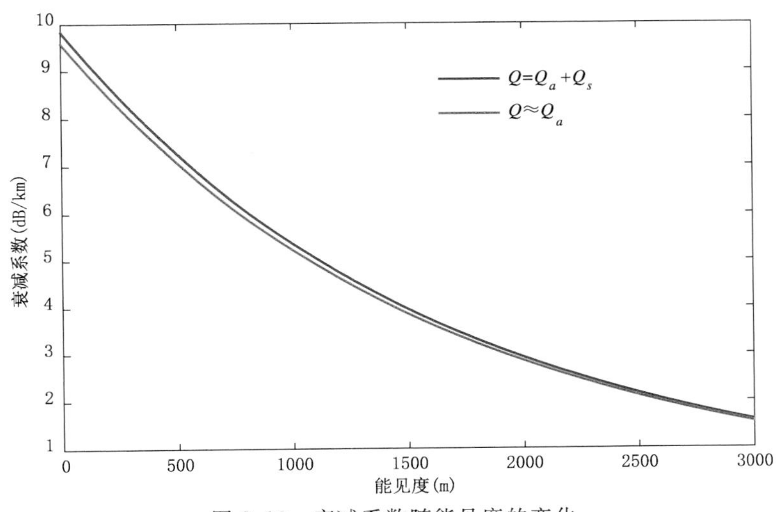

图 8.13　衰减系数随能见度的变化

8.4　毫米波雷达探测沙尘暴的特征

8.4.1　沙尘暴的反射率因子

由于连续波毫米波雷达采用了脉冲压缩技术，脉冲压缩比 ρ 可以用发射脉冲宽度 T 和发射有效带宽 B 计算得到：

$$\rho = BT = 15 \times 10^6 \times 2560 \times 10^{-6} = 38400 \tag{8.19}$$

系统的有效压缩脉冲宽度：

$$\tau_1 = \frac{1}{B} = \frac{1}{15}\ \mu\text{s} \tag{8.20}$$

雷达最小距离库：

$$h = \frac{c\tau_1}{2} = \frac{3 \times 10^8}{2 \times 15 \times 10^6} = 10\ \text{m} \tag{8.21}$$

考虑压缩脉冲后毫米波雷达的气象方程（张培昌 等，2010），接收功率 P_r 表示为：

$$P_r = \frac{\pi^3 \times P_t \times c \times \tau_1 \times B \times T \times G^2 \times \varphi \times \theta \times 10^{-0.2\int_0^R k\mathrm{d}R}}{1024 \times \ln 2 \times \lambda^2 \times R^2 \times L} \left| \frac{m^2 - 1}{m^2 + 2} \right|^2 Z \tag{8.22}$$

式中，λ 为波长；R 为目标物距离；L 为馈线损耗；P_t 为雷达发射功率；c 为电磁波传输速度；τ_1 为有效压缩脉冲宽度；B 为发射机有效带宽；T 为发射脉冲宽度；G 为天线增益；φ 为水平波束；θ 为垂直波束；$\left| \frac{m^2 - 1}{m^2 + 2} \right|^2$ 为复折射指数的平方；Z 为沙尘反射

率因子。

将式(8.20)代入式(8.22)计算得到：

$$P_r = \frac{\pi^3 \times P_t \times c \times T \times G^2 \times \varphi \times \theta \times 10^{-0.2\int_0^R k\mathrm{d}R}}{1024 \times \ln 2 \times \lambda^2 \times R^2 \times L} \left|\frac{m^2-1}{m^2+2}\right|^2 Z \tag{8.23}$$

进一步将式(8.23)变形得到沙尘反射率因子 Z 的计算公式为：

$$Z = \frac{1024 \times \ln 2 \times \lambda^2 \times R^2 \times L \times P_r}{\pi^3 \times P_t \times c \times T \times G^2 \times \varphi \times \theta \times 10^{-0.2\int_0^R k\mathrm{d}R} \times \left|\frac{m^2-1}{m^2+2}\right|^2} \tag{8.24}$$

式(8.24)中雷达的接收回波功率 P_r 又可以用信噪比 SNR 计算得到，具体表示为：

$$P_r = \mathrm{SNR} \times K \times T_0 \times B_1 \times N_f \tag{8.25}$$

式中，K 为 Boltzmann 常数(1.38×10^{-23} J/K)；T_0 为噪声气温(290 K)；B_1 为接收机带宽；N_f 为噪声系数。

8.4.2 毫米波雷达探测沙尘暴反射率因子的特征

利用毫米波雷达探测的 3 次沙尘暴过程的功率谱数据计算得到反射率因子的时间高度分布图 8.14。结合表 8.2 的观测时间可以得到，浮尘阶段：反射率因子的有效高

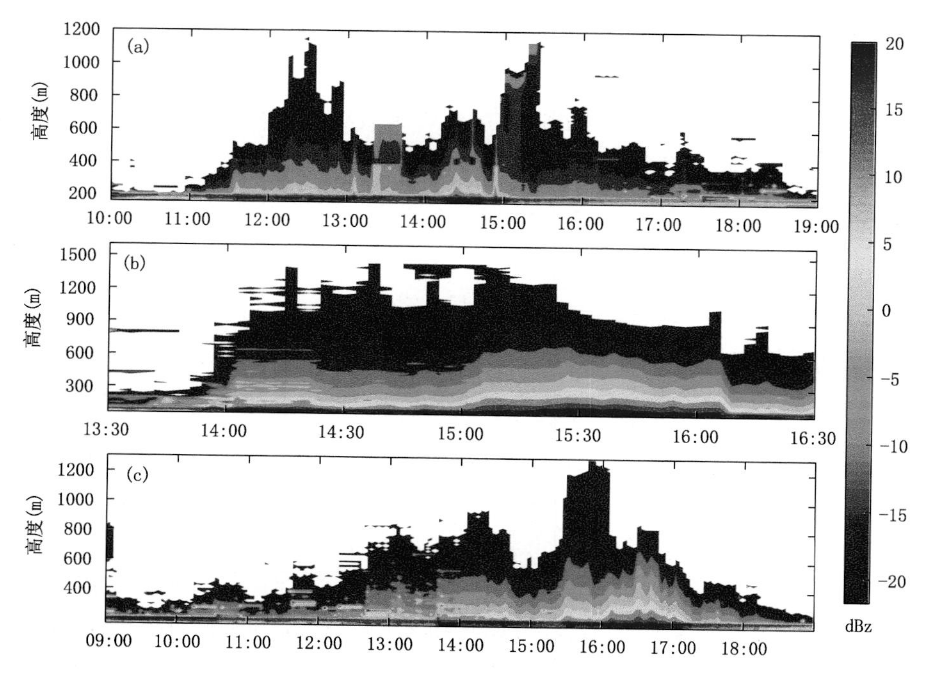

图 8.14 沙尘暴反射率因子的时空分布

(a) 5 月 7 日；(b) 5 月 20 日；(c) 5 月 24 日

度一般小于 300 m,在 100 m 高度时反射率因子在 5 dBz 左右;扬沙阶段:反射率因子的有效高度一般小于 600 m,在 100 m 高度时反射率因子一般在 10 dBz 左右;沙尘暴阶段,反射率因子的有效高度一般大于 1000 m 小于 2000 m,在 100 m 高度时反射率因子一般大于 15 dBz。

统计在沙尘暴阶段,不同高度反射率因子的分布范围和平均值为表 8.4。在表 8.4 中可以得到:高度越高平均反射率因子越小;当高度从 100 m 升到 200 m 时,平均反射率因子从 18.3 dBz 降低到 10.2 dBz,减小了 8.1 dBz,当高度从 800 m 升到 1000 m 时,平均反射率因子从−8.7 dBz 降低到了−13.8 dBz,减小了 5.1 dBz,当高度从 1000 m 升到 1200 m 时,平均反射率因子从−13.4 dBz 降低到了−14.5 dBz,减小了 1.1 dBz,高度越高,平均反射率因子减小量越小;当高度大于 500 m 时,高度越高,反射率因子变化范围越小。

表 8.4　沙尘暴期间不同高度反射率因子分布

高度(m)	反射率因子范围(dBz)	平均反射率因子(dBz)	统计累计时间(min)
100	12.2～24.7	18.3	427
200	2.5～17.2	10.2	413
500	−12.6～14.4	5.6	285
800	−18.3～9.5	−8.7	198
1000	−22.8～−3.7	−13.4	126
1200	−23.7～−7.1	−14.5	86

8.5　毫米波雷达探测沙漠云的特征

为了进一步对比毫米波雷达探测沙尘暴和沙漠云反射率因子的特征,讨论了沙尘暴、扬沙和沙漠云的相互作用。本研究通过毫米波雷达计算云的反射率因子得到塔克拉玛干沙漠云的特征。

8.5.1　云层高度和云中液态水含量的计算

(1)云层高度的判断

利用毫米波雷达功率谱计算得到的反射率因子,根据前人研究(仲凌志, 2009),以−40 dBz 作为云层的边界阈值,根据以下原则对云底高和云顶高进行判断。

首先,判断当前高度(H_0)的反射率因子(Z_{H_0})是不是大于−40 dBz,公式表达为:

$$Z_{H_0} > -40 \tag{8.26}$$

然后，如果 Z_{H_0} 大于－40 dBz，再判断小于当前高度的10 m、20 m和30 m(由于该MMCR的距离分辨率是10 m)的反射率因子（Z_{H_0-10}、Z_{H_0-20} 和 Z_{H_0-30}）是不是同时大于－40 dBz；同时大于当前高度的10 m、20 m和30 m的反射率因子（Z_{H_0+10}、Z_{H_0+20} 和 Z_{H_0+30}）是不是同时小于－40 dBz，公式表示为：

$$\begin{cases} Z_{H_0-10} < -40 \ \& Z_{H_0-20} < -40 \ \& Z_{H_0-30} < -40 \\ Z_{H_0+10} > -40 \ \& Z_{H_0+20} > -40 \ \& Z_{H_0+30} > -40 \end{cases} \tag{8.27}$$

当同时满足式(8.26)和式(8.27)时当前高度判断为云底高度。

如果 Z_{H_0} 大于－40 dBz，但是不能满足式(8.27)；再判断小于当前高度的10 m、20 m和30 m的反射率因子（Z_{H_0-10}，Z_{H_0-20} 和 Z_{H_0-30}）是不是同时大于－40 dBz；同时大于当前高度的10 m、20 m和30 m的反射率因子（Z_{H_0+10}，Z_{H_0+20} 和 Z_{H_0+30}）是不是同时小于－40 dBz，公式表示为：

$$\begin{cases} Z_{H_0-10} > -40 \ \& Z_{H_0-20} > -40 \ \& Z_{H_0-30} > -40 \\ Z_{H_0+10} < -40 \ \& Z_{H_0+20} < -40 \ \& Z_{H_0+30} < -40 \end{cases} \tag{8.28}$$

当同时满足式(8.26)和式(8.28)时，就把当前高度判断为云顶高度。

利用该方法可以有效地把云体厚度大于30 m并且云层间距大于30 m的云层边界判断出来；再利用2018年4—6月毫米波雷达探测的反射率因子，通过该方法得到塔克拉玛干沙漠云顶高度和云底高度。由于在5月22日15:40和6月27日15:10，CloudSat搭载的94 GHz的毫米波雷达(CPR)扫描到了塔中地区并得到了两个时刻的云底和云顶高度，所以选择5月22日15:00—17:00和6月27日10:00—17:00MMCR探测的反射率因子进行云层高度判断得到图8.15。对比CPR探测的云体高度，与利用MMCR得到的云层的高度基本一致；因此，文中利用反射率因子－40 dBz作为阈值，得到的云层高度符合真实值。

(2)云中液态水含量的计算

云的反射率因子大小反映了组成云的成分不同，当云含有雨滴越多，雨滴半径越大时回波强度将越大。前人(Sauvageot et al.，1987；Chin et al，2000；Kogan et al.，2005)以反射率因子为－15 dBz为阈值来区别云中是否含有雨滴粒子。

考虑到以下三个原因，本节选择Zong等(2013)总结的式(8.29)利用反射率因子Z计算液态水含量(LWC)。

①Zong利用MMCR的波长是8.3 mm，频率是35 GHz与本文的MMCR的参数完全一致。

②从总结的Z和LWC的对应值可以得到：当反射率因子在－5～25 dBz，液态水含量在10^{-2}～10^{0} g·m^{-3}区间。

③Zong(2013)利用了飞机遥感探测的数据对结果进行了验证，探测地点是中国多个地区而不是一个地点，结论有一定普遍性。

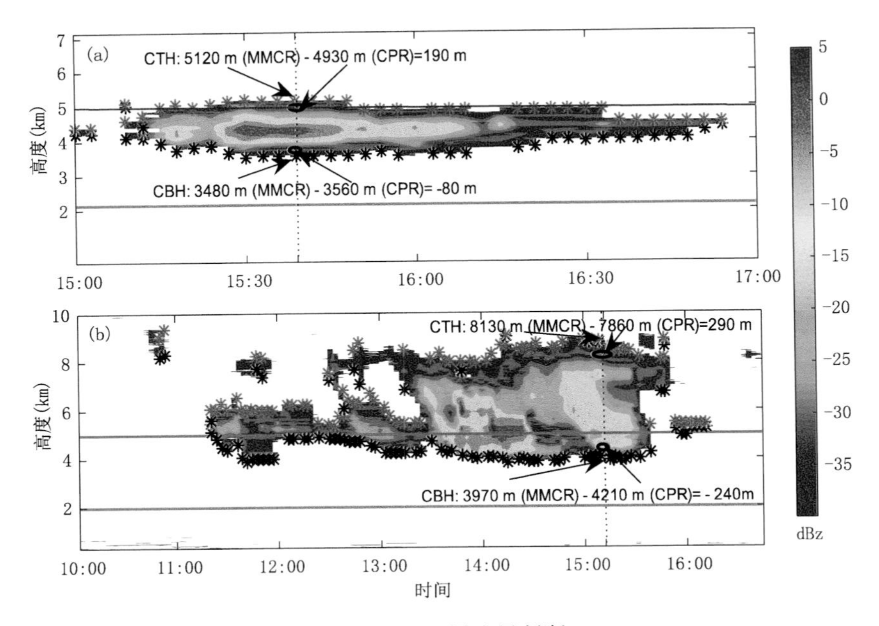

图 8.15　云层边界判断

(a)5 月 22 日 15:00—17:00,(b) 6 月 27 日 10:00—17:00

红色星点和黑色星点分别是 MMCR 得到的云顶和云底高度,在 5 月 22 日 15:40 和 6 月 27 日 15:10 的黑色圆圈是 CPR 探测的云体高度

$$\begin{cases} \mathrm{LWC} = 0.34\, Z^{0.82}\, (Z < -15\ \mathrm{dBz}) \\ \mathrm{LWC} = 0.09\, Z^{0.63}\, (Z \geqslant -15\ \mathrm{dBz}) \end{cases} \tag{8.29}$$

选择 5 月 22 日 15:00—17:30 和 6 月 27 日 10:00—17:00 两个时间段的反射率因子进行液态水含量的反演得到图 8.16。对比图 8.16b、d 可以得到两种设备探测的液态水含量的分布形状基本一致,在数值上差距不大都处于同一个数量级,因此,选择 Zong 等(2013)的反演算法得到的液态水含量具有一定的可信性。

8.5.2　塔克拉玛干沙漠云的基本特征

首先根据世界气象组织对云的分类标准(当云底高度 H_b<2 km 时,云为低云;当云底高度 2≤H_b<5 km 时,云为中云;云底高度 H_b≥5 km 时,云为高云)对云进行分类,再对三类云进行统计分析。

统计塔克拉玛干沙漠三个月低云、中云和高云出现的次数和占比为表 8.5。在表 8.5 可以得到:低云、中云和高云在三个月的占例变化不大,分别平均为 5.8%、49.6%和 44.6%。统计这三个月的云顶高度具体占比为:云顶高在 4~6 km 的占比为 33.7%,云顶高在 6~8 km 的占比为 38.4%,云顶高大于 8 km 的占比为 19.5%,

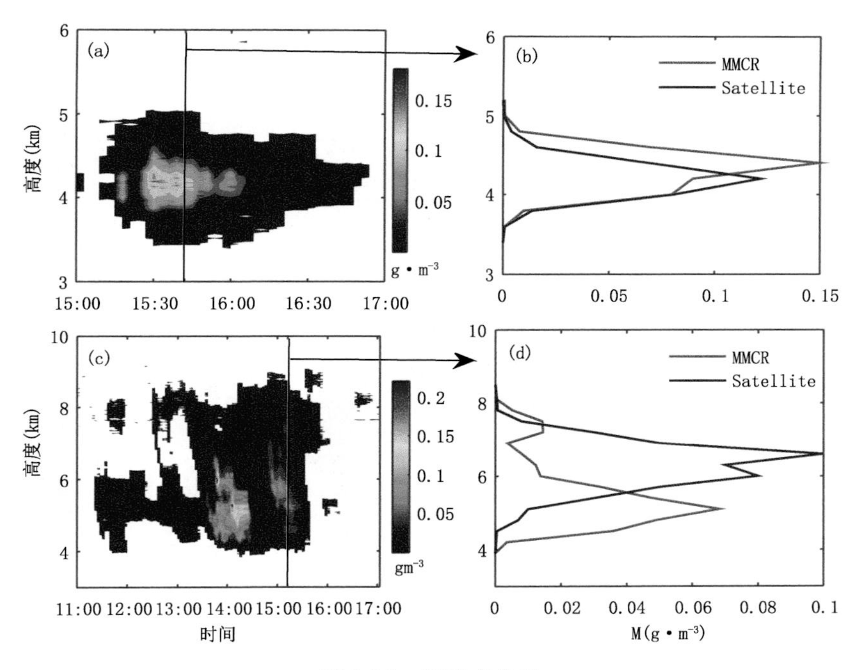

图 8.16 液态水含量

(a)MMCR 在 5 月 22 日 15:00—17:00 反演的液态水含量的时空分布;(b)星载 CPR 和 MMCR 在 5 月 22 日 15:40 反演的液态水含量的垂直分布;(c)MMCR 在 6 月 27 日 10:00—17:00 反演的液态水含量的时空分布;(d)星载 CPR 和 MMCR 在 6 月 27 日 15:10 反演的液态水含量的垂直分布

云顶高度小于 4 km 的仅占 7.8%。

利用反射率因子数据,得到在 4 月、5 月和 6 月的云厚度;利用云厚度数据统计塔克拉玛干沙漠的三个月不同云厚度(H)的时间和占比得到表 8.6。在表 8.6 中可以得到:在不同月份,云厚度在不同区间的占比基本相同。云厚度 $H<1$ km 时,平均占比为 41.4;$1\leqslant H<2$ km 时,平均占比为 26.3%;$2\leqslant H<4$ km 时,平均占比为 23.4%;$H\geqslant4$ km 时,平均占比为 7.9%。

表 8.5 2018 年 4—6 月不同云底高度的次数和比例

月份	低云		中云		高云	
	时间(min)	比例(%)	时间(min)	比例(%)	时间(min)	比例(%)
4	831	8.3	4797	48.1	4350	43.6
5	243	2.5	5028	51.8	4431	45.7
6	840	6.5	6333	49.0	5754	44.5

表 8.6 2018 年 4—6 月不同云厚度的分布

月份	$H<1$ km		$1\leqslant H<2$ km		$2\leqslant H<4$ km		$H\geqslant 4$ km	
	时间(min)	占比(%)	时间(min)	占比(%)	时间(min)	占比(%)	时间(min)	占比(%)
4	3549	35.6	2961	29.7	2721	27.3	699	7.0
5	4320	44.5	2385	24.6	2166	22.3	768	7.9
6	5625	43.5	3228	25.0	2910	22.5	1104	8.5

8.5.3 三类云的平均垂直特征

按照低云、中云和高云的分类，统计得到三类云的平均云底高和云厚度占比为表 8.7。在表 8.7 可以得到：低云的平均厚度最大，中云其次，高云最小；对低云而言，云厚度大于 2 km 的比例接近 70%，并且大于 4 km 的比例是 36.2%，这表明在低云中积云的占比很大。对中云和高云而言，云厚度越厚，云的占比越小。在高云中，云厚度主要集中在 1 km 以内，而大于 4 km 的比例只有 0.3%。

表 8.7 低云、中云和高云的特征

类型	平均云底高(m)	平均云厚度(m)	不同云厚度占比(%)			
			$H<1$	$1\leqslant H<2$	$2\leqslant H<4$	$H\geqslant 4$
低云	1416	3166	22.1	10.3	31.3	36.2
中云	3704	1934	32.4	25.8	29.8	11.4
高云	6396	1100	54.0	28.8	16.4	0.3

首先计算低云、中云和高云不同高度的反射率因子和液态水含量的平均值，再以表 8.7 中统计的三类云的平均云底高和厚度得到平均反射率因子和液态水含量的垂直分布图 8.17。在图 8.17 中可以得到：对低云而言(图 8.17a、d)，平均反射率因子的分布范围是−23～−5 dBz，对应的液态水含量为 0.003～0.045 g·m^{-3}；并且当 $H<2.8$ km 时，随高度的增大，平均反射率因子和液态水含量增大，到 2.8 km 高度时，平均反射率因子和液态水含量达到最大值；当 $2.8\leqslant H<3.9$ km 时，平均反射率因子基本不变(在−5 dBz 左右)，对应液态水含量为 0.045 g·m^{-3}；相比其他高度层，该区域平均反射率因子和液态水含量最大，说明该区域云内含有液态水滴粒子最多；当 $3.9\leqslant H<5$ km 时，随高度的增大，平均反射率因子和液态水含量减小。对中云而言(图 8.17b、e)，当 $4<H\leqslant 6$ km 时，随高度的增大，平均反射率因子从−15 dBz 减小到−20 dBz，对应的平均液态水含量从 0.01 g·m^{-3}降低到 0.078 g·m^{-3}。对高云而言(图 8.17c、f)，当高度从 6.2 km 升高到 7.3 km 时，平均反射率因子从−28 dBz 减小到−32 dBz，平均液态水含量从 0.0017 g·m^{-3}减少到 0.0008 g·m^{-3}。

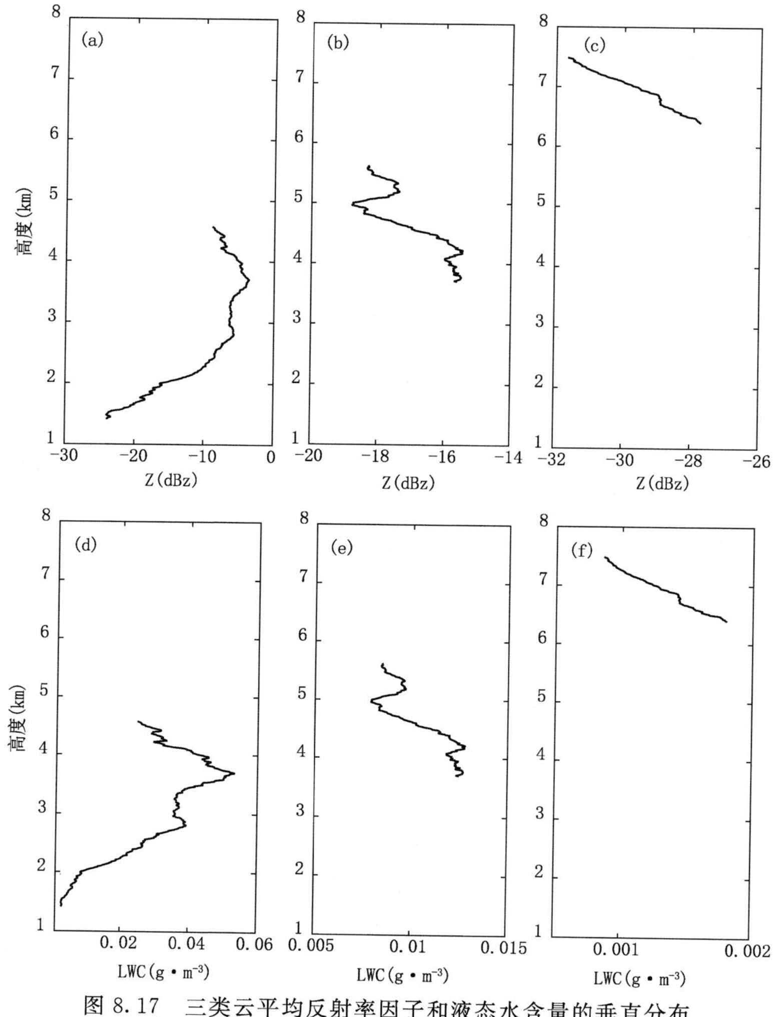

图 8.17 三类云平均反射率因子和液态水含量的垂直分布
反射率因子:(a)低云;(b)中云;(c)高云
液态水含量:(d)低云;(e)中云;(f)高云

8.5.4 塔克拉玛干沙漠云的日变化特征

(1) 云的日变化基本特征

为了研究塔克拉玛干沙漠无降水云的日变化特征,首先将 4 月、5 月和 6 月的云高数据按照 24 h 进行分类;然后,统计每小时监测到云的时间和低云、中云和高云分别出现的比例为图 8.18。由于雷达探测时间总共 91 d,利用每小时监测到云的总时间(图 8.18a)除于总天数(91 d)得到每小时平均监测到云的时间为 8～16 min;在

11:00—13:00 出现云的平均时间最长为 16 min;02:00—03:00 出现云的平均时间最短为 8 min。在图 8.18b 中可以得到:在每小时中,低云占比小于 0.2,中云和高云占的比例大于 0.4。09:00—01:00 时,中云占比大于高云;23:00—3:00 时,高云占比大于中云;02:00—08:00 高云和中云占比近似相等。

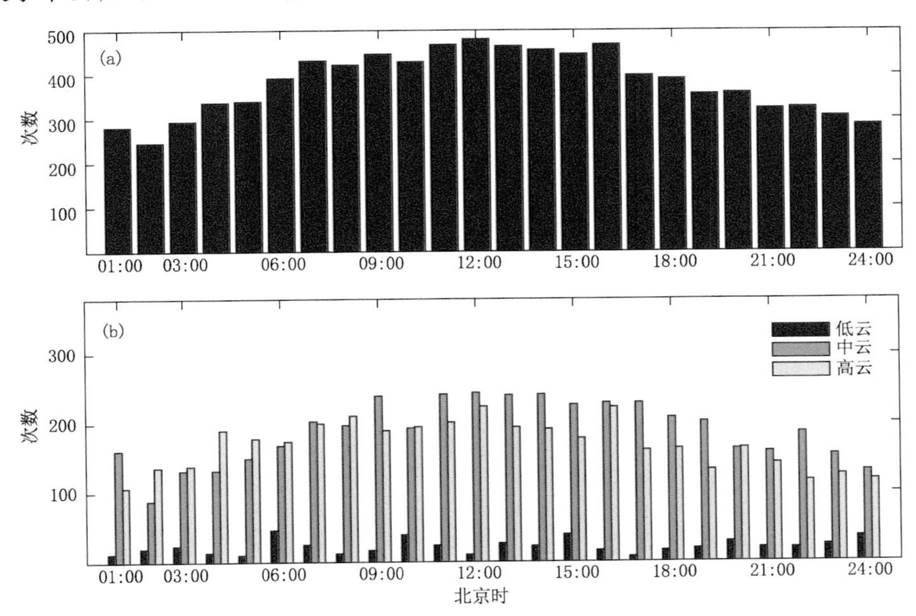

图 8.18　24 h 云的分布

(a)每小时探测的总时间;(b)低云、中云和高云的占比

(2)日平均反射率因子和液态水含量的垂直结构

把 4 月、5 月和 6 月的反射率因子和液态水含量数据按照 24 h 进行分类,然后进行平均计算得到每小时在高度 1.5～8.0 km 反射率因子和液态水含量的平均垂直分布图 8.19。在图 8.19 中可以得到:当高度 $5 \leqslant H < 8$ km 时,平均反射率因子小于 −20 dBz,对应平均液态水含量在$10^{-3.5} \sim 10^{-1.5}$ g · m^{-3};随高度的增大,平均反射率因子和液态水含量减小;随时间的变化,平均反射率因子和液态水含量数值变化不大。当高度 $H < 5$ km 时:从 6:00—9:00,随时间的变化,平均反射率因子和液态水含量不断增大。从 11:00—16:00 时,平均反射率因子达到最大值 −5 dBz,对应的液态水含量为 0.045 g · m^3,并且反射率因子大值区域面积最大,此时段云体内水滴含量比较大,再加上该时段热力结构很不稳定,为发生沙尘暴提供了必须水汽和热力条件。16:00—22:00,随时间的变化,高度在 3～5 km 平均反射率因子迅速减小到 −12 dBz,并且平均液态水含量下降到了 0.015 g · m^3,而当高度小于 3 km 时,平均反射率因子和液态水含量变化不大。21:00—03:00,平均反射率因子小于 −15 dBz,

随高度的增大，平均反射率因子变化较小；03:00—06:00，平均反射率因子和平均液态水含量最小并且垂直变化不大，此时段云体内水滴含量最少，不易产生降水，也不易发生沙尘暴。

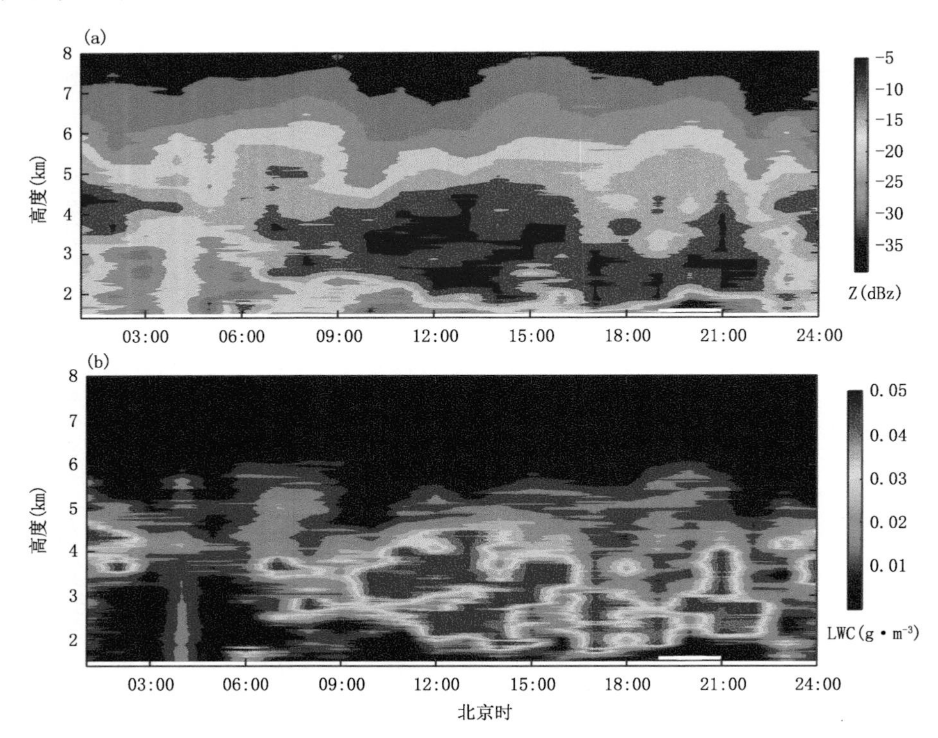

图 8.19　反射率因子和液态水含量的日平均垂直结构

(a)反射率因子的日平均垂直结构；(b)液态水含量的日平均垂直结构

8.6　沙尘质量浓度定量估算

8.6.1　沙尘质量浓度的反演方法

沙尘质量浓度表示在单位体积内含有的沙尘粒子的总质量，是反映沙尘暴强弱的定量参数。以 2018 年 5 月 24 日 15:42 在 110 m 高度(图 8.20 a)的功率谱为例，对沙尘质量浓度的反演算法进行阐述。

①利用毫米波雷达探测的功率谱数据 $S(w)$ 通过谱平均、计算 SNR、再通过雷达气象方程得到反射率因子(具体过程见 8.4 节)，图 8.20a 功率谱计算的反射率因子为 19.4 dBz。

②利用式(8.9)～(8.11)得到 110 m 高度的沙尘粒子密度分布函数如图 8.20b 所示。

③计算沙尘谱。沙尘谱表示在单位体积中沙尘粒子个数随不同粒子直径的分布。在沙尘暴期间，雷达接收的反射率因子主要由沙尘粒子的后向散射引起。反射率因子 Z 可以用沙尘谱 $N(D)$ 表示为：

$$Z = \int_0^\infty N(D)\, D^6 \, \mathrm{d}D \tag{8.30}$$

对式(8.30)进行离散化得到：

$$Z = \sum_{i=1}^{N} N(D_i)\, D_i^6 \Delta D \tag{8.31}$$

式中，N 代表离散化总数。

粒子直径为 D_i 的沙尘谱 $N(D_i)$ 可以用粒子概率 $p(D_i)$，粒子总数 N_0 表示为：

$$N(D_i) = N_0 p(D_i); i = [1, N] \tag{8.32}$$

将式(8.32)代入式(8.31)得到反射率因子 Z、粒子概率 $p(D_i)$、粒子总数 N_0 和粒子直径 D_i 的关系为：

$$Z = \sum_{i=1}^{N} N_0 p(D_i)\, D_i^6 \Delta D \tag{8.33}$$

利用计算得到的反射率因子 Z 和概率分布 $p(D_i)$ 通过式(8.12)可以得到粒子总数 N_0，再通过式(8.33)计算得到沙尘谱。如图 8.20c 是反射率因子和沙尘概率密度分布函数得到的沙尘谱。

④沙尘质量浓度的计算。沙尘的质量浓度 M 用沙尘谱 $N(D_i)$ 表示为：

$$M = \frac{1}{6}\pi\rho \sum_{i=1}^{N} N(D_i)\, D_i^3 \Delta D \tag{8.34}$$

式中，ρ 是沙尘密度(取值 $2.65\times10^3\,\mathrm{kg\cdot m^{-3}}$)；$N$ 为沙尘谱离散化总数，D_i 为沙尘粒子离散的第 i 个直径。图 8.20 对应的沙尘质量为 13678 $\mu\mathrm{g\cdot m^{-3}}$。

8.6.2　沙尘谱的特征

为了分析沙尘暴过程不同阶段沙尘谱的特征，选择 2018 年 5 月 24 日沙尘暴过程的三个典型时间，浮尘期 10:00，扬沙期 12:32 和沙尘暴期 16:00 反演沙尘谱。在图 8.21 可以得到：整体上，随高度的升高，粒子的直径范围和最大粒子数都不断减小；在同一高度，无论粒子直径范围和最大粒子数都是沙尘暴期最大，扬沙期其次，浮尘期最小；这由于在不同阶段地面风速不同($V_{\text{dust storm}} > V_{\text{blowing sand}} > V_{\text{floating dust}}$)，造成了空中沙尘粒子数的不同($N_{\text{dusts torm}} > N_{\text{blowing sand}} > N_{\text{floating dust}}$)。

浮尘期(图 8.21 a)有效粒子谱高度一般在 200 m 左右，并且粒子直径分布和粒子数都比较小，在 100 m 高度有效最大粒子数小于$10^{2.5}$；在高度在 200 m 左右时，沙尘粒子直径范围小于 100 μm，最大粒子数小于10^1。

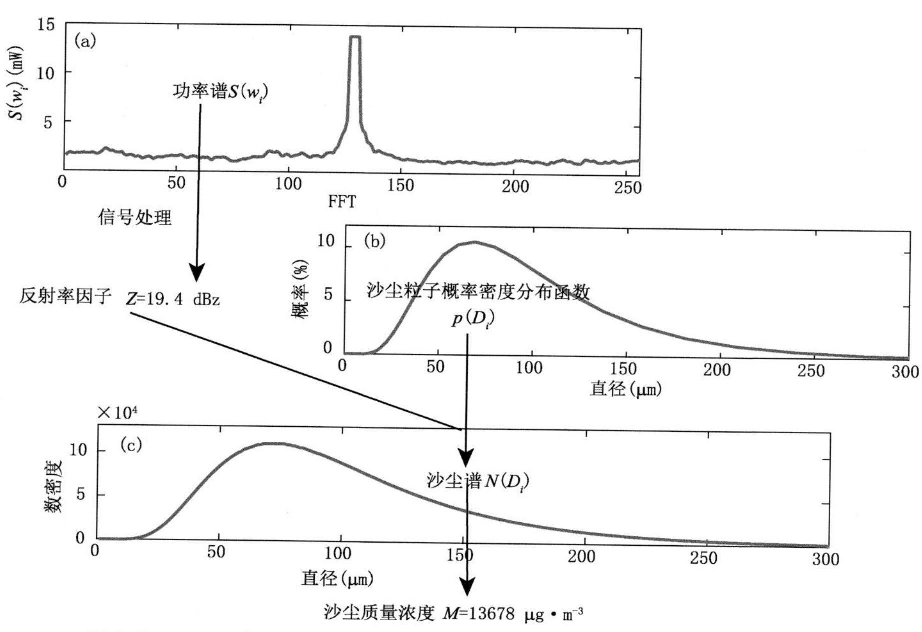

图 8.20　2018 年 5 月 24 日 15:42 在 110 m 高度沙尘质量浓度反演过程

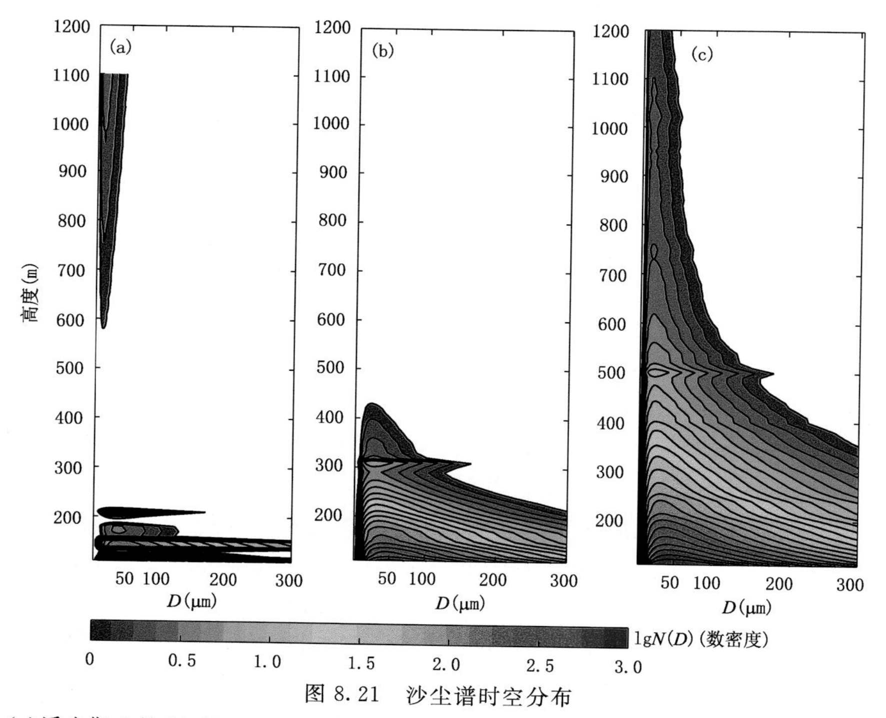

图 8.21　沙尘谱时空分布

(a)浮尘期 5 月 24 日 10:00;(b)扬沙期 5 月 24 日 12:32;(c)沙尘暴 5 月 24 日 16:00

扬沙期(图 8.21 b)有效粒子谱高度一般在 500 m 以下;在 100 m 高度时,粒子直径范围为 0～300 μm,最大粒子数到$10^{2.5}$;在 250 m 高度时,粒子直径范围为 0～300 μm,最大粒子数到10^{2};在 300 m 高度时,粒子直径范围为 0～150 μm,最大粒子数到 10;当高度大于 400 m 时,粒子直径范围小于 100 μm。

沙尘暴期(图 8.21 c)有效粒子谱高度在 1000 m 以上;高度小于 400 m 高度时,粒子直径范围为 0～300 μm;随高度的增大,最大数浓度逐渐减小,在 100 m 高度时,最大粒子数大于10^{3},到 200 m 时为$10^{2.5}$,到 300 m 高度时为10^{2},当高度到 400 m 时,最大粒子减少到$10^{1.5}$。当高度增大到 500 m 时,粒子直径范围减小为 0～200 μm,最大粒子数为$10^{1.5}$。在 1000 m 高度时,粒子直径范围为 0～100 μm,最大粒子数为$10^{0.5}$。当高度大于 1000 m 时,粒子直径范围小于 100 μm,最大粒子数小于$10^{0.5}$。

8.6.3 沙尘质量浓度特征

利用毫米波雷达计算的反射率因子和不同高度沙尘概率密度函数反演的沙尘谱数据,通过式(8.34)计算得到 3 次沙尘暴过程的沙尘质量浓度时空分布图 8.22。在图 8.22 中可以得到,沙尘质量浓度的时空变化趋势和反射率因子(图 8.14)的变化趋势是一致的;高度越高,沙尘质量浓度越低,这与真实的情况相符。

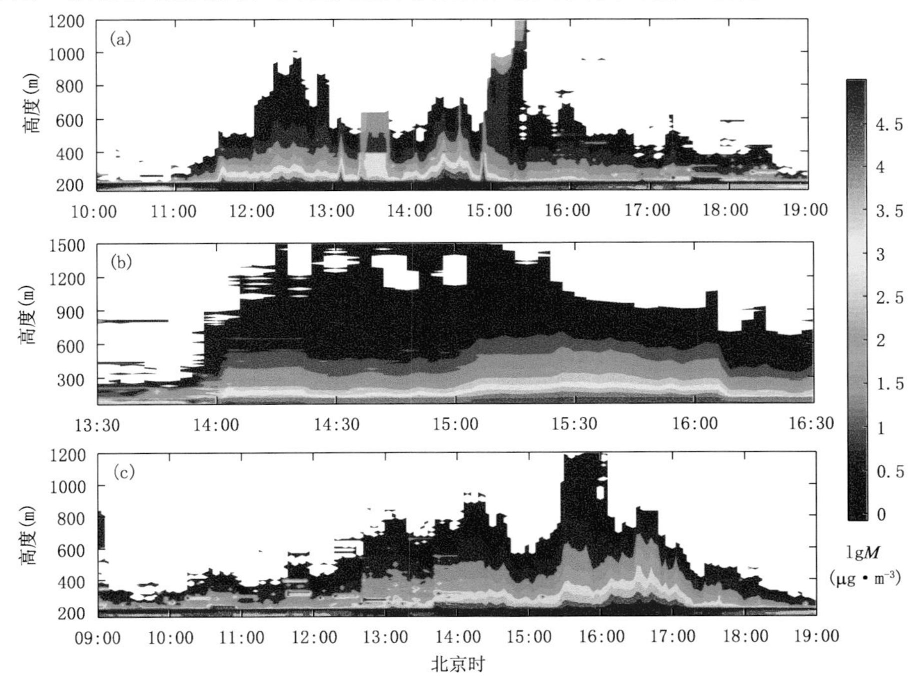

图 8.22 沙尘质量浓度的时空分布

(a)5 月 7 日;(b)5 月 20 日;(c)5 月 24 日

在浮尘阶段，雷达探测的沙尘质量浓度的有效高度小于 300 m，在 200 m 高度时，质量浓度小于10^1 μg · m^{-3}。当高度大于 200 m 时，沙尘质量浓度小于$10^{0.5}$ μg · m^{-3}。

在扬沙阶段，雷达探测的沙尘质量浓度有效高度小于 600 m，在 200 m 高度时，质量浓度大约为10^2 μg · m^{-3}，在 300 m 高度时，质量浓度约为10^1 μg · m^{-3}，当高度大于 400 m 时，质量浓度小于$10^{0.5}$ μg · m^{-3}。

在沙尘暴阶段，雷达探测的沙尘质量浓度有效高度一般大于 1000 m。具体不同高度沙尘质量浓度的分布情况为表 8.8。

统计沙尘暴阶段，不同高度沙尘质量浓度的分布范围和平均值见表 8.8。在表 8.8 中可以得到：高度越高，质量浓度范围和平均沙尘质量浓度越小。当高度从 100 m 升到 200 m 时，平均沙尘质量浓度从 8727 μg · m^{-3}降低到 515 μg · m^{-3}，减小了 8212 μg · m^{-3}；当高度从 200 m 升到 500 m 时，平均沙尘质量浓度从 515 μg · m^{-3}降低到了 70 μg · m^{-3}，减小了 445 μg · m^{-3}；当高度从 800 m 升到 1000 m 时，平均沙尘质量浓度从 36 μg · m^{-3}降低到了 28 μg · m^{-3}，减小了 8 μg · m^{-3}；而当高度从 1000 m 升到 1200 m 时，平均沙尘质量浓度从 28 μg · m^{-3}降低到了 24 μg · m^{-3}，只减小了 2 μg · m^{-3}。因此，高度越高，平均沙尘质量浓度的减小量越小。

表 8.8 沙尘暴期间不同高度沙尘质量浓度分布特点

高度(m)	质量浓度范围 (μg · m^{-3})	平均质量浓度 (μg · m^{-3})	统计累计时间 (min)
100	1220～42146	9287	427
200	32～6815	515	413
500	16～3825	70	285
800	10～1825	36	198
1000	8～1280	28	126
1200	2～820	24	86

8.6.4 *Z-M* 关系

由于反射率因子 Z 和沙尘质量浓度 M 都可以用沙尘谱计算得到，反射率因子(图 8.14)和沙尘质量浓度(图 8.22)的时空变化趋势一致。建立反射率因子 Z 和沙尘质量浓度 M 的关系为：

$$Z = AM^b \tag{8.35}$$

式中，A 和 b 都是常数。将式(8.35)两边取对数后得到：

$$\lg Z = \lg A + b\lg M \tag{8.36}$$

利用 3 次沙尘暴过程功率谱计算得到的反射率因子 Z 和沙尘谱反演得到的质量浓度M(单位取 g · m^{-3})，通过最小二乘法得到式(8.36)的参数 $\lg A$ 和 b，再对 $\lg A$

取指数得到 A,将 A 和 b 代入式(8.35)后得到:

$$Z = 651.6\, M^{0.796} \tag{8.37}$$

为了验证 Z-M 公式的有效性,分别选择 2018 年 5 月 7 日 14:00—15:00、5 月 20 日 14:30—16:30 和 5 月 24 日 14:15—16:00 沙尘暴过程 200 m 高度的数据,利用沙尘谱(式(8.34))和反射率因子(式(8.37))计算出沙尘质量浓度随时间的变化图 8.23。在图 8.23 中可以得到,两种方法计算的沙尘质量浓度在变化趋势上是一致,并且数值相差不大。所以通过线性拟合建立的 Z-M 关系式(8.37)具有一定的可信性。利用 Z-M 关系可以更加有效地简化反射率因子反演沙尘质量浓度的算法,使毫米波雷达实时定量监测沙尘暴的运算变得更简单。

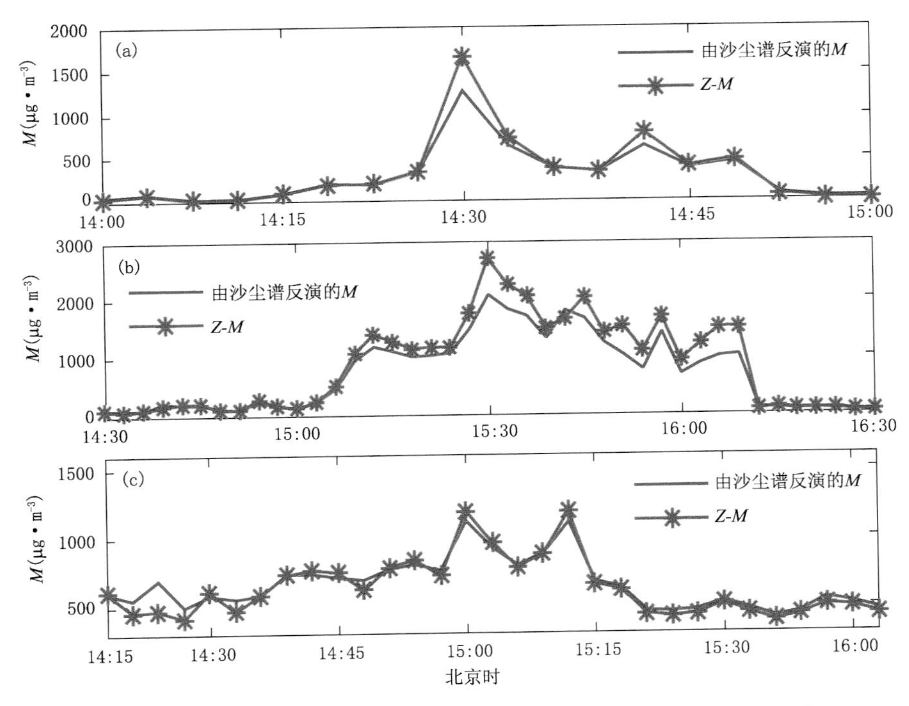

图 8.23　(a)5 月 7 日 14:00—15:00、(b)5 月 20 日 14:30—16:30 和 (c)5 月 24 日 14:15—16:00 的两种方法计算的沙尘质量浓度的时间变化图

8.7　本章小结

本章利用连续波毫米波雷达、铁塔粒子收集器、激光粒度仪和 Grimm180 颗粒物监测仪对塔克拉玛干沙漠的沙尘暴进行了联合探测,利用联合探测的数据定量分析了沙尘暴的散射特征,计算对比了沙尘暴和沙漠云的反射率因子特征,然后定量反演

了沙尘谱和沙尘质量浓度，最后总结了反射率因子和沙尘质量浓度的 *Z-M* 关系。通过本章多地基设备对沙尘暴的联合探测研究，不但证明了毫米波雷达可以有效地探测沙尘暴，并且可以实现对沙尘暴的起止时间的监测，还可以得到实时的吹沙高度及每个高度层的反射率因子、沙尘谱和沙尘质量的定量信息。

参考文献

何平，2006，相控阵风廓线雷达[M]. 北京：气象出版社.

王红霞，张清华，候维君，等，2021，不同模态沙尘暴对太赫兹的衰减分析[J]. 物理学报，70(6)：064101.

张培昌，杜秉玉，戴铁丕，2010，雷达气象学[M]. 北京：气象出版社.

仲凌志，2009，毫米波测云雷达系统的定标和探测能力分析及其在反演云微物理参数中的初步研究[D]. 南京：南京信息工程大学.

CHIN H N S，RODRIGUEZ D J，CEDERVALL R T，et al，2000，A microphysical retrieval scheme for continental low-level stratiform clouds：Impacts of subadiabatic character on microphysical properties and radiation budgets[J]. Mon Wea Rev，128：2511-2527.

KOGAN Z N，MECHEM D B，KOGAN Y L，2005. Assessment of variability in continental low stratiform clouds based on observations of radar reflectivity [J]. J Geophys Res，(110)，D18205.

LIEBE H J，HUFFORD G A，MANABE，1991. A model for the complex permittivity of water at frequencies below 1 THz [J]. Int J Infrared Milli Waves，12：659-675.

SAUVAGEOT H，OMAR J，1987. Radar reflectivity of cumulus clouds [J]. J Atmos Oceanic Technol，(4)：264-272.

WANG MINZHONG，MING HU，2018. Quantitative detection of mass concentration of sand-dust storms via wind-profiling radar and analysis of Z-M relationship. Theoretical and Applied Climatology，131：927-935.

WANG M Z，MING H，RUAN Z，et al，2018，Quantitative detection of mass concentration of sand-dust storms via wind-profiling radar and analysis of Z-M relationship [J]. Theor Appl Climatol，131：927-935.

ZONG R，LIU L P，YIN Y，2013. Relationship between cloud characteristics and radar reflectivity based on aircraft and cloud radar co-observation [J]. Adv Atmos Sci，30(5)：1275-1286.

第9章　基于星载激光雷达的塔克拉玛干沙漠沙尘气溶胶探测研究

9.1　星载激光雷达探测沙尘气溶胶的原理及数据产品介绍

气溶胶通过散射和吸收入射太阳光影响地球的辐射收支，这是一种重要的辐射强迫。气溶胶还与云层的形成、降水过程以及水文循环密切相关（Winker et al, 2002,2004）。目前，使用化石燃料和农业燃烧等人类活动产生的气溶胶可能正在影响全球气候；气溶胶也会影响严重污染地区的公众健康。与温室气体不同，对流层气溶胶在空间和时间上高度可变，这是因为来源可变，在大气中停留时间短，由于这种可变性和使用卫星仪器监测气溶胶的困难，气溶胶的全球分布和性质仍然是要解决的基本科学问题。气溶胶辐射强迫的模型估计仍然不确定，需要改进从空间观测气溶胶的能力，以约束这些模型中的关键假设（Koren et al.，2004；Huang et al.，2006,2010；Winker et al.，2013）。

气候响应对气溶胶、温室气体和其他来源的辐射强迫的敏感性在很大程度上受云和辐射之间的相互作用控制。预测气候变化的建模能力的进步要求改进模型中云过程的表示，并减少云辐射相互作用参数化的不确定性。特别是，估算地球表面和大气层内长波辐射通量的最大不确定性来源与目前确定多层云的垂直分布和重叠以及这些云的冰水路径的困难有关。CALIPSO（Cloud-Aerosol Lidar and Infrared Pathfinder Satellite Observations，云-气溶胶激光雷达和红外探路者卫星）任务将提供独特的廓线测量，以提高我们对气溶胶和云在地球气候系统中的作用的理解。CALIPSO于2006年4月28日发射进入太阳同步轨道，赤道过境时间为13:30和01:30，为期16 d的重复循环。CALIPSO将通过提供：气溶胶和云分布的全球垂直分辨率测量；高度解析将气溶胶分为几种类型；以及白天和夜间在明亮和不均匀表面上的气溶胶观测。CALIPSO作为A-Train系列卫星的一部分（图9.1），包括NASA的其他四项任务Aqua、Aura、CloudSat和轨道碳观测站（OCO）。以上观测组合为探索气溶胶—化学—云的相互作用提供了前所未有的资源。CALIPSO有效载荷由三个垂直俯视观测仪器组成：正交偏振的云-气溶胶激光雷达（CALIOP，Cloud-Aerosol Lidar with Orthogonal Polarization）和两个被动仪器（成像红外辐射计（IIR）和广域相机（WFC））。

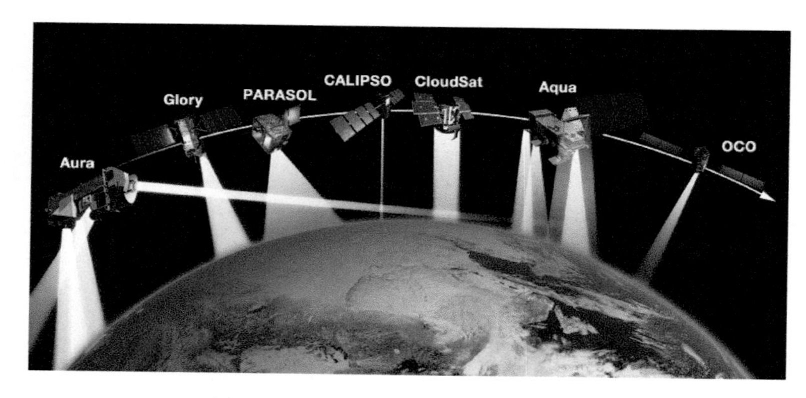

图 9.1 A-Train 系列卫星编队示意图
(来自 CALIPSO 官网:www-calipso.larc.nasa.gov)

CALIOP 提供有关气溶胶和云的垂直分布及其光学和物理特性的信息。CALIOP 不仅将提高我们对气溶胶和云的理解,还将提高我们对气溶胶—云相互作用的理解。CALIOP 是由二极管泵浦的 Nd: YAG 激光器构建,该激光器产生 1064 nm 和 532 nm 的线性偏振光脉冲。CALIOP 是一款三通道激光雷达,其探测器可收集 532 nm 平行光、垂直光以及 1064 nm 光信号,这些光是从大气中的分子和微粒(即气溶胶、云)后向散射的。大气回波由 1 m 望远镜收集,该望远镜向三通道接收器供电,测量 1064 nm 处的后向散射强度和 532 nm 处的两个正交偏振分量(平行和垂直光)(图 9.2)。双波长偏振测量提供了有关气溶胶大小和吸湿性作用的信息。激光雷达偏振测量也可以分辨云—冰/水相(Winker et al., 2002; 2004)。

CALIPSO 搭载的主要仪器 CALIOP 是一种正交偏振的云—气溶胶激光雷达,这是一种双波长偏振激光雷达,设计用于在昼、夜两个阶段从接近最低点的几何图形中获取衰减后向散射的垂直廓线。通常采用不同尺度的空间平均来提高信噪比,提供可靠的数据反演信息。CALIPSO 首次利用云—气溶胶识别技术(CAD, cloud aerosol discrimination 算法)将气溶胶和云的特征进行了分类,识别气溶胶层后,场景分类算法通过输入参数(包括高度、位置、表面类型、体积退偏比和集成衰减后向散射测量)进一步基于每种气溶胶类型都有预先指定的激光雷达比(或消光—后向散射比),将气溶胶层分类为七种气溶胶类型之一。其中,七种类型的气溶胶分别是抬升的烟雾(生物质燃烧气溶胶)、污染的大陆/烟雾(城市/工业污染)、污染沙尘(烟尘混合物)、沙尘气溶胶(沙漠)、清洁大陆(清洁的背景)、清洁海洋(海盐)及沙海气溶胶(沙尘与海盐混合物)(Winker et al., 2013; Mehta et al., 2018)。CALIPSO 激光雷达 3 级 4.20 版对流层气溶胶廓线产品的发布标志着比之前的 3.0 版有几处改进。最重要的是,新的三级产品由版本 4.20 的二级输入数据构建而成,这是所有

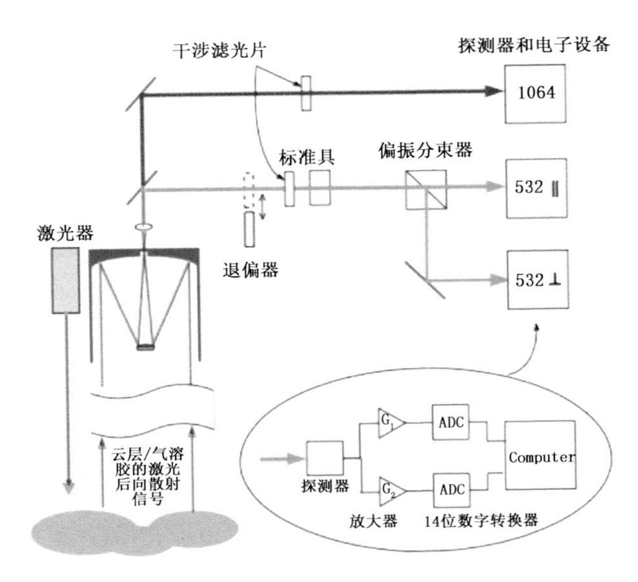

图 9.2　激光雷达接收器系统的功能图
（来自 CALIPSO 官网：www-calipso.larc.nasa.gov）

CALIOP 二级数据产品中质量最高、最复杂的。实施了新的三级质量筛查程序，以提高产品报告的统计数据质量。最新版本 4.20 中还包括对科学数据集名称和错误修复的微小更改。本节使用最近发布的 CALIPSO 3 级版本 4.20 气溶胶垂直廓线数据产品（新发布于 2019 年 9 月），这是一个全球网格化的每月 5 km 气溶胶廓线产品，源自 CALIPSO 二级产品 4.20 版，即对二级气溶胶廓线数据进行质量筛选，然后将其汇总到全球 2°×5°经纬度网格。垂直分辨率为 60 m—平均海平面（AMSL）以上 0.4 至 12.1 km，共 208 层。来自二级数据的气溶胶类型信息也在三级数据产品中报告为每个纬度/经度/高度网格单元的气溶胶类型直方图，包括所有七种气溶胶类型。根据天空条件（组合，即无云或全天）和照明条件（白天或夜间），有总气溶胶以及三种不同类型的三级数据文件。主要数据变量包括气溶胶类型、消光系数（EC）及其相关类型的空间和垂直分布，以及气溶胶光学厚度。

9.2　沙尘气溶胶的季节发生率

大气气溶胶是指悬浮在大气中的固体和（或）液体微粒，气溶胶的范围很广，如地面的扬尘、烟粒、微生物、植物的孢子和花粉以及水和冰组成的云雾滴、冰晶和雨雪等粒子，都属于气溶胶。气溶胶又可分为沙尘气溶胶、硫酸盐气溶胶、海盐气溶胶、黑碳气溶胶、有机碳气溶胶、铵盐气溶胶和硝酸盐气溶胶等。大气气溶胶在天气气候变化和大气环境中起着重要的作用(Koren et al.，2004；Huang et al.，2006,2010，2015)。悬浮在对流层中的沙尘气溶胶可以作为云凝结核(Li et，2010)和冰核(Chou et al.，2011；DeMott et al.，2010)，参与云和降水过程，通过影响云的辐射特性(Li et al.，2010)、生命周期、云和降水的三维结构等(Min et al.，2010；2014；Fan et al.，2016)间接地影响到地气系统的能量平衡(IPCC，2013；Jiang et al.，2011)，这被称为气溶胶间接气候效应。由于气溶胶自身时空变化的复杂性以及缺乏对气溶胶大量和准确的观测，使得模式中输入的参数还有较大的不确定性，从而为评估气溶胶对气候的影响带来了较大的不确定性(申彦波 等,2005；石广玉 等,2008)。因此，要合理准确地评估气溶胶对气候造成的影响，需要对气溶胶进行长期连续、高分辨率的观测。IPCC连续多次报告均指出，气溶胶气候效应是气候变化中不确定性最大的因素(IPCC，2013)，尤其对于气溶胶—云—降水相互作用是目前气候变化中最大的不确定性因素之一。

沙尘气溶胶是对流层中含量最多、分布最广泛的气溶胶之一，可以作为云凝结核和大气冰核参与云微物理过程，并通过改变水凝物相态、潜热释放等过程影响云和降水的宏观结构(Stevens et al.，2009)。中尺度云系统的潜在动态反馈，可能抑制气溶胶对个别云的增强或抑制作用。相关研究主要的挑战是分离不同类型的气溶胶对不同类型的云的影响(Gryspeerdt et al.，2015)。干洁大气中的液态云粒子，如果通过同质核化过程转化为冰粒子，需要温度低于－38 ℃；但是受到沙尘气溶胶污染时，这类云很可能在较暖的温度通过异质核化过程冻结。同时，异质核化的发生会消耗水汽、过冷水滴，会抑制高层的同质核化过程(Min et al.,2010,2014)。沙尘气溶胶，是一种重要的自然源的大气冰核，它可以在较暖的温度、较低的过饱和度时，通过异质核化过程促进冰云生成，影响冰云的微物理及宏观特征，进而影响地气系统的能量平衡和水循环过程。

许多外场观测均指出，在沙尘暴暴发时，空气中的冰核数密度比平时高出约100倍(Chou et al.，2011)。大量参数化方案一般是基于外场观测的数据提出的。但是，由于不同源地排放的沙尘气溶胶的物理化学性质本就不同，在传输过程中其物理、化学性质也会发生变化，所以，外场观测的数据往往只能采集有限时间、空间范围的数据，对其他地方的代表性有限。这些原因导致目前的不同参数化方案计算的冰晶数浓度的差异最高可达三个量级(DeMott et al.，2010)。与烟尘和人为污染气溶胶影响相比，沙尘气溶胶对冰云的影响具有很强的区域依赖性，Jonathan等(2018)的发现提供了观测证据，证明气溶胶的“抑制”和“促进”过程，强烈地依赖于气溶胶的类型和浓度。所以，针对沙尘气溶胶效应具有区域依赖性这一特点，其特征因地而异(Jonathan et al.，2018)，针对沙尘气溶胶的光学特性及其时空分布问题，需因地制宜，具体问题具体分析。

Christensen等(2016)利用CloudSat数据进行量化气溶胶对深对流云的间接影

响。然而，这项研究没有考虑不同类型的气溶胶。Jonathan等(2018)采用最新的测量方法CloudSat和CALIPSO卫星探测资料，以南美、中非和东南亚为研究区域，在烟雾、沙尘和受污染的大陆气溶胶环境中量化了对流云冰质量加权高度质心随气溶胶光学厚度(AOD)的变化，发现气溶胶可以抑制或促进对流，这取决于气溶胶的类型和浓度。

新疆作为中亚内陆干旱地区，荒漠面积广阔，是我国主要的沙尘源区，特别是塔里木盆地的塔克拉玛干沙漠区域，沙尘天气频繁，是影响塔里木盆地及周边居民身体健康、生活环境的关键源区，也是影响我国东部地区主要的沙尘气溶胶源区之一。塔里木盆地具有典型大陆性极端干旱气候，该区独特的中亚内陆地理位置决定了海洋暖湿气流不易到达，即使来自太平洋与印度洋的最强盛的海洋气团抵达本区已成强弩之末，从而决定了本区降水稀少，变率大；气温变化剧烈；大风沙尘暴活动频繁的特征(金炯 等，1994；李新，1996)。塔里木盆地年均沙尘气溶胶排放总量占到东亚的35.0%左右(陈思宇 等，2017)。该盆地也是我国浮尘天气的最高发中心(王式功 等，2003；李江风，1991)，其中，盆地南缘的和田地区年均浮尘日数可达230 d(何清 等，1997)，受沙尘影响的地区空气质量较差从而导致各种健康问题。塔里木盆地地域广阔、以沙尘气溶胶为主导，因此，塔里木盆地的塔克拉玛干沙漠区域是开展沙尘气溶胶光学特性及其时空分布研究的理想靶区，具有显著的区域代表性，可为我国西北干旱区大气气溶胶—云—降水相互作用研究提供重要的观测事实和理解依据。

为了定量地描述不同气溶胶类型出现频率的垂直分布，我们通过将气溶胶类型样本的数量除以每个垂直层内CALIPSO测量的总数来计算每种气溶胶类型的出现频率。我们对塔克拉玛干沙漠区域进行详细讨论，目的是探索每个季节该区域不同气溶胶类型出现频率的概率差异。一般来说，CALIPSO在夜间比白天可探测到更多的气溶胶样本，特别是在对流层的中上部，所以我们只在本研究中选择了2007—2019年间的夜间数据。图9.3显示了塔克拉玛干沙漠在每个季节每种气溶胶类型频率的垂直分布，每种气溶胶类型频率的出现描绘了季节变化差异。沙尘气溶胶是所有季节中在2～6 km高度处检测到的最主要气溶胶类型，在5 km高度处发生频率可达到近50%。此外，在夏季和秋季，沙尘气溶胶、污染沙尘以及抬升的烟类型是在6～12 km高度处检测到的主要气溶胶类型；而在春季和冬季，沙尘气溶胶和污染沙尘是在6～12 km处检测到的主要类型。通过以上分析，我们可以看出，气溶胶类型季节变化的复杂性反映了塔克拉玛干沙漠地区可能存在的生物质燃烧和沙漠沙尘排放对气溶胶成分的显著影响。此外，由于该区域的无海洋面积，清洁海洋气溶胶类型似乎是在2 km高度以下几乎所有季节的里发生频率不变的气溶胶类型。因此，据了解，沙尘气溶胶，污染沙尘和抬升的烟是该区域整个对流层高度上的主要气溶胶类型(Pan et al.，2019；2020)。

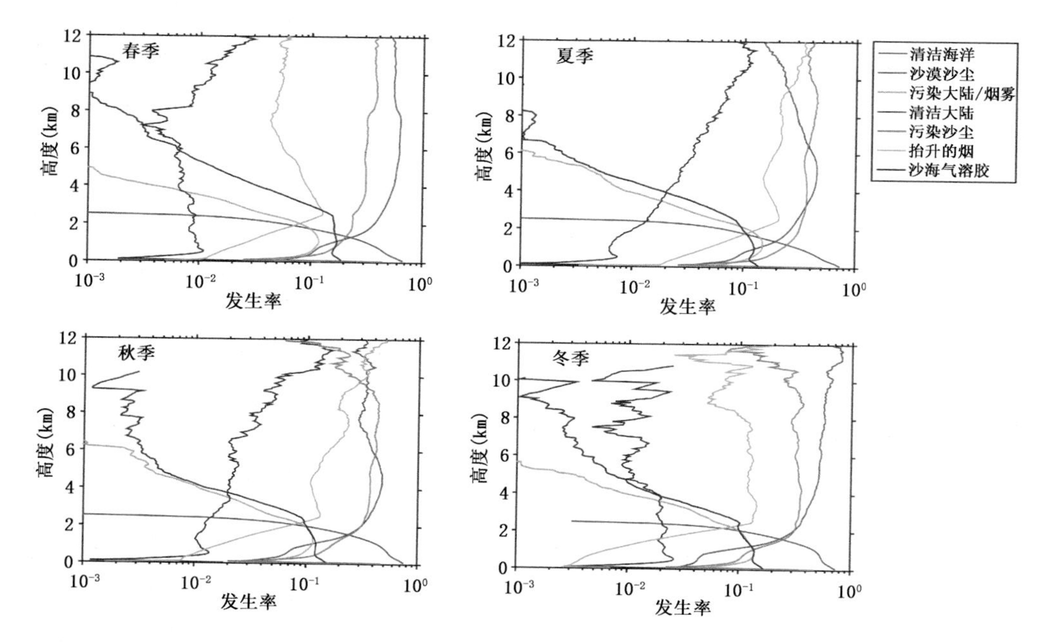

图 9.3 塔克拉玛干沙漠 2007—2019 年间 7 种气溶胶类型发生频率的季节变化垂直廓线
气溶胶类型代表清洁海洋、沙漠沙尘、污染大陆/烟雾、清洁大陆、污染沙尘、抬升的烟和沙海气溶胶

9.3 沙尘气溶胶光学特性

9.3.1 消光系数特征

本节的重点是气溶胶的消光系数在不同高度层(垂直)的分布,因为这是 CALIOP 提供的最独特的新信息。被动式遥感卫星,例如 MODIS (Moderate Resolution Imaging Spectroradiometer)、MISR (Multiangle Imaging Spectroradiometer) 和 TOMS (Total Ozone Mapping Spectrometer)等(Kaufman et al., 2005; Kahn et al., 2005; 张军华 等,2002),能够对沙尘气溶胶的水平分布和传输有较好的观测,但是无法提供沙尘气溶胶垂直方向的信息。由于沙尘气溶胶的垂直分布对大气的垂直加热进而对大气热力结构的影响和改变、对气溶胶—云相互作用扮演重要角色以及决定沙尘溶胶通过不同云微物理过程间的间接效应,沙尘气溶胶垂直分布的研究变得十分有必要(王宏 等,2007;段婧 等,2008)。

本研究工作使用了全天空数据,使用的数据周期考虑为 2007 年 1 月至 2019 年 12 月。由于无云产品在从整个垂直廓线中去除云层样本的过程中也会消除气溶胶样本,这将导致气溶胶样本的减少,并可能进一步低估气溶胶的值。因此,我们选择全天空(All-sky)产品来保留完整的气溶胶信息。此外,研究中仅使用 532 nm 处的 CALIPSO 夜间数据,因为与白天测量相比,白天 CALIOP 数据受到太阳短波辐射的影响较大,夜间具有更好的信噪比(Signal Noise Ratio, SNR),因此,选用夜间数据用于分析气溶胶光学特性及其类型垂直分布的全球/区域气候和季节变化。气溶胶消光系数(EC, Extinction Coefficient)的季节垂直分布是基于平均值计算的,即所有网格单元的平均值。图 9.4 给出了基于 CALIPSO 探测共计 13 年的不同季节的总气溶胶消光系数在不同高度层(1.5 km、3 km、5 km、6 km)的季节平均水平分布(夜间),由于 CALIOP 三级产品月平均数据被分配到全球 2°×5°经纬度网格,为了便于更加直观地分析塔克拉玛干沙漠区域,这里给出来范围更大区域的 EC 水平分布,进而进一步探讨其垂直高度分布的变化。这里重点关注塔克拉玛干沙漠区域,总气溶

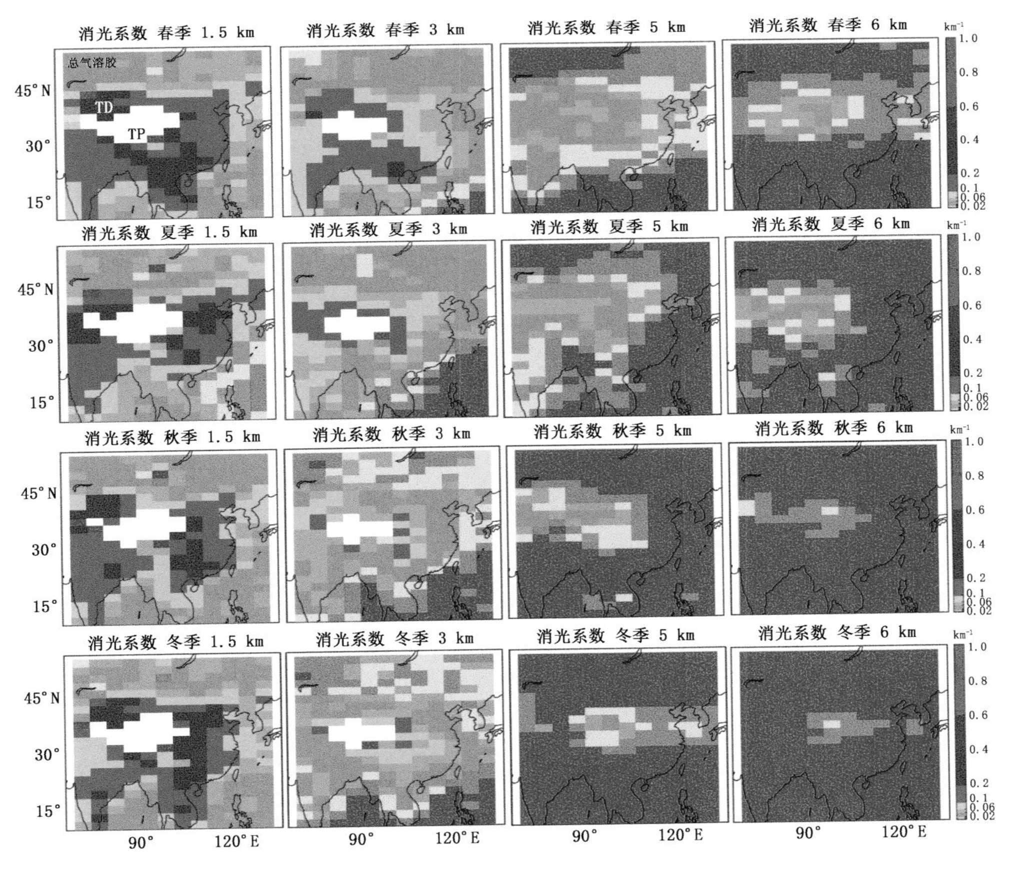

图 9.4　2007—2019 年不同季节的总气溶胶消光系数垂直高度的季节平均水平分布

(TD—塔克拉玛干沙漠;TP—青藏高原)

胶的消光系数的水平分布范围随高度的增加呈现递减趋势(行分布，见图 9.4)，呈现明显的季节变化分布(列分布)，沙尘气溶胶呈现相似的变化趋势(图 9.5)；总气溶胶的消光系数在 3 km 以下在四季均有广泛分布；1.5 km 高度处平均消光系数呈现出春季(0.311 km^{-1})＞冬季(0.251 km^{-1})＞夏季(0.209 km^{-1})＞秋季(0.187 km^{-1})，在 3 km 高度处的消光系数平均值呈现春季(0.123 km^{-1})＞夏季(0.089 km^{-1})＞秋季(0.061 km^{-1})＞冬季(0.021 km^{-1})的季节分布特点(图 9.6)；而对于沙尘气溶胶的消光系数来说，1.5 km 高度处平均消光系数呈现出春季(0.309 km^{-1})＞夏季(0.202 km^{-1})＞冬季(0.191 km^{-1})＞秋季(0.179 km^{-1})(图 9.7)，由此可见，塔克拉玛干沙漠区域近地面层春夏季的气溶胶主要贡献量来自于沙尘气溶胶，且春季沙尘气溶胶含量相对更高(高于其他三个季节)，而冬季还存在烟雾粒子的贡献。此外，沙尘气溶胶在 3 km 高度的平均消光系数季节分布如下：春季(0.122 km^{-1})＞夏季

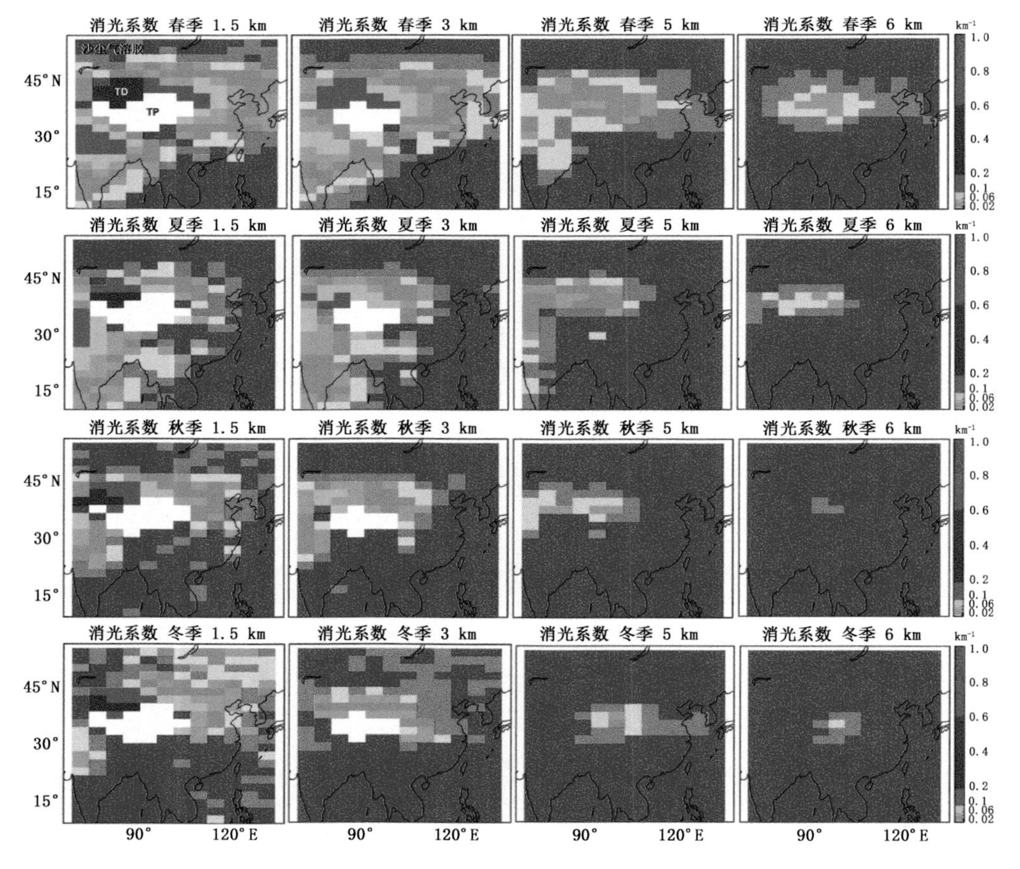

图 9.5 2007—2019 年不同季节沙尘气溶胶消光系数垂直高度的季节平均水平分布

(TD—塔克拉玛干沙漠；TP—青藏高原)

(0.085 km^{-1})>秋季(0.058 km^{-1})>冬季(0.016 km^{-1})，与总气溶胶的消光系数季节分布趋势一致，除了冬季，平均消光系数值也基本一致，可见3 km高度处气溶胶的主要贡献量仍来自于沙尘气溶胶，沙尘气溶胶可大面积抬升到3 km高空处。5 km高度处，春夏季仍存在沙尘气溶胶的贡献，6 km高度处总气溶胶消光系数值很小，夏季相比春季，沙尘气溶胶垂直抬升高度有所减少。且在夏季，近地面层至3 km高空处塔克拉玛干沙漠南缘的EC明显高于北缘，这可能与南缘沙尘天气频发和环流形势有关。需要说明的是，青藏高原区域由于地理位置和海拔高度的特殊性，故3 km以下高度出现了空白区域。

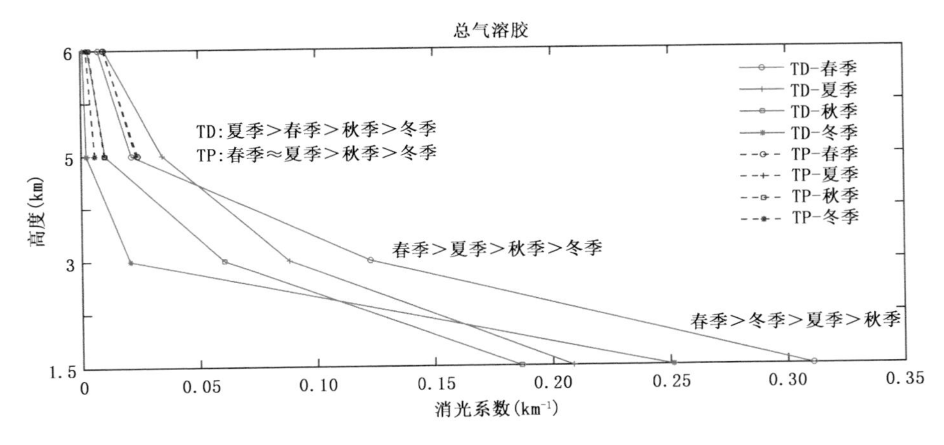

图9.6　2007—2019年总气溶胶消光系数随高度的变化
(TD—塔克拉玛干沙漠；TP—青藏高原)

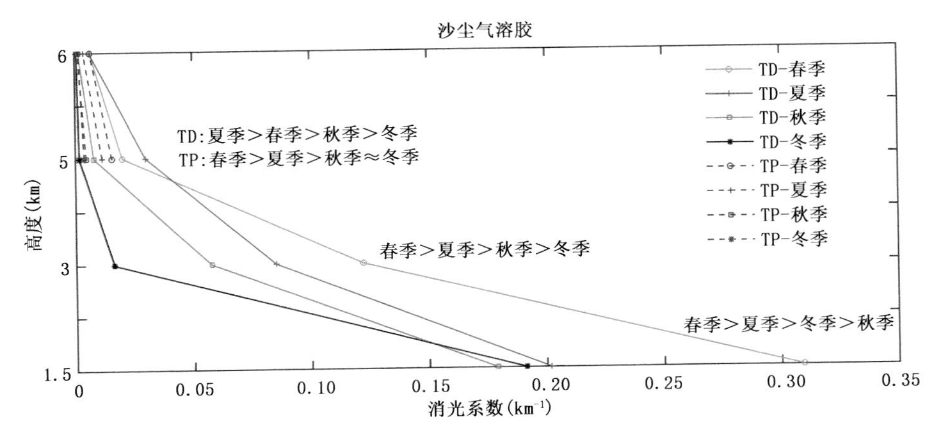

图9.7　2007—2019年沙尘气溶胶消光系数随高度的变化
(TD—塔克拉玛干沙漠；TP—青藏高原)

9.3.2 光学厚度特征

气溶胶光学厚度，一般来说，即总柱 AOD(Aerosol Optical Depth)，被定义为气溶胶散射和吸收引起的消光的垂直积分，描述的是气溶胶对光的消减作用。它是气溶胶最重要的参数之一，表征大气浑浊程度的关键物理量，也是确定气溶胶气候效应的重要因素。通常高的 AOD 值预示着气溶胶纵向累积的增长，因此导致了大气能见度的降低。现阶段对于 AOD 的监测主要有地基遥感和卫星遥感两种方法。其中地基遥感又有多种形式：多波段光度计遥感、全波段太阳直接辐射遥感，激光雷达遥感等。而近年来卫星遥感技术的快速发展，多种传感器被利用来研究气溶胶特性(如 MODIS，CALIOP 等)，加上经济发展带来的大气污染问题使得利用卫星遥感资料反演 AOD 成为热门研究的科学问题。

在目前的工作中，我们同样使用了全天空数据，使用的数据周期为 2007 年 1 月—2019 年 12 月。正如前文提到的，由于 All-sky 产品能够保留完整的气溶胶信息，同样对于 AOD 参量我们依然选择 All-sky 产品，且仅使用 532 nm 处的 CALIPSO 夜间数据，因为夜间数据具有更好的信噪比(SNR)，用于分析 AOD 的季节变化。气溶胶 AOD 的季节水平分布是基于平均值计算的，即所有网格单元的平均值。

图 9.8 给出了总气溶胶(第一行)和沙尘气溶胶(第二行)的 AOD 的季节水平分布。同理，由于 CALIOP 三级产品月平均数据被分配到全球 2°×5°经纬度网格，为了便于更加直观地分析塔克拉玛干沙漠区域，这里给出来范围更大区域的 AOD 水平分布。在塔克拉玛干沙漠，总气溶胶光学厚度春季最大(～0.61)，春季比夏季小 0.16(～0.45)，秋季和冬季分别为 0.33 和 0.30；相比之下，沙尘气溶胶光学厚度在四季分别为～0.60、0.43、0.30、0.23，该区域沙尘气溶胶对总气溶胶的贡献率达到

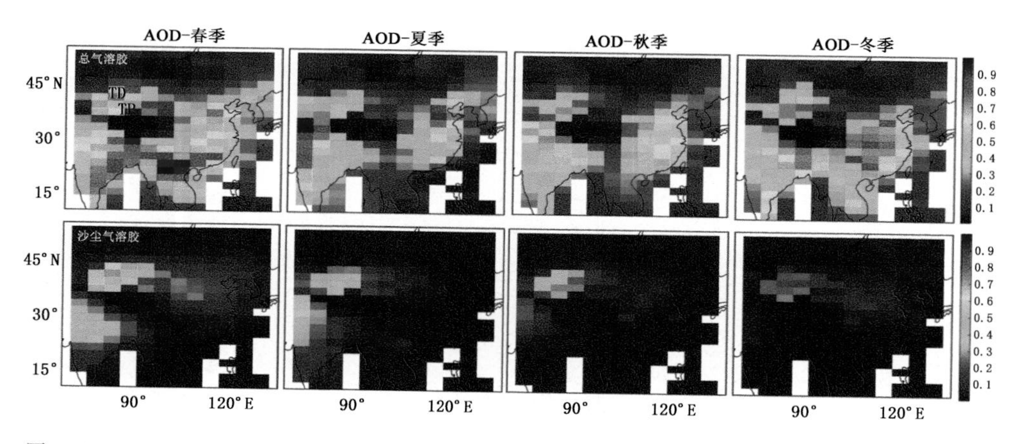

图 9.8 2007—2019 年总气溶胶 AOD(第一行)/沙尘气溶胶 AOD(第二行)季节平均水平分布
(TD—塔克拉玛干沙漠；TP—青藏高原)

98.4%、95.6%、90.9%及 76.7%；秋冬季沙尘光学厚度较小，由于局部沙尘活动减弱，使得这一区域的光学厚度相比春夏季减小。该分析结果与徐成鹏等(2014)研究结果中沙尘气溶胶季节的定性变化结果一致，但对于定量的结果来看，本节得到的光学厚度值整体偏大(均在合理范围内)，这可能与选取的塔克拉玛干沙漠范围、时间序列的样本量以及 CALIOP 数据产品版本有关。

此外，从总气溶胶和沙尘气溶胶的 AOD 分布来看，再一次印证了沙尘气溶胶是塔克拉玛干沙漠最主导的气溶胶类型(Pan et al.，2020)，且春夏季为沙尘天气多发季节，为沙尘气溶胶光学厚度高值区，且随着季节变化，沙尘气溶胶的 AOD 呈现递减趋势。值得一提的是，青藏高原上空的沙尘气溶胶的贡献，在春夏季与塔克拉玛干沙漠和印度北部的贡献有关。此外，青藏高原由于地形高度的影响，在选取区域获得 AOD 平均值时，会有周边区域的值的共献，导致青藏高原上空的值可能会偏高。但我们却可以清楚地看到其季节的整体变化趋势(图 9.9)。

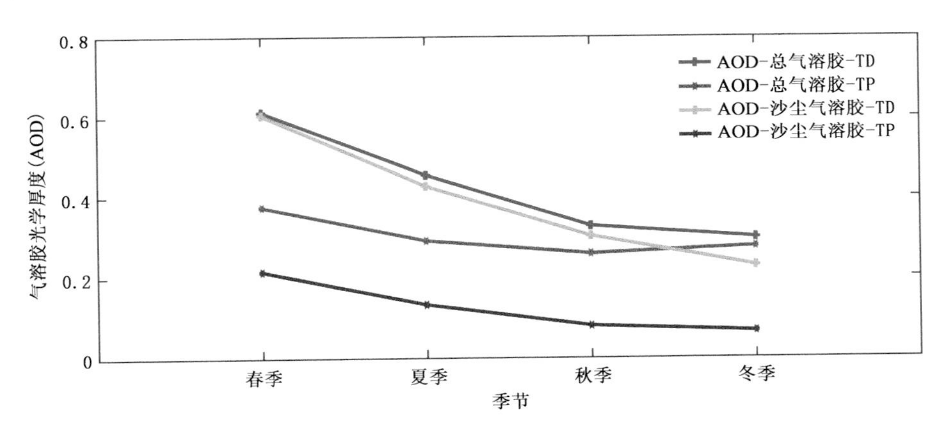

图 9.9　2007—2019 年总气溶胶/沙尘气溶胶平均 AOD 的季节平均变化
(TD—塔克拉玛干沙漠；TP—青藏高原)

9.4　沙尘气溶胶退偏振比特征

退偏振比 (Particulate Depolarization Ratio，PDR，简称退偏比)定义为垂直方向的散射光分量与水平分量之比，与粒子的形状、大小以及组成有关，是可用于描述气溶胶粒子非球性的物理量。球形粒子的 PDR 小于非球形粒子，因此，PDR 越大，粒子非球性越强(Liu et al. 2013)。退偏比有助于区分球形和非球形粒子之间的差异，其值范围为 0～1。例如：非球形颗粒(即沙尘、冰晶)会改变后向散射光的偏振状态，而水滴或球形气溶胶等球形颗粒则不会。图 9.10 给出研究区域内各季节气溶胶粒子 PDR 的概率分布(2007—2019 年夜间)。图 9.10 揭示了春季探测到的所有气溶胶样本量最多,相比其他季节,这与春季频繁的沙尘事件密切相关;所有季节的粒子退偏比主要集中在 0.1～0.4 之间,且 0.2～0.3 的概率密度分布最大(约为 25%),说明整个塔克拉玛干沙漠的气溶胶粒子成分较为稳定;浓度和粒径相对稳定一致。在冬季,0～0.2 范围的 PDR 比例明显增大,这可能是由于冬季沙尘气溶胶粒子与其他类型气溶胶混合,导致粒子球性比例增加。春季 PDR 的平均值最大(0.30),冬季最小(0.25),塔克拉玛干沙漠区域在整个对流层高度在四季的 PDR 平均值主要集中在 0.2～0.3,表明该区域的气溶胶粒子成分、浓度及粒径较为稳定。

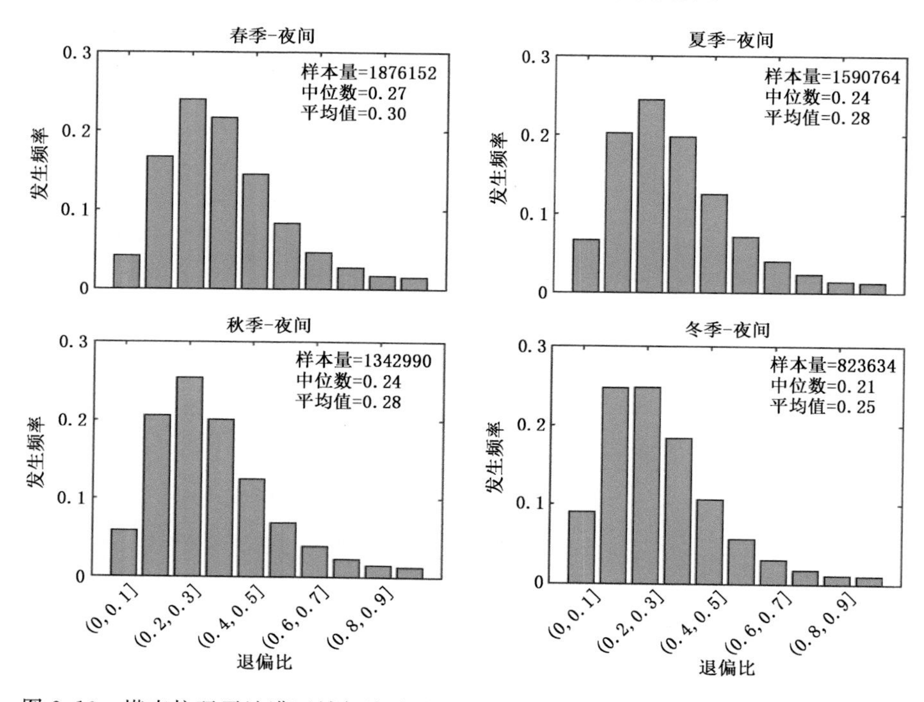

图 9.10 塔克拉玛干沙漠区域气溶胶粒子不同季节退偏比概率分布(2007—2019 年)

9.5 本章小结

利用 CALIPSO 从 2007 年 1 月—2019 年 12 月的观测资料,塔克拉玛干沙漠区域作为沙尘源地,得到了该区域的沙尘气溶胶发生频率的垂直分布以及光学特性时空变化特征,明显的季节特征可能是季节性风场和源区对流活动共同作用的结果。沙尘发生频率和抬升高度的变化情况与起沙条件和地理环境有关。

在塔克拉玛干沙漠,沙尘气溶胶类型是所有季节中在 2～6 km 高度处检测到的最主要类型，其抬升高度可达5 km，在5 km高度处发生频率可达到近50%。就沙尘气溶胶的消光系数来说，1.5 km高度处平均消光系数呈现出：春季（0.309 km^{-1}）＞夏季（0.202 km^{-1}）＞冬季（0.191 km^{-1}）＞秋季（0.179 km^{-1}），由此可见，塔克拉玛干沙漠区域近地面层春夏季的气溶胶主要贡献量来自于沙尘气溶胶，且春季沙尘气溶胶含量相对更高（高于其他三个季节），而冬季还存在烟雾粒子的贡献。沙尘气溶胶可大面积抬升到3 km高空处。5 km高度处，春夏季仍存在沙尘气溶胶的贡献，6 km高度处总气溶胶消光系数值很小，夏季相比春季，沙尘气溶胶垂直抬升高度有所减少。春季沙尘光学厚度最大，为0.61，冬季最小，为0.30；该区域沙尘气溶胶对总气溶胶的贡献率达到：98.4%（春季）、95.6%（夏季）、90.9%（秋季）及76.7%（冬季）；春季PDR的平均值最大（0.30），冬季最小（0.25），塔克拉玛干沙漠区域在整个对流层高度在四季的PDR平均值主要集中在0.2～0.3，表明该区域的气溶胶粒子成分、浓度及粒径较为稳定。

本章研究内容可为后期合理准确地评估西北干旱区气溶胶—云—降水相互作用及气溶胶对气候造成的影响提供了充足的观测事实和理论依据；对西北干旱区环境气候变化评估和降水天气预报具有重要应用价值。

参考文献

陈思宇，黄建平，李景鑫，等，2017. 塔克拉玛干沙漠和戈壁沙尘起沙、传输和沉降的对比研究[J]. 中国科学：地球科学，47(8)：939-957.

段婧，毛节泰，2008. 气溶胶与云相互作用的研究进展[J]. 地球科学进展，23(3)：252-261.

何清，赵景峰，1997. 塔里木盆地浮尘时空分布及对环境影响的研究[J]. 中国沙漠，17(2)：119-126.

金炯，董光荣，1994. 新疆塔里木盆地的现代气候状况[J]. 干旱区资源与环境，(3)：12-21.

李江风，1991. 新疆气候[M]. 北京：气象出版杜.

李新，1996. 塔里木盆地西北部荒漠化气候特征[J]. 干旱区地理，(1)：53-57.

申彦波，沈志宝，杜明远，等，2005. 风蚀起沙的影响因子及其变化特征[J]. 高原气象，24(4)：611-616.

石广玉，王标，张华，等，2008. 大气气溶胶的辐射与气候效应[J]. 大气科学，32(4)：826-840.

王宏，石广玉，王标，等，2007. 中国沙漠沙尘气溶胶对沙漠源区及北太平洋地区大气辐射加热的影响[J]. 大气科学，31(3)：515-526.

王式功，王金艳，周自江，等，2003. 中国沙尘天气的区域特征[J]. 地理学报，58(2)：193-200.

徐成鹏，葛觐铭，黄建平，等，2014. 基于CALIPSO星载激光雷达的中国沙尘气溶胶观测[J]. 中国沙漠，34(5)：1353-1360.

张军华，毛节泰，王美华，2002. 利用TOMS资料遥感沙尘暴的研究[J]. 高原气象，21(5)：457-465.

CHOU C, STETZER O, WEINGARTNER E, et al, 2011. Ice nuclei properties within a Saharan dust event at the Jungfraujoch in the Swiss Alps[J]. Atmospheric Chemistry and Physics, 11(10)：4725-4738.

CHRISTENSEN M W, CHEN Y C, STEPHENS G L, 2016. Aerosol indirect effect dictated by liquid clouds[J]. J Geophys Res Atmos,121(14):636-14650.

DEMOTT P J, PRENNI A J, LIU X, et al, 2010. Predicting global atmospheric ice nuclei distributions and their impacts on climate [J]. Proceedings of the National Academy of Sciences of the United States of America, 107(25):11217-11222.

FAN J W,WANG Y,ROSENFELD D,et al,2016. Review of aerosol-cloud interactions: Mechanisms, significance, and challenges [J]. Journal of the Atmospheric Sciences, 73 (11): 4221-4252.

GRYSPEERDT E,STIER P,WHITE B A,et al, 2015. Wet scavenging limits the detection of aerosol effects on precipitation[J]. Atmos Chem Phys, 15: 7557-7570.

HUANG J P, LIU J J, CHEN B, et al, 2015. Detection of anthropogenic dust using CALIPSO lidar measurements[J]. Atmospheric Chemistry & Physics, 15(7):10163-10198.

HUANG J,MINNIS P,LIN B,et al, 2006. Possible influences of Asian dust aerosols on cloud properties and radiative forcing observed from MODIS and CERES[J]. J Geophys Res Lett, 33 (6): 272-288.

HUANG Z W,J P HUANG, J R BI,et al, 2010. Dust aerosol vertical structure measurements using three MPL lidars during 2008 China-US joint dust field experiment[J]. J Geophys Res, 115, D00K15, doi:10. 1029/2009JD013273.

IPCC. Climate Change 2013: The Physical Science Basis. Contribution of Working Group I to the Fifth Assessment Report of the Intergovernmental Panel on Climate Change, edited by: Stocker, T F, Qin D.

JIANG J H,SU H,ZHAI C,et al, 2011. Influence of convection and aerosol pollution on ice cloud particle effective radius[J]. Atmos Chem Phys, 11: 457-463.

JONATHAN H. JIANG HUI SU, LEI HUANG, et al, 2018. Contrasting effects on deep convective clouds by different types of aerosols[J]. Nature Communications, DOI: 10. 1038/s41467-018-06280-4.

KAHN R, GAITLEY B,MARTONCHICK J, et al, 2005. Multiangle Imaging Spectroradiometer (MISR) global aerosol optical depth validation based on 2 years of coincident Aerosol Robotic Network (AERONET) observations [J]. Journal of Geophysical Research, 110:D10S04.

KAUFMAN Y, KOREN I,REMER L, et al, 2005. Dust transport and deposition observed from the Terra-Moderate Resolution Imaging Spectroradiometer (MODIS) spacecraft over the Atlantic Ocean[J]. Journal of Geophysical Research, 110:D10S12.

KOREN I,Y J KAUFMAN, L A REMER,et al, 2004. Measurement of the effect of Amazon smoke on inhibition of cloud formation[J]. Science, 303(5662):1342-1345.

LI R, MIN Q L, 2010. Impacts of mineral dust on the vertical structure of precipitation[J]. Journal of Geophysical Research Atmospheres, 115(D9):86-92.

LIU Z, FAIRLIE T, UNO I, et al, 2013. Transpacific transport and evolution of the optical properties of Asian dust [J]. Journal of Quantitative Spectroscopy & Radiative Transfer, 116: 24-33.

MEHTA M,SINGH N,ANSHUMALI, 2018. Global trends of columnar and vertically distributed properties of aerosols with emphasis on dust, polluted dust and smoke inferences from 10-year long CALIOP observations[J]. Rem Sens Environ, 208:120-132.

MIN Q,LI R,2010. Longwave indirect effect of mineral dusts on ice clouds[J]. Atmos Chem Phys, 10: 7753-7761.

MIN Q,LI R,LIN B,et al, 2014. Impacts of mineral dust on ice clouds in tropical deep convection systems[J]. Atmospheric Research, 143: 64-72.

PAN H,HUO W,WANG M,et al, 2020. Insight into the climatology of different sand-dust aerosol types over the Taklimakan Desert based on the observations from radiosonde and A-train satellites[J]. Atmos Environ, 238 https://doi. org/10. 1016/j. atmosenv. 2020. 117705, 117705, ISSN 1352-2310.

PAN H,WANG M,KUMAR K R,et al, 2019. Seasonal and vertical distributions of aerosol type extinction coefficients with an emphasis on the impact of dust aerosol on the microphysical properties of cirrus over the Taklimakan Desert in Northwest China[J]. Atmos Environ, 203: 216-227.

STEVENS B, FEINGOLD G, 2009. Untangling aerosol effects on clouds and precipitation in a buffered system[J]. Nature,461:607-613.

WINKER D M, TACKETT J L, GETZEWICH B J, et al, 2013. The global 3-D distribution of tropospheric aerosols as characterized by CALIOP[J]. Atmospheric Chemistry and Physics,13(6):121-129.

WINKER D M,J PELON,M P MCCORMICK,2002. The CALIPSO Mission: Spaceborne lidar for observation of aerosols and clouds. Proc. SPIE, 4893, 1-11.

WINKER D M,W H HUNT,C A HOSTETLER, 2004. Status and performance of the CALIOP Lidar. Proc. SPIE, 5575, 8-15.

第 10 章　沙尘暴中的静电现象及其对雷达波的影响

10.1　风沙静电现象机理

接触起电现象早在两千多年前就被人们所关注，但对这类现象的科学解释仍不统一(Wang et al., 2019)。关于固液之间的接触起电，可采用电子转移论或偶电层理论进行解释，关于金属间、金属与电介质间的接触起电可以通过金属功函数相关理论进行解释，而对于电介质间的接触起电，则仍然存在较大的争论(Lowell et al., 1980; Xie et al., 2020)。特别是伴随土地沙漠化问题日益凸显，关于沙粒的启动、运动及风沙地貌形成与演化、沙尘暴的形成与输运等研究逐步从实验观测转向理论建模或计算机仿真(王涛 等，1999,2006；王式功，2009；杨德保，2009；鞠洪波，2010)。沙尘颗粒的受力分析及其定量化表征显得极为重要(Heywood, 1941)，也从此开启了对风沙静电现象的定量化认识。对于运动沙粒带电现象的研究可以追溯到1910年，Phillips 等(1910)最先撰文分析了沙粒的接触起电现象，最先报道了沙尘天气大气电场强度远大于无沙天气，并出现电场方向逆转的现象。后来更多的实验研究发现，地表风沙流、大气尘卷、沙尘暴等天气过程均伴随着沙粒带电、大气电场增强的现象，其强度可达数百千伏(Crozier, 1960; Freier, 1960; 屈建军 等，2002,2005；张鸿发 等，2004; Rennó et al., 2005)。空气温度、湿度、颗粒粒径、含水率等均会影响颗粒带电量(张鸿发 等，2004；屈建军 等，2005; Yair, 2008; Ireland, 2009)。

为了进一步定量化描述风沙运动过程，并实现对风沙地貌演化过程的再现和预测，一门新的学科诞生——风沙环境力学。与传统的 Y 基于地理学研究方法不同，风沙环境力学是综合利用力学学科基本理论和研究方法，借助计算机仿真计算的研究手段，再现沙粒运动过程，进而为风沙地貌的形成、演化机理及其预测提供更为科学的解释。兰州大学郑晓静院士是这一新学科的开创者。她们团队从野外测量和风洞实验、理论建模和计算模拟等方面对风沙运动及其影响进行了从微观至宏观的系统性研究，全面揭示了沙粒带电机理和规律及其对风沙运动过程的影响(Zheng et al., 2006)，基于此提出了基于沙粒运动微观过程分析的 3 个新的统计量，建立了可再现数百平方千米沙漠的形成和演化过程，并预测其发展的跨尺度理论模型，“将原有的风沙物理学理论体系向更为合理和准确的方向大大推进了一步”“提升了我国风沙运动研究的国际影响力”(Zheng，2009；Li et al.，2010；李兴财，2011)。在此过程中关于静电场显著降低颗粒启动风速(Kok et al.，2006)、增加颗粒输沙量(Zheng et al.，2004；Kok et al.，2008)、增加粉尘排放量(Esposito et al.，2016)的现象被许多学者所关注。

总体而言，颗粒碰撞或摩擦是导致颗粒带电的主要原因(郑晓静 等，2004；Hu et al.，2012；Xie et al.，2013；Zheng，2013；Qin et al.，2016；Xie et al.，2020；刘亚奎，2021)，其争议在于是什么导致颗粒经接触分离后而带电，其中的物理过程如何描述？已有研究大多认为是某些带电的小离子发生了交换转移，其驱动力可能是接触面两侧离子数目差、接触面积差、温度差等。由于大气中富含水汽分子，因此，也有学者认为电介质颗粒的接触起电是由于固体表面吸附的水分子发生离解所产生的 H^+/OH^- 离子发生了交换转移(鲁录义 等，2008；Zheng et al.，2014)。也有学者认为环境电场对颗粒的接触起电有着极为重要的影响(Perles et al.，2011；Yoshimatsu et al.，2017)，但是关于静电场作用下颗粒接触起电机制模型相对较少。有学者认为(Kanagy et al.，1994；Zheng，2009)：风沙运动过程中，初期由于其处于大气电场(约 100～200 V/m(Aplin，2006))中，环境电场的极化感应起电过程应不太明显，沙粒的带电过程应限于颗粒间的碰撞或摩擦过程；随着单颗沙粒带电量以及空中带电颗粒数目的增加，环境电场增强(如 Schmidt 等(1998)野外实验发现地表风沙电场强度超过 164 $kV \cdot m^{-1}$)，颗粒带电量在此强电场作用下将显著增加。因此构建可计入环境电场影响的颗粒接触起电模型显得极为重要。

10.1.1 电场充电模型

假定有一个半径为 R 的球体，静置于某带电平板上。该平板可在空间产生的静电场为 $E(z)$。在该电场作用下，导体球的饱和充电量可由下式进行计算(Wu et al.，2003)：

$$Q = K\pi\varepsilon_0 ER^2 \tag{10.1}$$

式中，ε_0 是真空介电常数，取值为 $8.85\times10^{-12}C \cdot V^{-1} \cdot m^{-1}$；对于导体球 K 取值为 6.56；而对于电介质球体，$K = 6.6\varepsilon_r/(\varepsilon_r + 2)$；$\varepsilon_r$ 是球的相对介电常数。

对于沙尘颗粒的介电常数，可由 Sharif 等(2015)建立的拟合函数来获得。由于我们是用于静电场的计算，所以仅仅写出其实部，表达式如下：

$$\varepsilon_r = \varepsilon_d + 0.04H - 7.78\times10^{-4}H^2 + 5.56\times10^{-6}H^3 \tag{10.2}$$

式中，H 表示沙粒含水量；ε_d 是干沙粒的相对介电常数，取值 4.2。考虑到颗粒充电需要一定的时间，颗粒充电电荷量最终可表示为如下形式：

$$Q_{(t)} = Q_s\{1 - \exp[-t/(\rho_s\varepsilon_r\varepsilon_0)]\} \tag{10.3}$$

式中，$\rho_s = \frac{4}{3}n \times 10^{8-0.44n}$；$n = 0.057 + 23.5H - 50.7H^2 + 62.9H^3$。

以下我们将讨论颗粒参数及外电场强度对颗粒充电电荷量的影响。计算中颗粒半径选择为 20 μm，干颗粒相对介电常数 4.2，外加电场 2 KV/m，颗粒湿度为 0.2。在以下仿真计算中，若无特殊说明，以上参数保持不变。

图 10.1 讨论了不同粒径颗粒充电电荷量随时间变化的规律。由图可见，随着接触时间的增加，不同粒径颗粒的充电电量指数增加，在约 2.5 ms 时即可达到饱和值。同时随着颗粒粒径的增加，颗粒荷质比显著减小。

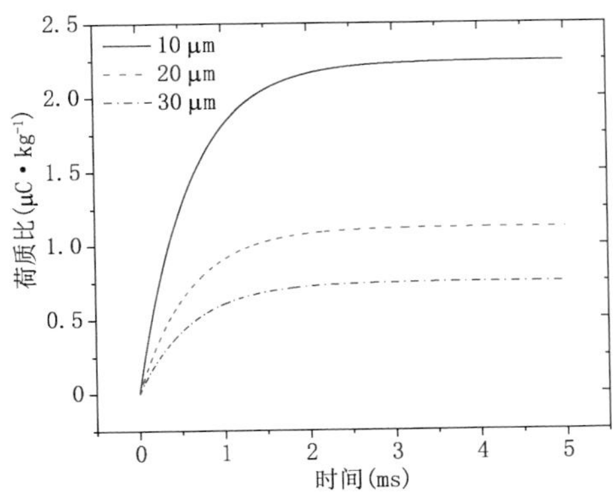

图 10.1　颗粒半径对充电电荷量的影响

图 10.2～10.3 分别讨论了干颗粒介电常数、颗粒湿度对其带电量的影响。随着颗粒介电常数的增加，其带电量显著增加，随着颗粒湿度增加，颗粒会更快速达到饱和带电量，近似呈现负指数函数形式。

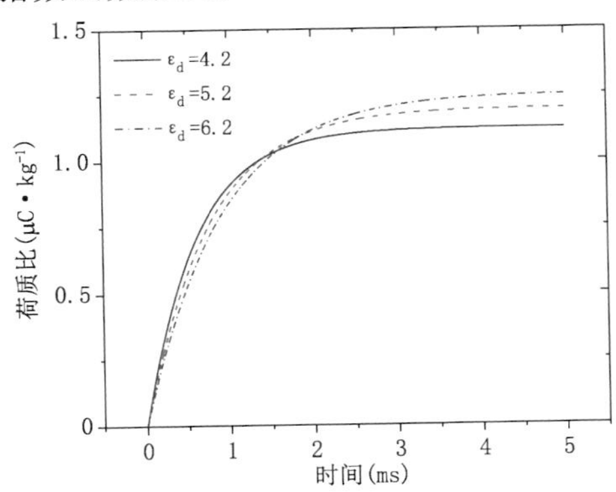

图 10.2　干颗粒介电常数对充电电荷量的影响

图 10.4 讨论了外加电场强度对颗粒充电电量的影响。由图可见，颗粒经 2 ms 左右即可达到饱和电量，且随着外加电场强度的增加，颗粒荷质比线性增加。

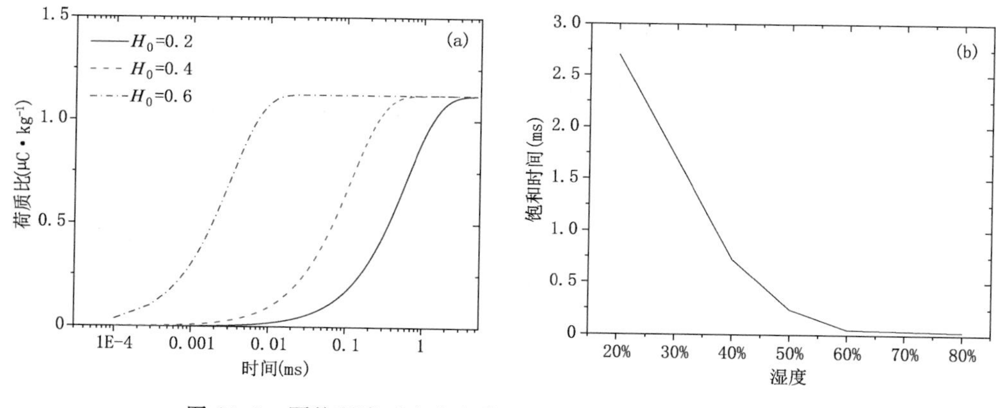

图 10.3 颗粒湿度对充电电荷量的影响(a)及其饱和时间(b)

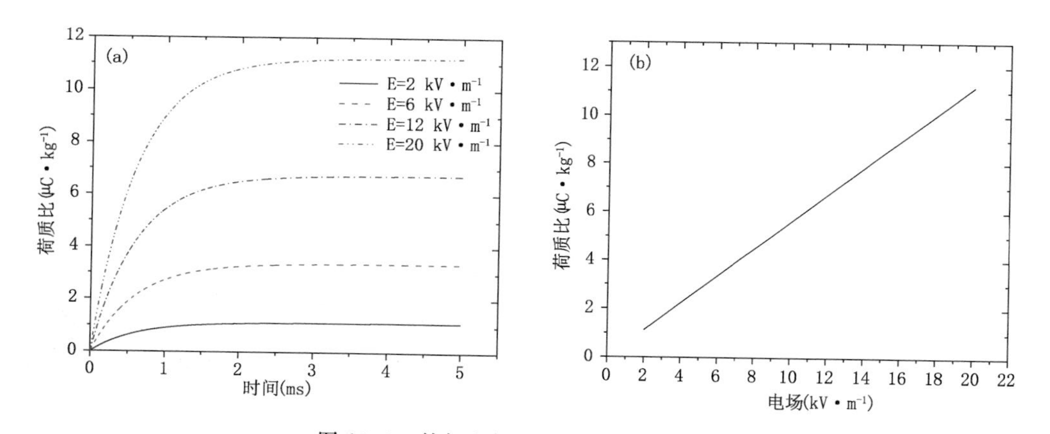

图 10.4 外加电场对充电电荷量的影响

(a)颗粒荷质比随充电时间变化;(b)不同场强作用下颗粒带电量变化曲线

10.1.2 电场作用下的接触起电模型

鉴于此,李兴财团队参考雷暴云的起电机制模型,给出了一种兼顾颗粒接触起电、外加电场的极化感应起电机制的新模型(王娟 等, 2020)。该模型结果与谢莉等人实验结果极为吻合。这里我们将简要介绍。

对于自然界中自由运动的粒子,由于吸附空气中的带电小离子或与别的微小颗粒发生摩擦、碰撞而带有一定量的静电荷,其带电量 Q_p 与颗粒粒径 r 有关,近似表示为(高锦春 等, 2003):

$$Q_p = 1.02r^3 + 8.72 \times 10^{-6} r^2 - 7.54 \times 10^{-13} r + 1.58 \times 10^{-18} \quad (10.4)$$

不过在风沙环境力学的研究中,人们发现:两个不同大小颗粒经碰撞分离后,大颗粒趋向于带正电荷，小颗粒趋向于带负电荷，且颗粒的粒径差越大，碰撞速度越大，颗粒带电量越大(黄宁 等，2000，郑晓静 等，2004)。显然，上式无法准确描述这一现象。为此，我们引入了颗粒碰撞起电的接触面积差模型。

对于给定大小的两个小球形颗粒，当它们发生碰撞时，颗粒接触面处会发生小变形。由于颗粒粒径不同，接触面积也不同，因此在接触中各颗粒表面带电小离子的交换量也不同。因此颗粒带电量可近似表示为(Xie et al.，2013)：

$$Q_1 = \rho P_D(1-P_D)(A_2 - A_1) \tag{10.5}$$

其中，ρ 为颗粒表面带电小离子的面电荷密度；P_D 表示离子发生交换转移的概率；$A_i(i=1,2)$ 是碰撞接触时两颗粒的接触面积，可表示为：

$$A_1 = 0.5\pi r_1^2(1-\sqrt{1-4r_2\delta_{\max}^1/[r_1(r_1+r_2)]})$$

$$A_2 = 0.5\pi r_2^2(1-\sqrt{1-4r_1\delta_{\max}/[r_2(r_1+r_2)]})$$

假定颗粒碰撞过程是弹性加载、弹塑性卸载的过程。上式中所涉及的参数可由文献(Zhou，2011)获得，

$$\delta_{\max} = \left(\frac{5}{4}\frac{M}{K_0}v_r^2\right)^{0.4}, M = \frac{m_1 m_2}{m_1+m_2}, E_0 = \left(\frac{1-\nu_1^2}{E_1}+\frac{1-\nu_2^2}{E_2}\right)^{-1},$$

$$K_0 = 4/3E_0R_0^{0.5}, R_0 = \frac{r_1 r_2}{r_1+r_2}$$

其中，m_1,m_2 是碰撞颗粒的质量，对应半径分别为 r_1,r_2；E_i,ν_i 是两颗粒的弹性模量和泊松比，$i=1,2$，v_r 是碰撞速度。

当颗粒带电量累计至一定程度时，环境电场开始对颗粒的接触起电过程产生影响，即极化感应起电机制开始发生作用。目前这一理论被用于解释雷暴云的发生机制。

Davis 利用静电学理论给出了两个带电导体球经过接触一分离后电荷转移量的预测函数(Davis，1964)，如下式所示：

$$\Delta q_{ij} = \gamma_1 E r_i^2 \cos\theta + (\omega-1)Q_j + \omega Q_i \tag{10.6}$$

这里 E 是环境电场；r_i 是 i 颗粒的半径；θ 是颗粒球心连线与电场线的夹角；Q_i，Q_j 是 i,j 颗粒碰撞前自身携带的电荷，可看作是颗粒自身自然带电量；ω 是颗粒原有电荷的转移比例；γ_1 是关于颗粒粒径比的函数。设 $\alpha=r_1/r_2$，即颗粒的半径比，则 γ_1 和 ω 的值可通过数值计算得到，见表10.1所示。

表10.1 不同粒径比下参数 γ_1 和 ω 的取值

α	0	0.2	0.4	0.6	0.8	1.0
γ_1	4.93	3.90	3.10	2.55	2.06	1.64
ω	1.000	0.948	0.838	0.714	0.600	0.500

因此，初始带电 i 颗粒在碰撞后的带电量应为：

$$Q = \Delta q_{ij} + Q_i \tag{10.7}$$

考虑到颗粒并非完美导体，且碰撞接触时间有限，需要考虑弛豫效应(Ziv et al.，1974)．上式变为：

$$Q_2 = [1 - \exp(-t_c/\tau)]Q \tag{10.8}$$

式中，t_c 是接触时间；τ 是颗粒表面电导率。

众所周知，水汽无处不在。根据环境湿度的不同，沙粒微孔表面会产生一层或多层吸附水组成的薄膜(Gu et al.，2013；Zheng et al.，2014)．这就意味着，自然条件下沙粒是一种弱导体，其表面电导率可由空气湿度计算获得(Zheng et al.，2014)，

$$\tau(n) = \begin{cases} 3.0 \times 10^{-18} \times 10^{0.44n} & n > 0 \\ 6.5 \times 10^{-18} & n = 0 \end{cases} \tag{10.9}$$

式中，n 为吸附水膜的厚度，与空气湿度 H 有关，可由下式计算得到(Awakuni et al.，1972)，

$$n = -1.588 \times 10^{-6} H^4 + 2.567 \times 10^{-4} H^3 - 0.01193 H^2 + 0.2999 H + 0.02099 \tag{10.10}$$

至此我们给出了考虑静电场影响的颗粒接触起电机制模型。为了说明模型的正确性，将模型预测结果与文献的理论与实验结果进行对比。计算中采用的参数分别取值为：大颗粒半径 40 μm，湿度 0.1，碰撞速度 1 $\mathrm{m \cdot s^{-1}}$，弹性模量和泊松比分别为 15 GPa 和 0.4。颗粒面电荷密度为 0.004 $\mathrm{C \cdot m^{-2}}$。结果见图 10.5 所示。由图可见，模型预测结果与实验测量结果极为吻合，且随着颗粒半径比的增加，其带电量呈现先增加后减小的变化趋势。

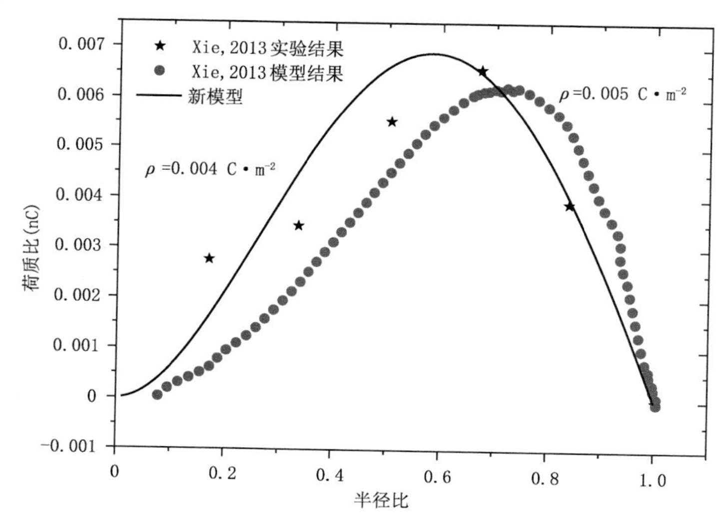

图 10.5 模型结果与文献结果的对比

基于此，我们讨论了不同强度静电场作用下颗粒半径比对其带电量的影响。如图 10.6 所示。由图可见，随着颗粒半径比的增加，离子交换机制产生的电荷量呈现先增加后减小的变化规律，而电场极化感应机制产生的电荷呈现负指数减小趋势，随着环境电场的增加，其对颗粒带电量的贡献急剧增加，当环境电场超过 20 kV・m^{-1} 时已显著超过离子交换机制的贡献。考虑到自然条件下风沙电场强度远超该值，说明环境电场对沙粒带电量有着十分重要的影响。

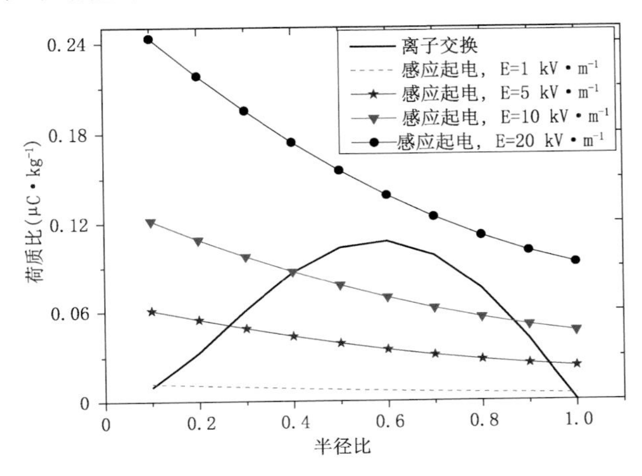

图 10.6　电场作用下颗粒半径比对其带电量的影响

10.2　沙尘天气大气电场的分层分布特征

关于沙尘天气大气电场的变化现象可追朔至 1913 年 Rudge 爵士的发现。他注意到沙尘过境时大气电场梯度发生突变，电场方向发生逆转，且电场强度与沙尘浓度有关。随后他在实验室内通过空气喷射方式将沙尘颗粒吹起，测量到大沙粒带正电，悬浮的小沙粒或空气带负电(Rudge et al.，1914)。Gill 观测到沙尘暴过境时带有强电场和电火花现象出现，同时还对无线电信号产生干扰(Gill，1948；Gill et al.，1949)。Freier(1960)在撒哈拉沙漠的一次强沙尘天气过程中观测到强度达 60 kV・m^{-1} 的静电场。Kamra(1972)在一次沙尘天气过程中发现，在距离地表 1.25 m 高度处正电场和负电场都有可能出现，其强度可达几十千伏每米。需要特别指出的是，前述文献都仅仅测量了垂向电场。关于水平方向的风沙电场强度测量，最先由 Jackson 等(2006)报道，他们在 Mojave 沙漠的一次尘卷过程中测量到超过 120 kV・m^{-1} 的水平静电场。Bo 等(2013)首次测量了沙尘暴过程中的三维风沙电场，发现水平方向的电场强度远大于垂向电场强度。兰州大学周又和教授团队基于阵列式实验观测结果(图 10.7)，提出了一种优化反演重构沙尘暴三维电结构分布特征的理论框架和数值方

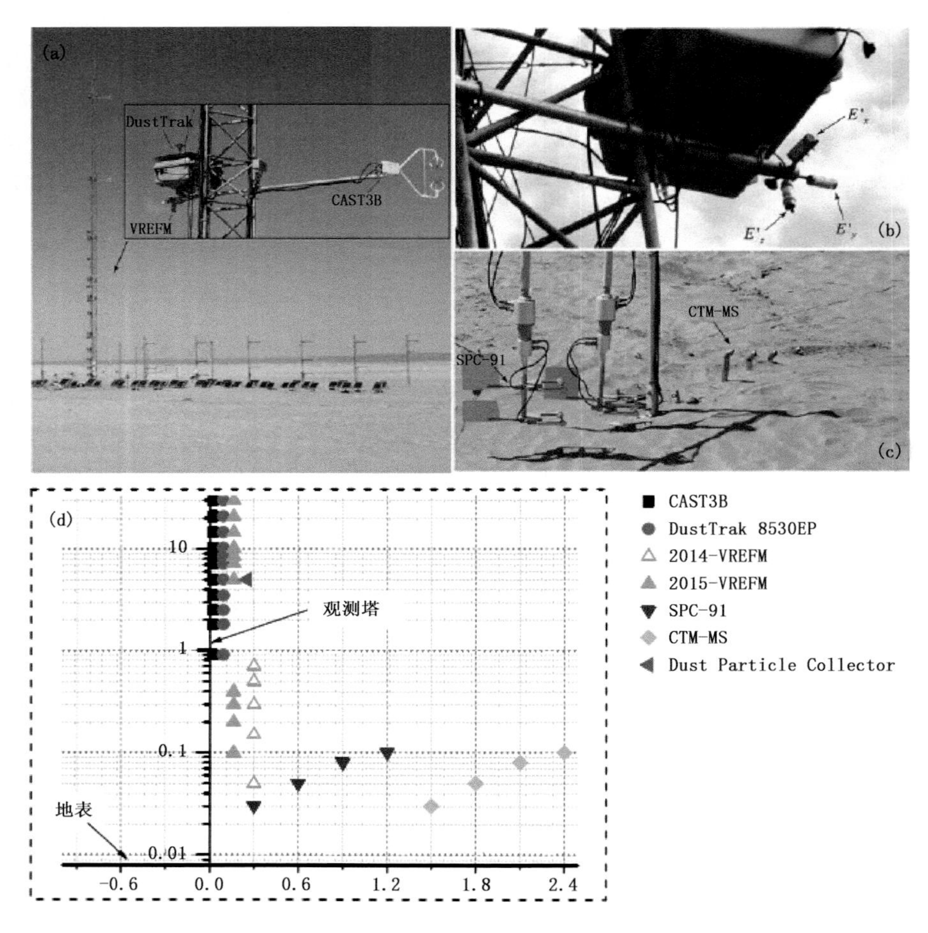

图 10.7 兰州大学力学系位于甘肃民勤青土湖的实验场布局图(张欢，2016)
(a)安装在观测塔上的电场仪、超声风速仪和粉尘浓度仪；(b)三维电场探头的具体安装；
(c)高塔右侧 SPC-91 和荷质比测量系统；(d)所有实验仪器的具体布置结构

法，首次实现了沙尘暴过程中电荷密度与电场强度的三维分布结构的定量再现，发现了空间正负电荷密度相间的马赛克分布特征(图 10.8)。通过对相关结果的分析，他们指出(张欢，2016)：空间电荷的镶嵌式分布特征是由于沙尘暴内的湍流使相反极性的带电粒子发生分离所引起。考虑到颗粒接触起电过程中大颗粒趋向于带正电，小颗粒趋向于带负电，这一结果也意味着沙尘暴过程中空中颗粒将出现一定的分层模式。这种嵌合模式在三次观测的沙尘暴过程中始终存在，说明嵌合电荷模式是沙尘暴的普遍特征普遍特征。这一研究为未来沙尘暴内部的物质输运及其湍流结构特征的有效揭示提供了新的方法。基于这种电荷分布结构，作者们给出了相应的空中静

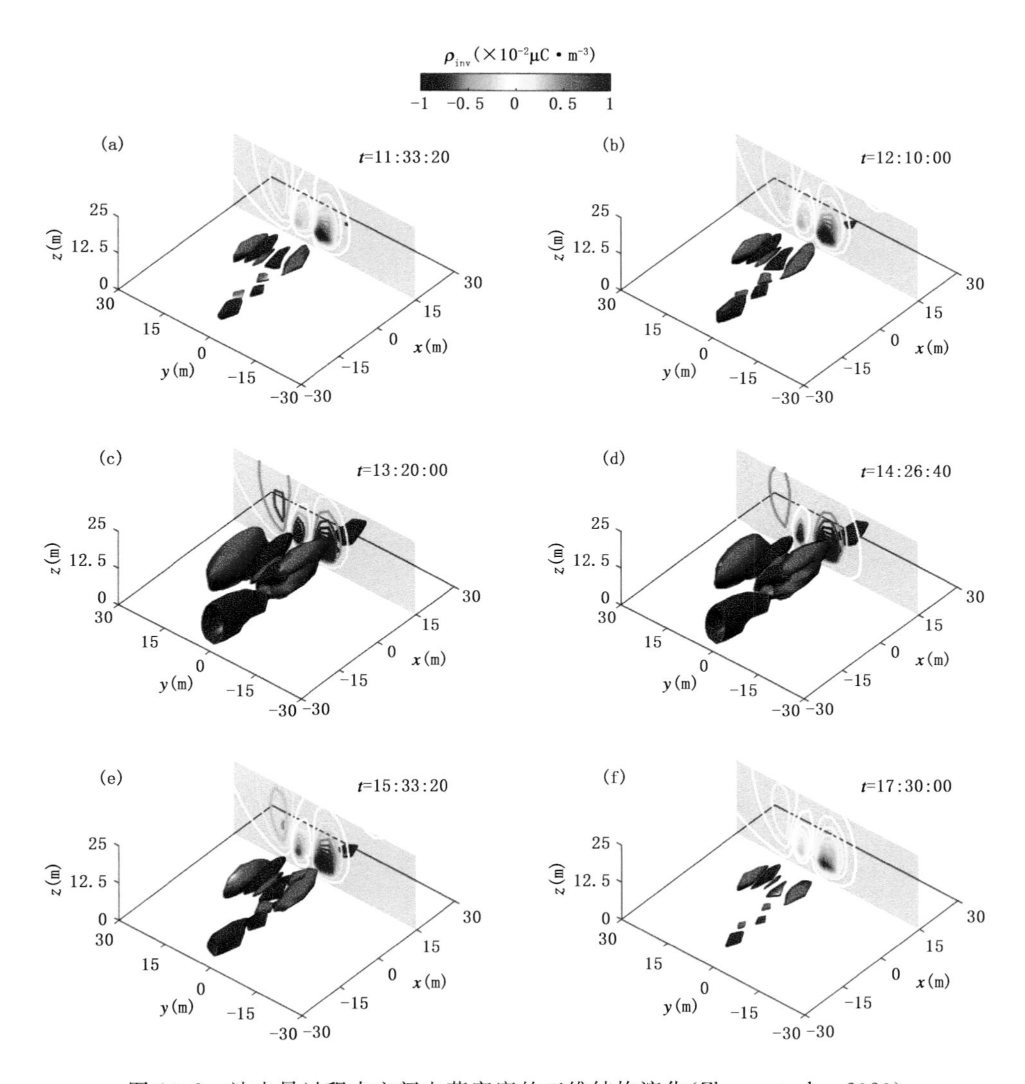

图 10.8　沙尘暴过程中空间电荷密度的三维结构演化(Zhang et al., 2020)

电场分布,见图 10.9 所示。这一结果直观揭示了沙尘天气大气电场的三维分布结构。

然而,相关研究主要是基于地面有限高度的实验设施进行测量,对高空中的风沙电场强度及沙尘颗粒带电信息的了解极为有限。鉴于此,我们在塔克拉玛干沙漠进行了一次探空试验,测量了沙尘天气时大气电势沿高度方向的分布规律。试验在塔克拉玛干沙漠进行,地理经纬度为(39°N、83°E),海拔 1109 m。实验当天近地层风速约 3 m·s^{-1}。电场测量仪器由中国科学院电子学研究所研制,属于场磨式大气电场

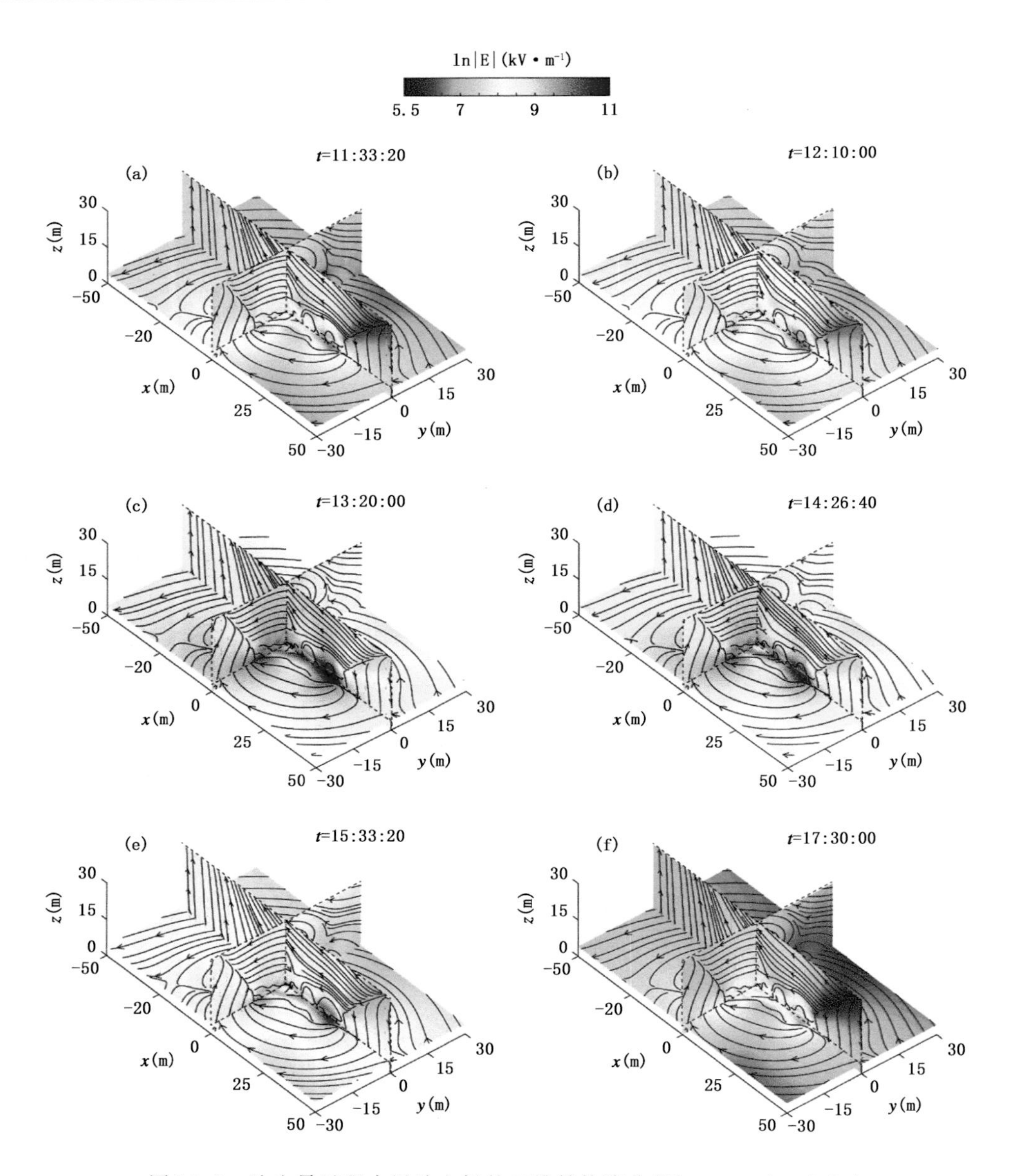

图 10.9 沙尘暴过程中风沙电场的三维结构演化(Zhang et al.，2020)

测量仪器(杜全忠 等，2015)，可通过 GPRS 实时发送传感器测量的电场数据。实验中该仪器悬挂在 GPS 探空仪下方，从而实时获取传感器所在位置的大气温湿度、气压、大气电场、海拔等信息，因此可以获得高空大气电场的沿高程方向的分布规律。由于探空试验本身的缺点，试验结果并非沿高程的垂向分布(实验结果见图 10.10)。

同时由于电场对地面状态非常敏感，因此选择距地面 5 m 以上数据进行分析。另外，通过分析探空仪采集的海拔信息，推测本次试验中探空气球在 10000 m 以上高度处下落。考虑到沙尘层的高度分布、高空带电离子的影响，主要分析 5～7000 m 高度的数据。由图可见，沙尘天气过程中风沙电场也存在先增加后减小、在 200 m 高度处达到正的极大值(方向与晴天电场相反)，并在约 1000 m 处出现急剧减小的现象。考虑到风沙电场与颗粒浓度直接相关(Zheng et al.，2003)，我们推测本次沙尘天气过程中沙尘层的厚度达到 1000 m。

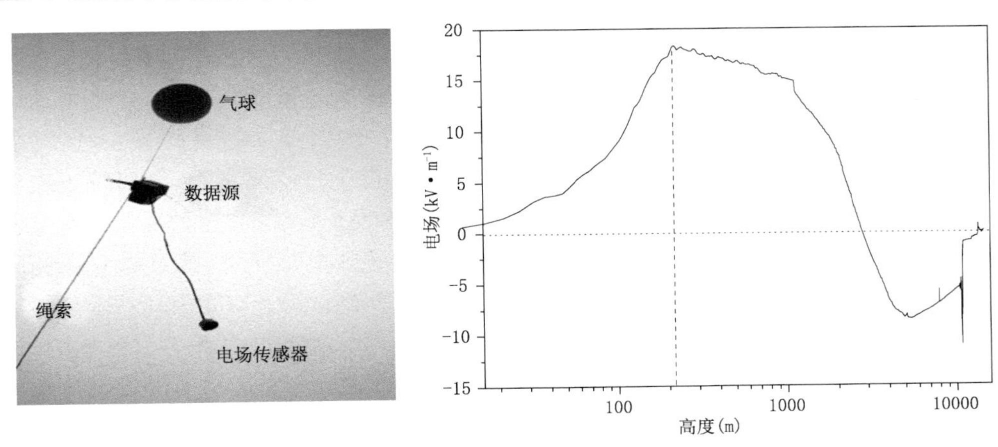

图 10.10　实验装置及电场沿高程方向变化曲线

为了分析沙尘天气过程中空中沙尘颗粒的面电荷密度、带电极性等，我们对图 10.10 中的数据进行简单的分析。

沙尘暴过程中空间电场强度可由下式计算(Kok et al.，2008)：

$$E = E_0(z) + \frac{1}{2\varepsilon_0}\left[\int_0^z \rho \mathrm{d}z' - \int_z^\infty \rho \mathrm{d}z'\right] \tag{10.11}$$

其中，z 是电场测量点；$E_0(z)$ 为该位置处的大气电场强度；ρ 为空间电荷密度；ε_0 是真空介电常数。对空间电场表达式取一阶导数，为

$$\frac{\mathrm{d}E}{\mathrm{d}z} = \frac{\rho}{\varepsilon_0} \tag{10.12}$$

说明电场对空间高度的一阶导数反映了单位体积内颗粒电荷密度的变化规律，其正负反映了颗粒带电电荷的正负极性。由于风沙电场强度与颗粒浓度近似呈正相关(Esposito et al.，2016)，说明在稳定状态运动颗粒的带电量变化极小，这与 Kok 等(2009)给出的在稳定状态单个颗粒的电荷量将保持不变的结论是相符的。

我们继续对空间电场取二阶导数，

$$\frac{\mathrm{d}^2 E}{\mathrm{d}z^2} = \frac{1}{\varepsilon_0}\frac{\mathrm{d}\rho}{\mathrm{d}z} \tag{10.13}$$

可见，$\frac{d\rho}{dz}$ 反映了空间电荷密度的变化。假定单位体积内颗粒平均带电量为 Q，带正负电的颗粒体积占空比分别为 N_1，N_2，则上式等价于：

$$\frac{d^2E}{dz^2}=\frac{Q}{\varepsilon_0}\frac{d(N_1-N_2)}{dz} \tag{10.14}$$

由式(10.12)我们可以推测出颗粒电荷的正负号，结合式(10.14)即可推断出带正负电荷颗粒体积浓度的大小关系。

也就是说，对于电场沿空间垂向高度的一二阶导数，可以反映出空间电荷的极性及其沙尘颗粒浓度的垂向波动。相关结果见图 10.11 所示。由图可见，电场导数空间导数的变化分为 5 个区间：在第 1 段为近地层 35 m 高度范围内，其出现先增加后减小的变化规律，这种现象与 Bo 等(2013)报道极为相似；第 2 段电场一、二阶导数出现不同程度的波动，但一阶导数为正，而二阶导数在正负值间波动，说明带正电和负电的颗粒浓度波动较大，导致空间总电荷的极性出现正负波动，这种现象已有文献证实(Williams et al.，2009)；第 3 段左侧电场一阶导数由正变负，这意味着在此高度范围内空间电场会出现一个极大值；此后呈现正负波动，并在右侧出现一个负的极值，考虑到电场二阶导数曲线在对应位置的突变，我们认为此处可能为云的影响；第 4 段中电场一阶导数为负值，而二阶导数为正值，说明这个高度范围内带负电荷的颗粒较多。另外，由图可见，在此区间内电场一阶导数再次出现连续的剧烈波动且伴随极值的出现，说明此处有一个密集带电层；第 5 段内电场一阶导数为正，说明此处粒子主要带正电，但是电场二阶导数逐渐接近 0，说明这一区间范围内颗粒浓度逐渐减小，此高度内可能是因为大气中游离带电离子的影响。

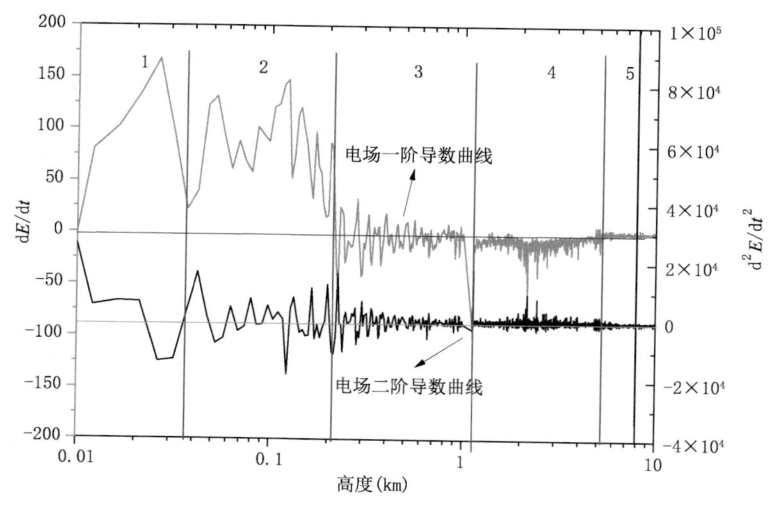

图 10.11 电场沿空间垂向高度的一阶、二阶导数

通过以上内容的分析,我们认为:沙尘暴过程中,在风沙电场和大气湍流的共同作用下,不同粒径颗粒会存在分层现象,且由于颗粒带电,那么在静电场作用下非球形颗粒的空间取向也会发生变化,可能并不是目前广泛认为的随机分布。实际上,在静电场作用下,带电颗粒会呈现一种特殊的链状结构(He et al., 2019)。对于非球体或团簇颗粒,其成分、空间取向、结构特征均直接影响颗粒整体光学性质(Ku et al., 1992),而组成团簇体的各带电小粒子之间的多次散射作用也无法忽略(Eremin et al., 1995)。因此在未来的大气辐射学研究中,应对气溶胶静电现象给予足够的重视。

10.3 带电粒子对电磁波传播的影响

沙尘暴内部结构的探测,对于认识沙尘暴的发生、输运机制有着极为重要的意义。目前主要是利用激光雷达、微波辐射计等设备对其进行测量(鞠洪波,2010),但是对于获得沙尘暴中颗粒浓度沿高程的分布特征仍存在很多困难,特别是激光雷达无法完全穿透沙尘层,因此这种方法所得信息极为有限。鉴于此,微波雷达、太赫兹雷达在大气探测方面的应用潜力就获得许多学者得关注。从理论上探讨相关雷达波的传输特性及其探测距离,对于设计有效的探测方法显得极为重要。为此,本节中我们将开展相关分析。

关于沙尘暴中电磁波的传播研究有着极为悠久的历史(黄宁 等,1998),但这些研究很少涉及颗粒带电的影响。2005年兰州大学周又和教授团队首次基于瑞利散射理论讨论了颗粒局部带电后对电磁波的散射和衰减作用(何琴淑,2005,Zhou et al., 2005),发现颗粒带电显著增强对电磁波的散射作用,且随着电荷分布角的增加,其散射效率显著增强,从而解释了已有文献报道的实验测量与理论预测存在40多倍差异的现象。后来,Klack等(2007)、李兴财等(2011)先后建立了考虑颗粒带电影响的Mie氏散射理论框架,进一步揭示了带电颗粒对不同频率电磁波传播过程的影响。Li等(2010)也基于瑞利散射理论讨论了环境电场对颗粒电磁散射特性的影响(XINGCAI,2013,2014;闵星,2015)。Dou等(2017)基于Mie理论分析了沙粒带电量、环境相对湿度和颗粒粒径对其电磁散射特性的影响。李兴财等(2016)较为系统地总结了带电颗粒电磁散射特性计算的相关模型,并讨论了颗粒带电对雷达反射率的影响。Wang等(2019)的相关仿真结果表明:颗粒带电将显著增强雷达反射率,因此,利用微波雷达进行沙尘暴探测是可行的(Juan et al., 2019)。

太赫兹波兼具电子学和光子学的双重特征,因此在空间通信、雷达成像、大气与环境监测、遥感、安全检测、医学成像诊断等领域有着广泛的应用前景。太赫兹通信具有通信容量大、定向性好、保密性及抗干扰能力强等特点。近年来太赫兹气象雷达的发展也受到人们的广泛关注。2006年美国NASA发射的CloudSAT成功证实了毫米波太赫兹气象雷达在地球环境信息监测领域的有效性。目前主要是利用毫米波太赫兹气象雷达对地球环境进行监测，特别是对云的上升和下降信息、云层内部结构、云粒子和气溶胶粒子的生成信息进行“切片”式监测。太赫兹波空间传输特性的应用基础研究显得极具现实意义。

10.3.1 沙尘颗粒介电常数的计算

干沙尘颗粒的复介电常数 $\varepsilon = \varepsilon_s^1 + i\varepsilon_s^2$ 可由以下经验公式给出(周旺 等，2005)：

$$\begin{cases} \varepsilon_s^1 = 3 \\ \varepsilon_s^2 = 60\lambda\sigma = \begin{cases} 1.8 \times 10^{(2\lg f - 2.8)}/f & 0.8\ \text{GHz} < f < 80\ \text{GHz} \\ 18.256/f & f \geqslant 80\ \text{GHz} \end{cases} \end{cases} \tag{10.15}$$

其中，λ 是入射波波长；σ 是颗粒电导率；f 是入射波频率。

在自然环境条件下，颗粒均含有水分，其复介电常数常数由干沙和水的复介电常数及含水量共同决定，且随着入射波频率的变化而变化。可采用 Maxwell-Garnett 等效介质理论来计算，计算公式为(董群锋 等，2009)：

$$\varepsilon_e = \varepsilon_s \left[1 + \frac{3p(\varepsilon_w - \varepsilon_s)/(\varepsilon_w + 2\varepsilon_s)}{1 - p(\varepsilon_w - \varepsilon_s)/(\varepsilon_w + 2\varepsilon_s)} \right] \tag{10.16}$$

其中，ε_w、ε_s 分别表示水、干沙的介电常数；p 为沙粒体积含水量。水的介电常数可通过下述方式进行计算(宋书艺，2012，李兴财 等，2016)：

$$\varepsilon_w = \varepsilon_{w\infty} + \frac{\varepsilon_{w0} - \varepsilon_{w\infty}}{1 + (2\pi f \tau_w)^2} + i\frac{2\pi f \tau_w(\varepsilon_{w0} - \varepsilon_{w\infty})}{1 + (2\pi f \tau_w)^2} \tag{10.17}$$

其中，$\varepsilon_{w\infty} = 4.9$，表示介质在入射波频率无限大时的介电常数；$\varepsilon_{w0}$ 是静态介电常数；τ_w 是介质弛豫时间，与温度 T(℃)有关。它们均可由如下经验公式获得：

$$\varepsilon_{w0} = 88.045 - 0.4147T + 6.295 \times 10^{-4} T^2 + 1.075 \times 10^{-5} T^3$$

$$\tau_w = \frac{1}{2\pi}(1.1109 \times 10^{-10} - 3.824 \times 10^{-12} T + 6.938 \times 10^{-14} T^2 - 5.096 \times 10^{-16} T^3) \tag{10.18}$$

上式仅适用于温度 $T \in [0, 40\ ℃]$。

10.3.2 非均匀颗粒的等效介电常数

等效介质理论是指通过一定的数学手段建立非均匀介质的等效介质参量，从而将非均匀介质转化为均匀介质，达到简化运算的目的。李兴财等(2016)较为系统地给出了分层球体颗粒等效介电常数的计算方法，详见《小粒子电磁散射与沙尘暴微波遥感》一书(李兴财 等，2016)。这里我们直接给出相关结果。若读者对具体的推导过程感兴趣，可以参阅原著相关章节。

假设有一多层结构、各层均为各向同性的球体粒子，其内核及壳层对应的半径及介电常数由里而外分别记为 $r_i, \varepsilon_i, i=1,2,3\cdots$。该颗粒等效介电常数可表示为：

$$\varepsilon_{en} = \mu_n \varepsilon_{n+1} \tag{10.19}$$

这里 $n=0$ 表示颗粒内核，$n=1,2,3,\cdots$ 表示壳层，其编号顺序为由内至外。从推导过程可知，上式中 $\mu_0=1, \lambda_n=(r_{n-1}/r_n)^3, g_n=\varepsilon_n/\varepsilon_{n-1}$，且

$$\mu_n = \frac{(\mu_{n-1}+2g_n)+2\lambda_n(\mu_{n-1}-g_n)}{(\mu_{n-1}+2g_n)-\lambda_n(\mu_{n-1}-g_n)} \tag{10.20}$$

对于一个内核为各向同性介质、壳层为各向异性介质的涂覆球体颗粒，其介电常数记为 ε_c，半径记为 r_0，壳层外半径记为 r_1，其介电常数在球坐标下可表示为 $\tilde{\varepsilon}_s = \varepsilon_r\tilde{r}+\varepsilon_\theta\tilde{\theta}+\varepsilon_\theta\tilde{\varphi}$。设颗粒周围介质为均匀各向同性电介质，其介电常数为 ε_h。并记 $\lambda = r_1/r_0, t_{1,2}=(-1\pm\sqrt{1+8\varepsilon_\theta/\varepsilon_r})/2$，则其等效介电常数可表示为：

$$\tilde{\varepsilon} = \frac{(\varepsilon_r t_2-\varepsilon_c)t_1\lambda^{t_1-t_2}-(\varepsilon_r t_1-\varepsilon_c)t_2}{(\varepsilon_r t_2-\varepsilon_c)\lambda^{t_1-t_2}-(\varepsilon_r t_1-\varepsilon_c)}\varepsilon_r \tag{10.21}$$

基于涂覆球体的等效介电常数 $\tilde{\varepsilon}$，我们可将这一结果延展为其他形式结构颗粒的等效介电常数。讨论如下：

①若将上述颗粒作为内核，外部有 $N-1$ 个各向同性涂覆层，对应外半径分别为 $r_2, r_3, \cdots, r_N$，介电常数分别为 $\varepsilon_2, \varepsilon_3, \cdots, \varepsilon_N$。该新型颗粒的等效介电常数可参考文献(Xingcai et al., 2013)结果给出，为：

$$\tilde{\varepsilon}_n = \frac{(\beta_{n-1}+2g_n)+2\delta_n(\beta_{n-1}-g_n)}{(\beta_{n-1}+2g_n)-\delta_n(\beta_{n-1}-g_n)}\varepsilon_n \xrightarrow{\text{signed as}} \beta_n\varepsilon_n \tag{10.22}$$

其中，$\delta_n = r_{n-1}^3/r_n^3$；$g_n=\varepsilon_n/\tilde{\varepsilon}_{n-1}$；$\beta_1=1$；$\widetilde{\varepsilon_1}=\tilde{\varepsilon}$；$\beta_n = \dfrac{(\beta_{n-1}+2g_n)+2\delta_n(\beta_{n-1}-g_n)}{(\beta_{n-1}+2g_n)-\delta_n(\beta_{n-1}-g_n)}$，$n=2,3,\cdots,N$。

②若将上述颗粒视作内核，外部有 $N-1$ 个各向异性涂层，对应外半径分别为 $r_2, r_3\cdots, r_N$，介电常数项 $\tilde{\varepsilon}_s = \varepsilon_r^i\tilde{r}+\varepsilon_\theta^i\tilde{\theta}+\varepsilon_\theta^i\tilde{\varphi}, i=2,3,4,\cdots$。为了表述方便，假定第一层壳体的介电常数矩阵非零项 $\varepsilon_r^1=\varepsilon_r, \varepsilon_\theta^1=\varepsilon_\theta$，该新型颗粒的等效介电常数为：

$$\tilde{\varepsilon}_n = \frac{(\varepsilon_r^n t_2^n-\widetilde{\varepsilon_{n-1}})t_1^n\lambda_n^{t_1^n-t_2^n}-(\varepsilon_r^n t_1^n-\widetilde{\varepsilon_{n-1}})t_2^n}{(\varepsilon_r^n t_2^n-\widetilde{\varepsilon_{n-1}})\lambda_n^{t_1^n-t_2^n}-(\varepsilon_r^n t_1^n-\widetilde{\varepsilon_{n-1}})}\varepsilon_r^n \qquad n=2,3,\cdots,N \tag{10.23}$$

其中，$t_{1,2}^i=(-1\pm\sqrt{1+8\varepsilon_\theta^i/\varepsilon_r^i})/2$；$\widetilde{\varepsilon_1}=\tilde{\varepsilon}$；$\lambda_n=r_n/r_{n-1}$。

③若颗粒内核区域为各向同性介质，其介电常数和半径分别记为 ε_c 和 r_c，而其壳层的奇数层为各向异性介质，对应介电常数和半径为 $\varepsilon_r^i, \varepsilon_\theta^i, r_2, r_3, \cdots r_N, i=1,3,5,\cdots$，偶数层为各向同性介质，对应介电常数和半径为 $\varepsilon_r^i, \varepsilon_\theta^i, r_2, r_3, \cdots, r_N, i=2,4,6,\cdots$。在此条件下颗粒等效介电常数为：

$$\widetilde{\varepsilon_{2n}} = \frac{(\beta_{2n-1}+2g_{2n})+2\delta_{2n}(\beta_{2n-1}-g_{2n})}{(\beta_{2n-1}+2g_{2n})-\delta_{2n}(\beta_{2n-1}-g_{2n})}\varepsilon_{2n} \tag{10.24}$$

$$\widetilde{\varepsilon}_{2n+1}=\frac{(\varepsilon_r^{2n}t_2^{2n}-\widetilde{\varepsilon_{2n}})t_1^n\lambda_{2n}^{t_1^{2n}-t_2^{2n}}-(\varepsilon_r^{2n}t_1^{2n}-\widetilde{\varepsilon_{2n}})t_2^{2n}}{(\varepsilon_r^{2n}t_2^{2n}-\widetilde{\varepsilon_{2n}})\lambda_{2n}^{t_1^{2n}-t_2^{2n}}-(\varepsilon_r^{2n}t_1^{2n}-\widetilde{\varepsilon_{2n}})}\varepsilon_r^{2n+1} \tag{10.25}$$

对于介电常数连续变化的颗粒，需要通过人为分层处理，进而直接利用上述结论获得颗粒的等效介电常数。

10.3.3 带电沙尘粒子对太赫兹波传播的影响

沙尘颗粒的粒径分布可由对数正态分布函数来表示：

$$f(r_p)=\frac{1}{\sqrt{2\pi}r_p\sigma_L}\mathrm{e}^{-(\ln r_p-\mu_L)^2/(2\sigma_L^2)} \tag{10.26}$$

文献给出了塔中沙漠两次沙尘暴过程中不同高度处颗粒粒径参数，见表 10.2 所示。

表 10.2 两次沙尘暴天气中不同高度处颗粒粒度参数

参数	5 月 20 日			5 月 24 日			平均值
	47 m	63 m	80 m	47 m	63 m	80 m	/
μ_L	−2.25	−2.33	−2.37	−2.35	−2.39	−2.42	−2.352
σ_L	0.35	0.41	0.44	0.43	0.44	0.46	0.422

选择 $\mu_L=-2.352,\sigma_L=0.422$ 。对于给定能见度 V_b 的沙尘暴，颗粒数目浓度可由下式获得(Ming et al.，2022)：

$$N_0=1.05\times10^6\exp(-6.32\times10^{-4}V_b) \tag{10.27}$$

假设颗粒面电荷密度为 σ ，电荷分布角为 θ_0 ，在瑞利近似下粒子消光率为

$$\sigma_{\text{ext}}(r)=12\pi k\varepsilon''_r r^3\frac{1}{|\varepsilon_r+2|^2}+\frac{8}{3}k^4r^6\left|\frac{\varepsilon_r-1}{\varepsilon_r+2}\right|^2+\frac{\pi}{6}\frac{k^4r^6\sigma^2}{E_0^2\varepsilon_0^2}|\varepsilon_r-1|^2\sin^2\theta_0 \tag{10.28}$$

后向散射截面为($D=2r$)

$$\sigma(D)=\frac{\pi^5}{\lambda^4}D^6\left|\frac{\varepsilon_r-1}{\varepsilon_r+2}+\frac{\sigma(\varepsilon_r-1)}{4\varepsilon_0E_0}\sin\theta_0\right|^2 \tag{10.29}$$

则其在沙尘暴中的衰减率为

$$\alpha=N_0\int_0^\infty\sigma_{\text{ext}}(r)f(r)\mathrm{d}r \tag{10.30}$$

颗粒群体的雷达反射率为

$$\eta=N_0\int_0^\infty\sigma(r)f(r)\mathrm{d}r \tag{10.31}$$

基于以上各式我们将讨论带电颗粒系统的雷达反射率。重点分析颗粒带电对其雷达反射率的影响。

首先选择沙尘能见度为 100 m，入射波频率为 35 GHz，颗粒粒径分布范围为 0.1～

250 μm。计算结果见图 10.12 所示。由图可见，当给定颗粒荷质比时，随着颗粒粒径的增加，粒子表面电荷密度呈线性增加趋势，且粒径越大、荷质比越大，则面电荷密度越大。在表面电荷的影响下，颗粒系统的雷达反射率指数形式增加，带电与不带电颗粒的雷达反射率存在数个数量级的差异。另外，随着电荷分布角度的增加，颗粒系统雷达反射率不断减小。这一结果说明，在考虑颗粒带电影响的条件下可以利用微波雷达对沙尘暴进行监测。

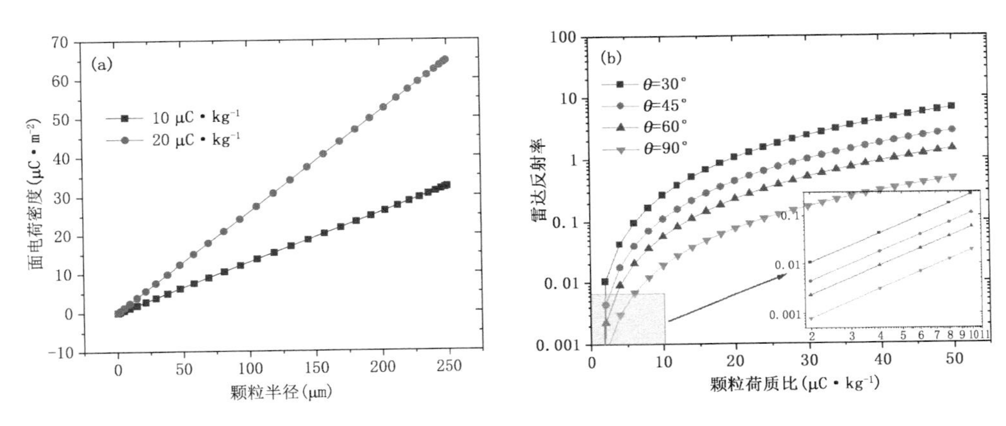

图 10.12　颗粒不同荷质比时的雷达反射率

(a)不同荷质比时颗粒面电荷密度与粒径关系；(b)雷达反射率变化

Juan 等(2019)讨论了颗粒带电时微波雷达的探测距离随粒子面电荷密度变化关系，结果见图 10.13 所示。由图可见，随着雷达波频率的增加，其探测距离线性增加，随着颗粒带电量增加，雷达波的探测距离也近似线性增加。

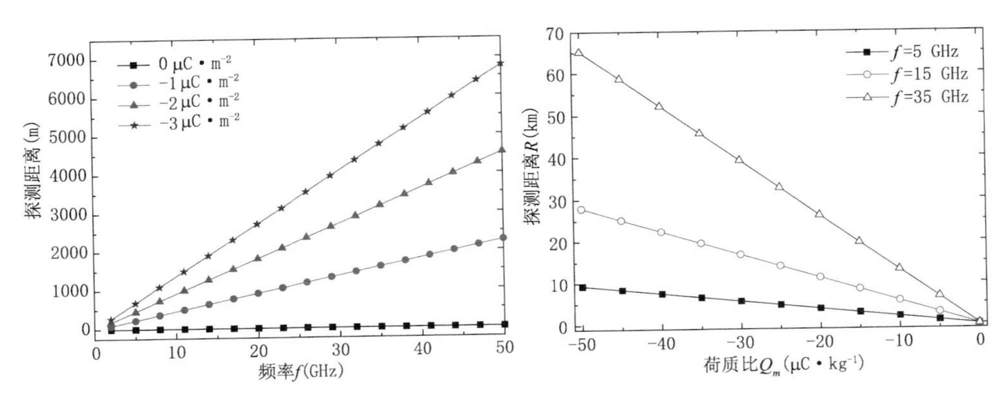

图 10.13　雷达探测距离随入射波频率及沙粒荷质比变化曲线

因此，为了基于雷达获得沙尘暴更多信息，我们应该统筹考虑，综合利用微波雷达和激光雷达进行联合测量。基于此既可以获得沙尘暴的结构信息,也可以获得颗粒带电信息,从而为沙尘暴输运相关研究提供更为丰富的信息。

10.4 本章小结

本章首先介绍了沙尘颗粒在静电场作用下的接触起电机制模型,主要介绍了颗粒在静电场作用下的充电模型和接触起电模型,相关模型结果表明:颗粒带电量与其半径的平方呈正比,与外加电场强度呈正比,与颗粒湿度呈正比。然后介绍了沙尘暴中空间电荷及颗粒粒径的分层现象,特别是介绍了兰州大学周又和院士团队新揭示的沙尘暴中空间电荷分层现象,以及我们团队在塔中沙漠的一次探空实验结果,揭示出沙尘天气空中电荷极性存在逆转的现象。这种现象说明在考虑沙尘暴中电磁波传播研究中,必须要考虑颗粒粒径分层、颗粒空间取向变化等因素的影响。最后一节中进一步讨论了颗粒带电对微波雷达探测结果的影响。相关数值结果表明:颗粒带电会显著影响雷达波的回波强度,从而为基于不同频段雷达的联合测量获取更丰富的沙尘暴结构信息提供测量依据。总体而言,本章给出的这些基础理论将为发展更为先进的沙尘暴探测手段提供重要理论基础。

参考文献

董群锋,等,2009. 微波在带电沙粒中的衰减效应[J]. 强激光与粒子束,21(10):1517-1520.

杜全忠,等,2015. 大气电场仪用于风沙电场测量的可能性分析[J]. 实验室研究与探索, 34(4):5.

高锦春,等,2003. 尘土颗粒带电对电接触可靠性的影响及电荷的测量[J]. 电子元件与材料, 22(10):3.

何琴淑,2005. 沙尘暴的沙粒带电对电磁波传播的影响研究[D]. 兰州:兰州大学.

黄宁,等,1998. 沙尘暴对无线电波传播影响的研究[J]. 中国沙漠, 18(4):4.

黄宁,等,2000. 风沙流中沙粒带电现象的实验测试[J]. 科学通报, 45(20):2232-2235.

鞠洪波,2010. 沙尘暴监测技术[M]. 北京:中国林业出版社.

李兴财,2011. 局部带电球体沙粒电磁散射及其应用[D]. 兰州:兰州大学.

李兴财,等,2016. 小粒子电磁散射与沙尘暴微波遥感[M]. 北京:电子工业出版社.

刘亚奎,2021. 野外风沙流中单个沙粒带电量研究[D]. 兰州:兰州大学.

鲁录义,等,2008. 一种风沙运动的颗粒动力学静电起电模型[J]. 物理学报, 57(11):7.

闵星,2015. 带电沙尘暴对微波传播过程影响的理论研究[D]. 银川:宁夏大学.

屈建军,等,2002. 风沙电研究的现状及展望[J]. 地球科学进展, (4)572-575.

屈建军,等,2005. 沙尘暴起电的风洞模拟实验研究[J]. 中国科学:D辑, (6):593-601.

宋书艺,2012. 滨海土壤微波介电特性研究[D]. 杭州:浙江大学.

王娟,等,2020. 沙尘暴过程中 5~7000 m 高度大气电场及其对颗粒带电量影响[J]. 中国沙漠,40(1):23-28.

王式功,2009. 沙尘暴灾害[M]. 北京:气象出版社.

王涛，等，1999. 中国沙漠化研究的进展[J]. 中国沙漠，(4)：3-15.

王涛，等，2006. 中国北方沙漠化过程及其防治研究的新进展[J]. 中国沙漠，(4)：507-516.

杨德保，2009. 沙尘暴[M]. 北京：气象出版社.

张鸿发，等，2004. 沙尘暴电效应的实验观测研究[J]. 地球物理学报，47(1)：47-53.

张欢，2016. 风沙流和沙尘暴中静电现象的研究[D]. 兰州：兰州大学.

郑晓静，等，2004. 风沙运动的沙粒带电机理及其影响的研究进展[J]. 力学进展，34(1)：10.

周旺，等，2005. 微波传输中沙尘衰减的计算与仿真[J]. 强激光与粒子束，(8)：1259-1262.

APLIN K L, 2006. Atmospheric electrification in the solar system[J]. Surveys in Geophysics, 27 (1): 63-108.

AWAKUNI Y, et al, 1972. Water vapour adsorption and surface conductivity in solids[J]. Journal of Physics D: Applied Physics 5(5): 1038-1045.

BO T L, et al, 2013. A field observational study of electrification within a dust storm in Minqin, China[J]. Aeolian Research 8: 39-47.

CROZIER W D, 1960. The electric field of a large dust devil[J]. Journal of Geophysical Research (1896-1977) 65.

DAVIS M H, 1964. Two charged spherical conductors in a uniform electric field: forces and field strength[J]. The Quarterly Journal of Mechanics and Applied Mathematics 17(4): 499-511.

DOU X Q, et al, 2017. Electromagnetic wave attenuation due to the charged particles in dust&sand (DUSA) storms[J]. Journal of Quantitative Spectroscopy and Radiative Transfer, 196: 169-175.

EREMIN J A, et al, 1995. Multiple electromagnetic scattering by a linear array of electrified raindrops[J]. Journal of Atmospheric Terrestrial Physics, 57(3): 311-319.

ESPOSITO F, et al, 2016. The role of the atmospheric electric field in the dust-lifting process[J]. Geophysical Research Letters, 43(10): 5501-5508.

FREIER G D, 1960. The electric field of a large dust devil[J]. Journal of Geophysical Research (1896-1977), 65(10): 3504-3504.

GILL E W, 1948. Frictional Electrification of Sand[J]. Nature, 162(4119): 568-569.

GU Z, et al, 2013. The role of water content in triboelectric charging of wind-blown sand[J]. Scientific Reports, 3(1): 1337.

HE Y, et al, 2019. Atmospheric humidity and particle charging state on agglomeration of aerosol particles[J]. Atmospheric environment, 197(1): 141-149.

HEYWOOD H, 1941. The Physics of Blown Sand and Desert Dunes[J]. Nature, 148(3756): 480-481.

HU W, et al, 2012. Contact charging of silica glass particles in a single collision[J]. Applied Physics Letters, 101(11): 5.

IRELAND P, 2009. Contact charge accumulation and separation discharge[J]. Journal of Electrostatics - J ELECTROSTAT, 67: 462-467.

JACKSON T L, et al, 2006. Electrostatic fields in dust devils: an analog to Mars[J]. IEEE

Transactions on Geoscience and Remote Sensing, 44(10): 2942-2949.

JUAN W, et al, 2019. Theoretical analysis of potential applications of microwave radar for sandstorm detection[J]. Theoretical and Applied Climatology, 137(3): 3209-3214.

KAMRA A K, 1972. Measurements of the electrical properties of dust storms[J]. Journal of Geophysical Research (1896-1977), 77(30): 5856-5869.

KANAGY S P, et al, 1994. Electrical properties of eolian sand and silt[J]. Earth-Science Reviews, 36(3): 181-204.

KLAČKA J, et al, 2007. Scattering of electromagnetic waves by charged spheres and some physical consequences[J]. Journal of Quantitative Spectroscopy and Radiative Transfer, 106(1): 170-183.

KOK J F, et al, 2006. Enhancement of the emission of mineral dust aerosols by electric forces[J]. Geophysical Research Letters, 33(19): 5.

KOK J F, et al, 2008. Electrostatics in wind-blown sand[J]. Physical Review Letters, 100(1): 4.

KOK J F, et al, 2009. Electrification of granular systems of identical insulators[J]. Physical Review E, 79(5): 051304.

KU J C, et al, 1992. A comparison of solutions for light scattering and absorption by agglomerated or arbitrarily-shaped particles[J]. Journal of Quantitative Spectroscopy and Radiative Transfer, 47(3): 201-220.

LI X, et al, 2010. Attenuation of an electromagnetic wave by charged dust particles in a sandstorm [J]. Applied Optics, 49(35): 6756-6761.

LOWELL J, et al, 1980. Contact electrification[J]. Advances in Physics, 29(6): 947-1023.

MING H, et al, 2022. Study on the scattering characteristics of Ka millimeter wave by dust storms [J]. Journal of Quantitative Spectroscopy and Radiative Transfer, 277: 107998.

PERLES C E, et al, 2011. Electrostatic charging and charge transport by hydrated amorphous silica under a high voltage direct current electrical field[J]. The Journal of Chemical Physics, 134 (21): 214703.

PHILLIPS, et al, 1910. Electrical and Other Properties of Sand1[J]. Nature, 84(2130): 255-261.

QIN J, et al, 2016. Charge estimation of particles based on the electromagnetic scattering signals [J]. EPL (Europhysics Letters), 115(5): 54007.

RENNÓ N, et al, 2005. Electric Activity in Dust Devils and Dust Storms[J]. AGU Fall Meeting Abstracts.

RUDGE W A D, 1913. Atmospheric Electrification during South African Dust Storms[J]. Nature, 91(2263): 31-32.

RUDGE W A D, et al, 1914. On the electrification produced during the raising of a cloud of dust [J]. Proceedings of the Royal Society of London. Series A, Containing Papers of a Mathematical and Physical Character, 90(618): 256-272.

SCHMIDT D S, et al, 1998. Electrostatic force on saltating sand[J]. Journal of Geophysical Research: Atmospheres, 103(D8): 8997-9001.

SHARIF S M J P I E R M, 2015. Attenuation properties of dusty media using Mie scattering solution[J]. Progress in Electromagnetic Research M, 43: 9-18.

WANG Z L, et al, 2019. On the origin of contact-electrification[J]. Materials Today, 30: 34-51.

WILLIAMS E, et al, 2009. The electrification of dust-lofting gust fronts ('haboobs') in the Sahel [J]. Atmospheric Research, 91(2): 292-298.

WU Y, et al, 2003. Induction charge on freely levitating particles[J]. Powder Technology, 135-136: 59-64.

XIE L, et al, 2013. An electrification mechanism of sand grains based on the diffuse double layer and Hertz contact theory[J]. Applied Physics Letters, 103(10): 104103.

XIE L, et al, 2013. Contact electrification by collision of homogenous particles[J]. Journal of Applied Physics, 113(18): 184908.

XIE L, et al, 2020. Review on charging model of sand particles due to collisions[J]. Theoretical and Applied Mechanics Letters, 10(4): 276-285.

XINGCAI L, et al, 2013. An equivalent solution for the electromagnetic scattering of multilayer particle[J]. Journal of Quantitative Spectroscopy and Radiative Transfer, 129: 236-240.

XINGCAI L, et al, 2014. The electric field in sandstorm can strongly affect the sand's scattering properties[J]. Journal of Quantitative Spectroscopy and Radiative Transfer, 149: 103-107.

YAIR Y, 2008. Charge generation and separation processes[J]. Space science reviews, 137(1): 119-131.

YOSHIMATSU R, et al, 2017. Self-charging of identical grains in the absence of an external field [J]. Scientific Reports, 7(1): 39996.

ZHANG H, et al, 2020. Reconstructing the electrical structure of dust storms from locally observed electric field data[J]. Nature Communications, 11(1): 5072.

ZHENG X J, 2013. Electrification of wind-blown sand: Recent advances and key issues[J]. The European Physical Journal, E 36(12): 138.

ZHENG X J, et al, 2003. Laboratory measurement of electrification of wind-blown sands and simulation of its effect on sand saltation movement[J]. Journal of Geophysical Research: Atmospheres, 108(D10).

ZHENG X J, et al, 2004. Vertical profiles of mass flux for windblown sand movement at steady state[J]. Journal of Geophysical Research-Solid Earth, 109(B1): 10.

ZHENG X J, et al, 2006. The effect of electrostatic force on the evolution of sand saltation cloud [J]. The European Physical Journal, E, Soft matter, 19: 129-138.

ZHENG X, 2009. Mechanics of Wind-blown Sand Movements[M]. Berlin, Germany, Springer Berlin Heidelberg.

ZHENG X, et al, 2014. Theoretical modeling of relative humidity on contact electrification of sand particles[J]. Scientific Reports, 4(1): 4399.

ZHOU Y H, et al, 2005. Attenuation of electromagnetic wave propagation in sandstorms incorporating charged sand particles[J]. The European Physical Journal, E 17(2): 181-187.

ZHOU Y，2011. A theoretical model of collision between soft-spheres with Hertz elastic loading and nonlinear plastic unloading [J]. Theoretical and Applied Mechanics Letters，1 (4)：041006.

ZIV A，et al，1974. Thundercloud Electrification：Cloud Growth and Electrical Development[J]. Journal of Atmospheric Sciences，31(6)：1652-1661.

致　谢

本书涉及的研究成果是在新疆杰出青年科学基金项目(2022D01E07)、中国科学院战略性先导科技专项子课题(XDA20100306)、山东省自然科学基金项目(ZR2021QD041)、国家自然科学基金项目(42030612、41305035、41575008、41775030、41705003、42005074、12064034、11562017、11302111、41905014)、新疆维吾尔自治区自然科学基金项目(2021D01A197)、新疆天山创新团队项目、中国沙漠气象科学研究基金课题(Sqj2019001、Sqj2017014)、宁夏回族自治区创新领军人才培养计划(2020GKLRLX08)等项目的资助下完成的,对此表示真诚感谢。

本书主笔王敏仲博士在此想特别感谢自己的研究生导师——原新疆维吾尔自治区气象局副局长魏文寿研究员和博士后导师——中国气象科学研究院徐祥德院士,是他们带领我进入科学的大门,两位老师深厚的学术底蕴、严谨的学术作风、豁达宽容的人生态度、真诚待人的高尚品德和饱满的工作热情永远值得我学习。师恩难忘!在此向两位老师表示最诚挚的谢意!

感谢新疆维吾尔自治区气象局何清副局长一直以来的关心和帮助!感谢中国气象科学研究院葛润生研究员、阮征研究员、王寅钧博士、尹金方研究员等给予的指导和热诚帮助!感谢中国气象局乌鲁木齐沙漠气象研究所买买提艾力所长、陈荣毅博士、杨兴华研究员、刘新春研究员、杨帆研究员、周成龙副研究员、金莉莉博士等同事长期以来给予的帮助和支持!

在此也要特别感谢父亲王锡文、母亲朱永兰的养育之恩,也感谢妻子刘洁女士一直以来的陪伴、鼓励支持和无私奉献!

王敏仲

2022年6月